车内环境与健康安全

编　著　陈小开　蒋周兴　夏三县
主　审　张国强

中南大学出版社
www.csupress.com.cn

·长沙·

图书在版编目(CIP)数据

车内环境与健康安全／陈小开,蒋周兴,夏三县编著.
—长沙:中南大学出版社,2023.11
ISBN 978-7-5487-5466-4

Ⅰ.①车… Ⅱ.①陈… ②蒋… ③夏… Ⅲ.①汽车—
环境影响—健康—研究 Ⅳ.①X503.1

中国国家版本馆 CIP 数据核字(2023)第 127594 号

车内环境与健康安全
CHENEI HUANJING YU JIANKANG ANQUAN

陈小开 蒋周兴 夏三县 编著

□**责任编辑** 陈应征
□**责任印制** 唐 曦
□**出版发行** 中南大学出版社

社址:长沙市麓山南路　　　　邮编:410083
发行科电话:0731-88876770　　传真:0731-88710482

□**印 装** 长沙雅鑫印务有限公司

□**开 本** 787 mm×1092 mm　1/16　□**印张** 21.75　□**字数** 525 千字
□**版 次** 2023 年 11 月第 1 版　□**印次** 2023 年 11 月第 1 次印刷
□**书 号** ISBN 978-7-5487-5466-4
□**定 价** 78.00 元

编 委 会

◇ **主 编**

陈小开

◇ **主 审**

张国强

◇ **副主编**

蒋周兴　夏三县

◇ **参编人员**　(以姓氏笔画为序)

王新伟　杜焗江　杞昊　周健

郭兵　覃道枞　潘扬松　戴金财

内容简介

　　本书介绍了不同交通车内环境污染的分类、来源、危害、评价、现状调查与影响因子，车舱环境的健康风险及其驾乘人员的健康危害分析，车内有害气体与颗粒物的净化方法，车内细菌、真菌、病毒等微生物消杀措施，晕车、中暑、火灾、落水、中毒、碰撞、刹车失灵、腐蚀、生锈、爆胎等车舱环境安全影响因素导致的隐患排查、防控与救援技术，车内误操作与操作不当、智能车网络故障等造成的健康安全危害的防控措施。

　　本书可供车辆工程、汽车服务、交通运输、室内环保、暖通空调、公共卫生、安全工程、环境科学与工程等专业领域的人士及车辆司机、乘客、管理者、生产者、设计师、拥有者与爱好者使用。

序

交通车辆内部是典型的半封闭室内环境，属于人工环境，关系到低碳、绿色、健康与安全交通的发展。交通车自诞生之日起，车内环境与健康安全(Environment, Health & Safety in Vehicles, EHSV) 问题就受到设计师、工程师、制造商与使用者的高度关注，其重要性不言而喻。国务院2019年印发《交通强国建设纲要》，2020年发布了《中国交通的可持续发展》白皮书，强调要着力推进综合、智慧、平安与绿色交通建设，走新时代交通发展之路，以建设人民满意交通为目标，逐步实现安全、高效、绿色与文明的交通强国愿景。

随着我国从交通大国向交通强国迈进，车辆会朝着更"安全智能、节能环保、舒适健康"的方向发展，健康汽车及健康车辆也将发展为一项重要的新兴产业。随着生活水平的提高与经济的发展，车辆的用途越来越广，人们在车内度过的时间会更长，车辆不仅是交通代步工具，更是集休闲、学习、工作与生活于一体的立体智慧空间，车舱是第二个"家或亲密伴侣"，因此EHSV更加得到重视与强化。在未来的智能车时代，智能车发展的主要趋势是确保乘坐舒适性、安全性、效率和环境的可持续性；智能座舱或智慧舱室的出现，将引导EHSV的研究朝着智能监测分析与防控方向发展。

本书主要从环保、健康、安全角度，围绕车舱或车厢开展EHSV问题研究，具体内容分为车内环境品质、车内环境健康与车内环境安全等三个方面。本书系统地介绍了车内环境污染的定义与种类、监测与分析、预测与衰减、评价与控制技术，车内污染对驾乘人员的健康危害，晕车的影响因子、原因及其防控方法，车舱热污染与热舒适的影响因子及其改善技术，车内绿色环保材料、空气净化器与生态产品技术，火灾、水灾、强风、碰撞、酒驾、超速、超载、误操作、不当使用、网络故障、地震、脱轨、刹车失灵、追尾、爆胎、污染中毒、腐蚀、生锈、严寒气候、冰雪路滑与高温中暑等因素引起的 EHSV 问题及其控制方法，车辆运营、乘坐与使用过程中有关的 EHSV 问题及其注意事项、智能监测与防控措施。本书以汽车、地铁与动车为重点研究对象，其研究方法和部分结论也可为大型交通工具(如飞机、轮船等)环境健康与安全问题提供参考。

近年来出现的新冠病毒，导致新冠感染或新冠肺炎(COVID-19)全球大流行，造成了重大灾难与损失。如何加强车舱通风与病毒消杀，减少车内病毒传播与感染，确保车内环境与人员健康安全，将是未来的一个新挑战。本书详细介绍了车内微生物污染(病毒、细菌、真菌等)的监测、调查、评价与防控措施，本书的及时出版对于车内环境病毒传播及危害防控、保护车内人员健康与安全也具有重要意义。

清华大学建筑学院

前 言

随着科技的发展、交通强国理念的提出与人们生活水平的提高，车舱或车厢已从完成简单的交通运输任务，拓展到集旅行、学习、工作与生活于一体的功能丰富的智能车舱。车内环境与健康安全(EHSV)涉及车舱环境、车舱健康与车舱安全，对于提高人们的旅行与生活品质，改善学习与工作效率，保护人们的生命与财产安全具有重要意义，已成为当前大众关注、科学研究与工程实践的热点与焦点问题。

车内环境与健康安全(EHSV)问题涉及材料、机械、外观、造型、内饰、暖通、空调、动力、电气、自动化、网络等专业和学科，EHSV科学是一个专业交叉、关联性强与学科相互融合的研究领域。本书从车内环境品质、车内环境健康与车内环境安全三方面系统分析了EHSV问题，要有效控制车内环境污染、杜绝车内健康危害，及时排除车内安全隐患，应从源头把控、材料与工艺监管、生产与制造过程监督、售后服务质量跟踪等车辆的全生命周期来考虑，打造生态或绿色或健康车辆是保证车内环境健康安全的有效措施；按照EHSV相关标准对车辆开展评价与认证，从品质、安全、环保、舒适与健康5个维度全方位跟踪、管控与治理突出的EHSV问题，对有缺陷的车辆产品必须召回、改正与改善。

本书首先介绍了交通车辆的发展历史及其对环境的影响，分析了国内外EHSV研究现状与进展、相关标准与组织、相关专业与学科的交叉关联性，尝试根据车内污染是否具有烟雾状、颗粒状或粒子状特征进行新的系统性分类，阐述了车内污染的来源与成因、成分与形貌、评价与控制、影响因子与健康危害；探讨了驾车综合征、汽车病、晕车症、车内异味的产生与防控措施，对比了车内环境的客观、主观、综合、CFD模拟、汽车健康指数、专业司机健康、车厢碰撞损伤、车内火灾安全等的评估或评价方法；分析了太阳辐射或暴晒引起密闭汽车舱内温度急剧升高的现象和车内儿童中暑或身亡的原因及车内中暑安全事故的防控措施；讨论了机动车尾气 CO 污染进入车内空气导致乘客呼入而中毒的原因及其预防方法。

本书重点阐述了车内甲醛、苯、甲苯、乙苯与二甲苯等有害气体的浓度预测与净化方法，车内颗粒物（PM2.5、PM10、UFP、TSP 等）与微生物（病毒、细菌、真菌等）污染的防控措施，疫情期间车内新冠病毒的消杀与驾乘人员避免感染的措施；分析了车舱环境的不良舒适性与微气候对人们健康的负面影响及危害，车内热舒适的影响因素与改善措施；讨论了火灾、暴雨、地震、高温、冰冻、强风等因素对车辆的运行与乘坐安全造成的巨大威胁，酒驾、超速、超载、违反交通规则、不当充电或过度充电等原因导致的车内安全与健康事故，车辆落水、自燃、火灾、腐蚀、生锈、爆胎、碰撞、脱轨、刹车失控失灵等安全事故的自救与救援措施，车内噪声、眩光、振动、放射性、电磁辐射、智能车网络信息的安全隐患与危害防控技术；指出从车辆生态材料、环保工艺与绿色制造等方面开展车内污染源头控制，采取通风、净化器与催化降解等方法对车内污染进行末端或过程净化，此外，加强车舱日常环境卫生清洁与疫情期间消毒等工作，可有效降低车内新冠病毒感染与控制车舱环境污染。

本书内容分为 9 章与附录部分：

第 1 章　绪论

第 2 章　车内污染的认识与健康危害

第 3 章　车内环境调查分析

第 4 章　车内环境与健康评价

第 5 章　车内环境污染影响因子

第 6 章　车内环境热舒适与改善

第 7 章　车内有害气体预测与净化

第 8 章　车内颗粒物与微生物防控

第 9 章　车舱安全与健康危害控制

附录 1　车辆及舱室环境图

附录 2　国内外部分 EHSV 相关标准名录

附录 3　英文缩写词

笔者从 2003 年开始从事室内环境控制研究，2007 年着手交通工具车内环境的品质研究,2011 年完成车内挥发性有机物(VOC)污染评价与净化的博士论文,随后在高等学校继续从事车内室内环境方面的教学与科研工作;2015 年获得车内空气 VOC 污染控制与机理分析方面的国家自然科学基金资助项目,进一步深入开展了车内环境的系列研究,本书也是国家基金委资助的该项目的重要成果之一。时至今日笔者从事车内环境研究已满 16 载春秋,在此感谢各位老师、同学、朋友与同事的支持,特别感谢参与车内环境调查与实验分析的各位本科生与研究生。

值此我国向交通强国迈进之际,本书由中南大学出版社正式出版,在此感谢国家自然科学基金项目(51568026)的资助,衷心感谢来自昆明理工大学、湖南大学、中南大学、大连医科大学、比亚迪股份有限公司、郑州地铁集团、浙江中力机械有限公司等单位人员的支持与合作参与,衷心感谢清华大学杨旭东教授为本书写序、湖南大学张国强教授为本书主审。EHSV 专著涉及的内容很多,关联的专业与学科很广,学科交叉性非常强,有不足或不当之处还请读者批评指正,如果有任何疑问、意见或建议,请发送邮件到 kai@kust.edu.cn,谢谢。

陈小开

于春城昆明

目 录

第1章

绪 论

车辆(vehicle)是指陆地上行驶的一种交通或运载工具,可用于载人载物,方便人们出行、运输或专项作业。车内环境与健康安全(environment, health & safety in vehicles, EHSV)涉及车辆舱室环境品质、污染控制、环境卫生、环境舒适、人机交互、人员安全与健康保护问题,与舱室结构设计、空间布局、暖通空调(HVAC)、材料与零配件、装饰与装修、电气与自动化、人工智能、尾气排放、动力与燃料供应等多个行业领域密切相关,是当今大众关注的焦点与科学研究的热点之一。汽车是当今人们经常乘坐或驾驶的交通工具,随着科技的发展与社会的进步,旅居车(房车)逐步兴起,人们的日常生活、娱乐都可在舱室内进行,人们在车内度过的时间会越来越长,EHSV问题也日益引起人们的关注。

1.1 车辆与环境发展简介

从古代的木轮板车与马车到现代的新能源车与智能车,经历了几千年,车辆的时速与造型(参见附录1)都发生了很大变化;车辆的发明与发展促进了城市发展与国民经济建设,同时对交通运输、环境、能源的可持续发展及人们的安全、健康产生了深刻影响。

1.1.1 车辆的发展与现状

1. 交通车辆发展历程

我国有5000多年的历史文明,人们在古代就创造了伟大的"四大发明",我国也是世界上最早生产与使用车辆的国家。从古代的轮子车到社会主义现代化的智慧动车,我国车辆的发展经历了从车辆的诞生再由弱到强发展壮大的过程。(参见图1.1)。

2000多年前我国的秦朝出现了铜车马模型,该模型配有3000多个零件,反映了当时我国车辆制造的先进技术水平;我国古代发明的"指南车和记里鼓车"都是单辕车辆,是世界上最早带有齿轮的车辆。1861年法国人 Rochas. A. E. 提出著名的内燃机四冲程理论。

18世纪及以前	19世纪	20世纪	21世纪
公元前2000多年我国夏朝造出2个轮子的车	1801年英国造出世上第1辆载客蒸汽汽车	1901年法国使用第1条无轨电车道	2008年我国运营有完全自主知识产权的国产和谐号动车
公元前1046年我国西周使用兵车	1804年英国造出世上第1台蒸汽机车（火车头）	1906年我国第1条有轨电车轨开通	2009年我国汽车产销量首次位于世界第1
公元1世纪初期古希腊出现马拉轨道车辆	1840年英国制造出世上第1列在轨道上行驶的火车	1917年美国发明混合动力车 1939年美国提出无人驾驶车概念	2012年我国国务院发布新能源汽车发展规划
1420年英国人发明了滑轮车	1842年美国延生第1辆电动汽车	1941年瑞士研制了新型的燃油汽轮机车	2014年我国高铁运营里程数排名世界第1
1600年荷兰制造出双桅风力帆车	1863年世上首条地铁在英国伦敦全线通车	1956年我国造出第1辆载货汽车	2015年日本报道超导磁悬浮列车时速590 km
1649年德国人试制出发条驱动四轮车	1879年德国发明第1台电力机车	1958年我国制造出第1台内燃机车、第1辆桥币与越野汽车	2016年可视为智能汽车产业元年，同时我国京东自主研发出国内首辆无人配送车
1765年英国人瓦特发明蒸汽机	1881年德国柏林出现有轨电车 1881年我国制成第1台蒸汽机车	1964年日本运营第1条高铁 1977年日本发明第1辆智能车	2021年我国正式运营新型复兴号智能动车组，还成功下线时速为600 km的高速磁悬浮列车
1769年法国制成世界上第1辆蒸汽三轮汽车	1885年德国发明第1辆摩托车 1886年德国制造出世上第1辆内燃机三轮、四轮汽车	1989年我国国防科技大学研出国内第1辆智能车 1998年我国第1辆高铁机车诞生	

年代或年份

车辆安全、环境污染、能耗问题一直存在并逐步得到重视与改善，电子及信息技术发展导致车辆智能化程度越来越高

图1.1 我国与世界车辆发展历程简介

1883年德国人Daimler.G.W.（戴姆勒）与Maybach W.造出世上第1台四冲程往复式汽油机，1885年他们又发明了世上第1辆摩托车。1886年德国人Benz K.（本茨）制成世界上第1辆内燃机三轮汽车（即第1台专利现代汽车），而戴姆勒发明了第1辆内燃机四轮汽车，这是汽车发展史上最重要的里程碑。因此1886年被认为是汽车元年，以内燃机为动力的现代汽车发明人本茨和戴姆勒被世人称为"汽车之父"。1913年美国福特建成世上第1条汽车装配流水线。20世纪初期，汽车开始大批量生产并朝着工业化方向发展。

然而早在1769年法国人Cugnot N.J.制成世上第1辆蒸汽三轮汽车试车时，由于汽车下坡时操纵失灵，汽车撞上墙上，这被认为是世上第1起机动车事故。1829年英国人詹姆斯制成了一种蒸汽大型汽车，该车装有重型锅炉和大量的煤，行驶时冒出的黑烟严重污染环境，同时还发出隆隆噪声且事故频发。1833年英国人Hancock W.成立了世界上最早的公共汽车运输公司——苏格兰蒸汽汽车公司，"企业"号蒸汽公共汽车很受欢迎，可载14名乘客；随着蒸汽汽车运输业的兴旺，也暴露出一些负面问题，如汽车行驶时冒出的滚滚浓烟与发出的隆隆噪声，给人们的生活环境造成了不良影响。可见现代汽车在发明或发展初期就存在EHSV问题。

2. 交通车辆发展现状

20世纪工程成就非凡，美国工程院与27个专业工程协会对工程成就排名，其中汽车工业排名第2位。据公安部交通管理局发布，截至2022年底，全国机动车与汽车保有量各为4.17亿辆与3.19亿辆，机动车与汽车驾驶人各是5.02亿与4.64亿；全国有84个城市的汽车>100万辆，39个城市>200万辆，21个城市>300万辆，其中北京、成都、重庆与上海都>500万辆；全国新能源汽车与纯电动汽车各为1310万辆与1045万辆。

随着国家科技的发展与政策的支持，我国新能源车与智能车取得了很大进步。截至2021年6月底，我国新能源汽车保有量占全球新能源汽车总量的50%；全球智能车市场规

模自 2016 年开始不断增长，且增长速度越来越快，预计 2030 年销量将超过 2000 万辆。依据国家统计局与交通运输部的数据，2017—2022 年我国的运营车辆数量变化如图 1.2 所示，由图 1.2 可知民用与私人汽车、铁路货车、轨道交通车数量逐年递增明显。

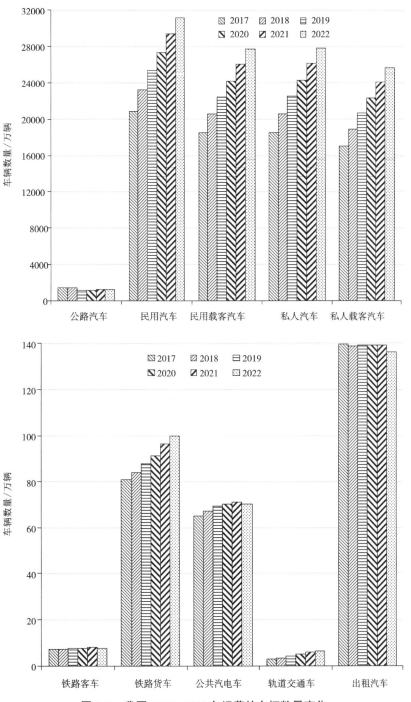

图 1.2　我国 2017—2022 年运营的车辆数量变化

3. 交通车辆发展趋势

新华社北京 2021 年 10 月 14 日电：国家主席习近平出席第二届联合国全球可持续交通大会开幕式并发表题为《与世界相交　与时代相通　在可持续发展道路上阔步前行》的主旨讲话，指出要大力发展智慧交通和智慧物流，推动大数据、互联网、人工智能、区块链等新技术与交通行业深度融合，要加快形成绿色低碳交通运输方式，推广新能源、智能化、数字化、轻量化交通装备，鼓励引导绿色出行，让交通更环保、出行更低碳。

2020 年 10 月国务院办公厅印发《新能源汽车产业发展规划（2021—2035 年）》，指出发展新能源汽车是我国从汽车大国迈向汽车强国的必由之路，是应对气候变化、推动绿色发展的战略举措。最近几年我国新能源汽车与电动汽车取得了飞速发展。

2019 年国务院印发《交通强国建设纲要》，指出到 2035 年我国基本建成交通强国，智能汽车是重要建设领域，新能源化、网联化、智能化、共享化是智能汽车发展的趋势。中国城市轨道交通协会 2020 年发布《中国城市轨道交通智慧城轨发展纲要》，指出到 2035 年智能车辆占有率要达到 100%，智能列车全自动运行系统里程数>2000 km。2020 年国家发改委印发《智能汽车创新发展战略》，指出汽车将由单纯的交通运输工具逐渐转变为智能移动空间和应用终端，智能汽车是汽车强国战略选择，是全球汽车产业发展的战略方向；我国到 2025 年将基本形成标准的智能汽车体系，实现有条件的智能汽车规模化生产；展望 2035—2050 年，我国逐步实现安全、高效、绿色、文明的智能汽车强国愿景。

1.1.2　车辆的定义与分类

车辆大致可分为载客车与载货车两大类，或普通车与专项作业车两大类，或机动车（蒸汽/内燃/电力/新能源）、非机动车（人力/畜力）、列车（铁路/观光/轨道交通）三大类；具有驾驶舱与乘客舱的车辆可分为汽车（automobile/car/motor）与列车（train）。

1. 不同车辆的定义

依据我国标准 GB 7258—2017 机动车运行安全技术条件、GB/T 4549.1—2004 铁道车辆词汇—第 1 部分—基本词汇，部分车辆的定义见表 1.1。高铁是高速铁路的简称，不是指车辆，人们生活中常说的高铁是指动车组列车，生活中也简称动车。

表 1.1　我国部分车辆的定义

车辆种类	车辆定义
机动车	由动力装置驱动或牵引，在道路上行驶的供人员乘用、运送物品或进行工程专项作业的轮式车辆
汽车	车轮≥4 个的非轨道承载的动力驱动车辆
载客汽车	设计和制造上主要用于载运人员的汽车
乘用车	座位数≤9 个的主要用于载运乘客、随身行李或临时物品的汽车

续表1.1

车辆种类	车辆定义
旅居车	装备有睡具(可由桌椅转换而来)及其他必要的生活设施,用于旅行宿营的汽车,又称房车或休闲车
校车	用于有组织地接送3岁以上学龄前幼儿或接受义务教育的学生上下学,座位数>7个的载客汽车
纯电动汽车	由电机驱动,且驱动电能来源于车载可充电能量储存系统的汽车
客车	设计和制造上主要用于载运乘客及其随身行李,座位数>9个的汽车
长途客车	为城间(城乡)运输乘客设计和制造、专门从事旅客运输的客车
旅游客车	为旅游设计和制造、专门用于运载游客的客车
教练车	专门从事驾驶技能培训的汽车
汽车列车	由汽车(低速汽车除外)牵引挂车组成
乘用车列车	乘用车和中置轴挂车的组合
铁道车辆	在铁路轨道上运送旅客、货物的旅客列车、货物列车使用的单元载运工具
(铁道)客车	供运送旅客和为此服务的或原则上编组在旅客列车中使用的车辆
座车	设有座椅设备,供旅客乘坐使用的铁道客车,分硬座车与软座车
卧车	设有卧铺设备,可供旅客睡眠的铁道客车,分硬卧车与软卧车
宿营车	供乘务或作业人员休息使用的铁道车辆
轻轨车	设有驱动装置,用于城市轨道交通的车辆
动车组	由动车与拖车(有时还有控制车)组成固定编组模式的车组
动车	在动车组中具有牵引动力装置的车辆,按动力源可分为电动车、内燃动车、燃汽轮动车等

　　智能车/IV可定义为装有传感器、摄像头等环境感应设备,运用人工智能技术传输与交换信息,可以听从信息指令而识别行驶环境,具有自动驾驶功能的新型车辆,又称自动驾驶车/自主车/AV、无人驾驶车、智慧车、智己车或智能网联车/ICV。新能源车/NEV主要指驱动力为绿色能源、可再生能源或非常规燃料等新型能源的车辆,叉车是指用于装卸、堆垛、短距离运输整箱或托盘货物的各种轮式搬运车,城市轨道交通车/URTV是指在采用专用轨道导向运行的城市公共客运交通车辆。

2. 机动车的分类

　　依据我国公安部发布的标准GA 802—2019道路交通管理机动车类型与国家标准GB/T 3730.1—2022汽车、挂车及汽车列车的术语和定义,机动车的分类见表1.2,市政车与特种车归属专项或专用作业车。汽车按价格分类有经济型、中档型与豪华型,按换挡模式可分为手动挡与自动挡(半自动、全自动),按尾气排量有小、中、大排量之分;轿车按座位数分有5座车与7座车;智能汽车、新能源车与多功能车的分类见表1.3。

表1.2 机动车的分类

分类方法	具体分类或类型
按规格 分类	1)汽车: (1)乘用车 a.按使用特性划分为:轿车、运动型乘用车、越野乘用车、多用途乘用车(含多用途面包车)、专用乘用车, b.按车身型式划分为:普通乘用车、活顶乘用车、高级乘用车、双门小轿车、敞篷车、仓背乘用车、旅行车、短头乘用车, c.按大小等级划分:微型、小型、紧凑型、中型、中大型、大型等不同级别 (2)载客汽车:大型、中型、小型、微型 (3)载货汽车:重型、中型、轻型、微型、三轮、低速 (4)专项作业车:汽车起重机、消防车、混凝土泵车、清障车、高空作业、扫路车、吸污车、油田专用作业车、钻机车、仪器车、检测车、监测车、电源车、通信车、电视车、采血车、医疗车、体检医疗车等; 2)有轨电车:以电机驱动、架线供电、有轨道承载的机动车 3)摩托车:普通摩托车、轻便摩托车 4)挂车:重型挂车、中型挂车、轻型挂车、微型挂车 5)汽车列车:乘用车列车、客车列车、货车列车(分为牵引杆、中置轴与刚性杆等挂车列车)、铰接列车、多用途货车列车/皮卡列车、平台列车、双挂列车、双半挂列车
按结构 分类	1)汽车: (1)载客汽车(简称客车):可分为公路或长途客车(含卧铺客车)、旅游客车、团体客车、城间客车、城市客车(含无轨电车、低地板城市客车、低入口城市客车)、专用客车(含专用校车)、铰接客车、双层客车、轻型客车、越野客车、普通客车、轿车、面包车、旅居车/房车 (2)载货汽车:普通货车(含平板式、栏板式、仓栅式、厢式、自卸式等货车)、多用途货车、封闭式货车、罐式货车、集装箱车、车辆运输车、特殊结构货车(混凝土搅拌运输车、车厢可卸式垃圾车、气瓶运输车)、牵引货车(半挂牵引、全挂牵引车)、侧帘式货车、多用途货车/皮卡车、越野货车、专用货车(邮政车、冷藏车、保温车) (3)专用汽车:专项作业车(非载货、载货),专门用途汽车(工具车、货车类教练车) 2)挂车: (1)全挂车:栏板、厢式、仓栅式、罐式、平板、集装箱、自卸、特殊用途 (2)中置轴挂车:可分为中置轴旅居挂车、中置轴车辆运输挂车、中置轴普通挂车,也可分为载货中置轴挂车、专用作业中置轴挂车、旅居中置轴挂车 (3)半挂车:载货半挂车(含:平板式、栏板式、仓栏式、罐式、厢式、集装箱、自卸式、侧帘式、专用运输、特殊结构等半挂车)、专用作业半挂车、专门用途半挂车、载客半挂车、旅居半挂车 (4)牵引杆挂车:载货牵引杆挂车、专用作业牵引杆挂车、载客牵引杆挂车、旅居牵引杆挂车、半挂牵引拖台 (5)刚性杆挂车:不包括中置轴挂车、半挂车 3)轮式专用机械车:轮式装载机械、轮式挖掘机械、轮式平地机械 4)摩托车:二轮、正三轮载客、正三轮载货、侧三轮
按使用 性质 分类	1)营运车:公路客运车、公交客运车、出租客运车、旅游客运车、租赁车、教练车、货运车、危化品运输车 2)非营运车:警用车、消防车、救护车、工程救险车、营转非营运车、出租转非营运车 3)校车:幼儿校车、小学生校车、中小学校车、初中生校车
按能源 分类	汽油车、柴油车、气体燃料汽车、甲醇燃料汽车、单燃料汽车、双燃料汽车、两用燃料汽车、纯电动汽车、混合动力电动汽车、燃料电池电动汽车

表 1.3　智能汽车、新能源车、多功能车与叉车的分类

车辆类型	具体分类或分级
智能汽车	1)美国汽车工程师学会分级：L1(辅助驾驶)、L2(部分自动)、L3(有条件自动)、L4(高度自动)、L5(完全自动) 2)美国高速公路安全管理局分级：DA(具有特定功能)、PA(具有复合功能)、HA(具有限制条件)、FA(全工况等无人驾驶) 3)我国分级：DA(辅助驾驶)、PA(部分自动)、CA(有条件自动)、HA(高度自动)、FA(完全自动)
新能源车	分为混合动力、纯电动(含太阳能)、燃料电池、超级电容器、氢发动机、燃气动力、空气动力、飞轮储能、生物燃料等类型车
多功能车	分为 MPV(多用途车)、SUV(运动型多用途车)、RV(休闲车)；MPV 与 SUV 按尺寸可分为大型、中型与紧凑型；SUV 按功能可分为城市型与越野型；RV 有自行式(A 型、B 型、C 型)与拖挂式(A 型、B 型、C 型、D 型、移动别墅)两种
叉车	1)按动力分为内燃型(普通内燃、重型、集装箱、侧面)与电动型两大类 2)按用途分为仓储型、搬运型、堆垛型、前移型、拣选型、拖车型

3. 列车的分类

目前我国已成功研制出智慧/智能动车组列车，并应用于 2022 年北京冬奥会，还生产并开通运营了无人驾驶地铁列车与智慧城轨交通车。我国铁道列车、动车组列车、城市轨道交通车、观光列车(观光小火车)的详细分类如表 1.4 所示。

表 1.4　列车的分类

列车类别	具体类别
铁道列车[a]	1)机车/火车头：指牵引铁路车辆的动力车，可分为蒸汽车、内燃与电力机车 2)客车：可分为软座车、硬座车、软卧车、硬卧车、行李车、邮政车、餐车、公务车、空调发电车、医疗车、卫生车、试验车、维修车、特种车、救援车、文教车、工具车、市郊车、观光车、轨检车及双层硬座、双层软座、双层硬卧、双层软卧、双层餐车 3)货车：可分为敞车、棚车、平车、罐车、漏斗车、保温车、粮食车、毒品车、长大货物车、水泥车、家畜车、集装箱专用车、小汽车专用车、汽车驼背专用车、特种车
动车组列车[b]	1)按动力分：电动车组、内燃动车组、动力集中与动力分散动车组 2)按组成单元分：动车、拖车、端车、中间车、动力单元
城市轨道交通车	地铁车(metro/subway)、轻轨车、单轨车、直线电机车、有轨电车、磁(悬)浮列车、自动导向轨道车、市域快速轨道车或市域快线、自动旅客捷运车或 APM 车
观光列车	分为钢轮钢轨型(内燃式、电动式、齿轮式)、单轨型(跨座式、悬挂式)与胶轮型

a：依据国标 TB/T 3443-2016 机车车辆车种、车型和车号编码规则，b：依据国标 TB/T 3453-2016 动车组词汇。

1.1.3 车辆的构造与组成

从古代到现代,部分车辆的造型与结构如附图1~附图5所示。

1. 汽车的构造组成

汽车构造大致可分为车身、底盘、发动机、电气设备、暖通空调(HVAC)与内饰件6个部分,其中车身含车架、车门与窗;底盘分传动(变速器与离合器等)、行驶(轮胎等)、转向(方向盘等)与制动(刹车等)4个系统;发动机由曲柄连杆机构、配气机构、冷却系、燃料供给系、润滑系、点火系与启动系组成;电气设备有仪表、照明、音响与网络系统等;HVAC是调节车内微气候与环境舒适性的核心部件;内饰件是指舱室座椅(含头枕、靠背、坐垫、连接件、骨架、滑轨与调角器)等,如图1.3所示。

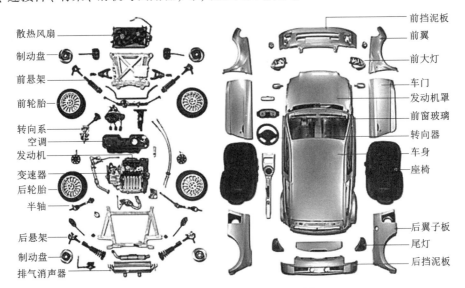

图1.3 汽车结构组成拆分平面图 *

有些新能源车没有发动机,动力系统是电池组或其他能源供给装置,而电动汽车的动力核心是电力驱动及其控制系统,详情如图1.4所示。

图1.4 电动汽车结构与动力电池系统

2. 列车的构造组成

列车构造可分为车体、转向架、牵引传动系统、制动装置、车端连接装置、受流装置、电气与照明系统、车门系统、驾驶室设备、车厢内部设备、故障诊断系统、网络信息系统、HVAC、自控监控系统等部分。磁悬浮列车如图 1.5 所示，有轨电车如图 1.6 所示。

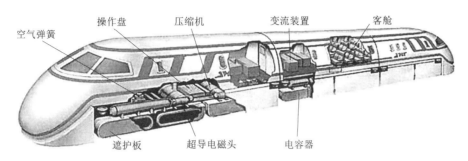

图 1.5 磁悬浮列车结构组成图*

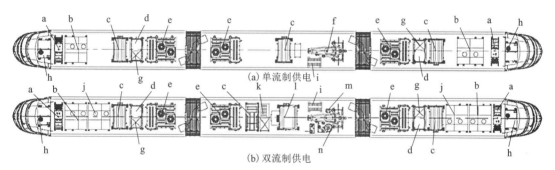

a—制动电阻；b—牵引逆变器；c—辅助逆变器；d—天线；e—客室空调；f—受电弓；g—蓄电池；h—司机室空调；i—主熔断器；j—四象限斩波器；k—空气压缩系统；l—变压器；m—交/直电压探测单元；n—模式选择开关。

图 1.6 单流制与双流制供电有轨电车设备布置对比图

3. 车辆 HVAC 系统

车辆暖通空调（HVAC）是调节舱室空气温度、湿度、流速和洁净度的装置，一般具有采暖、制冷、通风、污染净化 4 个基本功能，还兼有预防或去除车窗玻璃上的雾、霜和冰雪的作用，保证了舱室环境的舒适性和行车安全性。HVAC 是衡量车辆功能与品质是否齐全与完善的一大标志，它由制冷、取暖、配气和电控 4 大系统组成，主要部件有压缩机、冷凝器、储液干燥器、膨胀阀、蒸发器、电磁离合器、鼓风机、调速电阻器、传感器、恒温器、继电器、风管风道等。车辆 HVAC 的发展趋势主要体现在全自动化、舒适性、轻量化、节能环保等方面。车辆空调技术起源于美国，火车与汽车首次安装使用空调的时间分别是1930 年与 1939 年，20 世纪 60 年代我国车辆空调技术才开始起步。随着电子技术与自动化的发展，车载智能空调系统逐步受到重视。

汽车空调分类：按功能分有冷暖分开型、冷暖合一型、全功能型；按驱动分有独立式与非独立式；按送风方式分有直吹式与风道式；按结构分有整体式、分体式、分散式；按控制方式分有机械型与智能型。汽车空调结构如图1.7所示，传统汽车以发动机冷却液为加热源，新能源汽车以电驱动或油电混动为加热源。

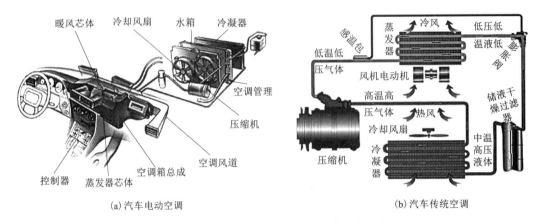

(a) 汽车电动空调　　　　　　　　　　(b) 汽车传统空调

图 1.7　汽车电动空调与传统空调的结构组成

列车常用的空调结构主要有分装式和单元式两种。空调出现前，列车客车通风靠自然通风，车内环境噪声大，空气质量差；我国列车空调机组（图1.8）基本可以满足冬、夏两季的制热和制冷要求，目前正在列车客车推广变频空调技术。车辆变频空调是指加装变频器来控制和调整压缩机转速的车载空调器，使空调压缩机始终处于最佳的转速状态，从而提高空调系统能效比；变频空调的主机是自动进行无级变速的，可以根据车内温度自动提供所需的冷/热量，当车内温度达到要求后，空调主机能够准确保持这一恒定温度的速度运转，从而保证车内环境温度的稳定。随着人工智能的发展及广泛应用，新一代车内智能空调可实现车内自动通风、温湿度自动调节与车内空气品质（VIAQ）的改善。

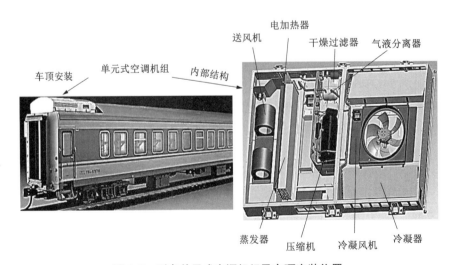

图 1.8　列车单元式空调机组及车顶安装位置

4. 车辆舱室的分类、结构与组成

车辆乘客舱室内设有门、窗、通风口、报警器、灭火器、空调器、热水器、座椅、安全气囊、扶手、拉杆、吊环、风扇、地毯、坐垫、照明电器、音响与电视等部分或全部设备；驾驶舱内设有仪表盘、方向盘、脚踏板、操作台、电话等操控或联络设备。舱室座椅按材料分为真皮、纺织、橡胶、塑料或实木等类型；发动机、电动空气压缩机组、总风缸、其他空调设备、继电器箱、蓄电池箱、主控制箱、电源变压器、电气开关、接触器箱等车辆运行设备大多在舱室地板下。随着智能车的发展与高度自动化，多功能的智慧舱室或智能座舱不断涌现，车辆舱室成为乘坐/驾驶、休息/娱乐、工作/生活的智能移动空间，车舱的智能化、人性化及乘坐舒适度大大提高。不同车辆舱室构成详见表 1.5，舱室实物图见附录1 附图 6~附图 8。

表 1.5 不同车辆的舱室分类或组成构成

车辆类型	舱室分类或内部构成
普通汽车	轿车舱分驾驶舱、乘客舱与后备舱；客车与公交车有乘客舱、驾驶舱与储物舱；双层汽车有上下层客舱
智能车	智能座舱设有液晶仪表、抬头显示器、中控屏、后座娱乐等更多更大的显示屏，或者屏幕被全息影像、增强实境抬头显示器、智能玻璃、智能表面等无屏幕载体替代。综合运用语音交互、虚拟现实、车内视觉、触觉监控、嗅觉等智能传感器，由此催生出座舱域控制器集中式计算平台，打造交互智能、场景智能、个性化服务的座舱电子系统；座舱内部的实体按键被简化、大屏化、多屏化，语音交互、人脸识别和手势识别等人工智能技术也被大量使用。座舱功能趋于多样化，目标是实现座舱与人、车、路的智能交互
房车	房车舱分为驾驶、起居、卧室、卫生、厨房 5 个区域，内部设施有卧具、炉具、冰箱、橱柜、沙发、餐桌椅、盥洗设施、空调、电视、音响等家具和电器
火车列车	火车列车有司机舱、硬座舱、软座舱、硬卧舱(上/中/下铺)、软卧舱(上/下铺)、餐车舱与货物舱；卧铺舱室有床、床垫、棉被、枕头、行李架等
新东方快车	中国铁路升级版的高品质旅游专列，舱室内设施齐全、装潢精致。其中金钻车厢内设双人床、书桌、衣柜、保险箱与独立卫浴间，蓝钻车厢内设上/下铺、共享洗手间及淋浴间，还有餐车与酒吧车(咖啡座、电视、音响、钢琴与 KTV)。车厢密闭性、减震性大幅提高，空调噪音更低并设置风量调节开关。全列车厢采用实木家具，是集住宿、休闲与餐饮于一体的移动"星级宾馆"
动车组列车	动车组列车设有司机舱、餐车舱、一等与二等客舱。我国智能复兴号动车组商务舱配置 S 型半包围座位私人空间(有操控液晶显示屏、电动座椅、无线充电设备、可移动阅读灯、旋转小桌板、自动扶手、个性化空调)；一等舱座椅设有电动腿托，上背部有充电插孔；列车设置部分无障碍车厢，洗手间、座椅上有盲文标识，整个动车组采用变频空调，卫生间采用自感应灯，设有禁止吸烟语音提示

1.1.4 车辆对环境的影响

车辆作为社会发展与现代化的标志,促进了经济发展与社会繁荣,但同时也带来了能源、环保、交通、健康、安全、EHSV 等一系列问题。车辆对环境的影响主要指尾气排放、粉尘扬尘、声光污染、电磁辐射、电波干扰及车内环境污染(VIEP)。

1. 车内环境污染

VIEP 主要指车内空气污染(VIAP)、热污染、噪声与电磁辐射污染等。VIAP 有车内颗粒物(PM)、碳氧化物(CO_x)、甲醛(HCHO)、挥发性有机物(VOC/VOCs)、环境烟草烟雾(ETS)、微生物(病毒与细菌)、尾气污染以及不良气味或异味。车辆舱室环境具有空间相对较小、密封性较高、通风换气多样、快速运行等特点,VIEP 具有污染物种类多、污染浓度大、浓度变化快、干扰因素多与环境本底值常变化等特点。

早在 2000 年左右,中国科协工程学会联合会室内环境与汽车环境专业委员会等单位主办的"中国首次汽车内环境污染情况调查活动",发现约 94% 的车舱内存在空气污染,新车舱内 HCHO、苯、甲苯、二甲苯、总挥发性有机物(TVOC)、CO 与 CO_2 的超标率各为23.4%、75.1%、81.7%、24.5%、70.2%、44.1% 与 4.9%;中国室内装饰协会室内环境监测中心、广州中科环境检测中心与上海环保产业协会等单位调查发现车内空气有害物最高浓度超出我国室内空气品质(IAQ)标准限值 10 倍,VIEP 具有普遍性。国际上,美国、英国、法国、德国、日本、韩国等国家都开展了 VIEP 调查与研究,主要分析车内的 PM、VOC、HCHO、CO_2、CO、微生物、异味及热污染。

2. 交通堵塞

交通问题是当前城市发展中最棘手的问题之一,主要体现在交通拥堵和机动车尾气排放污染两个方面。交通拥堵不仅增加了出行时间和成本,导致交通事故,还会加剧空气污染,消耗大量能源,城市交通堵塞现象如图 1.9 所示。

图 1.9　密集车辆导致不同城市交通拥堵的现场

3.车辆环境污染公害

早在 1833 年英国运营的"蒸汽公共汽车"就存在滚滚浓烟与隆隆噪声等环境污染问题。车辆直接或间接造成的环境公害可分为环境噪声、尾气排放污染/EEP、非尾气排放污染/NEP、大气或空气污染、光热污染、空调危害、电磁辐射/电磁波干扰、废弃物污染或固体废物污染,详情见表 1.6。其中 EEP 与 NEP 合称为交通相关空气污染/TRAP,机动车尾气排放是国内外主要城市大气污染的重要来源,如图 1.10 所示。

城市大气污染

机动车尾气排放更严重

城市交通拥堵

图 1.10　交通拥堵-尾气排放-大气污染

表 1.6　交通车辆环境污染或环境公害

环境污染分类	环境污染及危害
EEP	机动车尾气有毒有害成分多,对健康危害大。生态环境部 2021 年发布的中国移动源环境管理年报表明,2020 年全国机动车 CO、HC、NOx 与 PM 排放总量为 1593 万吨,汽车是尾气排放污染的主要贡献者(>90%)
NEP	车辆制动及轮胎路面摩擦导致的粉尘/扬尘/灰尘,燃油燃料泄漏或蒸发的 VOC,污染空气、危害人们健康
空气污染	燃油汽车等交通移动源是城市空气 CO、NOx、VOC、PM 等污染的重要来源。室内外空气污染是人类健康的最大杀手,损害人体呼吸系统与皮肤,诱发肺病与肺炎,增加患癌风险
空调危害	氟利昂制冷剂泄漏,破坏大气臭氧层,增加温室气体,影响气候;空调运转产生环境噪声与热污染
环境噪声	生态环境部 2021 年发布的《中国环境噪声污染防治报告》表明,2020 年全国城市昼间受交通噪声影响的比例为 21.7%,全国省辖县级市和地级及以上城市政府部门受理交通运输噪声投诉举报 7.5 万件

续表1.6

环境污染分类	环境污染及危害
光热污染	车辆大灯或前灯，行驶时的远光照射，造成光污染，严重影响对面车辆司机或行人的视力，甚至造成交通事故 夏季工况车辆制冷，将舱室热量排到室外环境，内燃机车辆发动机运转产生的热污染，使城市产生热岛效应
电磁辐射	是第四大环境公害，被称为健康的隐形杀手，人体长期暴露在电磁辐射下可危及生命，WHO将其列为必须控制的污染源。具有不同电容和电感的车辆电气设备及元件在运转时产生的振荡回路，火花放电产生的高频振荡造成的电磁波干扰影响广泛
固体废物	车辆报废后的废弃物、新能源车的废弃电池等车辆本身及相关产业的固体废物对生态环境产生不良影响及危害

1.2 车内环境与健康安全问题

EHSV问题涉及自然科学、社会科学、工程技术、人文和艺术学科等领域，关系到车舱环境健康与车舱安全。车舱环境主要指车内环境品质（VIEQ），大致包括舱室微气候、车内空气品质（VIAQ）、热环境或热舒适、湿环境、光环境、声环境（含振动）与电磁环境。车内环境与健康安全研究主要任务是在节约能源、节省资源、低碳出行的原则下，为人类创造健康、舒适、安全、环保、绿色的车辆舱室环境。

1.2.1 车内环境品质

早在20世纪80年代，车内空气污染（VIAP）问题已受到人们关注，特别是新车内饰散发出难闻异味，严重污染车内环境。车内环境污染（VIEP）危害驾乘人员身体健康，驾驶综合征、晕车等"汽车病"都与VIEP有关。车内环境品质（VIEQ）研究内容主要包括VIEP的分类与来源，污染检测、评价与治理，污染危害及健康风险，舱室微气候与环境舒适性。

1. 国内研究现状

早在1964年我国原唐山铁道学院的学者王刚就在《铁道车辆》上发表的VIAQ论文中推导出控制车内CO_2与热污染的通风方程。从2003年起，作者开展了室内、车内环境系列研究，结果发现汽车内空气中苯、甲苯、乙苯、二甲苯、苯乙烯、乙酸丁酯、十一烷与TVOC的浓度均值分别为83.6 $\mu g/m^3$、215.9 $\mu g/m^3$、75.6 $\mu g/m^3$、184.3 $\mu g/m^3$、25.0 $\mu g/m^3$、29.1 $\mu g/m^3$、62.9 $\mu g/m^3$ 与1459.6 $\mu g/m^3$；轿车内HCHO、NH_3与氡气均值依次为100.8 $\mu g/m^3$、147.7 $\mu g/m^3$ 与119 Bq/m^3；列车车厢内CO_2与噪声均值分别是

1256 ppm 与 75.5 dB(A);燃油公交车内空气 PM1、PM2.5、PM10 与 TPM 浓度均值依次为 14.6 $\mu g/m^3$、18.5 $\mu g/m^3$、39.6 $\mu g/m^3$ 与 46.2 $\mu g/m^3$。国内部分研究结果如表 1.7 所示。

表 1.7 最近国内部分 VIEQ 相关研究结果

研究单位	VIEQ 研究部分结果或结论
清华大学	电动轿车舱内空气检出 56 种 VOC 污染物,其中包括 17 种烷和烯烃、17 种芳烃、9 种酯和醇、8 种酮和醛,新车第 1 年夏季车内 TVOC 散发率平均值与最大值各为 1.58 mg/m^3 与 3.16 mg/m^3
北京理工大学等	新汽车舱内 VOC 散发主要依赖于内饰材料表面温度,现场实测表明车内空气甲醛与乙醛最大浓度分别是 223.5 $\mu g/m^3$ 和 149.0 $\mu g/m^3$,超标率各为 34.9% 和 60.5%
北京大学	实测发现某城市地铁车内空气 PM2.5、TVOC、CO_2 浓度的中位数/最大值分别为 0.08/0.34(mg/m^3)、0.4/0.6(mg/m^3)、1.9/5.7(mg/m^3),车内噪声中位数与最大值分别为 75.8 dB(A) 与 85.5 dB(A)
广州汽车集团	阳光暴晒可导致新汽车舱室内空气苯、甲苯、乙苯、二甲苯、苯乙烯、甲醛、乙醛与 TVOC 浓度依次为 4、404、39、202、30、133、264 与 29388 $\mu g/m^3$,车内空气 VOC 超标率 100%
上汽通用	装配 S 形齿廓齿轮的汽车发动机舱与驾驶舱声压级各为 82 dB 与 37 dB,比装配正常齿轮的声压的依次增加 12 dB 与 7 dB,增幅明显,噪声振动及刺耳度(NVH)性能表现变差
国家铁路集团等	高速动车厢内的振动响应、噪声水平与小半径曲线波磨存在较强的相关性,车体横向加速度与车内噪声信号的优势频段为 500~550 Hz,轴箱振动信号出现 1046 Hz 峰值频率

2. 国外研究现状

国外最早从事 VIEQ 研究的可追溯到美国加州的 Hartley F. L. 等人 1960 年发表在空气污染控制协会期刊上的论文《无烟汽车》,文中提到燃油蒸发与汽车尾气会进入车舱,通过改善燃料系统及通风口,可杜绝舱室燃料烟雾污染。最近国外部分该研究的结果见表 1.8。

表 1.8 国外部分 VIEQ 相关研究结果

研究国家	VIEQ 研究部分结果或结论
德国	在车载音响系统的基础上,利用远程麦克风技术实现乘用车内噪声主动控制,在高达 400 Hz 的频率下,驾驶员和右后侧座椅位置的噪声平均衰减 3.4 dB
美国	COVID-19 大流行期的封城前/中/后三个时间段,空调出租车、非空调出租车、公交车和三轮汽车内空气 PM2.5 暴露估计值分别为(17.2/4.5/25.1)$\mu g/m^3$、(28.7/7.6/42.0、21.8/5.7/31.9)$\mu g/m^3$ 和(51.3/3.5/75.0)$\mu g/m^3$
法国等	汽车舱内空气 NO 与 NO_2 污染最大值可分别达到 6.5 mg/m^3 与 1.5 mg/m^3,车内空气 CO_2 浓度最大值超过 1700 ppm,车内空气 UFP 数量浓度最大值超过 210000 个/cm^3

续表1.8

研究国家	VIEQ 研究部分结果或结论
墨西哥	确定公交车内空气中有 14 种 POPs 污染，其中甲苯与己烷污染最高，平均最大浓度分别为 86.5 μg/m³ 和 183.3 μg/m³
巴西等	在上午 10~11 点客流量明显增加时，铁路列车厢内 NPs 与 BC 最高浓度各为 3.22×10⁴ 个/cm³ 与 3.91 μg/m³

1.2.2　车内环境健康

车内环境健康(VIEH)研究主要从环境健康与公共卫生等医学角度分析 VIEP 对驾乘人员健康的危害及 VIEH 引发的驾驶/舱室/车内综合征、新车气味不适、汽车病态反应、晕车等症状。由于车舱空间相对狭小且结构、成分复杂，形成了特殊的室内环境，因此车内污染会导致人体更大的健康危害；人长期待在较差的车内环境中，易产生头晕、胸闷、皮肤过敏、呼吸系统感染等症状，易导致驾驶员精神恍惚、注意力差，交通事故发生的可能性增加。晕车会导致呕吐、恶心、头晕、乏力、心烦意乱、食欲不振等症状，属于典型的 VIEH 危害。

1. 国内研究现状

人体吸入污染物的剂量浓度超过一定限值都会造成健康损伤，特别是病毒与细菌，有些病毒还会传染。研究表明 VIAP 易对专业司机(每天在车内的时间≥8 h)产生致癌风险，不环保汽车内的 HCHO 与 VOC 污染的致癌风险指数超过 USEPA 规定的 1×10⁻⁴，即健康风险不可接受值。国内部分 VIEH 相关研究结果及 VIEP 案例如表 1.9、表 1.10 所示。

表 1.9　国内部分 VIEH 相关研究结果

研究单位	我国部分 VIEH 研究结果或结论
北京大学	地铁车内空气 TVOC 暴露 2 h 滑动平均浓度每升高 85 μg/m³，健康大学生的心率增加 11.8 次/分，男性低频功率降低 45.9%；某地铁线路车内较高 TVOC 污染对年轻健康人群心脏自主神经功能造成一定影响
清华大学	汽车舱内异味严重危害健康与引起身体不适的投票比例各为 47% 与 96%，VIAQ 令人担忧
南方医科大学等	在地铁车内环境中检出丰富的微生物菌属，其中车内扶手检出超 14 种菌属，地铁舱内人流密集，存在健康风险
东南大学等	在 318 处室内引发的新冠疫情中，交通工具内感染引发的占 34%，位列第 2；含多个渠道感染的疫情，交通感染 90 个
北京理工大学等	汽车座椅、地毯和仪表板都释放苯和甲醛等化学物质，与头痛、恶心和头晕有关，可导致司机和乘客有高的致癌风险，这一研究成果被 2023 年 Nature 研究亮点专题报道：新汽车气味危害健康

续表1.9

研究单位	我国部分 VIEH 研究结果或结论
中国疾控中心	发布交通运输工具卫生防护指南：车内人员应佩戴口罩，增加车内卫生清洗与消毒次数，加强室内自然通风

表 1.10 国内部分 VIEP 危害引发的法律诉讼案例

案例号	国内部分 VIEP 危害案例简介
案例 1	北京卢先生 2002 年购买了某品牌汽车，发现车内有股"怪味"，本人出现脱发、流眼泪、头晕、失眠等症状，被确诊为"HCHO 接触反应"；有关部门检测发现车内 HCHO 含量超出我国 IAQ 标准 26 倍，卢先生将经销商告上法庭，因当时我国还没有对应的 VIAQ 标准，法院二审判决经销商补偿卢先生 3 万元
案例 2	上海朱先生 2004 年购买了 1 辆轿车，发觉车内异味浓烈，开车时眼睛刺痛、流泪，时间稍长有轻度晕眩症状；其小孙子经常乘坐该车，出现颈部淋巴结莫名肿大，经复旦大学附属儿科医院确诊为急性淋巴细胞白血病，检测报告显示车内空气 HCHO 与 TVOC 含量各超标 1.5 倍与 6 倍，朱先生将厂商告上法庭，法院经过两次开庭审理并判决
案例 3	方某 2014 年购某品牌轿车，发现车内经常有刺鼻气味，开车时常感到头晕目眩，1 年后患上白血病，经检测发现车内空气 HCHO 含量超出我国 GB/T 27630—2011《乘用车内空气质量评价指南》限值

2. 国外研究现状

早在 1955 年以前，苏联就发表了 VIEH 相关研究报告，苏军军医少将 A. 波波夫认为晕车是汽车或火车颠簸作用于人体而导致的病态。自 1997 年起，美国生态中心针对车辆与汽车儿童座椅等 7000 种消费品进行 20000 多次有毒有害化学物质测试，得出十大"最毒"车型，新车味道/NCS 会引发急性或慢性病症。其他研究结果如表 1.11 所示。

表 1.11 国外部分 VIEH 研究结果

研究国家	VIEH 相关研究结果或结论
西班牙等	在公共交通汽车与地铁舱内空气及内饰表面发现新冠病毒污染
德国等	自动驾驶车辆比人工驾驶车辆的晕车风险要高得多，智能汽车将面向公众，车内需要缓解晕车的系统
美国	COVID-19 疫情期间，封城后三轮汽车、公交车、空调与非空调出租车内空气 PM2.5 导致的死亡率各是 5.67×10^{-3}、1.39×10^{-3}、1.02×10^{-3} 与 2.07×10^{-3}，通风或 ACH 较高的车辆可降低病毒感染
法国等	公路驾驶汽车产生大量气体和 PM 污染会渗入车厢，使司机和乘客暴露在有毒物质中，严重危害健康

续表1.11

研究国家	VIEH 相关研究结果或结论
墨西哥	公交车内空气中四氯乙烯与二甲苯的健康危害指数分别为 1.25 与 6.4~9.8，对人有非致癌健康风险
巴西等	火车车厢内富含镉/铁/铅/铬/锌/镍/钒/汞/锡/钡等增加氧化应激金属的 NPs，对乘客构成严重健康风险

1.2.3 车内环境安全

车内环境安全(VIES)主要指火灾、高温、碰撞、爆炸、落水、中毒等事故严重损害车舱环境，危害车内人员安全的现象。车辆碰撞等交通事故会导致车舱变形，危害车内驾乘人员安全，甚至可直接导致人员死亡。智能车与新能源车的主要 EHSV 问题分别是信息与电池安全性问题，电池可诱发或导致车舱火灾，信息错误可产生交通事故。随着汽车智能化水平的提高，车辆启动后会自检，若发现问题，车舱仪表会报警，驾驶人员应引起重视，及时排除安全隐患。例如发动机温度过高，胎压不正常，前后左右有障碍物，电池与燃料不足，意外响声与振动，都是一种安全报警或提示，驾驶人员应及时检修，避免 EHSV 问题。

1. 国内现状

车内空气中高浓度的 CO 污染可导致车内驾乘人员中毒，车舱室内高温与电磁辐射可危害驾乘人员的生命安全。实测发现汽车与列车室内空气 CO 浓度均值各为 1.3 ppm 与 0.8 ppm，车舱内电场均值各是 6.3 V/m 与 1.2 V/m，车舱磁场均值各是 0.26 μT 与 0.35 μT，不会引起人员中毒或危害生命；现场实测发现太阳暴晒可导致静态密闭轿车内空气温度>60℃，时间长了可导致人员中暑，可危害儿童生命安全。国内 VIES 其他报道与相关研究结果见表 1.12、表 1.13。

表 1.12 我国部分 VIES 相关报道

报道出处	国内部分 VIES 报道结果
中国汽车召回网	截至 2022-11-09 日，投诉热点排行榜中与 VIES 相关的有 1. 发动机；2. 传动系统；3. 车身及内饰；5. 制动系统；6. 转向系统；13. 车内有异味；17. 车辆自燃，投诉次数各为 18677、12966、9264、5719、4840、246、78
中华网健康频道	2021-9-24 日，某大城市社区 3 岁女童被遗忘在自家轿车舱内，因高温中暑而死亡。这是因太阳暴晒导致车内环境温度升高，达到了小孩的生命极限而发生的 VIES 事故
新华社	2023-05-19 日报道，我国某镇一辆载有 14 人的车辆翻下路边悬崖，掉入积水塘中，造成 11 人遇难

续表1.12

报道出处	国内部分 VIES 报道结果
搜狐网	中国首宗自动驾驶致死案：2016-1-20 日，某自动驾驶轿车撞上前方清扫车，轿车内男性司机身亡
百度百科	2013-6-7 日，某市公交车在行驶过程中，犯罪分子故意纵火导致车内燃烧起火并发生爆炸，造成共 47 人死亡、34 人受伤的严重刑事案件，这是一起危害特大的 VIES 事故
中国消费者杂志	国内首起车内污染超标"致死"案：2002 年北京朱女士驾驶某品牌汽车，出现浑身无力等症状住院，次年因肺部感染而死亡。检测发现车内空气苯严重超标，其丈夫李先生将厂商告上法庭并要求赔偿

表 1.13 我国部分 VIES 相关研究

研究单位	国内部分 VIES 研究结论
国家市场监督管理总局等	自动驾驶技术带来新的事故模式和安全风险，某辆智能轿车未能及时躲避前方的道路清扫车而发生追尾导致车主身亡。某辆自动驾驶电动汽车与大型牵挂型卡车发生碰撞，导致严重的 VIES 事故
中国汽车技术研究中心	电动汽车起火安全事故日益凸显，电池包在受到外力冲击时，可能会出现结构破损、火花飞溅、易燃和有毒烟气溢出现象。可燃气体被引燃后出现明火导致电池单体和动力系统起火，这是电动汽车起火的主因
兰州交通大学	研究了电动汽车舱内电磁辐射污染及暴露安全性，当车速为 60 km/h 时，A 与 B 车副驾驶座位处的磁通密度最大值各为 0.041 μT 与 0.067 μT，儿童人体组织中的磁通密度值约为成人对应组织的 1.5 倍左右
中国汽车工程研究院	随着 7 座车型车辆的普及，车辆尾部至第三排的座椅距离较短，第三排座椅的厚度与约束系统都比前排的差，当发生追尾事故时，由于吸能区域较短，座椅更易变形与挤压乘员空间，因而乘员伤害较大
北京理工大学	锂电池广泛应用于电动汽车，NCM 电池更易被点燃，极大地增加了电池在电池箱中火势蔓延及爆炸的安全风险。热失控状态下还产生 HF、CO_2、C_2H_4、CO、CH_4、C_2H_6 和 C_3H_6 等有害气体

2. 国外与国际现状

世界卫生组织(WHO)认为酒驾、不安全车辆等是导致交通事故车内人员重伤甚至身亡的重要原因。美国圣何塞州立大学建立 noheatstroke. org 网站，提醒大家不要将儿童遗忘在太阳暴晒的车内，以免高温中暑身亡。国外相关 VIES 报道与研究如表1.14 所示。

表 1.14　国外部分 VIES 相关报道与研究

报道来源	VIES 相关的报道结果
国际在线	2022-06-08：当地时间 8 日早上，伊朗某客运列车与一辆挖掘机相撞，导致客运列车脱轨，事故造成至少 10 人死亡，50 人受伤，伤者中有 16 人伤势严重
WHO	2021-06-21 报道：道路交通事故每年导致约 130 万人死亡，0.2 亿~0.5 亿人残疾。道路交通伤害是 5~29 岁的儿童和年轻人的主要死因，酒驾、超速、分心驾驶、不安全的车辆、不适用的安全带等是主要风险因素
凤凰网	2021-06-19 报道：秘鲁某长途公交车侧翻，坠入山谷，导致车内 27 人死亡；2020-02-23 报道：某辆价值千万元的法拉利跑车在摩纳哥街头自燃，火势过大而无法及时扑灭导致车辆烧毁严重
搜狐网	2016 年 5 月，美国士兵 Joshua Brown 启用某轿车自动驾驶功能(Autopilot 系统)时，发生车祸身亡
美国	根据 noheatstroke.org 数据：1998—2022 年美国超过 930 名儿童死于车内中暑，2018 年与 2019 年死亡人数共 106 名
俄罗斯	货车舱内火灾发生 10~15 min 内未扑灭，将危害生命安全，因为 D 碳钢瓶爆炸碎片撒向 50~250 m 半径范围内，通过在每个高压气缸上安装爆破隔膜，可确保机动车火灾和爆炸安全的问题
日本	司机行驶途中的微睡眠行为可导致车辆碰撞安全事故，这种安全危害在年轻人中以及在清晨和傍晚更常见
加拿大等	卡车制造商通过增加半主动驾驶室悬架系统降低司机受到的振动安全危害，提高司机的健康安全及舒适性

1.3　EHSV 相关问题及其管控

1.3.1　国内外相关标准

车辆环境标准是国家政府或行业组织为提高车辆环境品质，减少交通环境污染，促进交通环境可持续发展而制定的法律、法规或相关手册、指南、技术规范。国内外 EHSV 相关标准清单如附录 2 所示。

1. 我国标准

鉴于车内空气污染、车内健康风险、车内环境安全等一系列 EHSV 问题，我国政府陆续颁布并实施了 EHSV 相关标准。早在 1979 年我国原国家标准总局发布 GB 1496—1979《中华人民共和国国家标准机动车辆噪声测量方法》；国家技术监督局发布 GB/T 12816—1991《铁道客车内部噪声限值及测量方法》与 GB 13669—1992《铁道机车辐射噪声限值）；国家铁道部发布 TB/T 1932—1987《旅客列车卫生及监测技术规定》，并多次修改，目前该标准为国家铁路局发布的 TB/T 1932—2014《旅客列车卫生及检测技术规定》。我国旅客列车需要控制的 EHSV 相关指标如表 1.15 所示。

表 1.15　我国旅客列车 EHSV 相关指标规定（TB/T 1932—2014）

相关指标	车内环境卫生或控制要求
车厢室内微气候	温度（℃）：夏季空调厢 26~28℃、冬季空调厢 18~20℃、非空调厢>14℃，相对湿度为 40%~80%
	空调新风量≥20 m³/(h·人)，风速≤0.5 m/s，在高原地区大气氧分压≥13.5 kPa
车内空气污染浓度	CO≤10 mg/m³，CO_2≤0.15%，PM10≤0.25 mg/m³
	细菌总数：撞击法≤4000 cfu/m³、自然沉降法≤40 cfu/皿
	新车出厂需要检测：TVOC（≤0.6 mg/m³）、HCHO（≤0.1 mg/m³）
车内照度	客车厢、餐车、洗脸间台面照度≥120 lx，厕所≥60 lx
车内噪声	运行时：软卧/座车、一等车≤65 dB(A)，硬卧/座车、二等车、餐车餐厅≤68 dB(A)，餐车厨房≤75 dB(A)
	静止时：软卧/座车、一等车≤60 dB(A)，硬卧/座车、二等车、餐车餐厅≤62 dB(A)，餐车厨房≤70 dB(A)
车内公共用品用具	细菌总数：卧具≤200 cfu/25 cm²、非一次性茶具≤5 cfu/mL
	大肠菌群：卧具与非一次性茶具中都不应检出
	霉菌、酵母菌：非一次性鞋类≤50 cfu/50 m²
车厢空调通风系统	冷凝水：不得检出嗜肺军团菌
	空调送风：不得检出 β-溶血性链球菌与嗜肺军团菌，PM10≤0.15 mg/m³、细菌总数≤500 cfu/m³、真菌总数≤500 cfu/m³
	风管内表面：积尘量≤20 g/m³、细菌总数≤100 cfu/cm²、真菌总数≤100 cfu/cm²
空调车病媒生物	车速≥200 km/h：不应检出鼠密度、鼠迹、蜚蠊密度、跳蚤密度、臭虫阳性率
	车速<200 km/h：蜚蠊密度≤1 只/节，不应检出鼠密度、鼠迹、跳蚤密度、臭虫阳性率
非空调车病媒生物	鼠密度≤5%，鼠迹≤2 处，蜚蠊密度≤2 只/节，跳蚤密度≤2 只/节，不应检出臭虫阳性率

原国家技术监督局发布的 GB 9673—1988《公共交通工具卫生标准》，经国家卫生健康委员会主管修订后，该标准并入 GB 37488—2019《公共场所卫生指标及限值要求》。2019 年 4 月由国家市场监管总局与国家标准化管委会发布并于 2019 年 11 月全国执行，我国公共交通工具 IAQ 控制指标变得更多更严更规范（表 1.16）。原机械工业部批准的 QC/T 236-1997《汽车内饰材料性能的试验方法》，明确了车内雾化污染的检测分析，2019 年工信部修订该标准，增加了内饰材料气味性评价（表 1.17）与 HCHO 含量、总碳挥发量的测定方法，确定了车内饰材料污染检测评价技术。原国家技术监督局发布的 GB/T 17729—1999《长途客车内空气质量要求》，2009 年与 2023 年交通部主管修改，控制指标变化如表 1.18 所示。

表 1.16　我国公共交通工具 IAQ 指标及浓度限值（GB 37488—2019）

CO_2 /%	CO/ (mg·m^{-3})	PM10/ (mg·m^{-3})	细菌总数 /cfu·m^{-3}	细菌总数 个/皿	噪声/ dB(A)	HCHO/ (mg·m^{-3})	苯/ (mg·m^{-3})	甲苯/ (mg·m^{-3})	二甲苯/ (mg·m^{-3})	TVOC/ (mg·m^{-3})	O_3/ (mg·m^{-3})	NH$_3$/ (mg·m^{-3})	氡气/ Bq·m^{-3}
≤0.10^a ≤0.15^b	≤10	≤0.15	≤1500^a ≤4000^b	≤20^a ≤40^b	≤45^a <70^b	≤0.10	≤0.11	≤0.20	≤0.20	≤0.60	≤0.16	≤0.20	≤400

a：卧铺，b：非卧铺。

表 1.17　汽车内饰材料气味评级（QC/T 236-2019）

等级	1	2	3	4	5	6
评定标准	无法察觉	轻微的察觉，不刺鼻	明显的察觉，但不刺鼻	有轻微的刺鼻气味	感受到强烈的刺鼻气味	无法容忍的气味

表 1.18　我国长途客车 IAQ 控制指标对比（GB/T 17729）

标准版本	IAQ 控制指标							
	O_2/%	CO/ (mg·m^{-3})	CO_2/%	HCHO/ (mg·m^{-3})	甲苯/ (mg·m^{-3})	二甲苯/ (mg·m^{-3})	TVOC/ (mg·m^{-3})	菌落总数 /(cfu·m^{-3})
1999 版	≥18	≤10	≤0.15	—	—	—	—	—
2009 版	≥20	≤10	≤0.20	≤0.12	≤0.24	≤0.24	≤0.60	—
2023 版	≥20	≤10	≤0.10	≤0.10	≤0.20	≤0.24	≤0.60	≤4000

　　在乘用车 IAQ 标准发布之前，我国乘用车内污染评价标准采用原国家质检总局、卫生部和环保总局发布的 GB/T 18883—2002《室内空气质量标准》，直到原国家质检总局和环保部发布 GB/T 27630—2011《乘用车内空气质量评价指南》；为加强乘用车 IAQ 控制，环保部科技标准司 2014 年下达 GB/T 27630—2011 修订计划，由中国兵器装备集团公司负责，北京理工大学、重庆长安汽车股份有限公司、北京劳动保护科学研究所、首都经济贸易大学与中国兵器工业标准化研究所等单位参加。该标准修订的主要目的是将推荐性改为强制性且提高车内污染控制要求，修订后空气质量评价指标如表 1.19 所示。

表 1.19　我国 GB/T 27630 乘用车内空气质量评价指南浓度限值　　　　单位：mg/m³

标准版本	HCHO	乙醛	丙烯醛	苯	甲苯	乙苯	二甲苯	苯乙烯
2011 年（现行版）	≤0.10	≤0.05	≤0.05	≤0.11	≤1.10	≤1.50	≤1.50	≤0.26
2016 年（征求意见稿）	≤0.10	≤0.20	≤0.05	≤0.06	≤1.00	≤1.00	≤1.00	≤0.26

　　关于车内安全标准，我国最初实施的是 GB/T 4992—1985《城市用公共汽车技术条件》，经过 4 次修改该标准由推荐标准变为 GB 13094—2017《客车结构安全要求》

强制标准；公安部最初发布了 GB 7258—1987《机动车运行安全技术条件》，经过多次改版日趋完善。车内火灾及防控标准遵照公安部发布的 GA/T 579—2005《城市轨道交通消防安全管理》，该标准由行业标准上升为国家标准，代码改为 GB/T 40484—2021，由国家市场监管总局与国家标准化管委会 2021 年发布并执行。此外，国家应急管理部于 2015 年发布公共汽车客舱灭火的行业标准，国家标准化管委会与原国家质检总局 2017 年发布客车灭火转置配置要求强制标准。车内安全与火灾及其他 EHSV 相关标准规定如表 1.20 所示。

表 1.20 我国部分 EHSV 相关标准的具体规定

EHSV 相关标准代码	标准规定的部分内容
GB 24409—2020	车辆涂料中有害物质限量：1）溶剂型涂料 VOC 含量（g/L）：乘用车原厂涂料，中涂 ≤530 g/L、本色面漆 ≤550 g/L、底色漆 ≤750 g/L；客车原厂涂料，底漆 ≤540 g/L、中涂 ≤540 g/L、清漆 ≤480 g/L；对于动车组、铁道客车与城市轨道交通车、牵引机车，底漆 ≤540 g/L、中涂 ≤540 g/L、清漆 ≤560 g/L、本色面漆 ≤550 g/L。2）水性涂料 VOC 含量（g/L），乘用车原厂涂料，中涂 ≤ 350、本色面漆 ≤520、底色漆 ≤530；客车原厂涂料，底色漆 ≤420、中涂 ≤300、清漆 ≤420；对于动车组、铁道客车与城市轨道交通车、牵引机车，底漆 ≤250、中涂 ≤300、清漆 ≤420、本色面漆 ≤420。3）辐射固化涂料 VOC 含量（g/L），车辆统一限值，水性喷涂 ≤400、水性其他 ≤150、非水性喷涂 ≤550、非水性其他 ≤200。4）色漆重金属含量（mg/kg），车辆统一限值，铅（Pb）≤1000 mg/kg、六价铬（Cr^{6+}）≤1000 mg/kg、汞（Hg）≤1000、镉（Cd）≤100
GB 7258—2017	机动车运行安全技术条件：规定电器导线有阻燃性，客车发动机舱内和其他热源附近的线束采用耐温 ≥125℃ 的阻燃电线，旅居车应装备灭火器；专用校车前部设置碰撞安全结构，乘用车、旅居车、无站立区客车的所有座椅装备汽车安全带；乘用车、旅居车、专用校车人数不能超载，前风窗玻璃装有除霜装置；客车在设计和制造上应保证发动机排气不进入客厢，纯电动、燃料电池和低速汽车除外的汽车司机耳旁噪声 ≤90 dB（A）；前照明灯的近光不应炫目，为避免司机炫目，汽车驾驶室内设置防止阳光直射装置且该装置在汽车碰撞时不应伤害司机
GB 13094—2017	客车结构安全要求：尽可能避免燃料、润滑油或其他易燃物积聚在发动机舱内，发动机舱或其他热源与车辆其他部分之间应安装隔热材料；蓄电池箱应与乘客区、驾驶区隔开，并与车外通风；车内照明应覆盖全部乘客区、车组人员舱、卫生间和铰接客车的铰接段，如果车厢内不能进行自然通风，应装设强制通风装置
GB 34655—2017	客车灭火装备配置要求：客舱内应配置手提式灭火器，其充装的灭火剂应为符合 GB 4066.2 规定的 ABC 干粉灭火剂。专用校车的驾驶员与至少一个照管人员的附近应各配置 1 瓶重量 ≥2 kg 的 ABC 干粉灭火器

续表1.20

EHSV 相关标准代码	标准规定的部分内容
GB 24407—2012	专用校车安全技术条件：明确车内光环境指标，车内照明应覆盖全部乘客区、车组人员区、所有的踏步区、出口引道、靠近乘客门的区域，出口的内部标志和内部控制件等，应避免驾驶员受车内照明和反射光的影响；发动机舱应安装自动灭火装置，乘员舱内应配备灭火器，应保证至少1个照管人员座椅附近和驾驶员座椅附近各有1只重量≥2 kg 的 ABC 型干粉灭火器；车舱如果不能自然通风则应安装强制通风装置，VIAP 浓度限值见表 1.18，允许采用具有杀菌、消除有害气体功能的空气净化装置达到空气质量的要求
GB/T 40484—2021	城市轨道交通消防安全管理：城市轨道交通工具内严禁吸烟，应设置明显的警示标志，列车厢内不应采用明火、电炉等采暖设备。采暖散热器表面平均温度≤80℃，应定期检查运行车上的电气设备和线路，防止列车火灾
GB/T 30512—2014	汽车禁用物质要求：规定汽车及其零部件产品中每一均质材料中的铅、汞、六价铬、多溴联苯、多溴二苯醚的质量含量≤0.1%，镉质量含量≤0.01%，豁免的产品除外
WS 695-2020	新冠肺炎疫情期间公共交通工具消毒与个人防护技术要求：运营中的旅客列车、高铁、长短途客车、轨道交通车辆、公交车、出租汽车等应开窗或开空调通风换气，车内物体表面应消毒，车内人员佩戴口罩，做好防护
XF 1264-2015	公共汽车客舱固定灭火系统：灭火系统响应时间≤4 s，持续喷放时间≥120 s，系统启动后 10 s 内客舱温度开始持续下降，40 s 后客舱内最高温度<93℃，60 s 内扑灭明火且客舱内平均温度降为<60℃

此外，我国为改善车舱环境的舒适性与提高乘客对 VIEQ 的满意度，先后颁布并实施了 GB/T 36953—2018《城市公共交通乘客满意度评价方法》与 GB/T 40261—2021《热环境的人类工效学交通工具内热环境评估》。2003 年中国香港环保署颁布了《空调公共交通设施空气品质管理实践指南》（包括巴士与铁路车辆 IAQ 防控），中国台湾以"立法"的程序发布 IAQ 管理法，规定了公共交通车内空气控制指标，如表 1.21 所示。

表 1.21　中国香港与中国台湾 VIAQ 标准控制指标限值对比

地区	污染物指标						
	甲醛 /(mg·m⁻³)	CO_2 /(mg·m⁻³)	CO/ (mg·m⁻³)	PM10 /(mg·m⁻³)	菌落数 /(cfu·m⁻³)	温度 /℃	湿度 /%
中国台湾	0.10	1960	10	0.075	2500	—	—
中国香港	—	1 级 4500　2 级 6300	—	—	—	20~28	40~70

2. 国际及国外标准

国际标准化组织(ISO)于 1980 年、2006 年、2012 年依次制定了机动车内噪声测量、车内热环境评价(ISO 14505)、道路车内空气(ISO 12219)标准,并于 2021 年修订,用以在全球范围内规范与改善车舱环境质量及乘坐舒适性。联合国欧洲经济委员会的世界车辆规章协调论坛,为了制定全球统一的 VIAQ 标准,于 2015 年成立了 VIAQ 工作组,欧洲、北美等国及日本与韩国的专家共同确定将苯、甲苯、乙苯、二甲苯、苯乙烯、HCHO、乙醛和丙烯醛作为 VIAP 控制物质,同中国乘用车 IAQ 标准 GB/T 27630 一致;还颁布了 ECE R10《车辆电磁兼容性规定》、ECE R12《车辆碰撞防止转向机构伤害驾驶员规定》、ECE R16《机动车成年乘客用安全带和约束系统规定》、ECE R21《车辆内饰件规定》、ECE R29《商用车辆驾驶室乘员防护规定》与 ECE R94《车辆前碰撞乘员防护规定》。

美国环保局(USEPA)把汽车污染划归移动污染源,车舱属于微环境,VIAP 控制无统一限值,可参考 IAQ 标准或汽车企业的自主标准;德国环境署与澳大利亚都将车内环境归到室内环境,车内环境标准参考 IEQ 标准;英国 2012 年颁布色漆、清漆及车辆修补产品的 VOC 规范,限制车内饰材料及油漆涂料的 VOC 排放。美国汽车工程师学会(SAE)发布了 SAE J1756《汽车内饰材料雾化测试》、SAE J1819《机动车儿童约束系统安全性》与 SAE J2578《燃料电池汽车安全规程》等。德国汽车工业联合会(VDA)颁布 VDA 270《车内饰材料气味测定》、VDA 275 车内甲醛测定、VDA 276 汽车内饰件 VOC 测试方法等。

日本汽车工业协会(JAMA)规定车内 VOC 测试方法,浓度测试主要分为预处理步骤、密闭放置时测定 HCHO、乘车时测定其他空气污染,车内污染浓度限值参考日本卫生劳动部规定的室内浓度指标值;韩国 2007 年颁布新建汽车 IAQ 管理标准,2013 年进行了修订,管理标准变得更严格,还规定测试车辆为汽车生产下线 4 周内(14~28 天)的轿车;国外部分 VIAQ 标准污染浓度限值如表 1.22 所示。

表 1.22　国外 VIAQ 标准污染指标浓度限值对比　　单位:mg/m³

国外标准简称	污染物指标						其他空气污染物
	甲醛	苯	甲苯	乙苯	二甲苯	苯乙烯	
日本 VIAQ[a]	0.10	—	0.26	3.80	0.87	0.22	乙醛、对二氯苯、十四烷与仲丁威浓度限值各为 0.048、0.24、0.33 与 0.033
德国莱茵 TÜV[b]	0.06	0.005	三者之和为 0.2			0.03	醇类、胺类、苯酚与邻苯二甲酸盐各为 0.05、0.05、0.02 与 0.03
德国 IAQ[c]	0.10	0.005	0.3	0.2	0.1	0.03	乙醛、三氯乙烯、PM2.5、四氯乙烯、TVOC 各为 0.1、0.02、0.025、0.1、0.3
俄罗斯 VIAQ₂[d]	0.035	—	—	—	—	—	CO、NO₂、NO、甲烷与酯族烃各是 5、0.085、0.4、50 与 50

续表1.22

国外标准简称	污染物指标						其他空气污染物
	甲醛	苯	甲苯	乙苯	二甲苯	苯乙烯	
WHO-IAQ[e]	0.10	—	—	—	—	—	1h 的 CO 与 NO_2 各为 30 与 0.2，萘与四氯乙烯平均浓度值各为 0.01 与 0.25
韩国 VIAQ[f]	0.21	0.03	1.00	1.00	0.87	0.22	丙烯醛为 0.05
韩国 VIAQ[g]	—	—	—	—	—	—	1 级地铁、火车/公交车内 PM10 各为 0.2、0.15，2 级各为 0.25、0.2

注：a 是指 JAMA 降低汽车内 VOC 的自主举措，还规定毒死蜱、邻苯二甲酸二丁酯、邻苯二甲酸二(2-乙基己)酯、二嗪磷浓度限值各是 10^{-3}（儿童 10^{-4}）、0.22、0.12、$2.9×10^{-4}$（单位：mg/m^3）；b 是指德国 TÜV 标准，还规定卤代烃、酯和酮类、除 HCHO 的醛类、乙二醇醚酯、亚硝胺类浓度限值是 0.01、0.2、0.05、0.1、10^{-3}（单位：mg/m^3）；c 是指德国室内空气指南值，还规定 CO_2 与 8 h 的 CO 浓度各为 0.1% 与 10 mg/m^3 等；d 是指俄罗斯 P51206-2004 汽车交通工具乘客厢和驾驶室空气中污染物含量实验标准和方法；e 是指世界卫生组织 IAQ 指南选定污染物；f 是指韩国 No. 2013-539 新建汽车 IAQ 管理标准；g 是指韩国公共交通 IAQ 管理指南，还规定 1 级地铁、火车/公交车内 CO_2 浓度限值各为 0.25%、0.2%，2 级各是 0.35%、0.3% 等。

1.3.2 相关学科及交叉关联性

1. EHSV 相关专业与学科

当代车辆大致朝安全、环保、节能、舒适、健康、智能 6 个维度综合发展，涉及材料、机械、外观设计、内饰、动力、电气、自动化、网络、HVAC 等 9 个方面的学科知识，专业交叉性极强，涉及的 EHSV 相关专业如表 1.23 所示。

表 1.23　我国 EHSV 相关的专业与学科

大学不同教育阶段	相关专业及二级学科名称
本科	车辆工程、智能车辆、汽车服务、轨道交通信号与控制、机械电子、环境工程、环境科学、机械工程、材料科学与工程、能源与动力、电气工程、安全工程、人工智能、网络工程、信息安全、自动化、装甲车辆、交通运输、电子科学与技术、预防医学、卫生监督、工程力学、化学工程、涂料工程、火灾勘查、消防工程等
研究生	声学、光学、分析化学、有机化学、固体力学、流体力学、空气动力学、机械电子工程、车辆工程、材料物理与化学、材料学、热能工程、制冷及低温工程、电机与电器、电路与系统、暖通空调/HVAC、化学工程、材料化学工程、皮革化学与工程、塑料加工工程、载运工具运用工程、人机与环境工程、环境科学、环境工程、安全管理工程、火灾调查技术、灭火与应急救援技术、劳动卫生与环境卫生学、卫生毒理学等

2. 不同专业学科的交叉关联性

EHSV 科学是一个新兴复合且交叉关联性强的研究领域，涉及车辆工程、汽车服务工程、环境科学、环境工程、机械设计制造、人机工程、工业设计、公共卫生、健康医学、化学工程、交通运输、交通工程、机械电子、电气工程、艺术设计、人工智能、人机环系统、自动控制、材料科学、热能工程、流体力学、安全工程、暖通空调(HVAC)、网络工程、信息工程等多个学科或专业，其交叉关联性见图 1.11。

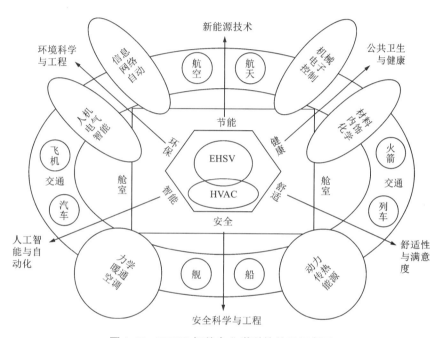

图 1.11　EHSV 相关专业学科的关系示意图

1.3.3　相关组织与评价管理

1. EHSV 相关组织

自从 2002 年国务院副总理曾培炎批示环保部门要关注乘用车 IAQ 问题以来，我国相继成立了汽车环境专业委员会、VIAQ 工作委员会、车内环保专业委员会，并开展了系列 EHSV 相关研究与工作，积累了大量的 VIEP 数据，为我国制定 EHSV 相关标准及政策法规提供了科学依据。国内外相关 EHSV 组织如表 1.24 与 1.25 所示，这些组织的成立有利于 EHSV 的标准制定、贯彻落实、技术培训、问题监督、评价管理与预防控制，有助于交通车辆工业的技术进步和汽车产业的绿色健康发展。

表 1.24 我国部分 EHSV 相关组织或单位

组织或单位名称	成立时间	下属 EHSV 相关分会/委员会或开展的部分工作
全国爱国卫生运动委员会	1952 年	原名中央防疫委员会,联合原卫生部、铁道部、交通部等制定《关于在公共交通工具及其等候室禁止吸烟的规定》,规定从 1997 年起禁止在公共交通车内吸烟
中国汽车工程学会(China SAE)	1963 年	设有汽车安全技术、汽车环境保护技术、振动噪声、汽车材料、电动汽车、汽车智能交通、汽车非金属材料、汽车发动机等分会
中国汽车工程研究院(中国汽研)	1965 年	发布中国汽车健康指数(C-AHI)、中国消费者汽车驾乘指数、智慧健康座舱认证标准,与中保研汽车技术研究院制定中国保险汽车安全指数(C-IASI)评价规程,与广东室内环境卫生协会发布《品牌评价健康乘用车》团体标准
应急管理部上海消防研究所	1965 年	主要从事灾害事故预防与控制、火灾物证鉴定等工作,是国家级汽车新产品定型鉴定试验单位、汽车产品质量监督检验与汽车安全法规强制检验机构
中国制冷学会(CAR)	1977 年	包括空调热泵、车辆热管理等工作委员会
中国环境科学学会(CSES)	1978 年	设有室内环境与健康分会(设有交通及特殊环境与健康学组),机动车污染防治、电磁环境、环境噪声防治等专业委员会
中国铁道学会(CRS)	1978 年	下设车辆、劳动与卫生、环境保护、轨道交通装备等委员会
中国腐蚀与防护学会(CSCP)	1979 年	设有铁道设施、涂料涂装及表面保护等专业委员会
中国内燃机学会(CSICE)	1981 年	下设燃烧节能净化、后处理技术等分会
中国疾控中心(CDC)	1983 年	颁布新型冠状病毒肺炎疫情期间客运场站及交通运输工具卫生防护指南
中国职业安全健康协会(COSHA)	1983 年	设有交通行业职业安全健康、噪声与振动控制等专业委员会
中国消防协会(CFPA)	1984 年	下设消防车/泵分会、消防电子等分会,火灾原因调查、电气防火等专委会
中国环境保护产业协会(CAEPI)	1984 年	包括室内环境控制与健康分会,噪声与振动控制、机动车污染防治等委员会
中国汽车技术研究中心(中汽中心)	1985 年	发布中国新车评价规程(C-NCAP)与中国生态汽车评价规程(C-ECAP),从事车辆安全、振动与噪声、尾气排放、VIAQ、CN95 健康座舱认证等工作
中华预防医学会(CPMA)	1987 年	设有环境卫生分会、铁路系统分会等

续表1.24

组织或单位名称	成立时间	下属 EHSV 相关分会/委员会或开展的部分工作
中国汽车工业协会（CAAM）	1987 年	设有汽车空调、车用发动机、减振器、排气消声系统等分会，2015 年在北京成立 VIAQ 工作委员会，贯彻国家 VIAQ 控制标准，加强我国 VIAQ 控制工作
中国室内装饰协会（CIDA）	1988 年	设有国家室内车内环境及环保产品质量监督检验中心、室内环境监测工作委员会等专业机构、开展 VIAP 调查
中国制冷空调工业协会（CRAA）	1989 年	内设汽车热系统分会(原名汽车空调工作委员会）,是目前国内唯一经过国家民政部与国资委批准备案的"汽车空调行业"协会组织
中国科协联合会汽车环境委员会	2004 年	组织并开展了首次中国汽车内环境污染情况调查活动
中国消费品质量安全促进会	2014 年	与中汽数据有限公司发布《健康汽车技术规则（2022 年版)》
中华环保联合会车内环保委员会	2019 年	由国家室内车内环境及环保产品质量监督检验中心等单位组建,致力于提供安全健康舒适的车内环境,不断提高我国车内环保水平与产业服务质量

表 1.25　国际国外部分 EHSV 相关组织或单位

机构名称	成立年份	下设 EHSV 相关分会/委员会或开展的部分工作
国际汽车联合会（FIA）	1902	以推动汽车发展为宗旨,关注道路安全、环境、机动性及用车人员保护等
美国汽车工程师学会（SAE）	1905	从事车内气候控制、车辆排放与噪声、车载诊断、车辆安全与标准制定等研究工作
美国公路安全管理局（NHTSA）	—	制定机动车安全标准/FMVSS 与新车评价规程/NCAP,负责车辆安全认证工作
德国汽车工业协会（VDA）	—	包括汽车技术与生态系统、交通与运输(气候,环境与可持续性)等部门
国际标准化组织（ISO）	1946	设有道路车辆技术等委员会,制定颁布道路车辆车内空气、车内热环境评价等标准
世界卫生组织（WHO）	1948	颁布《烟草控制框架公约》,要求公共交通车内等室内公共场所全面禁烟
美国汽车医学发展学会（AAAM）	1957	从事车辆安全与健康医学的交叉研究,原名美国汽车医学学会
国际交通医学学会（ITMA）	1960	为世界交通安全与交通医学研究的权威组织及领导机构,为世界范围内致力于交通安全和交通致伤救治技术的研究,原名国际意外事故和交通医学学会

续表1.25

机构名称	成立年份	下设EHSV相关分会/委员会或开展的部分工作
日本汽车工业协会（JAMA）	1967	致力于推动日本汽车工业及关联产业的健康发展，从事机动车安全与环境保护等技术研究
美国加州空气资源委员会（CARB）	1967	合并空气卫生局与机动车污染控制委员会，自1997年起资助VIAQ研究(污染调查/暴露评价/健康危害/防控措施)，重点分析校车内污染对小孩的影响
美国环保局（USEPA）	1970	自1973年起实施VIAP控制计划，调查了1100多辆车，发现车内空气中含有270多种有机化合物，最大CO浓度与噪声为50 ppm与100 dB，发布相关报告
美国生态中心	1970	发布车内空气、内饰材料与汽车儿童座椅有毒有害物质调查分析报告
美国汽车工业行动集团（AIAG）	1982	全球公认的著名组织，致力于改善汽车产品质量、健康、安全和环境
韩国汽车工业协会（KAMA）	1988	环境与绿色动力、安全与智能移动等部门
国际IAQ与气候协会（ISIAQ）	1992	全球非营利性的科学组织，主要研究IEQ，2005年第10届IAQ国际会议开设VIAQ专题论坛，指出VIEQ研究有待开拓
欧盟新车安全评鉴协会	1997	制定五星安全评级体系(E-NCAP)，星级越高越安全，评估车辆安全性

2. EHSV 相关法规与管理制度

中国地铁2021年12月17日报道：乘客彭某犯了烟瘾，在动车厢卫生间吸烟3口，触发烟雾报警，高铁列车时速瞬间降到110 km。彭某认识到错误，在"失信行为告知书"上签字，被警方依法行政罚款500元，并纳入铁路失信人员名单，180天内限乘火车。众所周知，动车组列车运行速度快，一旦发生火灾，会对旅客的生命财产安全和列车线路设备等带来巨大的威胁，甚至引发重大安全事故。为预防火灾隐患，列车上安装了千余个故障传感器和烟雾报警器，触发报警后，列车会立即降速运行，甚至紧急停车。所以动车内点烟不仅扰乱铁路运输组织、影响行车安全，还直接耽误全车旅客的行程，属于违法行为。此外，公共交通车厢属于空间小且紧闭的室内公共场所，车内抽烟会导致污染物浓度高，对健康危害大。中国、英国、德国、法国、日本、韩国、加拿大、俄罗斯等国都采取禁烟措施。世界各国都颁布了相关法规防控EHSV问题，如表1.26与1.27所示。

表 1.26 我国部分 EHSV 相关立法与管理制度

立法机构	部分相关规定或内容
全国人大	1979 年通过的《中华人民共和国刑法》规定：破坏火车、汽车、电车等，足以发生危险，但尚未造成严重后果的处 3~10 年有期徒刑，破坏交通工具造成严重后果的处 10 年以上有期徒刑、无期徒刑或死刑；刑法修正案规定，干扰公共交通工具正常行驶，危及公共安全的，处 1 年以下有期徒刑、拘役或管制，并处或单处罚金。2021 年颁布的《中华人民共和国数据安全法》与《中华人民共和国个人信息保护法》，为智能汽车安全发展保驾护航，保障车内人员人身与财产安全
全国人大常委会	1990 年通过的《中华人民共和国铁路法》规定：在列车内寻衅滋事，扰乱公共秩序，危害旅客人身、财产安全者，铁路公安人员可以将其拘留；1996 年通过的《中华人民共和国环境噪声污染防治法》规定：要防控机动车辆、铁路机车等交通噪声，禁止制造、销售或进口超过规定噪声限值的汽车；2003 年通过的《中华人民共和国道路交通安全法》规定：禁止货运机动车载客，机动车载人不得超过核定的人数，客运机动车不得违反规定载货，机动车载运危险物品应经公安机关批准并采取必要安全措施
国务院	制定《铁路安全管理条例》：严禁使用存在缺陷的机车车辆，不得违法携带管制器具、危险物品或其他违禁品上车，禁止在动车内或其他列车禁烟区吸烟；2012 年通过《缺陷汽车产品召回管理条例》，保障人民人身与财产安全
交通运输部	2020 年发表并实施《高速铁路安全防护管理办法》，规定铁路运输企业应当在列车等场所配备报警装置以及必要的应急救援设备设施和人员，在车厢等重要场所配备、安装监控系统，维护人民生命与财产安全
司法部	2019 年发布《城市公共交通管理条例(征求意见稿)》，鼓励公众使用节能环保、配备无障碍设施的公共交通车，乘客不得在车内饮酒、吸烟、乱扔废弃物或其他不文明行为，禁止人员携带有可能危及他人人身和财产安全的物品乘车
国内城市	颁布轨道交通管理条例或安全运营办法或乘客守则等规章制度，禁止乘客携带危险品上车，不得破坏车内设备或公共财物，禁止乘客在公共交通车内吸烟与随地吐痰等；上海地铁打造"静音车厢"防控噪音，自 2020 年起执行新版《上海市轨道交通乘客守则》，禁止乘客使用电子设备时外放声音，如有违规且不听劝阻者，将移交公安机关处理
中国港澳台地区	中国香港 1982 年诞生禁烟法例，要求公共交通车内禁烟，2007 年实行车内全面禁烟，否则可处最高 5000 港元的罚款；中国澳门 2011 年发布《预防及控制吸烟制度》法律，交通车内实行全面禁烟；中国台湾 2008 年通过《IAQ 管理法》草案，严格管控公共巴士 IAQ，2009 年通过《烟害防制法》修正案，交通车内实行全面禁烟，违者罚款

表 1.27 国外部分 EHSV 相关立法与管理制度

立法国家	部分相关规定或内容
英国	为了防控蒸汽机汽车产生的浓烟与噪声等公害，1861 年制定了机动车道路法案，规定了汽车行驶速度并严禁驾驶员鸣笛，车前方 55 m 处要有车务员手摇红旗，以警示行人将有"危险之物"经过；2007 年出台无烟法律，禁止人员在公共交通工具和工作车辆中吸烟，从 2015 年起扩展到载有小孩的私家车内禁止吸烟，保护儿童免受二手烟雾危害

续表1.27

立法国家	部分相关规定或内容
美国	1966年出台《国家交通及机动车安全法》,是世界上第1个建立并实施缺陷汽车产品召回制度的国家,以杜绝潜在安全风险;明尼苏达州1975年颁布《室内清洁空气法》,禁止乘客在交通车内吸烟;环保署发布清洁校减排、绿色车辆指南,倡导车内禁烟、减少车辆怠速排放污染,推广使用电动车以降低车内外空气污染暴露,特别是保护儿童健康
加拿大	1985年颁布无烟健康法令,禁止在公共交通车内吸烟;发布无烟汽车指南,避免二手烟草烟雾危害健康
德国	环保署将车内环境归为室内环境,成立室内空气卫生委员会,颁布IAQ指导值,防控车内污染;发布零污染行动计划、绿色巴士采购指南、蓝天使环保认证规程,要求车辆产品环保健康安全
日本	颁布降低汽车内VOC的自主举措、自主行动计划——小轿车车内空气污染治理指南,1969年开始实施汽车召回制度
韩国	颁布新建汽车IAQ管理标准、公共交通IAQ管理指南、公共交通工具IAQ调查与管理办法、汽车召回制度

3. EHSV 相关评价与认证

为了更好地预防与控制 EHSV 问题,世界部分国家还发布了系列专业评价或认证标准,如表 1.28 所示。EHSV 防控不仅需要健全的法律法规、标准、守则或指南,还需要严格的监督、监管、评价或认证制度,更需要车内人员的自觉遵守与汽车厂家高质量生产制造的产品。

表 1.28　全球部分 EHSV 相关评价与认证标准

评价与认证的部分内容或程序
新车评价规程(NCAP):美国1979年最早采用NCAP体系,澳大利亚、日本、欧盟、韩国与中国各在1992年、1995年、1997年、1999年与2006年建立NCAP,评价新汽车碰撞危害,评估车辆安全性,以保护车内人员与路边行人安全
美国公路安全保险协会(IIHS)测评:包括前端侧角碰撞、侧面撞击、车顶强度测试和追尾对颈椎的影响测评,结果分优秀/good、良好/acceptable、及格/marginal、差/poor4个等级,反映汽车碰撞对乘员和行人的安全程度
中国生态汽车认证(C-ECAP):基于生态设计理念,从健康-节能-环保3个方面评价乘用车的VIAQ/车内噪声/有害物质3项指标,传统能源乘用车再加综合油耗与尾气排放2个指标,纯电动乘用车再加百公里电耗与人体电磁防护2个指标
中国保险汽车安全指数(C-IASI):围绕交通事故中的"车损和人伤"测试车辆耐撞性与维修经济性、车内乘员安全、车外行人安全、车辆辅助安全等4个指数,结果分为优秀/G、良好/A、一般/M和较差/P4种等级

续表 1.28

评价与认证的部分内容或程序
中国汽车健康指数(C-AHI)评价:立足汽车消费者、汽车企业、国家政策的评价体系,包括车内挥发性有机物(VOC)、车内气味强度(VOI)、车辆电磁辐射(EMR)、车内颗粒物(PM)、车内致敏物风险(VAR)5 个板块
CN95 健康座舱认证:由中汽中心华诚认证推出,以空调滤清器作为评价车内健康安全的起点,涵盖有害颗粒过滤、优质空气、车内异味、辐射防护、静音效果、抗菌抑菌、无害材质、车内空气主动净化等 8 大领域
智慧健康座舱认证:由中国汽研凯瑞认证推出,包括"健康座舱和智慧座舱"2 个方向,前者含清新空气、抗菌防霉、健康选材、电磁洁净、低噪隔音 5 个维度,后者含智联四方、智享乐趣、智能守护、智慧交互 4 个维度
CN95 智慧健康座舱认证:为探索汽车工业与健康领域的深度结合,加速汽车智慧健康相关行业协同创新发展,2020 年华诚认证与凯瑞认证联合声明将"CN95 健康座舱、智慧健康座舱"统一为"CN95 智慧健康座舱"认证

1.3.4　防控措施与展望

1. EHSV 防控措施与技术

建立相关法律法规与规章制度,严格执行缺陷车辆产品召回制度是 EHSV 防控的有效保障。此外,在 EHSV 防控技术方面,我国的车辆设计与研发应用了系列高科技与新技术,欧盟、美国、加拿大、日本也都采取了相关举措,如表 1.29 所示。

表 1.29　国内外部分 EHSV 控制措施与技术

国家、地区	具体控制措施与技术
欧盟	1999 年发布 EC 指令,限制 20 多种有机溶剂使用时释放 VOC;2002 年出资 477 万欧元启动"清洁车厢工程",意在开发出有效的 VIAQ 监测管理系统与模态化的综合空气调节系统,以探测并消除车内有毒气体、PM10、过敏原及微生物污染,给驾乘人员提供绿色、健康、环保、舒适的乘车环境
德国	规定汽车自身、零部件与内饰物应满足"蓝天使"环保标志设计要求,汽车零部件材料含有的苯、二甲苯、甲醛、丙酮等符合德国三级车内环保标准,甲醛含量 ≤0.08 mg/m³,销售前新车须经过有毒有害气体的挥发期;鼓励企业为汽车配备天窗便于通风换气,为汽车装配空气净化器或采用光触媒抗菌净化等技术来改善 VIEQ

续表1.29

国家、地区	具体控制措施与技术
美国	1966年发布第一个VOC指令，以控制高VOC涂料产品的生产及使用；2006年USEPA编制车内有毒有害气体释放控制草案，通过管控有效降低汽车产生的空气毒物，要求汽车生产企业所用汽车材料必须申报，经过审核达到环境危害最低点才可使用，以减少污染高散发材料的使用率
加拿大	要求学校使用清洁校车以减少儿童VIAP暴露；要求司机在儿童上下车时熄灭发动机，远离前面校车的尾气排放污染，尽可能减少机动车尾气进入校车舱内，保护儿童避免VIAP与尾气危害等
日本	在汽车开发设计阶段，要制定不含或含VOC低的材料清单，并审核试验样品VOC测定数据；光触媒净化技术是日本企业常使用的非常有效的VIAP控制措施，部分车企还开发出了具有灭菌功能的新式空调
香港	环保署颁布的《空调公共交通设施空气品质管理实践指南》部分规定：巴士与铁路车辆舱室应使用友好环保材料，有害物释放浓度低，有足够的新风可以净化污染，重视车厢及HVAC系统的保洁与环境卫生改善
中国	1)复兴号动车组(CR300BF)车体采用铝合金材质、结构采用隔声与减振设计，大幅提升舱室隔音降噪能力；通过高压新风系统调整车厢内部压力，明显消除列车过隧道时耳膜不适感；加大车舱座椅宽度，使乘坐舒适感更佳，座椅处设置集成三孔、两孔与USB接口插座，充电更方便；每节车厢内设有4个温度传感器，智能空调让车内温度更适宜；厢内采用半球与通道全景摄像机，实时监控车内环境；电茶炉采用先进的电磁式加热，具备安全童锁功能，防止儿童烫伤 2)复兴号高寒动车组列车采用铬钼合金钢螺栓螺母、低温控制开关、自动化防冻结功能刹车制动、覆盖防寒材料的供排水管等技术和设备，车体采用轻量化铝合金材质，可承受零下40℃低温等极端恶劣天气；列车开启冬季模式，车上的管路加热器被打开，当车体管路低于一定温度时，加热器会自动加热 3)我国京沪高铁还推出"静音车厢"等新举措，防控车内噪声污染，提高乘车舒适性

2023年5月4日，WHO总干事谭德塞表示，700多万人死于新冠肺炎，但真正死亡人数"可能"接近2000万，新冠病毒(nCoV)仍是一个重大威胁。新冠疫情期间，各国对疫情重灾区进行封闭管理，停止交通运行，杜绝病毒在车内扩散传播，防止人员感染，积极打造"健康车厢"，将车舱HVAC与环境进行卫生消毒，对疫情防控效果很好。我国还特别颁布了新冠疫情期间公共交通工具消毒与个人防护技术要求、公共交通工具消毒操作技术指南、nCoV感染不同风险人群防护指南、nCoV防控指南，严防车内nCoV感染。我国通达电气全力打造适用于客车环境安全监测与防控的智能健康车厢系统，由智能雾化除菌、光触媒紫外线加等离子空气净化系统与智能测温防控等模块组成，为公共交通行业筑牢安全防疫线。

要有效控制VIEP、杜绝车内健康危害，确保车内环境安全，应从源头把控、材料与工艺监管、生产与制造过程监督、售后服务质量跟踪等车辆全生命周期各环节来考虑(分为原料、加工、生产、成型、流通、销售、装饰、使用8个环节)，打造生态或绿色或健康车辆是 EHSV 有效防控措施；按照 EHSV 与 VIEQ 相关标准，C-NCAP、C-ECAP、C-AHI、C-AISI 或 CN95 智慧健康座舱认证要求对交通车辆或汽车开展评价，从品质、安全、环保、舒适与健康 5 个维度全方位跟踪、管控与治理突出的 EHSV 问题，召回有缺陷的车辆产品。

2. EHSV 发展前景

随着生活水平与经济的发展，车辆的用途越来越广，人们在车内度过的时间会更长。车辆不仅是交通代步工具，更是集休闲、学习、工作与生活于一体的立体智慧空间，车舱是人们的第二个"家或亲密伴侣"，EHSV 问题被人们更加重视与强化。从国家政策与君迪（J. D. Power）调研结果来看（表 1.30），车辆会朝着"安全智能、节能环保、舒适健康"的方向发展，健康汽车及健康车辆将发展为一项重要的健康产业。在人工智能时代，智能车发展的主要趋势是确保乘坐舒适性、安全性、交通效率和环境可持续性。可见 EHSV 问题日益突出，智能座舱或智慧舱室的出现，将引导 EHSV 朝着智能控制方向发展。新冠病毒（nCoV）导致新冠肺炎（COVID-19）或新冠感染全球大流行，给世界各国造成了重大灾难与损失，交通车舱的病毒消杀与乘员健康安全被提到了前所未有的高度，EHSV 重要性加强。因此，未来的交通出行、车企研发与生产制造都会更加重视 EHSV 问题。

表 1.30 我国健康与交通发展规划及君迪调研报告

部分相关政策与内容
中共中央与国务院 2016 年印发实施的《"健康中国 2030"规划纲要》指出：以提高人民健康水平为核心，以建设健康环境、发展健康产业等为重点，把健康融入所有政策，有效控制健康危险因素，大幅提高全民健康素养，推进健康中国建设
国务院新闻办公室 2020 年发布的《中国交通的可持续发展》白皮书指出：要构建安全、便捷、高效、绿色、经济的现代化综合交通体系，打造一流设施、技术、管理与服务，提高安全智慧绿色发展水平，提升安全防控、应急处置和救援保障能力，到 2035 年基本建成交通强国，人民满意度和智能、平安、绿色、共享交通发展水平明显提高
君迪（J. D. Power）调研报告：车内空气安全与健康成为中国消费者购车的重要考量之一，车主和意向购车者最关注的前 3 项健康类功能与配置是有杀菌消毒功能的车载空气净化系统、App 远程控制车内空气循环系统、VIAQ 监测装置

车内环境与健康安全（EHSV）从环保、健康、安全 3 个维度围绕车舱开展研究，可发展为车舱环境学（VCES）或车舱科学（VCS）；如果增加飞机、火箭、航天运输、宇宙飞船、船舶、游艇、舰艇与坦克等交通工具舱室，可拓展为舱室环境学（CES）。若再加上智能、舒适、节能 3 个维度可发展为舱室科学与工程（CSE）。如图 1.12 所示，其中内饰指含纺织品、皮革、涂料、塑料、添加剂等的内饰材料与内饰件，安全问题包括舱室高温、严寒、火灾、消防、碰撞、落水、侧翻、酒驾、自燃与爆炸等，HVAC 含供热、通风、空调与制冷系统。舱室科学与工程（CSE）可分为舱室环境、舱室能源、舱室健康、舱室智能、舱室安全、舱室舒适 6 个方向，它们之间相互影响，紧密联系。

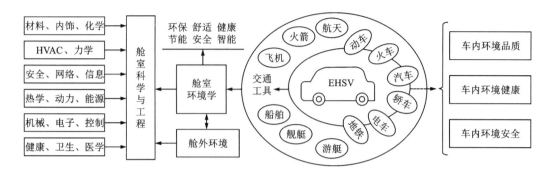

图 1.12　EHSV 发展规划与前景

参考文献

［1］ 孙赫阳.基于滑模变结构的无人驾驶车辆轨迹跟踪控制方法研究［D］.长春：长春工业大学，2021.

［2］ 百川.创新革命——新能源汽车发展史［J］.汽车工艺师，2021(9)：30-35.

［3］ 徐晓美，孙宁.汽车概论［M］.北京：机械工业出版社，2019.

［4］ 高昌平，毕仕强，蔡沈卫.世界汽车工业的崛起与发展研究［J］.产业与科技论坛，2020，19(15)：77-78.

［5］ Mote C D J. Engineering in the 21 st century. The Grand Challenges and the Grand Challenges Scholars Program［J］. Engineering, 2020, 6(7)：728-732.

［6］ 刘晓欢.面向智能车行驶的最佳路径选择机制与方法研究［D］.天津：天津理工大学，2021.

［7］ 鲍旋旋.复杂约束下自动驾驶车辆运动规划方法研究［D］.长春：长春工业大学，2020.

［8］ 向泽锐，支锦亦.我国城市轨道列车工业设计研究综述［J］.西南交通大学学报，2021，56(6)：1319-1328.

［9］ 汪忠海.城市轨道交通车辆技术现状与展望［J］.城市轨道交通，2020(11)：48-51.

［10］ 董绪伟.电动汽车人体电磁暴露安全评估研究［D］.兰州：兰州交通大学，2019.

［11］ 刘家栋，李梁，刘义，等.快速有轨电车在市域轨道交通中适应性研究［J］.现代城市轨道交通，2021(3)：4-10.

［12］ Constable G, Somerville B. Greatest engineering achievements of the 20th century-10 Air Conditioning and Refrigeration［M］. National Academy of Sciences, USA, 2021：4-5.

［13］ 罗天胜.汽车空调进气壳体的噪音分析与结构优化［D］.荆州市：长江大学，2020.

［14］ 何海振.铁路客车单元式空调机组与性能测试系统设计开发［D］.石家庄：河北科技大学，2017.

［15］ 杜莎.智能座舱的核心是提升用户体验［J］.汽车与配件，2020(15)：6.

［16］ 郁淑聪，孟健，张渤.浅谈汽车智能座舱发展现状及未来趋势［J］.时代汽车，2021(5)：10-11.

［17］ 刘载阳.车内空气质量将有"标"可依［J］.中国消费者杂志，2006(12)：30-32.

［18］ Huang W, Lv M, Yang X. Long-term volatile organic compound emission rates in a new electric vehicle：Influence of temperature and vehicle age［J］. Building and Environment, 2020, 168：106465.

［19］ Wang H, Guo D, Zhang W, et al. Observation, prediction, and risk assessment of volatile organic compounds in a vehicle cabin environment［J］. Cell Reports Physical Science, 2023, 4(4)：101375.

［20］ 刘雅倩, 张文楼, 刘琪, 等. 地铁车厢内挥发性有机物污染水平及对健康人群心电指标的影响 ［J］. 首都公共卫生, 2020, 14(1)：13-15.

［21］ 虞接华, 潘雷. 不同使用场景下车内挥发性有机污染物的研究［J］. 汽车零部件, 2023, (2)：50-54.

［22］ 李新强, 俞晓璇, 陈付贵, 等. 变速箱S形齿廓传动齿轮对整车NVH性能的影响［J］. 内燃机与动力 装置, 2023, 40(1)：89-92.

［23］ 牛道安, 魏子龙, 孙宪夫, 等. 小半径曲线钢轨波磨激扰下列车车内振动噪声特性［J］. 交通运输工 程学报, 2023, 23(1)：143-155.

［24］ Kim S, Altinsoy ME. Active control of road noise considering the vibro-acoustic transfer path of a passenger car［J］. Applied Acoustics, 2022, 192：108741.

［25］ Das D, Ramachandran G. Risk analysis of different transport vehicles in India during COVID-19 pandemic ［J］. Environmental Research, 2021, 199：111268.

［26］ Mehel A, Cavellin LD, Joly F, et al. On-board measurements using two successive vehicles to assess in-cabin concentrations of on-road pollutants［J］. Atmospheric Pollution Research, 2023, 14：101673.

［27］ Gastelum-Arellanez A, Esquivel-Días J, Lopez-Padilla R, et al. Assessment of persistent indoor VOCs inside public transport during winter season［J］. Chemosphere, 2021, 263：128127.

［28］ Lima B D, Teixeira E C, Hower J C, et al. Metal-enriched nanoparticles and black carbon：A perspective from the Brazil railway system air pollution［J］. Geoscience Frontiers, 2021, 12：101129.

［29］ 黄文杰, 吕孟强, 高鹏, 等. 基于用户主观评价的车内气味调查研究［J］. 暖通空调, 2020, 50(4), 14-20.

［30］ 余韵, 郑钟黛西, 盛华芳, 等. 广州地铁环境微生物组分布规律及其潜在影响因素分析［J］. 现代医 院, 2020, 20(1)：103-106.

［31］ Qian H, Miao T, Liu L, et al. Indoor transmission of SARS-CoV-2［J］. Indoor air, 2021, 31(3)：639-645.

［32］ 中国疾病预防控制中心新型冠状病毒感染应急响应机制重点场所防护与消毒技术组. 新型冠状病 毒感染疫情期间客运场站及交通运输工具卫生防护指南［J］. 中华预防医学杂志, 2020, 54(4)：359-361.

［33］ 刘旺. 太阳能热催化降解车内甲醛的影响因素研究［D］. 天津：天津商业大学, 2021.

［34］ Moreno T, Pintó R M, Bosch A, et al. Tracing surface and airborne SARS-CoV-2 RNA inside public buses and subway trains［J］. Environment International, 2021, 147：106326.

［35］ De Winkel K N, Pretto P, Nooij S A E, et al. Efficacy of augmented visual environments for reducing sickness in autonomous vehicles［J］. Applied Ergonomics, 2021, 90：103282.

［36］ 董红磊, 王琰. 产品安全认知视域下的自动驾驶车辆安全探讨［J］. 汽车工程学报, 2021, 11(3)：164-170.

［37］ 孙明宇, 王立民, 王青贵. 电动汽车起火事故调查分析［J］. 科技与创新, 2021(9)：32-34.

［38］ 卢燚, 王国杰. 关于乘用车第三排座位安全问题探讨［J］. 时代汽车, 2021(11)：184-186.

［39］ 郭志慧, 崔潇丹, 赵林双, 等. 高镍三元锂离子电池火灾及气体爆炸危险性实验研究［J］. 储能科学 与技术, 2022, 11(1)：193-200.

［40］ Konoplev V, Zhukov A, Melnikov Z. Study on fire safety of cargo vehicles running on gas motor fuels ［J］. Transportation Research Procedia, 2020, 50：280-289.

［41］ Kumagai H, Kawaguchi K, Sawatari H, et al. Dashcam video footage-based analysis of microsleep-related behaviors in truck collisions attributed to falling asleep at the wheel［J］. Accident Analysis and Prevention, 2023, 187：107070.

［42］ Lu Y, Khajepour A, Soltani A, et al. Gain-adaptive Skyhook-LQR：a coordinated controller for improving truck cabin dynamics［J］. Control Engineering Practice, 2023, 130：105365.

第2章

车内污染的认识与健康危害

车内环境污染(VIEP)中污染物种类繁多,形态各异,质量与数量浓度差异较大。本章先从车内污染物的形态特征、生物特性或烟雾特性对 VIEP 进行分类,并尝试给出相应的简单定义,这对于认识车内环境品质(VIEQ)科学是很重要的;然后从环境医学、公共卫生、环境健康角度简单描述 VIEP 对健康的危害,可以更全面地理解 VIEP 特征,为重视与了解 VIEQ 科学和车内环境与健康安全(EHSV)打下基础。

2.1 车内污染的定义与分类

可以参照室内环境污染的常规分类方法对车内污染进行分类与定义,也可依照污染物是否具有生物特性或烟雾烟气特性尝试新的分类方法与新的定义。

2.1.1 常规分类与概念

1. 车内污染物的简单定义

车内气态污染物(GP)是指在常温常压下,以分子状态存在于车舱室内环境的污染物,包括气体和蒸汽;可分为一次 GP 和二次 GP,车内一次 GP 是指直接从车内饰材料或其他污染源释放或空气对流到舱室空气环境的原始污染物质,车内二次 GP 是指一次 GP 与车辆舱室空气中已有组分或几种一次 GP 之间经过化学(光化学)反应而生成的与一次 GP 性质不同的新污染物质;也可分为有害气体与非有害气体,车内有害气体是指危害车辆舱室驾乘人员身体健康的 GP 或者使驾乘人员感到不适、不舒服的 GP,例如苯、HCHO 和 CO等;还可分为挥发性有机物(VOC)与非挥发性有机物,车内 VOC 是指车舱内可挥发的有机化合物,包含 SVOC(半 VOC)与 VVOC(易 VOC)。

车内颗粒物(PM)是指车辆舱室环境气溶胶体系中均匀分散的各种固体或液体微粒,可分为一次 PM 和二次 PM。车内一次 PM 是指直接来自机动车尾气、大气颗粒污染或燃料燃烧、烟草燃烧与火灾烟气中的颗粒；车内二次 PM 是指一次 PM 与舱室空气的其他污染物通过化学反应产生的新 PM 或舱室环境中几种一次 PM 经耦合反应而形成的新 PM。

车内细颗粒物(PM2.5)是指空气动力学当量直径≤2.5 μm 的车内空气 PM，具有粒径小、面积大、活性强，易附带重金属、微生物等有毒有害物质，且在空气中停留时间长的特点，对 VIEQ 及驾乘人员健康影响大。车内可吸入颗粒物(PM10)是指车舱环境空气内粒径<10 μm 的 PM，在空气中持续的时间很长，对人体健康和 VIAQ 影响很大。车内超细颗粒物(PM0.1)又称超微粒子(UFP)是指当量粒径<0.1 μm 的车内环境空气中的 PM，车内总悬浮颗粒物(TSP)是指空气动力学当量直径≤100 μm 悬浮在车舱内的 PM，车内总颗粒物(TPM)是指车舱环境空气中所有 PM 的总称。

车内生物污染(biological pollution)是指车辆舱室环境中出现具有生物特征或特性的污染现象，可分为微生物与其他生物污染。车内微生物(microorganisms)是指车舱内一些构造简单的低等生物，大多为单细胞生物，少数为多细胞生物，还有一些无细胞结构或者非细胞生物类，例如细菌(bacteria)、病毒(viruses)、真菌(fungi)等。

车内燃烧污染(combustion pollution)主要是指燃油燃料燃烧、机动车尾气、车内吸烟(香烟、电子烟)与内饰物燃烧(发生火灾时)导致舱室环境中充满气态与固态的烟气烟雾混合污染物现象。

车内物理污染(physical pollution)是指车辆舱室环境中物理因素引起的环境污染或者不舒适现象，例如车舱内的热、光、声、振动、风、湿、电磁、电离、放射性等污染。

2. 车内污染的常规分类

依照车内环境污染物的形态特征或物质特性，车内污染大致可划分为气态污染、颗粒污染、生物污染、燃烧污染与物理污染 5 大类，详情如表 2.1 所示；这 5 大类污染相互关联，例如燃烧污染、含有颗粒污染与气态污染。

表 2.1　车内环境污染的简单分类

污染类别	污染物
气态污染	挥发性有机物(VOC)、甲醛(HCHO)、碳氧化物(COx)、氮氧化物(NOx)、硫氧化物(SOx)、臭氧(O_3)、砷化氢(AsH_3)、氨气(NH_3)、持久性有机污染物(POPs)、氡气(Rn)、雾霭/雾化/成雾、异味/臭气等
颗粒污染	灰尘、扬尘、雾霾、PM0.5、PM1.0、PM2.5、PM5.0、PM10、UFP、TSP、TPM、炭黑(BC)、气溶胶、纳米粒子(NPs)、金属元素、非金属元素、过渡元素、阴离子、阳离子、有机碳(OC)、元素碳(EC)、化合物等
生物污染	细菌、病毒、真菌等微生物，个别舱室偶尔出现的螨虫、臭虫、蟑螂、老鼠、蚊子等其他生物
燃烧污染	机动车尾气、燃油燃料烟气、火灾烟气烟雾、环境烟草烟雾(ETS)、电子烟雾等
物理污染	噪声、振动、石棉、热污染、光污染、不宜湿度、不适风速、电离辐射、电磁辐射、放射性污染等

2.1.2　车内污染分类新方法与新定义

1. 按照烟粒特征

1）定义

环境烟粒污染（environmental smog & granule pollution）是指污染物形状特征类似于烟状、雾状、颗粒状或粒子状的环境污染。

环境非烟粒污染（environmental non smog & granule pollution）是指污染物不具有烟状、雾状、颗粒状或粒子状形态特征的环境污染。

车内烟粒污染（SGV）是指具有烟状、雾状、颗粒状、粒子状形态或特性的污染物导致的车舱、车厢或车室环境污染。

（1）车内尾气烟雾（exhaust fumes）污染是指机动车尾气或发动机燃油燃料燃烧产物等组成的混合污染物进入车辆舱室造成的环境污染现象。

（2）车内大气雾霭（atmospheric mist）又叫车内大气烟雾，是指由于通风或开门窗导致车外大气雾霭或烟雾进入车室而形成的。

（3）车内气溶胶（aerosol）是指粒径大致为 $0.001 \sim 100~\mu m$ 的固体或液体小质点分散并悬浮在空气介质中而形成的一种车内环境污染物。

（4）车内微生物气溶胶（bioaerosol）是指车辆舱室环境中含有的病毒或细菌等病原体气溶胶，可分为病毒、细菌和真菌等气溶胶，对人体健康危害大。

（5）车内雾化/成雾（fogging pollution）又叫车内雾翳，是指车内内饰材料的挥发性成分受温度影响挥发出来后冷凝于车窗玻璃内表面，类似于雾状的一种污染物。

（6）车内石棉污染（asbestos pollution）是指车内环境空气中存在纤维状的硅酸盐类矿物质污染的现象。

（7）车内火灾烟气（fire smoke）污染是指车舱发生火灾时产生的烟气造成的环境燃烧污染。

（8）车内环境烟草烟雾（ETSV，又叫车内烟草烟雾）污染，主要指舱室驾乘人员人为吸烟导致的烟草燃料燃烧形成的车内环境空气污染，可分为主流烟雾与侧流烟雾，成分复杂繁多，大致有 3800 多种，对驾乘人员健康与 VIEQ 损害大。

（9）车内电子烟雾（ECSV）是指驾乘人员在车舱内抽吸电子烟时产生的一种烟气烟雾。电子烟（E-cigarettes 或 electronic cigarettes 或 HNBT 或 IQOS）是一种烟液与电子设备相结合的新型烟草产品，大致包括烟弹、雾化器、传感器与电池 4 个部分，烟弹装有烟液或烟油（含尼古丁、丙二醇、植物甘油、香料或其他调味剂），烟液通过电加热雾化，会产生一定的气溶胶烟雾，如图 2.1 所示。

车内非烟粒污染（NGV）是指没有或者不表现出烟状、雾状、颗粒状、粒子状特征或现象的车内环境污染或状态。

（1）车内有害气体（harmful gas）是指车舱环境中的有毒有害气体污染物。

（2）车内难闻气味（disgusting smell）又称车内异味，是指车舱环境内出现的异味、臭味或刺激性气味，例如新车气味或新车味道（NCS）。

图 2.1　各种各样的电子烟产品*

（3）车内环境噪声（environmental noise）是指车内驾乘人员不需要的声音或干扰车内人员所需要声音的异音，可影响司机开车、乘客休息与乘坐舒适性。

（4）车内振动污染（vibration pollution）是指车辆在行驶过程中的摇晃、颠簸等不平稳性，导致车内驾乘人员的身体或心理不适现象。

（5）车内不适热环境（uncomfortable thermal environment）是指车舱室内环境空气温度过高（热污染）或过低，导致驾乘人员热舒适性差的现象。

（6）车内不宜光环境（unsuitable light environment）是指车内光线过亮（光污染）或过暗，导致车内光环境品质不佳的现象。车内眩光（dazzle）污染是指车内驾乘人员视野内出现高亮度的光线，导致视觉不舒适或眼前模糊不清的现象。

（7）车内不适风环境（uncomfortable wind environment）是指由于开窗或空调通风导致车内气流过大（风污染）或过小，引起驾乘人员不舒适或吹风感差的车内环境品质。

（8）车内不宜湿环境（unsuitable wet environment）是指车辆舱室环境湿度过大（湿污染）或过小（太干燥），引起驾乘人员不舒适的车内环境品质。

（9）车内电磁辐射（electromagnetic radiation）是指电场和磁场的交互变化产生的电磁波向车舱环境发射或泄漏的现象。

（10）车内放射污染（radioactive pollution）是指放射性元素或物质（射线）导致车舱环境的污染现象，电离辐射（Ionizing radiation）是指具有放射性的微观粒子引起物质电离辐射的污染现象，是一种放射污染，也可指波长<100 nm 的电磁辐射。

2）分类及关联性

车内烟粒污染（SGV）大致可分为尾气烟雾、烟草烟雾、火灾烟气、电子烟雾、大气雾霭、雾化、石棉、颗粒物与气溶胶污染 9 大类，车内非烟粒污染（NGV）大致可分为有害气体、难闻气味、热、光、噪声、振动、生物、风环境、湿环境、电磁辐射与放射污染 11 大类，它们之间的相互关联性详见图 2.2 所示。

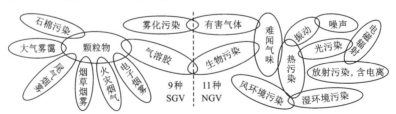

图 2.2　车内污染分类及关联性

2. 按照生物特性

首先按照污染物是否具有生物特性分为两大类，具体分类见图 2.3。

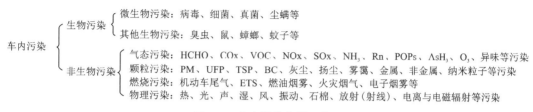

图 2.3　车内污染分类示意图

2.2　车内污染的来源与组成

依据烟粒特性对车内环境污染的分类，浅析 SGV 与 NGV 的来源、成分与形貌。

2.2.1　车内烟粒污染

1. SGV 来源或成因

车内烟粒污染（SGV）的产生或来源非常复杂，其主要来源如表 2.2 所示。

表 2.2　车内环境 SGV 的主要来源

污染类别	污染名称	主要来源
SGV-A 类	尾气烟雾	车辆尾气与发动机室烟雾的回流、渗透、泄漏，车外烟雾污染因通风、空气对流或扩散进入
SGV-B 类	烟草烟雾	舱室内人为吸烟与香烟燃烧，舱室外烟草烟雾随空气或通风进入等
SGV-C 类	火灾烟气	火灾发生时车内可燃物的燃烧污染，燃烧时产生的烟气烟雾，车外的燃烧污染烟雾飘入
SGV-D 类	电子烟雾	驾乘人员使用电子烟时，其烟液或烟油被电加热雾化而产生的混合污染物；车外人员使用电子烟产生的烟气烟雾因通风或气流进入车内
SGV-E 类	大气雾霾	车外大气污染的渗透与穿透，不洁空调系统或通风流入，车内人员与物品带入等
SGV-F 类	雾化污染	内饰装饰材料及助剂、内饰零件材料、纺织物或纺织品、增塑剂、添加剂、整理剂、阻燃剂、拒水剂、抗紫外剂、座椅面料、顶棚本体、隔热棉/板等

续表2.2

污染类别	污染名称	主要来源
SGV-G 类	石棉污染	石棉刹车片、离合器、排气管垫片、纺织品等零部件或内饰物石棉材料,车外流入
SGV-H 类	颗粒物	吸烟或烟草燃烧、火灾污染、机动车尾气、车外颗粒穿透或随通风进入,车内人员与物品携带,车身附近尾气、轮胎粉尘、制动粉尘、路面摩擦扬尘回流反渗透或随风进入等
SGV-I 类	气溶胶	车外气溶胶污染物的穿透,车内人员与物品的带入,空调或通风气流带入等

1) 车外污染物进入车内的途径

车辆在开窗或空调通风及驾乘人员上下车开门的时候,车舱内外空气会形成对流,车身周围的大气污染物、轮胎附近的制动与路面摩擦粉尘、机动车尾气会随空气自然进入舱内;同时行驶车辆周围的空气流场非常复杂,气流方向随机多变,车辆受到前行逆风、后面顺风、自然侧风与环境侧风的影响,汽车尾气、摩擦粉尘与大气雾霾等车外污染物通过前窗缝隙、侧窗缝隙、车门缝隙、后翼子板缝隙、空调通风口、开启的门窗进入自身或后面车舱内;车舱周围的尾气污染物与路面扬尘在前行顺风与环境侧风的影响下,通过后翼子板缝隙、空调通风口与门窗口,回流反渗透进入车内(图2.4)。

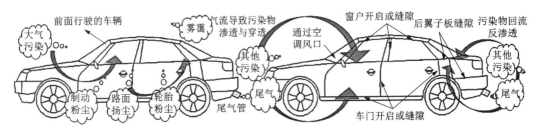

图 2.4 车外污染物与尾气进入车内环境示意图

2) 车内雾化污染来源

汽车内饰材料雾化污染随温度升高而明显,有害物散发越严重;长玻璃纤维增强聚丙烯在加热 4 h、8 h、16 h 和 18 h 的雾化值各为 0.39 mg、0.91 mg、1.62 mg 与 1.71 mg,在 80℃、100℃、110℃ 和 120℃ 加热 16 h 的雾化值各是 0.25 mg、2.11 mg、2.76 mg 与 5.44 mg。所以车内雾化污染主要来自内饰材料及助剂的散发,随车辆型号、厂家、内饰材料、内饰构成、车辆暴晒时间、车内空气温度的不同而有较大差异。

3) 车内烟气来源及火灾原因

车辆发生火灾燃烧是车内出现火灾燃烧烟雾或火灾烟气污染最主要与最直接的原因。当发生火灾时,车辆舱室内首先会被火灾烟气烟雾弥漫,车内可燃物会逐步引燃,产生更多的烟气污染,直至车舱或整车全部烧毁。研究表明汽车引擎盖发生火灾时,火灾烟气首先通过空调通风口进入车舱内,火灾发生 1 min 时车内外烟气污染如图2.5所示。

(1) 车外火焰　　　　　　　　　　　　(2) 车内烟雾

图 2.5　汽车火灾发生 1 min 时的烟气烟雾污染状况

车辆电气设备、电路、机械装置、油路系统、发动机、电池等发生故障可导致车辆自燃，引发火灾；电动车充电不当或过度充电，犯罪分子或精神病患者人为纵火，舱室辅助加热器使用不当等可产生车辆人为火灾；机动车长期超负荷或不当驾驶，长期被强烈阳光暴晒且保养维护不善，导致车辆局部空间的热量不能及时散发，可诱发火灾。

2. SGV 组成与形态形貌

车内烟粒污染(SGV)的组成、构成或化学成分如表 2.3 所示。

表 2.3　车内环境 SGV 的主要组成

污染类别	污染名称	污染物主要组成
SGV-A 类	尾气烟雾	CO、CO_2、HC、NO、NO_2、N_2O、SO_2、VOC、HCHO、PAHs、NPs、NH_3、PM、THC、铅化合物、重金属、SVC、炭烟、油雾、阴离子、氧化物等
SGV-B 类	烟草烟雾	焦油、烟碱、氰化氢、CO_2、N_2、CO、VOC、CH_4、PM、PAHs、NH_3、氢氰酸、金属等
SGV-C 类	火灾烟气	CO_2、CO、NO、NO_2、SO_2、HCl、H_2S、HF、丙烯醛、烟粒子或颗粒物等有毒有害物
SGV-D 类	电子烟雾	电子烟气溶胶、HCHO、VOC、PM、Cr、电子烟油/烟液、FeNO、亚硝胺、金属等
SGV-E 类	大气雾霭	尘埃、扬尘、灰尘、金属、非金属、雾霭、PM、气溶胶、PAHs、NO、NO_2、SO_2 等
SGV-F 类	雾化污染	烷烃类、醇醚类、稠环类、酮类、醚类、矿物油、聚异丁烯、(邻)苯二甲酸(盐/酯)类、聚丙烯、胺、氯化铵、硫酸盐、磷酸盐等
SGV-G 类	石棉污染	石棉纤维、石棉粉尘等硅酸盐矿物，含硅、氧、氢、钠、镁、钙和铁等元素
SGV-H 类	颗粒物	PM0.1、PM0.5、PM1.0、PM2.5、PM5.0、PM10、UFP、TSP、TPM、BC、OC、EC、NPs、金属与非金属(Fe/Ca/K//Mg/Na/Zn/Cu/Zr/Ti/Mn/Cr/ Ni/Sb/Sn/V/ Sr/Pb/Cd/Co/Hf/Hg/Ce/La/N/O/S/P/Ba)、硝酸盐、硫酸盐、Al_2O_3、铵盐、钠盐(Na^+)、水溶性离子等

续表2.3

污染类别	污染名称	污染物主要组成
SGV-I类	气溶胶	颗粒气溶胶、微生物气溶胶、植物气溶胶(花粉等)、烟尘烟雾气溶胶、硫酸盐气溶胶等

1)尾气烟雾

尾气烟雾主要指机动车尾气排放烟雾,可分为黑烟、蓝烟、白烟等,因燃油燃料燃烧或不完全燃烧产生的混合污染物,对生命健康危害很大。燃油机动车尾气 PM 质量与数量浓度最大值各为 10 mg/m³ 与为 50 万个/cm³,还富含 NO_x、CO_x 与 VOC 污染。研究表明机动车尾气中较大的颗粒含有铝、硅、铁、钾、镁、钠,而粒径< 500 nm 的纳米粒子(NPs)还含有镉、铬、铅、钛和锌,形貌如图 2.6 所示。

图 2.6 机动车尾气烟雾颗粒与纳米粒子形态形貌图

2)环境烟草烟雾(ETS)与电子烟雾

现场实测发现在密闭无通风状态下的汽车舱内吸烟,散发大量的 ETS 污染物,车内空气中 HCHO、苯、甲苯、TVOC、NH_3、CO、CO_2、PM2.5、PM10 与 TPM 浓度各为 0.27、0.12、0.35、1.95、0.27、4.3、2172、0.15、0.28 与 0.76(mg/m³),污染浓度比非吸烟状态时增加了 0.3~14.2 倍,影响最大的是 PM 污染。烟草烟雾形貌与特征如图 2.7。

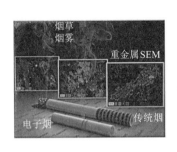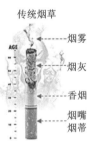

图 2.7 电子烟与传统烟草的烟雾污染及其金属 SEM 照片

电子烟雾的成分类似于 ETS 成分,特殊的物质为吸烟者气道细胞产生的呼出气一氧化氮(FeNO),其浓度与炎症细胞数高度相关,被当作气道炎症的生物标志物。德国化学安全和毒理学部等发现电子烟雾导致乘用车内 PM2.5、丙二醇与尼古丁被动暴露浓度范围各为 75~490、50~762 与 4~12(μg/m³)。烟草及烟雾污染成分见表 2.4。

表 2.4　烟草产品及燃烧烟雾的化学成分

燃烧烟雾中的污染物	主要化学成分或有害物
ETS 中 VOC	烷烃类：辛烷、壬烷、癸烷、十一~十五烷； 氯化烃类：氯仿、四氯化碳、三氯乙烯、四氯乙烯 萜烯类：α-蒎烯、d-柠檬烯 杂环化合物：四氢呋喃、2, 5-二甲基呋喃、3-乙基吡啶 芳烃类：苯、甲苯、乙苯、(p/m/o-)二甲苯、苯乙烯、异丙苯、1, 2, 4-三甲基溴、对二氯苯、对甲苯、萘 PAHs：萘、苊烯、苊、芴、菲、蒽、荧蒽、芘、苯并[a]蒽、䓛、苯并[b]荧蒽、苯并[k]荧蒽、苯并[a]芘、茚并[1, 2, 3-cd]芘、二苯并[a, h]蒽、苯并[g, h, i]苝
ETS 中其他污染物	HCHO、焦油、烟碱/尼古丁、CO、CO_2、PM1、PM2.5、PM10、TSP、NH_3 等
香烟灰的离子	无机盐阴离子：NCO^-、$H_2O. NCO^-$、$HNCO. O_2^-$、$HNCO. NCO^-$、$HCOOH. NCO^-$ 等
电子烟雾	VOC：乙醛、丙烯醛、HCHO、丙二醇、丙酮、2-丁酮、苯、甲苯、3-乙烯基吡啶、糠醛、丙酮醛 无机元素：镉、铅、镍、银、锡、铈、铒、钇、硒、钒等 其他：CO、CO_2、PM2.5、尼古丁、4-(n-亚硝基甲氨基)-1-(3-吡啶基)1-丁酮、气溶胶等
香烟及烟雾烟灰中的无机元素	Na、Mg、Al、Cl、K、Ca、Sc、Ti、V、Cr、Mn、Fe、Co、Cu、Ni、Zn、As、Se、Br、Rb、Sr、Sb、Ba、La、Ce、Tb、Th、U、Mo 等

3）大气雾霾与气溶胶

城市大气雾霾与气溶胶污染物成分很复杂，含金属与非金属及其化合物，车辆开门开窗及通风等都可能导致车外雾霾与气溶胶污染物进入车内环境。雾霾的成分组成见表 2.5，实物形态形貌及 SEM、TEM 如图 2.8 所示。

表 2.5　大气雾霾 PM2.5 的化学成分

污染物类别	主要化学成分或有害物
无机元素	微量元素：Li、Be、Sc、Ga、Ge、Rb、Sr、Y、Zr、Nb、Mo 等 稀土元素：La、Ce、Pr、Nd、Pm、Sm、Gd、Tb、Dy、Ho、Er、Tm、Yb、Lu 重金属及其他：Ni、Cu、V、Pb、Zn、As、Cr、Sr、Ag、Tl、Mn、Al、Fe、U、Si、Co 等
水溶性离子	阳离子：Na^+、Mg^{2+}、Ca^{2+}、K^+、NH_4^+；阴离子：Cl^-、SO_2^-、NO_3^-、F^-
其他污染物	含碳物质：OC、EC 气溶胶：无机气溶胶、有机气溶胶

图 2.8 大气雾霾实物、雾霾 PM2.5 的 SEM 与 TEM 照片

分析地铁内空气生物气溶胶发现,在列车车厢、站台和大堂内空气细菌群落的高度类似,细菌浓度>1 万个/m³,其中甲基杆菌是最丰富的菌属,车内鼻病毒与烟曲霉基因可分别达到 1060 个/m³ 与 152 个/m³;生物气溶胶浓度随人数增加而增大,为 5.8 万~16.7 万个/m³,平均浓度为 9.3 万个/m³。生物气溶胶形态形貌如图 2.9 所示。

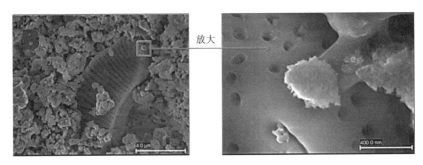

图 2.9 生物气溶胶形态形貌图

4)颗粒物与无机元素

机动车尾气、大气雾霾、烟草烟雾等车内污染都含有 PM 污染,污染物中含有金属、非金属及其他无机元素,相对密度>4.5 g/cm³ 的金属为重金属,包括金、银、铜、铁、汞、铅、镉等,毒性较大。研究发现汽车舱内灰尘富含有毒有害重金属元素,铁路列车车厢内空气富含增加氧化应激金属的 NPs 污染,车内 PM 的部分污染成分与形貌见图 2.10。

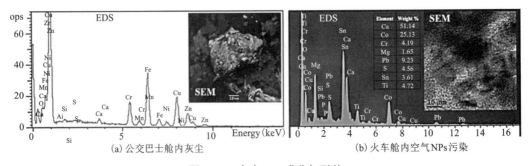

(a)公交巴士舱内灰尘　　　　　　　(b)火车舱内空气 NPs 污染

图 2.10 车内 PM 成分与形貌

5)石棉污染

我国是石棉生产与使用大国，有些石棉还是车内饰物或零配件的原材料，处理不当可导致车内环境石棉污染。石棉产品及其污染见图 2.11。

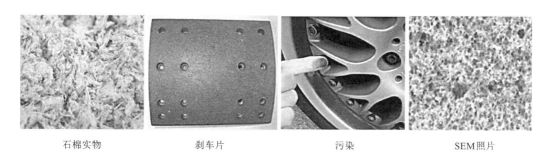

石棉实物　　　　　　刹车片　　　　　　污染　　　　　　SEM 照片

图 2.11　石棉图

2.2.2　车内非烟粒污染

1. NGV 来源或成因

车内非烟粒污染（NGV）大致可分为 11 类，主要来源或成因见表 2.6。

表 2.6　车内环境 NGV 的主要来源

污染类别编码	污染名称	主要来源或成因
NGV-A 类	有害气体	内饰材料、零配件、油漆涂料、添加剂、黏结剂、阻燃剂、儿童座椅材料、清新剂与香水散发，发动机燃料与机油渗漏挥发，人的新陈代谢排出，带入的食物、车外尾气或污染物流入
NGV-B 类	生物污染	微生物：HVAC 等部件或舱室卫生差而滋生，随空气进入，人员、货物、宠物携带进入 其他生物：列车（餐车）食物或卫生不达标引入，没有防范其他生物进入
NGV-C 类	难闻气味	密封条、阻尼板、座椅、仪表板、车门内饰板、顶盖内饰板、地毯和车用胶黏剂等材料散发的 VOC 气味，车内食品与人体汗液散发的异味等
NGV-D 类	热污染	暴晒、车身导热、太阳辐射、驾乘人员与机电设备散热、空调新风与车身漏风传热等
NGV-E 类	光污染	机动车大灯、阳光直射、不适眩光等强光照射
NGV-F 类	环境噪声	发动机、空调、排气、通风、刮风、不当高音喇叭、传动与振动产生，车外噪声传入

续表2.6

污染类别编码	污染名称	主要来源或成因
NGV-G 类	振动污染	车辆不平稳驾驶，路面颠簸摇晃，与铁轨/路面摩擦，车辆碰撞、发动机、空调、刮风等产生
NGV-H 类	风环境污染	恶劣天气、不良气候、室外风环境影响，开窗或空调不当通风
NGV-I 类	湿环境污染	雨天、车外气候影响，不合时宜地开窗通风
NGV-J 类	电磁辐射	发动机、电池及车内外电气设备的高频振荡产生，车外污染源
NGV-K 类	放射污染	电离辐射，车外污染源，隧道与地下空间环境放射性元素释放

1）有害气体 VOC 来源

车内空气 VOC 主要来自内饰物与零配件材料及其添加剂的挥发，受车内空气温度与内饰物材料成分影响很大。清华大学等发现车内座椅、顶衬、门板、副仪表板、前围隔音垫、地毯、后衣帽架、立柱、主仪表板、后备厢地毯与侧饰板、胶黏剂、阻尼板与线束都散发 VOC。座椅是苯、甲苯、乙苯、二甲苯与苯乙烯的重要发散源，最大贡献率各为 8、121、18、60 与 4（$\mu g/m^3$）；地毯是 HCHO 与乙醛的主要来源，最大贡献率各为 22 $\mu g/m^3$ 与 52 $\mu g/m^3$；汽车全新内饰物及其 VOC 散发率如图 2.12 所示，座椅覆盖物、仪表板、立柱内饰与天花板内饰材料导致的 TVOC 最大浓度各为 0.7、1.8、1.4 与 0.1（mg/m^3）。

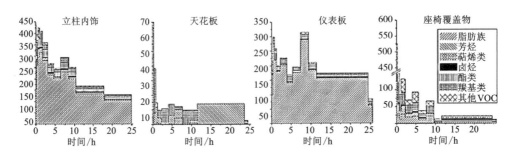

图 2.12　轿车舱室 4 种内饰物的 VOC 散发率

2）难闻气味或异味

车内饰材料与涂料及其添加剂、驾乘人员汗液、车内食物食品、清新剂与香水等都可散发味道，在密闭、通风不畅的车舱环境里，这些 VOC 等气味物质混合或耦合而成车内难闻异味。研究发现车内异味一直是客户投诉的主要原因，已连续 2 年位于客户投诉排行榜榜首，>50%的车内异味发生在高温、暴晒、长时间高温密闭的条件下，其中"暴晒之后、长时间停放"为车内气味抱怨的主要原因，详情如表 2.7 所示。

表 2.7　车内气味及其成因分析

发散气味的零部件与内饰件	气味类型	气味物质	气味来源
1) 气味高危部件：座椅、车门内饰板、地毯、密封条 2) 气味超标子零件：PVC 面料、PU 发泡、PP 侧饰板、门板本体、开关面板、吸音棉、毯面、隔音垫 3) 其他：仪表板、副仪表板、行李舱、顶棚、遮阳板、工具盒、转向盘、线束、空调、备胎盖板、阻尼垫、门板、风道、衣帽架、门槛、立柱、侧围与背门内饰板、内饰毛毡、顶棚毡、皮革制品、齿轮、连杆、空调系统	胺味、胺臭味、苦杏仁味、刺激性气味、水果香味、汽油味、酸臭味、油脂味、类似氯仿味、芳香味、特殊气味、腥味、类似喹啉味、煳味、油剂味、樟脑丸味	N, N 二甲基甲酰胺、三乙胺、甲苯、己醛、乙酸丁酯、(p/m/o-) 二甲苯、十二烷、乙苯、葵烷、2-丁酮、苯甲醇、十三烷、壬醛、癸醛、1, 2-二氯甲烷、HCHO、苯甲醛、苯并噻唑、正十六烷、8-甲基十七烷、7-甲基十五烷、2-甲基，5-乙基辛烷、10-甲基十九烷、间三邻苯、连三甲苯、偏三甲苯、十氢化萘、3-乙氧基丙酸乙酯等	气味零部件与内饰件材料中的催化剂、溶剂、增塑剂、助剂、单体 (共聚/残留)、中间产物、添加剂 (抗氧剂/划伤剂/光稳定剂等)、副产物、中间体、促进剂、硫化剂、PFR 胶黏剂、稳定剂、PU 发泡剂、表面处理剂、溶剂型脱模剂、溶剂型胶黏剂、PU 发泡材料、发泡件、POM 材料等

3) 热污染或高温中暑

车舱围护结构薄且材料导热系数大，导致车外气候条件对车内温度影响很大，除火灾外，车内高温主要来自太阳暴晒，车内低温主要来自严寒天气及空调温度过低。通过检测在夏季烈日暴晒下的密闭无通风轿车内的环境温度，发现车内空气最高温度超过 60℃，黑色方向盘与仪表盘表面温度 >70℃，这种高温是车内儿童中暑身亡的最直接原因，若车辆保养管理不善与不当驾驶，还可诱发车舱火灾安全事故。此外，海南汽车试验场检测了某款车型暴晒后各部位温度，仪表板最高温度达到 87℃，车内空气温度高达 68.1℃；高温使车内气味散发加速，HCHO 与 VOC 的散发量更大，异味更强烈。

4) 车内噪声成因

交通车辆舱室环境噪声来源复杂，不同来源的噪声最终在舱室耦合叠加，导致环境噪声污染加强，如图 2.13 所示。不同车辆在不同的行驶环境下车内噪声污染差异较大，现场实测发现地铁列车在隧道里加速行驶时，会产生强大的隧道气流噪声，加之车厢与地铁轨道的强烈摩擦噪声，车厢内最大噪声值可达到 114.6 dB(A)。

5) 电磁辐射

现场实测发现行驶状态下的地铁、高铁、SUV、轿车、公交车、校车的乘客舱内都存在电磁辐射污染，最大电场与磁场分别为 29 V/m 与 1.1 μT。运行的磁浮列车会产生电磁场，导致车舱内存在电磁辐射，主要来源包括悬浮电磁铁、直线电机、电刷与供电轨之间的火花电弧；中低速磁浮交通车产生的电磁辐射场是一个包括近距离 (电弧放电引起的高频电磁场，悬浮电磁铁、直线电机产生的低频磁场) 与远距离 (电弧放电引起的高频电磁场) 的复合空间电磁场。电动汽车集成了动力电池、DC/AC 逆变器、动力线缆、驱动电机等电力电子电气设备，行驶时经常处于高电压、大电流、大功率的工作状态，会向周围空

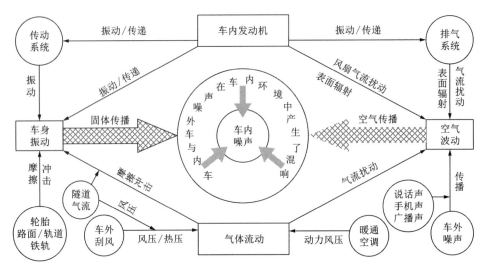

图 2.13　车内环境噪声产生示意图

间产生较强的电磁场,是电动汽车舱室的主要电磁辐射源。

2. NGV 组成、形貌或感受

车内非烟粒污染(NGV)物的主要类别、成分与驾乘人员认知感受如表 2.8 所示。

表 2.8　车内 NGV 的主要组成或人员感受状态

污染类别编码	污染名称	主要组成或人员感受状态
NGV-A 类	有害气体	HCHO、VOC、COx、PAHs、NOx、SOx、CH_4、O_3、NH_3、POPs、AsH_3 等
NGV-B 类	生物污染	真菌类、细菌类、病毒类、尘螨类、臭虫、蟑螂、鼠、蚊子等
NGV-C 类	难闻气味	氨化物、氯化物、醚化物、硫化物、CS_2、VOC 等混合污染物,可能为 A、B 与 C 类的综合
NGV-D 类	热污染	极端温度带来的热不舒适性,例如高温中暑、低温寒冷或冻伤
NGV-E 类	光污染	眩光、车大灯、太阳直射等高亮度光线带来的眼花、头晕或不适
NGV-F 类	环境噪声	发动机噪声、车身振动噪声、喇叭噪声、空调与风扇噪声、气流噪声、车外噪声等
NGV-G 类	振动污染	车辆行驶时的颠簸、摇摆、晃动或乘坐不舒适性
NGV-H 类	风环境污染	气流过大或过小导致的吹风感不适
NGV-I 类	湿环境污染	空气湿度过大或过小导致的不适

续表2.8

污染类别编码	污染名称	主要组成或人员感受状态
NGV-J 类	电磁辐射	紫外线、红外线、微波、无线电波、电磁波干扰产生的不适应，电场、磁场污染
NGV-K 类	放射污染	α 粒子、β 粒子、质子、中子、X 射线、γ 射线，Rn 及其子体等

1）车内 VOC 主要类别、成分及质量浓度

日本研究者在 101 款私家轿车内检测出空气中含有 275 种 VOC 成分（表 2.9），脂肪烃和芳烃类占到 45%，其中 TVOC 平均值与最大值各为 601 $\mu g/m^3$ 与 3968 $\mu g/m^3$，甲苯、HCHO、庚烷与丁醇的检出率为 100%，最大浓度分别为 356、61、374 与 538（$\mu g/m^3$）。

表 2.9　轿车舱内空气 VOC 污染物种类与成分

VOC 类别	车内 VOC 污染物名称
脂肪族烃类（74 种）	烷烃类（42 种）：2/3-甲基戊烷；己/庚/壬/癸/辛烷；2，2，3-三甲基丁烷；3-乙基戊烷；2，2/3，3/2，3/2，4-二甲基戊烷；2/3-甲基己烷；2，2，4-三甲基戊烷；2，5/2，4/2，3-二甲基己烷；2/4/3-甲基庚烷；3-乙基己烷；2，4/2，5/3，3-二甲基庚烷；2/3-甲基辛烷；2，6/2，3-二甲基辛烷；2/3-甲基壬烷；2-甲基十一烷；十一～十九烷
	环烷类（24 种）：甲基环戊烷；环己烷；1，1-二甲基环戊烷；顺式 1，3/反式 1，2-二甲基环戊烷；甲基环己烷；乙/丙基环戊烷；ctc-1，2，4/3-三甲基环戊烷；反式-1，3/顺式-1，4/顺式-1，3/反式-1，4/反式-1，2/顺式-1，2-二甲基环己烷；ctt-1，2，4/ctc-1，2，4/ccc-1，3，5-三甲基环己烷；1，1，3/1，1，4-三甲基环己烷；反式-1，2-二乙基环戊烷；异丙基环己烷；丙基环己烷；反式-1-甲基-2-丙基环己烷
	烯烃类（8 种）：1-辛烯；1-十三/四/五/八烯；十六烯；1-甲基环戊烯；环己烯
芳烃类（50 种）	苯；萘；甲苯；乙苯；丙苯；联苯；异丙苯；苯乙烯；（p/m/o-）二甲苯；1-甲基-2/3/4-乙苯；1，2，3/1，2，4/1，3，5-三甲基苯；二氢茚；β-甲基苯乙烯；丁/己/庚基苯；异/仲丁基苯；1-甲基-2/3/4-异丙基苯；1，2/1，3/1，4-二乙基苯；1-甲基-2/3/4-丙苯；1，3/1，4-二甲基-2-乙苯；1，2-二甲基-3/4-乙苯；1，2，4，5-四甲基苯；1，2，3，4-四氢化萘；1/2-甲基萘；1-叔丁基-3，5-二甲苯；1-叔丁基-4-乙苯；1/2-乙基萘；1，2/1，3/1，4/1，6/2，3/2，6/2，7-二甲基萘；2，3，5-三甲基萘
卤烃类（8 种）	氯仿；四氯化碳；1，2-二氯乙/丙烷；1，1，1-三氯乙烷；三/四氯乙烯；对二氯苯
萜烯类（14 种）	α-松萜；β-松萜；柠檬油精；莰烯；樟脑；薄荷酮；香芹酮；薄荷醇；1，8-桉油酚；β-沉香醇；二氢月桂烯醇；β-香茅醇；β-月桂烯；α-松油醇

续表2.9

VOC 类别	车内 VOC 污染物名称
酯类(33 种)	乙酸乙/丙酯;甲基异丁烯酸盐;甲/乙基丁酸盐;甲/醋酸丁酯;乙基异丁酸盐;异丁基醋酸盐;二甲基琥珀酸盐;2-甲基丁酸乙酯;异戊基醋酸盐;戊基醋酸盐;3-乙氧基丙酸乙酯;丙二酸二乙酯;二甲基戊二酸;乙基-2-甲基戊酸盐;乙基己酸;乙酸-3-己烯酯;醋/己酸己酯;异戊基丁酸盐;苯甲基醋酸盐;2-乙基己基醋酸盐;2-(2-丁氧基乙氧基)乙酸乙酯;丙烯酸2-乙基己酯;乙酸芳樟酯;乙酸龙脑酯;异乙酸龙脑酯;4-叔丁基环己基醋酸盐;甲基月桂酸酯;异丙基豆蔻酸盐;丙烯碳酸盐
羰基化合物 (16 种)	醛类(10 种):甲醛;1-壬醛;1-癸醛;1-十一/二醛;1-己醛;2-糠醛;1-庚醛;苯甲醛;1-辛醛
	酮类(6 种):甲乙酮;3-甲基-2-丁酮;甲基异丁基酮;环己酮;5-甲基-2-己酮;苯乙酮
醇类(30 种)	正丁醇;2-(2-甲/乙/丁氧基乙氧基)乙醇;2-乙基己醇;1-辛醇;2-己氧基乙醇;2-苯乙醇;2-苯基-2-丙醇;1-壬醇;1-癸醇;1-十一/二/三/四/六/七/八醇;二丙二醇;2-甲基-1-丙醇;1-甲氧基-2-丙醇;1-氯-2-丙醇;3-甲基-1-丁醇;2-异丙氧基乙醇;1-戊醇;1-己醇;2-丁氧基乙醇;1-庚醇;苯甲醇;二甘醇
苯醌类(2 种)	2,5/6-二叔丁基对苯醌
	苯酚类(4 种)对叔丁基苯酚;2,6-二叔丁基-4-甲/乙基苯酚;苯酚
醚类(3 种)	乙二醇二甲醚;辛醚;二苯醚
	呋喃类(2 种)四氢呋喃;2,5-二甲基呋喃
磷酸盐类 (9 种)	磷酸三乙/丁/苯酯;三(2-氯乙基)磷酸酯;三丙基磷酸酯;三(3-二氯-2-丙基)磷酸酯;磷酸三(2-丁氧基乙基)酯;三(2-乙基己基)磷酸酯;磷酸三甲苯酯
己二酸类 (3 种)	二甲基己二酸;二异丙基己二酸;己二酸二(2-乙基己基)酯
邻苯二甲酸盐类(11 种)	邻苯二甲酸二甲酯;酞酸二乙酯;二丙基/二异丁基/双环己基/二丁基/二戊基/二己基/二庚基邻苯二甲酸盐;苯甲基丁基邻苯二甲酸盐;二(2-乙基己基)邻苯二甲酸酯
含氮化合物 (16 种)	1-甲基-2-吡咯烷酮;己内酰胺;苯并噻唑;环己基异硫氰酸酯;偶氮二异丁腈;2-(甲硫基)苯并噻唑;N,N-二甲基甲酰胺;三烯丙基异氰脲酸酯;二乙甲苯酚胺;1,4-二氮杂二环[2,2,2]乙酸酯;二苯胺;N,N-二甲基-十二烷胺;N,N-二甲基甲酰胺;琥珀腈;N,N-二甲基-对甲苯胺;尼古丁

2)生物污染分类与特征

我国铁路相关部门研究发现旅客列车全年都有臭虫侵害,中铺发现的臭虫占比最高(84.1%);旅客列车鼠密度为0.15%,为轻微侵害;蟑螂平均密度为0.33 只/厢。车内环境微生物污染分类见表2.10,部分微生物形貌如图2.14 所示。

表 2.10　不同车舱内微生物污染种类

车辆类别	车内环境污染检测与培养出微生物种类或类别
火车	霉菌、链球菌、双球菌、大肠杆菌、放线菌、芽孢杆菌等
地铁	葡萄球菌、微球菌、芽孢杆菌、棒状杆菌、肠球菌、链球菌、埃希氏菌、气单胞菌、青霉菌、枝孢霉菌、黄孢菌、曲霉菌、单格孢菌、酵母菌、变形杆菌、不动杆菌、沉积菌、伯克霍尔德菌、放线菌、厚壁菌、拟杆菌、蓝藻菌、梭杆菌、热菌、疣状菌、新冠病毒（nCoV 或 SARS-CoV-2）等
汽车	细小杆菌、芽孢杆菌、微杆菌、孢子虫菌、葡萄球菌、微球菌、考克氏菌、赖氨酸芽孢杆菌、节杆菌、马赛菌、布哈加瓦氏菌、柠檬球菌、假单胞菌、嗜冷杆菌、脱氮嗜脂环物菌、链霉菌、不动杆菌、狭窄单胞菌、肉杆菌、短芽孢杆菌、迪茨氏菌、短杆菌、厚壁菌、泛菌、赤星病菌、黑曲霉、烟曲霉、焦曲霉、米曲霉、棕曲霉、土曲霉、局限曲霉、杂色曲霉、萨氏曲霉、阿姆斯特丹曲霉、枝孢霉、桔青霉、草酸青霉、产黄青霉、发癣菌、绿色木霉、新月弯孢菌、茎点霉、nCoV 或 SARS-CoV-2 等

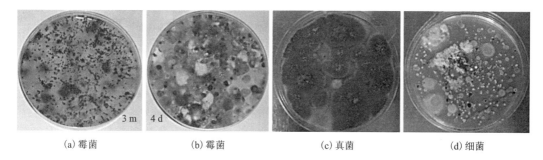

(a) 霉菌　　　　　(b) 霉菌　　　　　(c) 真菌　　　　　(d) 细菌

图 2.14　车内环境污染培养出的微生物实物图

　　浙江大学、清华大学、英国南安普敦大学、西湖大学等获得了新冠病毒最清晰的全三维真实结构（图 2.15）、精确尺寸大小与形态形貌、表面刺突蛋白天然构象与分布特征、内部核糖核蛋白复合结构及组装形式等重要信息。病毒的刺突蛋白就像"链锤"可在病毒表面自由摆动，其上粗下细的特性有助于入侵细胞与感染人体，严重危害人体健康。

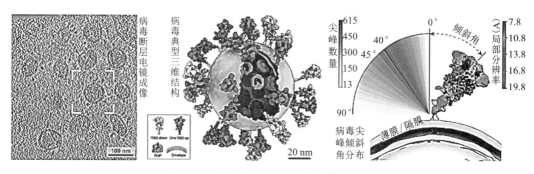

图 2.15　新冠病毒（nCoV）的结构与形貌

3) 车内环境 POPs 污染

车内持久性有机污染物(POPs)是指环境中难降解与高脂溶性的一类半挥发性毒性极大的车内污染物,包括多溴联苯(PBBs 或 PBB)、多溴联苯醚或多溴二苯醚(PBDEs 或 PBDE)、多氯二苯醚或多氯联苯醚(PCDEs 或 PCDE)、六溴环十二烷(HBCD)、多溴二苯并呋喃(PBDF 或 PBDFs)、多溴化二苯并对二噁英(PBDD 或 PBDDs),主要来自阻燃剂及其添加剂。研究发现车内 PBDE 最大浓度为 30 ng/m³。国际社会通过《关于持久性有机污染物的斯德哥尔摩公约》,列入首批受控的 POPs 名单的有滴滴涕、六氯苯、氯丹、灭蚁灵、毒杀芬、七氯、狄氏剂、异狄氏剂、艾氏剂、多氯联苯(PCBs)、二噁英和呋喃 12 种化学品,包括我国在内的 124 个成员国对环境中的 POPs 实施减排与管控。

4) 车内空气温度感受

来自星视频的报道:2021 年夏季某日,火车硬座舱室因空调制冷负荷过大,乘客感到身体不适,钻进座椅套内避冷,如图 2.16(a)所示;还有乘客称"上车时好好的,下车时出现类似感冒症状",是因为长期滞留在车舱冷空气环境中。德国宇航中心 Dehne 等模拟乘用车在夏季通风状态下,车舱室内与人体表面的温度,如图 2.16(b)所示。成人乘坐在阳光暴晒下的密闭不启动车舱中可感受到大汗淋漓,实测车内空气最高温度>60℃。长期暴露在这种车内高温环境下成人会中暑,儿童或婴儿会窒息或死亡。

(a)火车硬座舱温度过低,乘客
钻进座椅套避寒

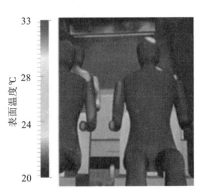

(b)乘用车舱内温度过高

图 2.16 车内空调温度过低乘客用椅套避寒与车舱内温度过高

2.3 车内污染及晕车的危害

晕车是典型的车内健康危害,是 VIAP、气味、振动与颠簸刺激人体器官造成的。车内污染种类繁多,主要包括 PM、UFP、NPs、CO_x、PAHs、NO_x、POPs、BC、ETS、重金属、醛酮类、芳香烃、尾气、气溶胶、细菌、病毒、尘螨等污染,其中有毒有害物质约有几百种。WHO 规定苯、HCHO、多氯联苯、氯乙烯、石棉、1,3-丁二烯、Cr^{6+}化合物、机动车尾气、铍/镉及化合物、电离辐射、无烟烟草、吸烟、二手 ETS、氡、肝炎病毒、幽门螺杆菌、皮革粉末、烟尘等污染物为Ⅰ类致癌物，确定对人类具有致癌性。高温暴晒下车内高温可致人中暑死亡，车舱火灾燃烧污染可使人窒息死亡。

2.3.1　气体与异味危害

1. HCHO、PAHs 与 VOC 污染对健康的危害

车内空气中的 HCHO 与 VOC 是导致 VIAQ 变差的主要原因之一，直接影响驾乘人员的身心健康，是引起"驾车综合征、汽车病、新车气味、车内异味"的重要因素，可通过人体呼吸系统、皮肤和口腔等途径进入体内，对皮肤、眼睛有刺激作用，危害人的呼吸、神经与肝肾系统，部分 VOC 具有致癌性与遗传毒性。TVOC 有刺激性、毒性，影响人的中枢神经系统，导致人出现头晕、头痛、嗜睡、无力与胸闷等症状；PAHs 具有毒性、突变性和致癌性，危害人体免疫和生殖系统等；苯并[a]蒽、䓛、苯并[b]荧蒽、苯并[k]荧蒽、苯并[a]芘、茚并[1，2，3-cd]芘、二苯并[a，h]蒽等 PAHs 具有强致癌性。

车辆部分内饰材料、内饰部件与零配件都含有一定量的 VOC，当车舱内空气温度达到一定值时，这些 VOC 就会挥发或释放出来；有些 VOC 会产生不舒服的气味，甚至引起人头疼、干咳和过敏等症状，从而危害驾乘人员健康；有些 VOC 会产生"雾霾或雾凇污染"并凝结在车舱前挡风玻璃上，形成油污性薄膜，从而影响司机与乘客的视线。健康风险评价表明轿车舱内空气苯污染对司机的致癌指数为 1.3×10^{-4}，出租车内空气苯与苯乙烯污染对司机的致癌平均指数为 1.2×10^{-4}，都高于 USEPA 规定的致癌风险指数的不可接受值，具有致癌风险。研究表明 HCHO 与部分 VOC 对健康具有危害(表 2.11)。

表 2.11　部分 VOC 物理化学性质与毒性

VOC	分子式	相对分子质量	密度	熔点	沸点	毒性
苯	C_6H_6	78.1	2.77	5.51	80.1	Ⅰ类致癌物，可损害人体神经系统和造血组织，人长期接触可致白血病
甲苯	C_7H_8	92.1	3.14	-94.9	110.6	对人的皮肤、黏膜有刺激性，可麻醉人的中枢神经系统，长期接触会导致神经衰弱
甲醛	CH_2O	30.0	1.07	-118	-19.5	Ⅰ级致癌物、长期接触可损害人的呼吸道和内脏
苯乙烯	C_8H_8	104.1	3.6	-31	145.2	对眼和上呼吸道黏膜有刺激和麻醉作用
二甲苯	C_8H_{10}	106.2	3.66	-25	144	中度毒性，对眼和呼吸道有刺激作用，高浓度二甲苯可麻醉人的中枢神经系统
乙苯	C_8H_{10}	106.2	3.66	-94.9	136.2	对皮肤黏膜有较强的刺激作用，高浓度乙苯有麻醉作用、对肝有损害
环氧乙烷	C_2H_4O	44.1	1.52	-112.2	10.4	Ⅰ级致癌物，中枢神经系统抑制剂、刺激剂，具有原浆毒性

2. NO*x*、CO*x*、SO*x*、POPs 污染对健康的危害

车内空气中 CO、NO 与 NO_2 主要来自机动车尾气,是发动机燃油燃烧不充分的产物。CO 是一种毒性极高的气体,可导致人体缺氧,重者危害人体血液循环系统,严重者会致人死亡,亦称煤气中毒;NO_2 对人和植物都有很强的毒性,主要损害人体呼吸系统;NO 可与血红蛋白结合,引起高铁血红蛋白血症。

车内高浓度 CO_2 污染会使驾乘人员产生不愉快的感觉、疲劳、困倦或昏昏欲睡,嗜睡的人数比最高达 64.3%,嗜睡是交通事故的潜在风险,同时降低了人的心率、收缩压和舒张压。POPs 具有很强的毒性与较高的致癌、致畸、致突变"三致"效应,还会造成人体内分泌系统紊乱、生殖和免疫系统破坏,诱发癌症,导致畸形、基因突变和神经系统疾病等,且在人体内滞留数代,严重威胁人类生存繁衍和可持续发展。SO_2 具有刺激性臭味,人长期超限量接触 SO_2 可导致呼吸系统疾病与多组织损伤。

3. 其他气体与异味对健康的危害

车内难闻气味或异味主要引起驾乘人员心情不畅、心烦意乱,严重时可致人恶心或呕吐。硫化氢(H_2S)是一种易燃的危险化学品,遇明火或高热可燃烧爆炸,有臭鸡蛋味与剧毒,为强烈的神经毒素,对黏膜有强刺激性,危害人的眼、呼吸系统及中枢神经。砷化氢(AsH_3)又名砷化三氢、砷烷或胂,有剧毒与大蒜臭味,可燃可爆炸,对人体心、肝与肺等器官有直接毒害,轻度中毒者有头晕头痛乏力、恶心呕吐、关节及腰部酸痛等症状;重度中毒者有高热、昏迷、抽搐等症状。臭氧(O_3)污染有鱼腥味与强氧化性,短期暴露可干扰儿童机体代谢,危害儿童心肺功能。氨气(NH_3)具有强烈刺激性,能灼伤皮肤、眼睛与呼吸器官的黏膜,过多吸入可引起肺肿胀,严重时可导致人死亡。

2.3.2 颗粒物与气溶胶危害

1. 颗粒物污染健康危害

PM2.5 与 PM10 等颗粒物可通过人体呼吸进入肺部,滞留在呼吸道的 PM 刺激和腐蚀人体黏膜组织可引起炎症,导致慢性鼻咽炎与气管炎。PM 的长期持续作用可诱发人体慢性阻塞性肺部疾患,严重时可引发肺心病、肺癌,甚至导致人死亡。交通车内的 PM2.5 污染导致成年人的收缩压、心率与尿 8-羟基-20-脱氧鸟苷升高,危害人体心血管健康;空气中的 PM 与人体 13 种不同部位肿瘤风险有关联,可增加肺癌、乳腺癌、膀胱癌等癌症的发病率,如图 2.17 所示。

2. 重金属及无机元素健康危害

重金属可在人体内富集,超过耐受限度造成人体中毒,它可使人体内的蛋白质和酶失去活性,对人体健康危害很大。镉毒性极大,可引起人体骨软化、骨质疏松,长久接触损害肾脏、生殖系统;汞是剧毒物,可引发人的心血管和神经系统疾病,导致人注意力缺陷、

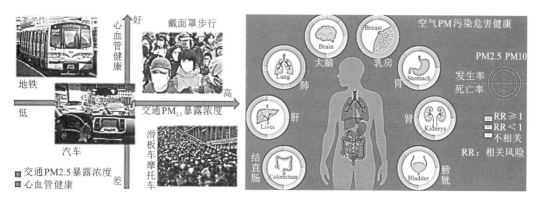

图 2.17　交通车内车外空气 PM 污染对人体健康的危害

语言和记忆障碍；铅有毒，主要导致贫血症、神经机能失调和肾损伤；铬刺激和腐蚀人体呼吸道，引起咽炎、支气管炎等。无机元素砷是砒霜的成分之一，有剧毒与致癌性，可致人迅速死亡。

研究发现铁路列车车厢内的空气富含镉、铁、铅、铬、锌、镍、钒、汞、锡和钡等增加氧化应激金属的纳米颗粒，对乘客和员工构成严重健康风险；公交巴士车内灰尘含 Cr、Cu、Fe、Hg、Ni、Pb 与 Zn 有害元素，最大含量为 34.4 g/kg，其中 Cr、Ni 与 Pb 是致癌物，车内灰尘对公交车司机与长期在舱室的小孩有致癌风险。交通车相关的 UFP 污染含有金属颗粒，通过人体呼吸可进入人体大脑、心脏与血管系统，严重危害人的健康。

3. 气溶胶污染健康危害

颗粒物（PM2.5、PM10）气溶胶可促发肺癌、肿瘤，对人健康危害大。微生物气溶胶含病毒、细菌、真菌及其副产物，可附着在呼吸道分泌液滴上形成病毒气溶胶而通过空气传播，能导致传染病的发生，如流感、腮腺炎、麻疹等；微生物气溶胶类似 PM2.5，可进入人体呼吸系统，在呼吸道、肺部中阻留或沉降，具有生物活性，比普通气溶胶危害更大。卫生防疫专家认为 COVID-19 可通过气溶胶传播。

2.3.3　石棉与微生物危害

1. 石棉污染对健康的危害

人长期暴露在石棉污染中可导致人体器官肺间质异常，严重时可变成石棉肺（肺纤维化）；人接触石棉粉尘可产生胸膜、腹膜间皮瘤以及肺癌，严重危害人的健康。研究表明石棉污染致胸膜间皮瘤患者胸部以单侧胸水及胸膜结节伴纵隔淋巴结肿大为典型症状，临床表现以胸痛、胸闷、乏力为主，胸膜间皮瘤扫描与病变如图 2.18 所示。

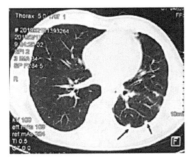 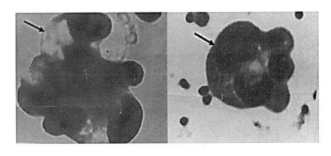

(a)箭头指向：典型胸膜间皮瘤的胸膜多发实质结节　(b)箭头指向：细胞胞体增大，成团排列，结合免疫组化考虑间皮瘤

图 2.18　石棉引起胸膜间皮瘤患者的胸部计算机断层扫描图

2. 微生物污染健康危害

微生物与人类生活密切相关，病原微生物是导致人类诸多疾病的罪魁祸首。例如21 世纪以来，世界局部范围爆发的严重急性呼吸综合征(SARS)、禽流感病毒疫情、野生型脊髓灰质炎、西非埃博拉病毒疫情、寨卡病毒疫情、刚果埃博拉病毒疫情与2020 年全球暴发的新冠肺炎(COVID-19)，为全球重大公共卫生事件，给全世界人民带来前所未有的灾难，给人类生命健康、社会经济、政治和发展都带来深远的负面影响。

凤凰网 2022-11-04 新冠疫情实时数据：nCoV 致全球累计感染与死亡人数分别为6.4 亿多人与 660 多万人，排名前 20 疫情严重的国家如表 2.12 所示。我国累计确诊与死亡人数各为 851 万人与 2.8 万多人。冠状病毒是一个大型病毒家族，可引起感冒、中东呼吸综合征(MERS)、SARS 和 COVID-19 等较严重疾病。新型冠状病毒简称新冠病毒(nCoV)，又名严重急性呼吸综合征冠状病毒 2 型(SARS-CoV-2)，被认定为 SARS 冠状病毒的姊妹病毒，是导致全球爆发 COVID-19 疫情的病毒。人感染了 nCoV 后常见体征有呼吸道症状、发热、咳嗽、气促和呼吸困难等，感染 nCoV 较严重病例会出现肺炎、严重急性呼吸综合征、肾衰竭或死亡。

表 2.12　新冠疫情严重的 20 个国家　　　　　　　　　单位：万人

国家	新增人数	累计确诊人数	累计死亡人数	国家	新增人数	累计确诊人数	累计死亡人数
美国	2.9	9958	109.8	土耳其	0	1692	10.1
印度	0.12	4465.8	53	西班牙	0	1351.2	11.5
法国	4.2	3689	15.7	越南	0.08	1150.5	4.3
德国	5.7	3578.5	15.4	澳大利亚	0.43	1040	1.6
巴西	0.46	3488.8	68.8	阿根廷	0	971.9	13
韩国	4.9	2571.7	2.9	荷兰	0	851.8	2.3
英国	0	2389.8	19.4	中国	0	851	2.86
意大利	0	2353	17.9	伊朗	0	755.8	14.5
日本	6.7	2250	4.9	墨西哥	0	711.3	33
俄罗斯	0.64	2144.8	39	印度尼西亚	0.5	650.8	15.9

2.3.4　尾气与烟草烟雾危害

1. 机动车尾气健康危害

机动车的排放尾气中含有 100 多种不同污染物，包含 PM、CO_x、HC、NO_x、SO_x 与铅有毒有害物质，是城市空气污染的重要来源，是车内污染的来源之一，对我国生态建设、人居环境、公共卫生与经济发展带来重大负面影响，是造成城市雾霾、光化学烟雾、大气酸雨与温室效应的重要因素，严重危害人类的生命健康(图 2.19)。人长期暴露在燃油机动车尾气中，人的呼吸、免疫系统与心脑血管等人体器官的发病率会增加，尤其是儿童、公交车司机与交通警察；汽车尾气污染导致肺功能降低并影响人的免疫功能，甚至诱发癌变，严重危害人体健康。曾发生某长途大客车尾气 CO 进入乘客舱内环境，导致车内 57 人中毒，其中 2 人死亡的事件。

图 2.19　机动车尾气排放造成的环境污染及健康影响＊

2. 环境烟草烟雾(ETS)健康危害

吸烟对健康的危害较大，ETS 中含 4500 多种污染物，其中 60 种已被证明或被怀疑具有致癌性，可导致呼吸系统、消化系统疾病，是肺癌的主要病因，可致人死亡；ETS 刺激眼睛，导致干眼症或炎症；还可诱发冠心病、心肌梗死、口腔癌、胎儿发育不良与儿童哮喘等。研究发现 ETS 中的乙醛对呼吸器官纤毛有强毒性，会导致纤毛上皮瘫痪和支气管黏液充血。车内应该禁止吸烟，特别要保护儿童与孕妇的健康。非吸烟者暴露于 ETS 污染中，即被动吸烟或吸入二手 ETS 同样危害健康。研究表明孕妇吸烟或暴露在 ETS 中可导致胎儿大脑结构变异与丘脑体积萎缩(图 2.20)，影响儿童的注意力、认知与行为；烟草中的尼古丁具有神经毒性，母亲吸烟影响儿童神经发育。

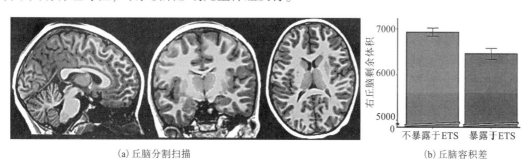

(a) 丘脑分割扫描　　　　　　　　　　(b) 丘脑容积差

图 2.20　孕妇暴露在 ETS 中导致儿童丘脑体积萎缩示意图

3. 电子烟雾健康危害

电子烟雾含有 PM、气溶胶、重金属、CO_x 与 VOC 等有毒有害物质，车内健康人员短期暴露于二手电子烟雾中，会出现喉咙刺激感、眼睛和鼻子干燥等症状。研究表明自 2019 年以来，美国报告有 2800 多例与电子烟关联的急性肺毒性病例，其中死亡 60 多例；电子烟雾主要导致肺部炎症与损伤(图 2.21)，增加肺部疾病感染风险。

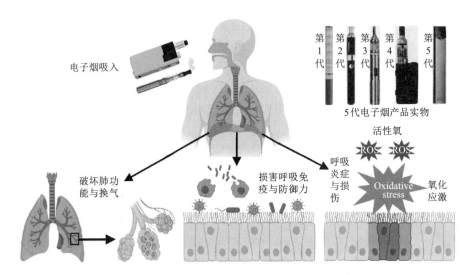

图 2.21　电子烟雾对人体肺部器官的健康危害

2.3.5　物理性污染危害

1. 噪声与振动危害

随着人们对产品质量与舒适性要求的提高，噪声振动及刺耳度(NVH)已成为车辆品质的一个重要指标。车内噪声与振动不仅影响乘客的乘坐舒适性，还影响司机心理，使之产生紧张不安、心烦意乱等负面情绪，出现晕车等症状，极大地危害驾乘人员的安全。人耳听觉系统由听觉外围与中枢系统组成，听力阈值有绝对听阈、危险听阈与痛阈 3 种，当噪声达到痛阈曲线，人耳会感觉疼痛，严重时会损坏听觉系统，甚至导致耳聋。

交通车辆在行驶过程中会产生喇叭声、鸣笛声、刹车声、摩擦声、排气声、发动机响声或空调运转声等各种声音，拥堵路段不同车辆声音的叠加或耦合就可能形成噪声。交通噪声是城市噪声的主要来源，也是车舱环境噪声的主要部分。噪声是引发心血管疾病的危险因素，会加速心脏衰老，增加心肌梗死发病率，不同声压级健康危害见表 2.13。实测发现地铁在隧道内加速时，车内噪声>100 dB，可使人心烦意乱，甚至无法忍受。

表 2.13　环境噪声的健康危害

声压级/dB	健康危害或人的反应	声压级/dB	健康危害或人的反应
>40	妨碍睡眠	>130	短时间耳朵疼痛，甚至感觉不到声音
60 80	焦虑不安 无食欲，引发头痛	>140	可致鼓膜破裂，听小骨骨折与异位，耳蜗与听神经损伤，出现剧烈耳痛、耳鸣、头痛等不适反应，甚至瞬间耳聋
>90	血压上升，心跳加快	150	导致鼓膜破裂，内耳出血及听神经细胞永久损伤
100	接近可以忍受的极限		

2. 热光污染与不宜风湿危害

车内热、光、风、湿是互相影响的，存在耦合或协调效应。光会产生热，热与光会加速水分蒸发，使空气更干燥，相对湿度（RH）更低；增大气流通风可以加速热对流与水分蒸发，有制冷效果。在常规自然气候环境下，冬季工况开空调或门窗通风，车内风速越大，感觉越冷，不舒适的吹风感变强烈，人长期处于冷风状态下，易引发感冒症状；夏季工况如果风速过小，人会感到很闷热，产生热不舒适感。低湿环境（空气过于干燥）会刺激人的皮肤、眼睛与鼻腔黏膜，严重时黏膜会出血或引发鼻炎症状；高湿环境（RH 大）易滋生细菌，提高了病原性微生物感染风险，同时还会导致车体及零部件金属材料腐蚀生锈，影响其使用性能，导致严重安全事故。在异常极端气候环境下，自然界的严寒与酷暑可导致车内产生空气寒流（引发人冻伤）与高温（使人中暑）。车舱围护结构相对比较薄，保温性能差，车舱内外热传导严重，这也是太阳暴晒下车舱内易产生高温导致滞留在车内的儿童中暑或死亡的主要原因。车内空气的温度与湿度参数可以理解为一个综合环境指标，可反映对车内人体健康的影响程度。

车内高温对人的健康危害有中暑、热疲劳、热晕厥、热水肿、热痉挛与热疹等，还可引发火灾；车内人中暑可表现出烦躁、头晕、反应迟钝、癫痫发作、皮肤发红、意识丧失、心跳加速、幻觉等症状；车内高温导致的中暑重症是车内环境热射病，可使车内驾乘人员的身体器官受损，病死率高。美国调查显示 1998—2022 年车内中暑导致 940 名美国儿童身亡，平均每年死亡 38 人，6—8 月死亡人数占 66%，其中 496 名儿童死亡（52.6%）是看护者将其遗忘在车内造成；当车内空气温度 38℃ 时，儿童无法承受，40℃ 会中暑，42℃ 会死亡。

交通车辆光污染主要有车灯大光、车身钣金与玻璃反光污染等，强光照射可使人瞬间致盲，对速度、距离、宽度与物体形貌的感知与判断力下降或错误，严重影响行人与驾驶者的安全。白天的太阳光直射或玻璃反射，夜间的机动车大灯照射都产生眩光（图 2.22），造成人视觉不适，降低物体可见度，引起人的视觉疲劳，还可引发交通安全事故；强烈的眩光还会损害视觉，甚至引起人失明。

图 2.22　汽车眩光污染现场*

3. 电磁辐射与放射性危害

电磁辐射污染是第四大环境公害，人若长期暴露在电磁辐射中，白血病、淋巴瘤与神经系统的肿瘤发病率会大幅上升；电磁辐射的健康危害效应主要有热效应、非热效应与累积效应，对生命器官和组织都有害，特别是累积效应导致伤害也累积，形成永久性病态，严重时危及生命。WHO 规定电离辐射（放射线）是 I 类致癌物，明确具有致癌性。

放射性污染会引起放射病，人体长期被多次小剂量放射线照射可引起慢性放射病，出现头痛、头晕、乏力、关节疼痛、记忆力减退、失眠、食欲不振、脱发与白细胞减少等症状，甚至致癌和影响后代；人短期内受到大剂量放射线照射可产生急性放射病，出现头痛、头晕、步态不稳等神经症状，呕吐、食欲减退等消化症状，骨髓造血抑制、血细胞明显下降、广泛性出血和感染等不良反应，严重时会死亡。氡（^{222}Rn）是 WHO 公布的 I 类致癌物，是引起肺癌的第二大元凶（仅次于香烟），还可导致白血病、不孕不育、胎儿畸形等，严重危害人的生命健康；国际癌症研究署（IARC）认为氡及其子体是人类的致癌因子，无阈值，任何浓度都是有害的。氡是一种天然的放射性气体，主要来自土壤与大理石，地下隧道与车库环境可导致车内空气氡浓度增加，现场实测最高可达到 126 Bq/m^3。

2.3.6　晕车的原因及危害

1. 晕车与晕动病的定义与理解

晕动病（MS）又称运动病（表 2.14），可定义为由于环境刺激了人体器官，人出现头晕、面容苍白、四肢无力，严重时甚至呕吐等生理不适症状。乘坐交通工具时更容易发生 MS，生活中常见的有晕车、晕机与晕船。晕车（carsickness）是一种典型的晕动病，可定义为在车舱环境中发生的晕动病症状，是发生率高且普遍存在的乘车舒适性不佳问题。

表 2.14　不同研究机构对晕车或晕动病的理解

研究单位	对晕车或晕动病的具体理解或部分研究结论
日本东京医科大学等	晕动病是当个人乘坐汽车、轮船等交通工具时，由于运动而产生的自主性和生理性不适症状，以及当个人休息时由于感觉到运动而产生的不适症状
北京北汽越野车研究院等	晕车是身体受外部强烈移动或运动刺激等外界环境变化时产生的过于敏感的机体反应
德国福特汽车公司等	晕动病是指人在乘船(晕船)、乘车(晕车)以及坐过山车时感觉不适的状况，症状因人而异，但通常包括疲劳、头晕、出汗、恶心、呕吐
美国威斯康星大学等	晕动病的严重程度因人而异，有些人会立即出现症状，有些人似乎对此免疫，相互不相容的知觉解释的感官信号会使人产生身体不适感，晕车与人体视觉或视线冲突有关

2. 车内污染与晕车关联性

车内污染(尤其是难闻异味或不适气味)是晕车的主要诱因之一，现场调查发现汽车舱内空气污染与异味难闻程度严重导致晕车感明显上升。通过分析车主、乘客与司机的问卷调查表发现，诱发晕车的车内污染因子投票率如图 2.23 所示。

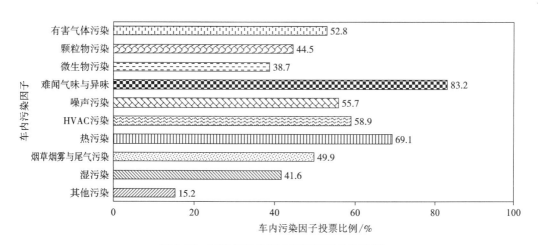

图 2.23　诱发晕车的车内污染因子投票比例

3. 晕车的原因与影响因素

晕车的原因复杂，影响因子众多(图 2.24)，车舱客观环境刺激了人的生理心理反应与主观感受，VIAP、振动噪声与车辆行驶状态刺激人的感觉器官(嗅觉、听觉、触觉与视觉)，即四觉耦合刺激，当刺激超出人的抵抗力与忍受力时，便会发生晕车现象。噪声通过刺激人耳前庭器官影响人的听觉(内耳迷路中的半规管、椭圆囊和球囊 3 个部分)。

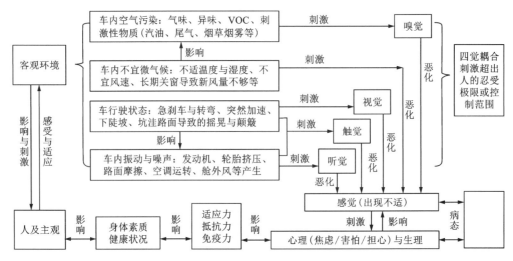

图 2.24　晕车发生的原因与影响因子

车舱通风不畅或新风量不够，导致车内空气 HCHO、VOC、CO_2 等污染增加，异味加重且含氧量降低，人的晕车感或晕车程度上升。车辆急刹车、突然加速、急转弯或下陡坡会导致身体颠簸与摇晃更剧烈，车内人员对环境的把控性更低，更易产生担心害怕和焦虑情绪，晕车感或症状更明显。德国、荷兰与英国调查研究表明，>70% 的受访者认为烟草烟雾、尾气污染、温度不宜的冷或热空气可导致晕车。

4. 晕车与晕动病的健康危害

虽然汽车行业在发展，但晕车人数与概率呈上升趋势，对人们健康的影响越来越大，智能汽车导致乘员晕车率上升与症状加重。百度健康医典(北京协和医院蒋子栋主任医师)表明：患者乘坐船、飞机与汽车等交通工具时，晕车症状主要表现为头晕头痛、恶心呕吐与面色苍白等；根据症状表现可分为轻度、中度与重度三种，轻度症状表现为头晕、头痛、稍有恶心感与面色稍显苍白、口水增多、嗜睡等，中度症状为头晕头痛加重，恶心呕吐、面色苍白、冷汗等，重度症状表现为严重的头晕、恶心、心慌、胸闷、冷汗淋漓、呕吐与四肢冰凉，甚至出现脱水、呼吸困难、反应迟钝、濒死感、昏迷等反应。

2.4　结论

车内环境污染种类繁多，形态各异，按常规方法可分为气态污染、颗粒污染、生物污染、燃烧污染与物理污染 5 大类；按新方法可分为烟粒污染与非烟粒污染，前者包括尾气烟雾、大气雾霭、气溶胶、雾化污染、石棉污染、火灾烟气、ETS、电子烟雾，后者包含有害气体、难闻气味、环境噪声、振动、热污染、光污染、风污染、湿污染、电磁辐射、放射污染。车内空气 HCHO、VOC 与雾化污染主要来自内饰物与零配件材料及其添加剂中有害物质的挥发；舱室噪声主要来自传动噪声、气流噪声与车外噪声；电气电路电池等故障可引发火灾产生燃烧污染，烟草烟雾（ETS、电子烟雾）主要来自人为吸烟；开门开窗及通风等因素都可能导致车外雾霾、气溶胶、颗粒物、微生物（细菌、真菌与病毒）、石棉、烟粒烟雾等污染物进入车舱；车内空气中CO、SO_2、NO与NO_2污染主要来自机动车尾气；高温热污染主要来自太阳暴晒；低温主要来自严寒气候；各种污染物交叉耦合加之通风不良是车内异味或难闻气味的主要成因。

车内环境污染是引起"驾车综合征、汽车病与晕车症"的主要因素与重要诱因，健康危害较大。车内异味一直是我国车辆市场抱怨的主要问题，车内空气污染是车内异味的重要来源。车内尾气与烟草烟雾中含有大量PM、VOC与重金属，车内雾霾与气溶胶污染包含金属与非金属及其化合物污染，车内VOC成分有200多种，主要是脂肪烃和芳烃类。车内环境有害物约有几百种，其中苯、HCHO、多氯联苯、氯乙烯、石棉、机动车尾气、Cr^{6+}/铍/镉及其化合物、电离辐射、烟草烟雾、烟尘等污染物具有致癌性；PM2.5、PM10与烟草烟雾可通过人的呼吸道进入肺部，引发慢性鼻咽炎与气管炎，严重时可引发肺癌；机动车尾气排放出100多种物质，是车内环境污染的来源之一，人若长期暴露在其中，健康危害大，尾气CO进入车内可导致乘客中毒。车内噪声与光污染主要影响车内人员心情，妨碍司机驾驶与乘客休息，影响乘车舒适性与驾驶安全性；运行的车辆会产生电磁场，导致车舱电磁辐射污染，特别是累积效应会损害人体器官和组织；放射性污染会引起放射病，传染性病毒对人的健康危害很大；公共交通车舱室内人员聚集密度大，感染风险高（有病源时）；太阳暴晒引起的车内高温可致人中暑，车舱火灾燃烧污染可使人窒息。

参考文献

［1］ 方彩云，匡莉，戴婷，等.影响增强聚丙烯雾化测试结果的因素［J］.塑料工业，2021，49（3）：95-97.

［2］ Zhu H, Gao Y, Guo H. Experimental investigation of burning behavior of a running vehicle［J］. Case Studies in Thermal Engineering, 2020, 22：100795.

［3］ Silva L F O, Pinto D, Neckel A, et al. An analysis of vehicular exhaust derived nanoparticles and historical Belgium fortress building interfaces［J］. Geoscience Frontiers, 2020, 11（6）：2053-2060.

［4］ Mario Grana M, Toschi N, Vicentini L, et al. Exposure to ultrafine particles in different transport modes in the city of Rome［J］. Environmental Pollution, 2017, 228：201-210.

［5］ 刘术军.香烟及干扰物燃烧灰烬样品特征成分分析及辨识技术研究［D］.沈阳：辽宁大学，2020.

［6］ Offermann F J. Chemical emissions from e-cigarettes：Direct and indirect（passive）exposures［J］. Building and Environment, 2015, 93（1）：101-105.

［7］ Matassa R, Cattaruzza M S, Sandorfi F, et al. Direct imaging evidences of metal inorganic contaminants traced into cigarettes［J］. Journal of Hazardous Materials, 2021, 411：125092.

［8］ Schober W, Fembacher L, Frenzen A, et al. Passive exposure to pollutants from conventional cigarettes and new electronic smoking devices（IQOS, e-cigarette）in passenger cars［J］. International Journal of Hygiene and Environmental Health, 2019, 222（3）：486-493.

［9］ 王珊珊.厦门市大气PM2.5分布特征、来源解析及风险评价［D］.厦门：华侨大学，2020.

［10］张晓斌.带电霾气溶胶对电磁波传播的影响及静电除霾途径的研究［D］.兰州：兰州大学，2020.

［11］Triadó-Margarit X, Veillette M, Duchaine C, et al. Bioaerosols in the Barcelona subway system［J］. Indoor Air, 2017, 27：564-575.

［12］熊颖，田涛，刘诗龙，等.武汉市地铁生物气溶胶的分布特征［J］.湖北理工学院学报，2021，37（1）：15-17.

［13］Lima B D, Teixeira E C, Hower J C, et al. Metal-enriched nanoparticles and black carbon：A perspective from the Brazil railway system air pollution［J］. Geoscience Frontiers, 2021, 12：101129

［14］Botsou F, Moutafis I, Dalaina S, et al. Settled bus dust as a proxy of traffic-related emissions and health implycations of exposures to potentially harmful elements［J］. Atmos Pollut Res, 2020, 11：1776-1784.

［15］Iida Y, Watanabe K, Ominami Y, et al. Development of rapid and highly accurate method to measure concentration of fibers in atmosphere using artificial intelligence and scanning electron microscopy［J］. Journal of Occupational Health, 2021, 63, e12238.

［16］吕孟强，黄文杰，高鹏，等.乘用车内饰零部件对车内挥发性有机化合物浓度的贡献研究［J］.暖通空调，2021，51（1）：88-93.

［17］Yang S, Yang X, Licina D. Emissions of volatile organic compounds from interior materials of vehicles［J］. Building and Environment, 2020, 170：106599.

［18］许明春，李永，胡隽隽，等.车内高温下甲醛及气味散发研究［J］.汽车工程师，2021（6）：14-16.

［19］赵福，任明辉，韩亚萍，等.某车型气味性能的分析与整改［J］.汽车零部件，2021（2）：79-84.

［20］虞凯.中低速磁浮交通电磁辐射原理研究［J］.铁道工程学报，2020（2）：74-79.

［21］Yoshida T, Matsunaga I, Tomioka K, et al. Interior air pollution in automotive cabins by volatile organic compounds diffusing from interior materials：I. Survey of 101 types of Japanese domestically produced cars for private use［J］. Indoor and Built Environment, 2006, 15（5）：425-444

［22］The greenguard environmental institute in USA. A Study of IAQ in Automobile Cabin Interiors (GGTR 003). 2006 GG Publications, Inc.

［23］Li J, Li M, Shen F, et al. Characterization of biological aerosol exposure risks from automobile air conditioning system［J］. Environmental Science & Technology, 2013, 47：10660-10666.

［24］Yao H, Song Y, Chen Y, et al. Molecular architecture of the SARS-CoV-2 Virus［J］. Cell, 2020, 183（3）：730-738.

［25］Dehne T, Lange P, Volkmann A, et al. Vertical ventilation concepts for future passenger cars［J］. Building and Environment, 2018, 129：142-153.

［26］张倍瑜.高速列车有机挥发物分布及影响因素研究［D］.成都：西南交通大学，2018.

［27］Chen R, Ho K, Chang T, et al. In-vehicle carbon dioxide and adverse effects：An air filtration-based intervention study［J］. Science of the Total Environment, 2020, 723：138047.

［28］Chuang K, Lin L, Ho K, et al. Traffic-related PM2. 5 exposure and its cardiovascular effects among healthy commuters in Taipei, Taiwan［J］. Atmospheric Environment：X, 2020, 7：100084.

［29］Yu P, Guo S, Xu R, et al. Cohort studies of long-term exposure to outdoor particulate matter and risks of cancer：A systematic review and meta-analysis［J］. The Innovation, 2021, 2（3），100143.

［30］贺今，李鹏，刘光峰，等.职业性石棉所致胸膜间皮瘤5例病例分析［J］.中国职业医学，2020，47（5）：563-566.

［31］Harris E J A, Lim K P, Moodley Y, et al. Low dose CT detected interstitial lung abnormalities in a population with low asbestos exposure［J］. American Journal of Industrial Medicine, 2021, 64：567-575.

［32］ Margolis A E, Pagliaccio D, Ramphal B, et al. Prenatal environmental tobacco smoke exposure alters children's cognitive control circuitry: A preliminary study［J］. Environment International, 2021, 155: 106516.

［33］ Miyashita L, Foley G. E-cigarettes and respiratory health: the latest evidence［J］. The Journal of Physiology, 2020, 598(22): 5027-5038.

［34］ 刘春光, 莫训强. 环境与健康［M］. 北京: 化学工业出版社, 2019.

［35］ Null J. Heatstroke Deaths of Children in Vehicles. ［2023-7-6］. www. noheatstroke. org.

［36］ Kitajima N, Sugita-Kitajima A. Ocular counter-rolling in scuba divers with motion sickness［J］. Auris Nasus Larynx, 2021, 48: 214-220.

［37］ 钟广亮, 金秋菊, 张艺炫. 晕车影响因素及对策探讨［J］. 汽车实用技术, 2020(5): 170-176.

［38］ Schmidt E A, Kuiper O X, Wolter S, et al. An international survey on the incidence and modulating factors of carsickness［J］. Transportation Research Part F, 2020, 71: 76-87.

［39］ Fulvio J M, Ji M, Rokers B. Variations in visual sensitivity predict motion sickness in virtual reality ［J］. Entertainment Computing, 2021, 38: 100423.

第3章

车内环境调查分析

车内环境污染(VIEP)危害驾乘人员身体健康,是导致驾车综合征或汽车病态反应的主因,已日益受到全球研究机构与科研人员的重视。车内环境调查是指通过主观方法(现场问卷或网络问卷调查)、客观方法(仪器现场检测或实验室化验分析)、综合方法(主观+客观)得到 VIEQ 与 VIEP 数据,再经过数值统计分析并找到规律,为车内环境标准制定、质量评价、污染控制与健康保护提供科学依据。随着生活水平的提高,广大居民对 VIEQ 提出了更高要求,全球很多科研单位都开展了广泛的 VIEP 调查,国内的有中国铁路局、中国科学院、中国室内装饰协会、中国消费者协会、清华大学、北京大学、吉林大学、湖南大学、同济大学、北京理工大学、重庆大学、华南理工大学与中汽中心等;国外的有美国生态中心、USEPA、美国麻省理工学院、美国加州大学、英国伯明翰大学、英国帝国理工学院、德国歌德大学、德国宇航中心、法国巴黎大学、加拿大多伦多大学、澳大利亚昆士兰大学、新加坡国立大学等,为 EHSV 的研究奠定了深厚的基础。

3.1 车内有害气体与异味

车辆舱室内的有害气体包括甲醛/HCHO、挥发性有机物/VOC、氡气/Rn、氨气/NH_3、碳氧化物/COx、二氧化硫/SO_2、臭氧/O_3、砷化氢/AsH_3、氮氧化物/NOx 等。

3.1.1 HCHO 与 VOC 污染

1. 调查与分析方法

参考我国标准 GB/T 17729—2023《长途客车内空气质量要求及检测方法》、HJ/T 400—2007《车内挥发性有机物和醛酮类物质采样测定方法》、TB/T 1932—2014《旅客列车卫生及检测技术规定》,使用气相色谱仪实验室化验分析(大气采样仪现场采样)与便携式设备现场检测分析方法,对 220 多辆车内的 HCHO、苯、甲苯、乙苯、对/间二甲苯、邻二甲苯、苯乙烯、乙酸丁酯、十一烷与 TVOC 的污染进行调查分析,调查的车辆包括客车、校车、公交车、小轿车、出租车、SUV、地铁、火车与动车,采样测试设备参数如表 3.1 所示。

表 3.1　仪器设备型号及测试参数特性

仪器名称	型号	分析原理、测量参数及精度
甲醛测定仪	HBFY-JQ1	酚试剂分光光度法原理,测量精度≤5%,甲醛含量 0~1.20 mg/L,分辨率 0.01 mg/L
VOC 检测仪	PGM7360	测量范围 0.05~200 ppm,分辨率为 0.05 ppm,精度(为标定点)±3%,内置超过 220 种 VOC
TVOC 测试仪	FYGD-TVOC	测量范围 0~50 ppm,分辨率为 0.01 ppm,精度≤ ±2%
大气采样仪	QC-2	流量范围 0.1~1.5 L/min,流量误差≤5%,定时范围 1~99 min,定时误差<0.1%
气相色谱仪	GC-9160	主要部件:内置热解析仪、六通阀自动进样器、氢火焰检测器(敏感度 $Mt \leqslant 1 \times 10^{-11}$ g/s)、双稳定气路系统。柱箱温度为 10~399℃、精度为 ±0.1℃。五阶程序升温:速率 10~200℃ 时 0.1~40℃、>200℃ 时 0.1~20℃。进样器和检测器温度为 10~399℃、精度为±0.1℃

现场与网络问卷调查共收到有效问卷 920 多份,综合现场采样时的观察、询问情况与问卷调查统计的相关信息,对车辆的特征信息(例如车龄、里程、排量、价位、舱室体积、载客数或座位数、燃油燃料类型、车内装饰装修等),所在城市的交通环境及大气污染状况,车主或司机的开车行为及习惯(是否抽烟、使用香水等),车辆的使用、保养、检修与维护情况,车内 HCHO 与 VOC 检测与治理,驾乘人员对车内空气 HCHO 与 VOC 的关注度及健康危害认知度等有了全方位的了解。

2. 车内 HCHO 与 VOC 浓度统计

图 3.1 为车内空气 HCHO、VOC 与 TVOC 质量浓度箱线分析图,不存在离群值点(异常值),说明污染浓度数据具有一定的合理性;重要的污染物是 TVOC、甲苯、二甲苯与 HCHO,且这 4 种污染物箱线图的下尾长明显小于上尾长,污染浓度呈正偏态分布,这是因为个别车辆内呈现污染高浓度趋势;其他污染物箱线图的中位数位于箱体中间,上、下尾长基本相等,污染浓度基本呈正态分布;结果还发现车内 TVOC 浓度上极端值、上四分数、中位数与下四分数都超过我国 VIAQ 与 IAQ 标准限值 600 $\mu g/m^3$,最大值超标 3 倍多,因此车内空气 VOC 污染值得关注。

污染浓度统计分析结果如表 3.2 所示,车内 HCHO 与 TVOC 浓度均值各为我国 VIAQ 标准限值的 1.0 与 2.1 倍;调查还表明车内 HCHO、苯、甲苯、乙苯、二甲苯、对/间二甲苯、邻二甲苯、苯乙烯、乙酸丁酯、十一烷与 TVOC 质量浓度均值分别是车外空气相应污染均值的 5.1 倍、4.1 倍、6.0 倍、4.9 倍、6.2 倍、6.3 倍、5.8 倍、3.8 倍、5.6 倍、7.1 倍和 4.8 倍,可见车内空气的 HCHO 与 VOC 污染比车外严重。

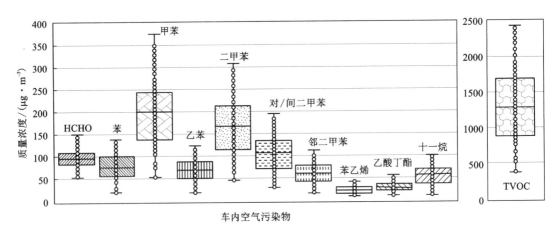

图 3.1 车内空气 HCHO 与 VOC 污染物箱线图对比分析

表 3.2 车内空气 HCHO 与 VOC 浓度统计分析(*n* = 227 例)   单位：μg·m⁻³

车内空气污染物	最小值	最大值	平均值	中位数	众数	区域	峰度	偏度	标准差	标准误差	95% 置信度
HCHO	54.3	155.0	97.6	95.7	95.0	100.7	0.0	0.5	20.7	1.4	2.7
苯	21.3	138.9	75.4	76.4	56.7	117.6	-0.7	0.2	26.6	1.8	3.5
甲苯	53.5	376.4	194.1	200.0	113.5	322.9	-0.6	0.3	67.9	4.5	8.9
乙苯	19.6	125.1	68.2	68.7	51.4	105.5	-0.7	0.2	23.6	1.6	3.1
二甲苯	46.9	307.9	164.7	168.1	95.2	261.0	-0.8	0.2	58.9	3.9	7.7
对/间二甲苯	29.8	195.5	104.7	106.7	61.5	165.7	-0.8	0.2	37.5	2.5	4.9
邻二甲苯	17.1	112.4	60.0	61.4	33.7	95.3	-0.8	0.2	21.5	1.4	2.8
苯乙烯	10.0	42.7	22.9	22.6	16.9	32.7	-0.6	0.4	7.7	0.5	1.0
乙酸丁酯	10.8	56.7	28.9	27.3	24.2	45.9	-0.5	0.4	10.9	0.7	1.4
十一烷	10.5	99.6	54.2	57.4	28.2	89.1	-0.9	0.2	21.3	1.4	2.8
TVOC	373.5	2435.7	1263.5	1280.4	586.4	2062.2	-0.9	0.2	494.9	32.8	64.7

就质量浓度均值而言，车内 VOC 占 TVOC 的比例由高到低依次是甲苯(15.4%)>二甲苯(13.0%)>HCHO(7.7%)>苯(6.0%)>乙苯(5.4%)>十一烷(2.3%)>乙酸丁酯(1.8%)，这 7 种 VOC 污染物含量合计占 TVOC 的 55.9%，其中苯系物或芳香烃类占比>41.6%，二甲苯包括对/间二甲苯(8.3%)与邻二甲苯(4.7%)。因此在被调查的这些轿车、客车、公交车、校车、动车、火车与地铁等车舱室内的空气中，主要的 VOC 种类是芳香烃类或苯系物，以甲苯、二甲苯、HCHO 与苯为主。

3. 问卷调查统计结果

被调查者对车内空气 HCHO 与 VOC 污染健康危害的认知如图 3.2 所示，认为有大危害的合计占 44.5%，认为有危害的合计占 92.5%，可见大众对车内 HCHO 与 VOC 污染问题比较担忧，值得重视与研究；对车内 HCHO 与 VOC 污染是否有必要检测治理，调查统计结果如图 3.3 所示，认为污染检测治理有必要与很有必要者占比为 60.4%，可以推测出有车一族或车辆使用者对车内环境 HCHO 与 VOC 污染基本达成共识：对健康有危害，需要检测防控，以保护驾乘人员身体健康。被调查者认为车内 HCHO 与 VOC 污染源主要是车舱内饰材料、抽烟行为与汽车尾气，占比都>55%。污染净化或控制方法主要是开窗通风、活性炭与空调通风，占比都>59%，这 3 种是目前最认可的，如图 3.4 所示。

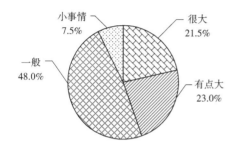

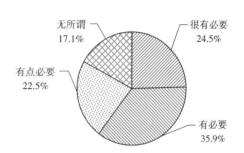

图 3.2 被调查者对车内 HCHO 与 VOC 健康危害的认知统计图

图 3.3 对车内 HCHO 与 VOC 是否有必要检测治理的调查统计结果

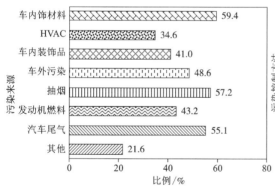

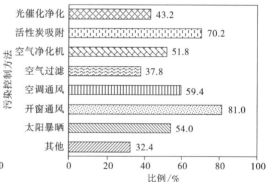

图 3.4 车内空气 HCHO 与 VOC 主要来源与控制方法调查统计

调查还发现 32% 的人认为车内抽烟很常见，60% 的人认为烟草烟雾是车内空气 HCHO 与 VOC 的污染源，因此应提倡车舱内戒烟，以控制车内空气污染物浓度，保护驾乘人员身体健康。被调查者认为车内 HCHO 与 VOC 污染的影响因素包括车内饰材料、内饰品、车辆品牌与档次、尾气排放、交通拥挤、车外污染、燃料挥发、通风方式、抽烟行为、车内外温湿度、车龄、车辆类型与生产厂家等；其中内饰材料、内饰品、车内抽烟、尾气排放是主要影响因子（都>35%）。

3.1.2 CO₂ 与 CO 污染

1. 调查与分析方法

采用 IAQ 监测仪(型号 IAQ-7545、精度为±3.0%，CO_2 监测范围 0~5000 ppm，分辨率为 1 ppm，CO 监测范围 0~500 ppm，分辨率为 0.1 ppm)现场测试 CO_2 与 CO 污染体积浓度，测试的车舱有地铁、SUV、公交车、校车、火车与动车车舱，部分车舱调查现场如图 3.5 所示。

| 地铁 | SUV | 动车 |
| 火车 | 公交车 | 校车 |

图 3.5 部分车厢室内空气 COx 污染测试现场

2. 浓度统计结果与分析

车内空气中 CO_2 与 CO 浓度调查结果如表 3.3 与图 3.6 所示。结果表明车内个别检测点 CO 浓度>8 ppm，换算成质量浓度为>10 mg/m^3，即超过了我国 IAQ 或 VIAQ 规定的 CO 浓度限值 10 mg/m^3，存在超标情况。主要是机动车尾气排放或燃油燃烧不完全产生 CO 进入车内空气所致；车内空气中 CO_2 浓度与车内人员数及拥挤程度有很大关联性，当车辆舱室人员密度过大且新风量不够时，CO_2 浓度容易超标。对行驶中的车辆进行 COx 浓度检测，车内人员数(特别是地铁)与车外机动车尾气排放(特别是交通拥挤路段的公交车)随意性较大，不同时间不同采样点车内空气 COx 污染浓度差异较大，如图 3.6 所示；COx 浓度的标准差与置信度参数变化较大，如表 3.3 所示。

表 3.3　不同车内空气 COx 污染体积浓度统计分析

交通工具	CO2										
	观测数/例	最小值/ppm	最大值	平均值	中位数	众数	区域	峰度	偏度	标准差	标准误差	95%置信度
车辆	277	368	4206	1312	1090	1035	3838	2.3	1.4	769	46	91
地铁	89	368	2129	870	715	473	1761	0.6	1.2	459	49	97
SUV	73	385	4206	1651	1341	965	3821	0.2	1.1	1057	124	247
火车	47	1367	2500	1962	1830	1735	1133	−1.2	0.1	368	54	108
动车	26	860	2235	1357	1270	950	1375	0.0	0.8	389	76	157
校车	24	678	1234	981	961	954	556	0.3	−0.2	144	29	61
公交车	18	465	1137	805	868	465	672	−1.0	−0.1	212	50	105

交通工具	CO										
	观测数/例	最小值/ppb	最大值	平均值	中位数	众数	区域	峰度	偏度	标准差	标准误差	95%置信度
车辆	277	100	9900	1117	700	500	9800	19.0	4.2	1466	88	173
地铁	89	100	1700	576	500	500	1600	2.9	1.9	400	42	84
SUV	73	100	2400	873	800	600	2300	1.5	0.9	409	48	95
火车	47	1000	9900	3138	2000	2300	8900	0.8	1.5	2676	390	786
动车	26	200	800	585	600	700	600	−0.6	−0.7	191	37	77
校车	24	600	1100	833	850	900	500	−0.6	0.2	140	29	59
公交车	18	400	900	656	700	500	500	−1.2	−0.1	162	38	80

注：观测数表示采样点计数，不是车辆数，因为同一辆车有不同时间的多个监测点计数；1 ppm 表示百万分之一，即 10^{-6}；1 ppb 表示十亿分之一，即 10^{-9}，1 ppm = 1000 ppb。

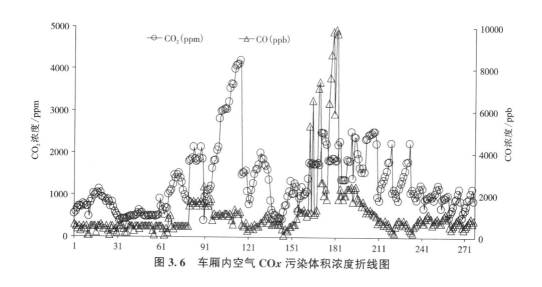

图 3.6　车厢内空气 COx 污染体积浓度折线图

3.1.3 NH₃ 与 Rn 污染

1. 调查与分析方法

采用便携式设备对汽车舱内氨气（NH_3）与氡气（Rn）污染进行调查，对处于校园停车场、地下室车库与隧道里 3 种不同环境中的车辆进行检测，测试现场如图 3.7 所示；测氡仪采用闪烁瓶测量分析法，氡测试量程为 $3 \sim 10000$ Bq/m^3 及灵敏度 $\geqslant 0.7$ Bq/m^3；氨气检测仪采用纳氏试剂比色法，测试量程为 $0 \sim 5.0$ mg/L，分辨率为 0.1 mg/L。

图 3.7 车内 NH₃ 与 Rn 现场测试分析

2. 调查结果与结论

车内空气中 NH_3 与 Rn 浓度统计结果如表 3.4 所示，NH_3 最大浓度为 198 $\mu g/m^3$，低于我国 VIAQ 与 IAQ 标准限值 200 $\mu g/m^3$，Rn 浓度最大值为 184 Bq/m^3，低于我国 VIAQ 标准限值 400 Bq/m^3，因此车内空气 NH_3 与 Rn 污染都没有超标，都不是车内主要污染物。实际上车内环境基本没有 Rn 污染源，NH_3 污染源可能来自某些内饰材料与人体新陈代谢。

表 3.4 不同环境中车内 NH₃ 与 Rn 质量浓度统计分析结果

		观测数/例	最小值	最大值	平均值	中位数	众数	区域	峰度	偏度	标准差	标准误差	95%置信度
Rn	校园停车场	25	43.4	51.6	47.9	47.9	44.5	8.2	-0.6	-0.3	2.2	0.4	0.9
	地下车库	23	126	156	141.7	139	136	30	-0.8	0.1	8.3	1.7	3.6
	隧道里	24	151	184	171.3	171	169	33	-0.5	-0.5	9.7	2.0	4.1

续表3.4

		观测数/例	最小值	最大值	平均值	中位数	众数	区域	峰度	偏度	标准差	标准误差	95%置信度
NH_3	校园停车场	25	101	128	113.4	111	109	27	-1.3	0.3	8.5	1.7	3.5
	地下车库	23	171	198	184.8	185	196	27	-1.0	0.1	7.8	1.6	3.4
	隧道里	24	133	159	147.8	149	158	26	-1.3	-0.3	8.2	1.7	3.5

调查还得出车内空气 NH_3 与 Rn 浓度折线图，如图 3.8 所示，质量浓度明显上升折点是车辆从校园停车场到地下车库，因此车外污染是车内 NH_3 与 Rn 污染主要来源。NH_3 主要来自砂浆、混凝土等材料，Rn 主要来自大地土壤、大理石等物质。研究还发现地铁车内 NH_3 均值在 120 $\mu g/m^3$ 左右，与车舱人群密集程度有关，可能原因是 NH_3 是人体新陈代谢的产物之一，NH_3 浓度与人体皮肤汗液挥发有关。

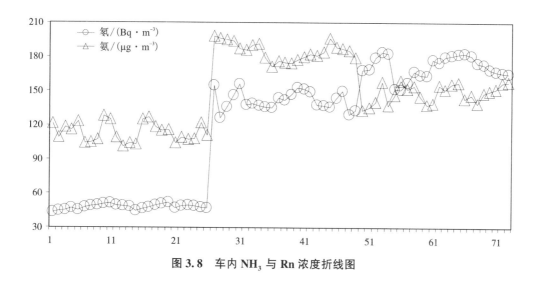

图 3.8　车内 NH_3 与 Rn 浓度折线图

3.1.4　$SO_2/O_3/AsH_3$ 与 NOx 污染

1. 车内空气中 SO_2、O_3 与 NO_2 调查

美国麻省理工学院（MIT）de Souza 等科研人员采用英国 Alphasense-B 系列电化学气体探测器调查了不同交通车内 SO_2、O_3 与 NO_2 污染，SO_2、O_3 与 NO_2 平均浓度统计结果见表 3.5。结果还发现公交车内 NO_2 与 O_3 浓度较高，最大值各为 800 $\mu g/m^3$ 与 100 $\mu g/m^3$；出租车与公交车内空气中 SO_2 浓度较高，最大值各为 70 $\mu g/m^3$ 与 100 $\mu g/m^3$，地铁 IAQ 相对较好。

表 3.5　不同交通模式暴露的空气污染算术平均浓度 μg/m³（标准差）

	公交车厢	自行车	出租车厢	地铁车厢
SO_2	9（9）	5（5）	13（10）	6（3）
O_3	70（51）	116（57）	45（28）	47（26）
NO_2	59（60）	27（22）	30（16）	24（20）
样本量	1380	1552	1593	584

山东大学等实测与模拟了公交车内空气 O_3 污染，结果表明车舱中部和前部 O_3 浓度较高，O_3 实测最大值与平均值各为 20 μg/m³ 与 17.67 μg/m³；老年人和儿童吸入的 O_3 剂量值分别>60 μg/m³ 与>56 μg/m³，乘客应避免高峰时间旅行，以减少对 O_3 的接触与吸入，城市大气环境中的 O_3 与 NOx 污染影响车内空气中 O_3 的浓度。

2. 地铁车厢内空气中 AsH_3 与 NOx 调查研究

该研究采用美国 Gary-Wolf 6 通道空气质量检测仪分析地铁车厢 IAQ，结果表明车内空气中砷化氢（AsH_3）、NO 和 NO_2 浓度均值各为 119.63 μg/m³、384.53 μg/m³ 和 78.83 μg/m³，详情如图 3.9 所示；AsH_3 浓度随时间变化呈波动上升趋势，峰值出现在 16：00—17：00 时段，原因可能是出行人数增加，AsH_3 污染增大，且车内人群密度较高，气流流动不畅，车内 AsH_3 堆积，人类活动、刹车系统和轨道摩擦可能是 AsH_3 的主要来源；NOx 浓度随时间变化呈双峰型，峰值在 14：00 和 17：00 左右，因车厢新风来自厢外空气，车外污染直接影响地铁 IAQ，而这个时段车流量大，尾气排放加大，车外 NOx 重污染造成车内空气 NOx 出现峰值。

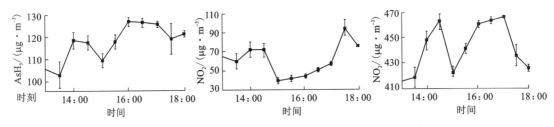

图 3.9　地铁车厢内空气中 AsH_3 与 NOx 浓度随时间变化情况

3.1.5　难闻气味与异味

J. D. Power(君迪)调查表明异味是中国汽车消费者投诉率最高的问题，车内检出 92 种气体，约 50% 有气味。中国汽车技术研究中心调查汽车座椅总成异味，详情如下。

1. 调查与分析方法

将国内主要汽车座椅及其配套厂商的产品 200～300 件，预处理后的内饰件及材料封装于采样袋，在环境舱中加热后测试 VOC 及醛酮物质；通过气质联用的 VOC 全谱分析与嗅觉检测仪分析气味，对样品进行全谱物质解析，对解析物质进行气味评价；气味测试以人的主观评价为主，含内饰件袋子法与内饰材料瓶子法；主要实验设备有热脱附气相色谱质谱联用仪、高效液相色谱仪、嗅觉检测仪、48 m³ 袋子法环境舱；分析汽车座椅总成及相关材料 VOC、气味异味，得到座椅中关键的气味及有毒有害物质数据。

2. 结果与结论

车内异味逐渐成为消费者购买车辆的一个最为直观的关注点。调查发现座椅本体中苯系物与醛类 VOC 含量较高，尤其是甲苯、二甲苯、HCHO 与乙醛，座椅本体气味强度较强(表 3.6)，人长时间接触易产生恶心、昏昏欲睡等感觉，影响乘车舒适度。泡棉为座椅 VOC 和醛酮物质散发的主要来源，对座椅气味贡献也较大；座椅散发气味的主要物质为烷烃类(C_6-C_{16})、醛酮类(甲醛、乙醛、丁酮等)、胺类(三乙烯二胺、二甲基甲酰胺、三乙胺)、芳香烃(甲苯、二甲苯、苯乙烯等)、酸酯醇醚类等，其中醛酮类刺激性较强，是泡棉味、刺激性气味、溶剂等气味的主要来源，对人体健康危害较大；胺类主要产生胺臭味、酸臭味、硫臭味等，是座椅臭味的主要来源。

表 3.6　汽车座椅及相关部件材料主要 VOC 与气味评价

汽车座椅及相关部件	数量/件	主要 VOC 含量/(μg·m^{-3})													气味强度等级均值	气味特征
		甲苯		乙苯		二甲苯		苯乙烯		HCHO		乙醛		丙酮			
		均值	范围	均值	范围	均值	范围	均值	范围	均值	范围	均值	范围	均值	范围		
坐椅	100	372	100~5000	125	50~1000	497	100~5000	89	20~500	421	40~2000	210	20~1000	123	50~5000	3.7(有明显气味，接近干扰性)	泡棉味(溶剂味)、酸臭味(臭味/酸味)、刺激性气味、皮革味、塑料味、焦烟味、潮臭味
泡棉	100	256	20~2000	175	20~2000	387	50~5000	68	20~500	377	50~5000	539	50~5000	137	50~5000	3.4(超过明显气味)	泡棉味(溶剂味)、酸臭味(臭味/酸味)、刺激性气味、潮味
面料	约50	202	20~2000	126	20~1000	198	20~2000	51	20~300	93	20~1000	50	10~500	39	20~1000	3.2(有明显气味)	泡棉味(溶剂味)、皮革味、酸臭味(臭味/酸味)、织物纤维味
其他	约50	73	20~2000	56	20~1000	129	20~2000	37	20~200	42	20~1000	40	10~500	62	20~1000	—	—

3.2 车内颗粒物与微生物

车内空气颗粒物包括PM0.5、PM1、PM2.5、PM5、PM10与TPM，是车内环境主要污染物，车内微生物有细菌、病毒与真菌，是车内健康危害最大的污染物。

3.2.1 颗粒物污染

1. 调查与分析方法

采用型号为Handheld-3016-IAQ的颗粒物监测仪现场采样分析车内PM污染，6通道同步监测PM质量与数量浓度，数量浓度限值为400万个/(ft)^3，等于14126万个/m^3，粒径感应范围为0.3~10 μm，质量浓度范围为0~1000 μg/m^3，最高分辨率为0.01 μg/m^3；采样的车辆有公交车、SUV、地铁、动车与校车，如图3.10所示。

| 公交车 | SUA | 地铁 | 动车 | 校车 |

图3.10 不同车内空气PM污染测试现场

2. 调查结果与结论

车内空气PM污染统计分析结果如表3.7所示，就质量浓度而言，车内空气中主要的PM污染是PM10；同时还发现车辆类型、所处环境与状态、车内人数及拥挤程度不同，车内PM污染程度也不同，如图3.11所示。车内TPM数量浓度（各种PM数量浓度和）每m^{3}可达到亿数量级，其中PM0.5、PM1、PM2.5、PM5与PM10的平均数量浓度各为5119、602、95、10与5000个/m^3，可知车内空气中的PM数量浓度以PM0.5为主。

表 3.7 车内空气中 PM 质量浓度与 TPM 数量浓度统计分析(n = 130 例)

		最小值	最大值	平均值	中位数	区域	求和	峰度	偏度	标准差	标准误差	95%置信度
PM0.5	$\mu g \cdot m^{-3}$	2.8	11.1	7.0	7.5	8.3	903.6	-0.94	0.05	2.3	0.2	0.40
PM1	$\mu g \cdot m^{-3}$	3.8	18.5	9.7	10.4	14.8	1257.6	-1.22	0.08	3.7	0.3	0.64
PM2.5	$\mu g \cdot m^{-3}$	4.5	40.4	13.7	13.2	35.8	1786.6	0.57	0.84	7.3	0.6	1.26
PM5	$\mu g \cdot m^{-3}$	5.8	84.1	20.1	16.7	78.3	2606.9	3.98	1.52	13.2	1.2	2.30
PM10	$\mu g \cdot m^{-3}$	5.8	107.5	25.2	18.6	101.7	3281.3	3.75	1.47	17.0	1.5	2.96
TPM	$\mu g \cdot m^{-3}$	5.8	127.7	30.9	26.0	121.9	4021.4	3.84	1.44	19.7	1.7	3.41
TPM	10^6 个/m^3	37.2	153.4	92.0	97.2	116.2	11956.8	-1.06	0.03	31.1	2.7	5.39

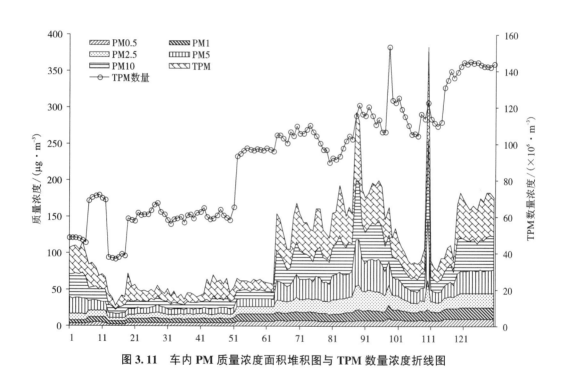

图 3.11 车内 PM 质量浓度面积堆积图与 TPM 数量浓度折线图

3.2.2 无机元素与炭黑

香港中文大学、中国科学院、美国蒙大拿大学、香港大学、香港科技大学、马耳他大学等联合调查研究了车内空气金属、非金属与炭黑(BC)污染,详情如下。

1. 调查与分析方法

在冬季、夏季的上午、下午和晚上调查香港两条行车路线上的车辆，如图 3.12 所示。手持 PM 计数器与 PEM 200 监测仪分析 PM2.5 污染，用便携式风力计收集 BC，DRI 2001 热/光学碳分析仪监测 OC 和 EC，ED-XRF 5 能量色散 X 射线荧光仪分析金属成分。

图 3.12　调查的公共交通车辆

2. 调查结果与结论

研究发现乘坐公交车与地铁 3 h 暴露 BC 范围分别为 3.4~4.6 μg/m³ 和 5.5~8.7 μg/m³，地铁车厢内 PM2.5 及 Ca、Cr、Fe、Zn、Ba 污染水平比公交车内更高，同时细胞和无细胞活性氧产量也更高（$p<0.01$）。多元线性回归分析表明 Ni、Zn、Mn、Fe、Ti 和 Co 均与细胞毒性与活性氧的产生有关。PM 污染对通勤者健康产生重要影响，有关部门应采取有效策略来保护人类健康。车内污染物质量浓度对比如图 3.13 所示。

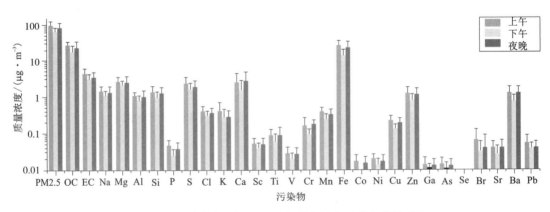

图 3.13　地铁车内空气 PM2.5 污染物浓度及成分含量对比

3.2.3　微生物污染

1. 车内细菌与真菌调查

葡萄牙里斯本大学调查了轿车、公交车、火车舱内微生物污染，通过 MAS-100 微生物监测仪采集车内空气并将其注入胰蛋白酶大豆琼脂（细菌群）和麦芽提取物琼脂（真菌群）皮氏培养皿中，分别在 30℃ 和 28℃ 条件下培养 7 天后计数菌落数。结果发现车内空气微生物群与舱室人员数或拥挤度高度相关。火车和公交车中的真菌和细菌负荷较高，火车舱内真菌与细菌平均浓度各为 204 与 728（cfu/m³），公交车内真菌与细菌平均浓度各为 560 与 460（cfu/m³），轿车内真菌与细菌最大平均浓度各为 137 与 395（cfu/m³）；车内空气中共发现 24 种细菌，主要为微球菌（45.6%）与葡萄球菌（16.8%），各菌种比例见图 3.14；大多数分离出的细菌物种与人类相关，一些数量最丰富的物种与呼吸道感染有关。

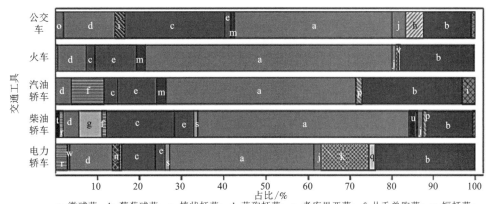

a. 微球菌；b. 葡萄球菌；c. 棒状杆菌；d. 芽孢杆菌；e. 考库里亚菌；f. 丛毛单胞菌；g. 短杆菌；
h. 希瓦氏菌；i 弧菌；j. 假单胞菌；k. 沙雷氏菌；l. 布氏菌；m. 莱夫松菌；n. 伯克霍尔德菌；
o. 气单胞菌；p. 红酵菌；q. 鞘氨醇单胞菌；r. 不动杆菌；s. 颈球菌；t. 无色杆菌；u. 奥斯科维亚菌；
v. 志贺菌；w. 产碱杆菌

图 3.14　不同车内空气细菌种类及占比

我国上海市疾控中心对城市轨道交通车辆进行采样，共采集空气微生物样品 278 件，结果发现轨道交通车辆内菌落总数为 154～3146 cfu/m³，其中车厢室内空气菌落均值为（414±197）cfu/m³，菌落总数受环境温湿度和人员流动等影响较明显。

2. 公共交通车内新冠病毒调查

西班牙、意大利与澳大利亚等国联合调查巴塞罗那公共交通车内新冠病毒污染，现场采样如图 3.15 所示；通过反转录聚合酶链式反应技术分析了 82 份公共汽车和地铁列车舱内污染样本，结果发现 30 份样本存在新冠病毒的一个或多个核糖核酸（RNA）基因靶点，24 份样本只有 1 个 RNA 靶点，4 份样本有 2 个靶点，2 份样本有 3 个靶点，新冠病毒阳性情况在车舱支撑杆表面（39.7%）比在车内空气中（25%）更常见。

图 3.15 城市公共交通车内新冠病毒(SARS-nCoV-2)采样现场

同样、浙江省疾控中心等调查发现,载有 68 人(含 1 位新冠肺炎患者)的某公交车行驶 100 min 后,车内新增 23 名新冠肺炎感染者,新增感染率达到 33.8%,因此车内新冠病毒传播导致舱室乘客感染风险增加。

3. 地铁舱内病毒与细菌污染调查

西班牙与加拿大联合调查分析地铁内的生物气溶胶,结果发现空气中的细菌群落与在列车、站台和大堂内的菌落高度类似,细菌浓度>1 万个/m³。其中甲基杆菌是最丰富的菌属,通勤者不是地铁内生物气溶胶的主要来源;空调与非空调地铁车内空气鼻病毒基因最大浓度各为 1020 个/m³ 与 1060 个/m³,空调地铁车内空气中烟曲霉基因为 152 个/m³;大肠杆菌基因当量范围为 $1.07 \times 10^3 \sim 3.29 \times 10^6$ 个/m³,均值 4.46×10^4 个/m³,详情如图 3.16 所示。

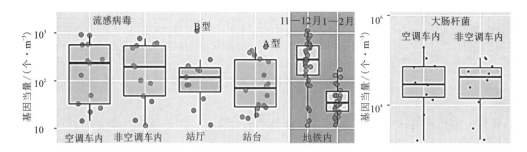

图 3.16 地铁交通室内空气病毒与细菌浓度对比

我国研究人员调查发现,地铁车厢室内空气细菌和真菌平均浓度各为 165 cfu/m³ 和 93 cfu/m³,主要细菌有葡萄球菌、微球菌与芽孢杆菌,检出率各为 33.8%、28.5% 与 13.8%;主要真菌有青霉菌、枝孢霉菌与曲霉菌,检出率各为 33.8%、30.5% 与 13.6%。

3.3　车内燃烧污染与烟草烟雾

车内燃烧污染包括火灾燃烧污染与机动车尾气排放污染，烟草烟雾即 ETS 包括传统烟与电子烟 ETS，主要由舱室人员吸烟行为造成。

3.3.1　尾气与烟气中毒

1. 客车舱内乘客因尾气 CO 中毒

据报道我国某省一辆载有 64 名乘客的长途大客车，在行车约 1 h 与 6 h 后，有乘客出现头痛与呕吐等症状。次日发现 57 人中毒，其中 2 人已死亡，其余 55 名中毒者均有头晕、部分伴有恶心、面部潮红症状，严重者出现昏迷，部分患者经医院治疗痊愈后出院。

经调查发现该车内右侧前排第 3 与第 4 排座位间的地板有缝隙与车外相通，车轮挡泥板形成的角度导致车行驶时形成兜风，尾气排气管已坏而未修理，排气管口正对着地板缝隙使尾气进入车内。死者与中毒者都坐在靠近地板缝隙及周围处，因吸入过多尾气中的 CO 而中毒。死者血液中碳氧血红蛋白(COHb)饱和度很高，车内污染物浓度如表 3.8 所示。

表 3.8　车内空气与车辆尾气样品中有害物浓度

有害物浓度	发动机未发动时			发动后 30 min			行驶 5 min 后			车辆尾气	
	舱头	舱中	舱尾	舱头	舱中	舱尾	舱头	舱中	舱尾	样品 1	样品 2
$CO/(mg \cdot m^{-3})$	2.1	2.0	1.2	70.1	56.9	45.4	68.1	56.0	49.6	135.0	136.2
$CO_2/\%$	0.06	0.05	0.08	0.16	0.15	0.07	0.10	0.11	0.13	0.84	0.87
苯$/(mg \cdot m^{-3})$	33.0	39.3	14.1	102.5	100.7	97.9	92.5	92.6	89.8	216.0	235.0
汽油$/(mg \cdot m^{-3})$	3.86	3.47	5.79	13.38	12.90	12.86	14.91	10.84	13.95	346.0	601.4

2. 卡车舱内火灾烟气中毒

卡车辅助加热器可安装在车舱内用于取暖，调查发现该装置故障可引发车内火灾，可导致正在熟睡的车内人员吸入烟气烟雾中的 CO 而中毒身亡，典型案例如下。

案例一：1 名 43 岁男司机在卡车驾驶舱内睡觉，使用辅助加热器加热车内空气取暖避寒，由于加热器损坏，该司机因 CO 中毒死亡。血液毒理学检测报告表明该司机血液中的 COHb 浓度达到 62.8%，该司机因过多吸入车内有害气体，造成 CO 中毒身亡。

案例二：1 名 48 岁男驾驶员死于卡车厢内装饰布燃烧引起的火灾，火灾由温度极高的辅助加热器引起。医学检查发现该司机内脏充血、大脑水肿、血液 COHb 浓度为 70.2%，口腔、气管和主支气管有燃烧烟灰和碳颗粒，确定为火灾烧伤与 CO 中毒致死。

3.3.2　公交车突发火灾

哈尔滨消防救援支队调查了某公交车突发火灾引起的安全事故,详情如下。

1.事故经过与调查分析

某年 3 月 18 日 13 时,司机驾驶着载有乘客 60 余人的公交车,行驶中听到异常响声,发现车辆左后部冒烟并有火苗。司机立即停车并组织乘客从后门疏散,取灭火器灭火,但火势迅速蔓延无法控制;司机立即拨打 119 报警并向车队报告,当地消防大队 4 台消防车迅速赶到现场灭火,14 时该车(图 3.17)被拖离现场。调查人员通过现场勘验、调查询问与综合分析等手段对火灾进行处理与分析调查。

图 3.17　火灾烧毁的某公交车及部分装置现状

2.调查结果与结论

调查发现该车已经使用将近 8 年,曾经进行过一级、二级维修,修复过离合器、十字轴、气泵、暖风管、后车门及右前弓子故障。火灾造成 4 人受伤,无死亡人员,部分乘客物品受损,2 人受轻微伤自行离开,另 2 人经医院诊断右手、臂二度烧伤,其中 1 人被 120 急救车送到医院留院观察。综合认定此起火灾原因为车辆运行时,变速器输出轴与传动轴法兰盘凸缘锁片固定螺栓断裂,导致传动轴一端脱落;且与主减速器相连的传动轴仍高速转动,使其自由端撞击与天然气储气瓶相连的气管、电气线束和周围构件,导致气管弯曲变形并从连接处脱落;高速喷出的天然气遇撞击或电线短路产生火花发生火灾。起火车辆全部过火,损毁严重,无修复价值。

3.3.3　环境烟草烟雾

1.调查与分析方法

使用便携式设备检测轿车舱内乘客吸传统烟产生的环境烟草烟雾(ETS)污染物浓度,

用甲醛测定仪(HBFY-JQ1)分析 HCHO 浓度,VOC 检测仪(PGM7360)分析苯、甲苯、乙苯与二甲苯浓度,TVOC 测试仪(FYGD-TVOC)分析 TVOC 污染浓度,颗粒物监测仪(Handheld-3016-IAQ)分析 PM2.5 与 PM10 浓度,IAQ 监测仪(IAQ-7545)测定 CO 与 CO_2 浓度。检测设备实物图如图 3.18 所示。

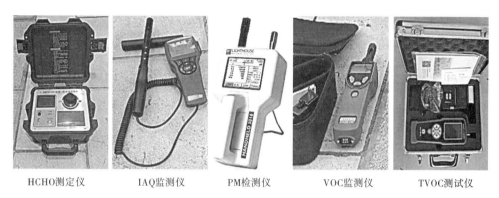

| HCHO测定仪 | IAQ监测仪 | PM检测仪 | VOC监测仪 | TVOC测试仪 |

图 3.18　车内 ETS 测试便携式实验设备

2. 浓度检测统计与调查结果

调查分析发现,吸传统烟导致车内空气 ETS 质量浓度增加较大,车内空气污染较严重,其中 HCHO、苯、甲苯、乙苯、二甲苯、TVOC、PM2.5、PM10、CO 与 CO_2 平均浓度各为 0.28、0.13、0.35、0.12、0.32、2.02、0.15、0.28、4.28 与 2180 mg/m³,依次为无烟环境的 5.6、3.3、2.9、4.0、3.2、2.4、15.1、14.1、3.9 与 1.3 倍;结果显示不同轿车内吸烟导致车内空气中 PM、VOC 与 CO 浓度变化比较平缓(图 3.19),是因为实验所用的香烟品牌、吸烟行为及次数相同,车舱体积及室内设施配置基本一致,而 CO_2 浓度出现一定程度的波动,可能是车内人员呼吸活动差异所致。

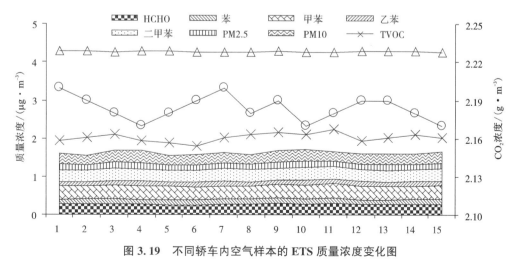

图 3.19　不同轿车内空气样本的 ETS 质量浓度变化图

3.3.4 电子烟雾

电子烟在国外比较流行，欧洲学者做了车内电子烟雾调查分析，详情如下。

1. 乘用车内电子烟雾被动暴露

德国化学安全和毒理学部、慕尼黑大学对乘用车内电子烟雾污染进行了调查研究，研究人员采用数据记录器加传感器测 CO 与 CO_2，气溶胶光谱仪测 PM2.5，GC-MS 测 VOC，HPLC 测醛酮类；结果发现电子烟雾导致的车内 CO、CO_2 与 PM2.5 最大平均浓度各为 5.0 mg/m³、3085 mg/m³ 与 0.5 mg/m³，甲醛、乙醛、丙醛、糠醛、丙酮、2-丁酮、苯、甲苯、丙二醇与尼古丁的最大质量浓度各为 14 μg/m³、18 μg/m³、2 μg/m³、17 μg/m³、31 μg/m³、11 μg/m³、7 μg/m³、41 μg/m³、762 μg/m³ 与 12 μg/m³；粒径范围为 25～300 nm 与 >300 nm 的 PM 最大平均数量浓度各达到 12.4 与 0.2 万个/cm³；不同品牌的电子烟产生的车内空气烟雾污染有一定差异，电子烟中检出的丙二醇质量浓度比传统烟高很多。

2. 汽车舱内电子烟二手气溶胶污染

西班牙、苏格兰、爱尔兰与希腊联合调查了汽车内电子烟雾二手气溶胶（SHA）污染。研究者使用气相与液相色谱-质谱仪、气溶胶监测仪进行分析，结果发现车内空气中存在 PM2.5 污染物及烟碱（尼古丁）、可替宁、3-羟基可替宁、原烟碱（去甲尼古丁）、烟草特有亚硝胺、丙二醇和甘油等有机物，其中 PM2.5 最大平均浓度为 16 μg/m³，质量浓度随时间变化如图 3.20 所示。车内被动吸入 SHA 者的喉咙、鼻子和眼睛产生刺激症状。

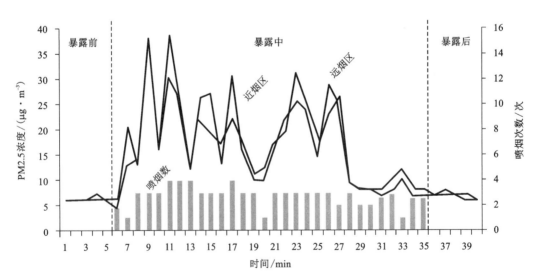

图 3.20　车内电子烟二手气溶胶 PM 浓度变化

3.4　车内物理环境品质调查

舱室物理环境指热环境、光环境、声环境、振动环境、电磁辐射与微气候环境,本节重点分析噪声、光品质、电磁辐射、温湿度与新风、热污染及热舒适性对环境品质的影响。

3.4.1　噪声与振动

1. 噪声调查与分析方法

对行驶状态下不同车舱室内环境噪声进行调研,采用 SW-6004 型噪声计实时监测车内噪声,仪器测试范围 30~130 dB(A),分辨率为 0.1 dB(A),测试现场如图 3.21 所示。

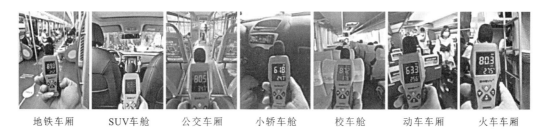

| 地铁车厢 | SUV车舱 | 公交车厢 | 小轿车舱 | 校车舱 | 动车车厢 | 火车车厢 |

图 3.21　部分车内环境噪声污染测试现场

2. 噪声调查结果与结论

不同车舱环境噪声统计与分析结果如表 3.9 与图 3.22 所示,可知 SUV 舱内噪声最低,因该车是新车,各方面性能都很好,振动也很轻微;地铁厢内噪声值存在几个离群值点(图 3.22),其中最大值超出中位数很多,是由于测试噪声时,地铁正在隧道内加速行驶,与轨道的摩擦及隧道内风噪声急速加大,因此舱内噪声比常态下高出很多。

表 3.9　不同车内环境噪声统计分析(n = 36)

车辆类别	最小值	最大值	平均值	中位数	众数	区域	求和	峰度	偏度	标准差	标准误差	95%置信度
小轿车	67.5	92.3	79.4	77.7	76.2	24.8	2858.3	-0.9	0.2	7.1	1.2	2.4
SUV	42.3	52.2	46.3	46.6	44.4	9.9	1666.4	-0.2	0.2	2.4	0.4	0.8
校车	78.7	87.2	83.6	84.3	84.7	8.5	3007.8	-0.6	-0.7	2.5	0.4	0.9
公交车	65.1	87.3	76.2	77.5	65.5	22.2	2742.5	-1.6	-0.1	7.5	1.2	2.5

续表3.9

车辆类别	最小值	最大值	平均值	中位数	众数	区域	求和	峰度	偏度	标准差	标准误差	95%置信度
地铁	73.9	114.6	83.5	81.4	84.0	40.7	3004.3	6.2	2.1	7.9	1.3	2.7
动车	62.6	76.8	68.4	67.1	67.5	14.2	2461.9	−0.7	0.8	4.4	0.7	1.5
火车	63.9	83.7	74.6	74.1	80.3	19.8	2685.0	−1.5	−0.2	6.8	1.1	2.3

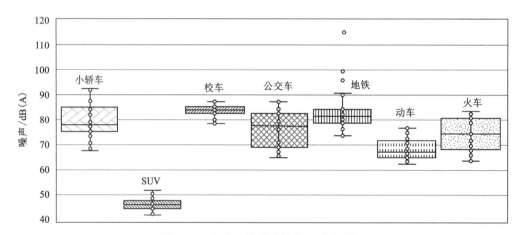

图 3.22　车内环境噪声箱线图对比分析

3. 高速列车舱内振动与噪声

西南交通大学通过轮轨/气动/设备噪声、车体隔声/隔振等声学试验，研究了高速列车舱内噪声与振动问题。实测结果发现不同的轮轨粗糙度激励可导致不同车辆同一测点位置的噪声差>10 dB(A)，车舱内不同测点噪声为 72~78 dB(A)，且大部分都在 75 dB(A)左右；地板振动变化对客室前部噪声影响最大，其次是侧墙振动，当地板与侧墙振动都提高 5 dB 后，客室前部噪声分别增加 2.3 dB(A)与 0.7 dB(A)；当地板与侧墙振动都降低 5 dB 后，客室前部噪声依次减少 1.1 dB(A)与 0.2 dB(A)；列车速度为 200~250 km/h时，无砟轨道上的车内噪声比有砟轨道高 2 dB(A)左右；列车在隧道内以 300~350 km/h速度运行时，车内噪声平均高出明线 7~8 dB(A)，个别测点>10 dB(A)。

3.4.2　光环境

1. 调查与分析方法

采用便携式测光仪(型号 AS-803、光照度量程 1 万~20 万 Lux、分辨率 1 Lux)实时监测行驶状态下不同车辆车舱内光环境品质，测试现场如图 3.23 所示。

地铁车厢   动车二等舱   公交车舱   SUV舱   校车舱   火车舱

图 3.23 不同车厢环境光照度参数测试现场

2. 调查结果与结论

统计发现车舱内光照度差异较大，如表 3.10 所示。SUV 舱内光照度最大与最小值各为 51540 Lux 与 8 Lux，是由不同的自然光造成的，前者是由太阳光照射所致，后者是因为处于地下车库，光线非常暗淡。车内光照度受车外光品质影响很大，因此不同行驶环境下的车内光环境差异较大。如图 3.24 所示，校车、公交车、SUV 与火车车舱内光照度变化大，而地铁与动车舱光照度比较稳定，因在白天取样，且无太阳直接照射，车内外光波动小。

表 3.10 不同车舱内环境光照度(Lux)统计分析(n=30)

车辆类型	最小值	最大值	平均值	中位数	区域	峰度	偏度	求和	标准差	标准误差	95%置信度
地铁	119	149	137.7	137.5	30	−1.0	−0.5	4132	9.7	1.8	3.6
动车	150	162	156	156	12	−0.9	0.01	4680	3.4	0.6	1.3
公交车	297	3435	2120.1	2668	3138	−1.3	−0.7	63602	1238.3	226.1	462.4
SUV	8	51540	13872.3	5390.5	51532	0.1	1.3	416169	18636	3402.4	6958.8
校车	11	1135	516.5	486.5	1124	−1.1	0.2	15495	362.7	66.2	135.4
火车	21	480	135.9	75	459	0.3	1.3	4078	136.4	24.9	50.9

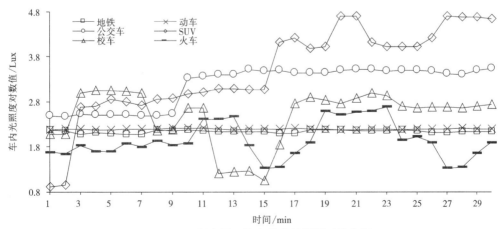

图 3.24 不同车厢环境光照度折线图对比分析

3.4.3 电磁辐射

1. 调查与分析方法

采用电磁辐射仪(型号 GM-3120；电场为 1~1999 V/m、精度为 1 V/m；磁场为 0.01~19.99 μT、精度 0.01 μT)调查行驶状态下不同车舱环境电磁辐射污染，实测现场如图 3.25 所示。

| 校车 | 公交车 | 地铁 | 动车 | 普通火车 | SUV |

图 3.25　不同车内电磁辐射污染现场检测

2. 调查结果与结论

如表 3.11 所示，车内电场强度最小值为 0，最大值为 29 V/m；如图 3.26 所示，公交车内电场相对比较平稳，测试时该车一直处于稳定匀速行驶状态；而 SUV 与校车电场强度变化较大，是由于测试时车辆从怠速状态到稳定匀速行驶状态，怠速时舱室电场强度较高，匀速时电场变为 0；地铁与动车在测试时一直处于稳定匀速行驶状态，车内没有电场污染(都是 0)，而磁感应强度虽然数值不高但有波动起伏。

表 3.11　不同车内环境电磁辐射统计分析($n=25$)

		最小值	最大值	平均值	中位数	众数	区域	峰度	偏度	求和	标准差	标准误差	95%置信度
电场强度 /(V·m⁻¹)	小轿车	0	12	3.6	3	0	12	0.96	1.08	90	3.15	0.63	1.3
	SUV	0	29	9.84	4	0	29	−1.59	0.41	246	10.8	2.16	4.46
	公交车	5	8	6.6	7	7	3	−0.89	−0.53	165	1.04	0.21	0.43
	校车	0	11	5.2	8	0	11	−2.11	−0.03	130	5.15	1.03	2.12
	火车	0	11	1.2	0	0	11	6.73	2.6	30	2.74	0.55	1.13

续表3.11

		最小值	最大值	平均值	中位数	众数	区域	峰度	偏度	求和	标准差	标准误差	95%置信度
磁感应强度/μT	小轿车	0.02	0.55	0.13	0.12	0.09	0.53	6.7	2.46	3.35	0.12	0.02	0.05
	SUV	0.06	0.42	0.21	0.17	0.07	0.36	-1.91	0.16	5.33	0.15	0.03	0.06
	公交车	0.15	0.25	0.19	0.17	0.17	0.1	-0.67	0.88	4.69	0.03	0.01	0.01
	校车	0.12	1.12	0.49	0.44	0.15	1	-1.5	0.5	12.33	0.38	0.08	0.15
	地铁	0.03	1.03	0.48	0.49	0.49	1	-0.95	0.15	12.09	0.30	0.06	0.12
	动车	0.03	0.63	0.31	0.31	0.41	0.6	-1.07	0.04	7.72	0.17	0.03	0.07
	火车	0.08	0.59	0.25	0.17	0.17	0.51	-0.21	0.85	6.2	0.14	0.03	0.06

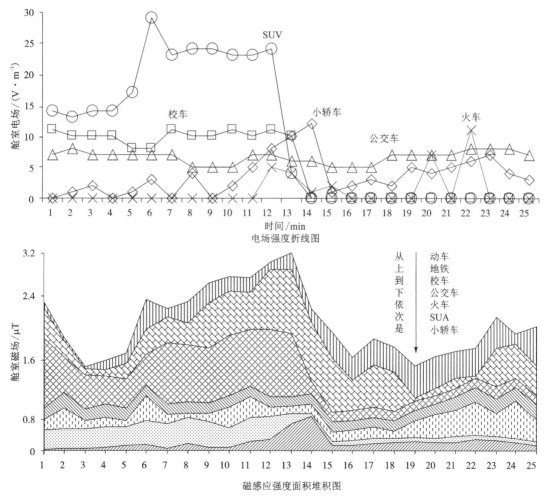

图 3.26　不同车厢室内电磁辐射污染对比分析

3.4.4 热环境与微气候

车内环境微气候参数主要指舱室空气温度、相对湿度与风速风量等相关指标，直接影响车内人员乘坐的舒适性与直观感受，也是 VIAQ 的主要参数。太阳暴晒下，车内环境会出现人体耐受极限的极端高温，导致热舒适性极差，人甚至出现中暑症状。

1. 调查与分析方法

采用多功能通风仪测定车内空气温度、湿度、风速与风量，热指数测定仪检测干球温度、湿球温度、黑球温度与 WBGT 参数。使用的仪器设备及参数如表 3.12 所示。车内环境测试现场如图 3.27 与图 3.28 所示；采用美国加州大学伯克利分校建筑环境中心的热舒适分析工具计算车内环境平均辐射温度，再计算分析 PMV、PPD 与 SET 等参数，以判断是否符合 ASHRAE 标准 55-2017 的热舒适要求，得出车内环境热感觉级别。

表 3.12　仪器设备型号及测试参数特性

仪器名称	型号	测量参数及精度
热指数测定仪	QUESTemp-32	干/湿/黑球温度为-5~100℃，精度为±0.5℃，RH 范围 20%~95%，精度±5%，WBGT/热指数
多功能通风仪	VELOCI-9565	风速为 1.27~78.7 m/s，分辨率为 0.01 m/s，气压-3.7~3.7 kPa，精度±2%分辨率 0.1Pa

图 3.27　热舒适设备及车内环境热污染测试现场

地铁　　　　　公交车　　　　SUV　　　　火车　　　　校车　　　　动车

图 3.28　不同车内空气温湿度与新风测试现场

2. 常态下车内微气候调查结果

所有调查车辆都处于行驶状态,地铁、火车与动车为空调通风模式,公交车、校车与 SUV 为自然通风模式,车内微气候(温度/湿度/风速/风量)参数统计结果,如表 3.13 所示。

表 3.13 不同车内环境微气候参数统计分析($n = 22$)

		最小值	最大值	平均值	中位数	众数	区域	峰度	偏度	求和	标准差	标准误差	95%置信度
温度/℃	地铁	23	25.9	23.95	23.7	23.3	2.9	-0.1	0.8	526.8	0.79	0.17	0.35
	公交车	20.8	21.9	21.54	21.6	21.6	1.1	1.79	-1.25	473.8	0.3	0.06	0.13
	SUV	15.1	17.2	16.15	16.1	16.3	2.1	-1.21	0.24	355.2	0.68	0.14	0.3
	火车	20.1	25.9	22.77	22.7	22.3	5.8	0.84	0.19	501	1.49	0.32	0.66
	校车	23.2	24.9	24.25	24.35	24.6	1.7	-0.52	-0.72	533.4	0.53	0.11	0.24
	动车	24.3	25.1	24.81	24.9	25.0	0.8	-0.49	-0.84	545.8	0.24	0.05	0.11
湿度/%	地铁	68.4	70.8	69.67	69.75	70.3	2.4	-1.16	-0.28	1532.8	0.77	0.16	0.34
	公交车	66.3	72.3	68.51	68.15	66.9	6.0	-0.55	0.77	1507.3	1.87	0.4	0.83
	SUV	53.8	59.5	57.86	58.1	58.5	5.7	6.33	-2.13	1273	1.17	0.25	0.52
	火车	58.5	70.2	65.31	65.75	65.7	11.7	0.04	-0.87	1436.9	3.47	0.74	1.54
	校车	56.8	65.3	61.22	61.4	65.3	8.5	-0.88	-0.01	1346.8	2.55	0.54	1.13
	动车	61.5	64.7	63.04	63.45	63.6	3.2	-1.30	-0.07	1386.8	0.98	0.21	0.43
风速/(m·s⁻¹)	地铁	0.07	0.45	0.21	0.19	0.24	0.38	3.35	1.44	4.66	0.08	0.02	0.03
	公交车	0.17	0.25	0.2	0.2	0.08	-0.74	0.54	4.48	0.02	0.005	0.01	
	SUV	0.13	1.3	0.28	0.21	0.18	1.17	13.65	3.52	6.24	0.25	0.05	0.11
	火车	0.02	0.97	0.22	0.14	0.18	0.95	3.69	2.18	4.89	0.26	0.05	0.11
	校车	0.17	0.2	0.18	0.18	0.18	0.03	-1.02	0.26	4.04	0.01	0.002	0.05
	动车	0.11	0.34	0.19	0.17	0.31	0.23	-0.41	0.91	4.1	0.07	0.02	0.03
风量/(m³·h⁻¹)	地铁	16.95	115.83	55.54	51.56	51.21	98.88	3.29	1.30	1221.89	20.15	4.30	8.93
	公交车	25.43	36.73	31.46	31.43	31.43	11.30	0.20	-0.32	692.18	2.79	0.59	1.24
	SUV	20.13	212.95	45.32	31.61	26.84	192.82	14.71	3.68	996.95	40.81	8.70	18.09
	火车	3.18	150.44	34.82	20.84	20.84	147.26	3.57	2.15	765.98	40.07	8.54	17.77
	校车	26.84	34.26	30.69	30.72	31.08	7.42	2.22	-0.39	675.22	1.68	0.36	0.74
	动车	14.83	88.64	43.02	39.91	16.24	73.81	-0.79	0.49	946.42	24.44	5.21	10.84

运行中的地铁、火车与动车都采用空调通风模式,舱内空气温湿度比较稳定,不同位置的风速与风量有较大变化,离送风口越近,风速越大;公交车、校车与 SUV 为自然通风模式,车内微气候受自然环境影响较大,舱室风速与风量相对波动较大,其中风速面积堆

积图如图 3.29 所示，SUV 舱室风速最大值为最小值的 10 倍，SUV 舱内的相对大风速由室外瞬间刮风引起，火车厢内大风速是部分监测点离送风口太近造成的。

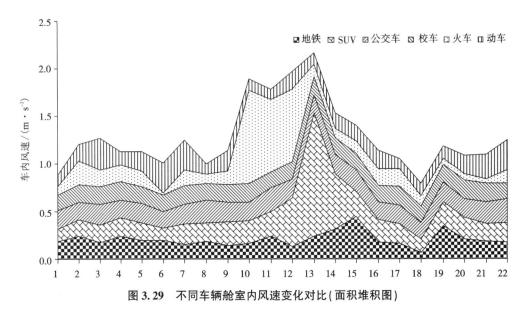

图 3.29 不同车辆舱室内风速变化对比 (面积堆积图)

3. 暴晒下 SUV 舱内热舒适调查结果

处于静态、密闭无通风、中午太阳暴晒状态下的车辆，车内空气温度上升很快，舱内热环境气候与舒适性参数统计分析如表 3.14 所示，不同指标折线图如图 3.30 所示。

表 3.14 暴晒下 SUV 舱内热环境与舒适性参数统计分析

参数	最小值	最大值	平均值	中位数	区域	峰度	偏度	求和	标准差	标准误差	95%置信度
湿球温度/℃	30.7	34.8	33.24	33.55	4.1	-0.09	-0.81	265.9	1.4	0.49	1.17
干球温度/℃	32.7	43.7	39.71	41.1	11.0	0.003	-0.98	317.7	3.81	1.35	3.19
黑球温度/℃	39.5	49.1	45.48	45.85	9.6	2.92	-1.31	363.8	2.84	1.0	2.37
$WBGT_i$/℃	34.1	39.6	37.01	37.2	5.5	0.53	-0.36	296.1	1.67	0.59	1.4
$WBGT_o$/℃	33.3	38.4	36.36	36.75	5.1	0.16	-0.84	290.9	1.68	0.59	1.41
RH/%	55.0	67.0	62.5	63.0	12.0	0.54	-0.95	500	3.96	1.4	3.31
静坐 PMV	4.08	7.91	6.54	6.9	3.83	1.61	-1.24	52.33	1.22	0.43	1.02
倚靠 PMV	4.20	9.12	7.36	7.81	4.92	1.64	-1.25	58.84	1.56	0.55	1.31
静坐 SET/℃	38.3	46.9	44.21	45.35	8.6	0.8	-1.23	353.7	3.02	1.07	2.53
倚靠 SET/℃	37.8	46.5	43.99	45.25	8.7	0.98	-1.3	351.9	3.13	1.11	2.62

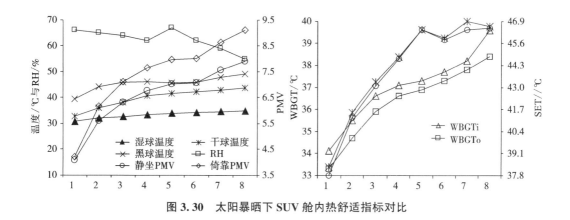

图 3.30　太阳暴晒下 SUV 舱内热舒适指标对比

分析发现车内热环境感觉都不符合 ASHRAE 55—2017 热舒适要求，预测不满意百分率（PPD）为 100%；车内人员静坐与倚靠状态的热感觉预计平均投票（PMV）均值各为 6.5 与 7.4，热感觉等级都为极热级别（PMV>5）；车内人员静坐与倚靠状态的标准有效温度（SET）平均值各为 44.2℃ 与 43.0℃，感觉很热很不舒适。人在车内待久了可导致身体热调节失灵，可引发中暑；调查者在车内静坐 1 min 就大汗淋漓。可见太阳辐射对密闭车内热环境及热舒适影响很大，这也是太阳辐射导致密闭车内温度升高，引发被遗忘在车内的儿童或婴儿中暑死亡的最直接原因。

3.5　车舱舒适与健康

随着生活品质的改善与生活水平的提高，车辆舱室的舒适性与环境健康成为车辆购买者、使用者及车内驾乘人员比较关注与关心的问题。

3.5.1　儿童座椅环境健康

美国生态中心、印第安纳大学与圣母大学调查汽车儿童座椅污染，详情如下。

1. 调查与分析方法

美国生态中心发起了健康材料计划，对汽车儿童座椅（图 3.31）有害物，开展了长达 10 多年的调查分析，并邀请 12 家公司回答 22 个问题完成儿童座椅化学品调查，还联合美国印第安纳大学与圣母大学，采用 HPLC-MS、GC-MS、γ 射线发射光谱仪与 X 射线光电子能谱仪等先进技术检测儿童座椅污染。

图 3.31　承载儿童的汽车儿童座椅真实图

2. 调查结果与结论

研究发现汽车儿童座椅材料中存在阻燃化学品、多溴联苯醚（PBDEs）、全氟辛酸（PFOA）、全氟辛烷磺酸（PFOS）、全氟和多氟烷基（PFAS）等有毒有害物质，损害了 VIAQ 并给儿童健康带来风险；其中 PFAS 含有 4700 多种家族氟化脂肪族化合物，对 12 种全氟烷基羧酸（PFCAs）、10 种全氟烷基磺酸（PFSAs）、3 种氟烷基磺酰胺（FASAs）、2 种氟烷基磺酰胺乙醇（FASEs）、3 种氟端粒羧酸（FTCAs）、3 种氟端粒磺酸（FTSAs）、4 种氟端粒醇（FTOHs）、3 种氟端粒丙烯酸酯（FTAcs）和 2 种氟端粒甲基丙烯酸酯（FTMAcs）等 42 种 PFAS 化合物进行了重点分析；分析结果如表 3.15 所示。

表 3.15　汽车儿童座椅材料样品有害物检出率及质量浓度

有害物	海绵橡胶($n=5$ 例)			织物布料($n=15$ 例)			复合材料($n=16$ 例)		
	检出率 /%	质量浓度/(ng·g^{-1})		检出率 /%	质量浓度/(ng·g^{-1})		检出率 /%	质量浓度/(ng·g^{-1})	
		中位数	最大值		中位数	最大值		中位数	最大值
$\sum$PFCAs	60	1.01	3.19	87	2.22	18.6	38	0.22	1.99
$\sum$FTOHs	20	1.56	3.61	73	11.2	93.4	63	5.77	15.9
$\sum$FT(M)Acs	20	0.69	268	53	3.55	165	25	0.96	149
$\sum$PFAS	100	12.1	268	100	47.3	228	94	12.3	155

3.5.2　车舱环境舒适性

1. 轿车舱室动态舒适性

澳门大学、华南理工大学、福州大学与广州汽车集团开展联合研究，通过在以不同的速度行驶在 5 种路面上的 4 种轿车客舱内放置座椅和恒流驱动加速计，捕捉传输到人体和手的加速度来获得动态舒适度等级（表 3.16），对车舱动态舒适性进行分析。

表 3.16　车舱环境动态舒适度评定量表

分值/分	9~10	8~9	7~8	6~7	5~6	4~5	3~4	2~3	1~2
结果	优秀	良好	满意	可接受	差	不可接受	有瑕疵	操作不良	不可操作

调查结果表明轿车座椅表面比其他位置更能可靠地对人体振动进行评价，行驶在粗糙路面车辆比行驶在光滑路面上的车辆更适合于汽车舱室动态舒适性评价，整体动态舒适度是评价动态舒适性最可靠的指标，主观值随整体动态舒适度值的增加而减少（尤其在全身振动评价中尤为明显）。人体振动测量轴与司机舒适性如图 3.32 所示，评价发现车内动态舒适度值可<3.5，表明轿车产品出现瑕疵，可导致顾客抱怨。

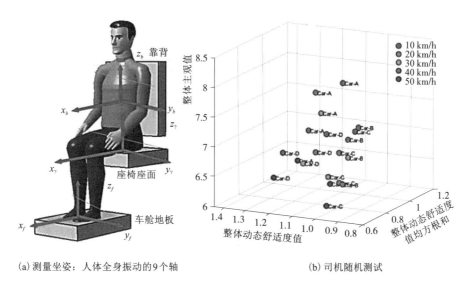

(a) 测量坐姿：人体全身振动的9个轴　　　　　(b) 司机随机测试

图 3.32　车内人体全身振动测量轴与司机动态舒适度水平

2. 动车组列车舱室环境舒适度

中国铁路采用主观问卷调查方式调查我国正在运营的高速动车厢的 IEQ 舒适性，其中空气指标有压力变化、耳膜压力波感受、空气清新度、异臭味、温度、垂直温差、RH 与气流风速，物理指标有清洁度、噪声、振动与照明度，共获得调查数据 321 组；结果表明车内温度与照明度的指标均值在旅客舒适度评分最佳值±5% 区域，其余指标均值尚未进入旅客舒适度评分最佳值±5% 区域。需要改进的空气指标依次为垂直温差、空气清新度、耳膜压力波感受、异臭味、气流风速、压力变化与 RH，需要改进的物理指标依次为振动、噪声与清洁度。从卫生工程学角度，建议进一步优化高速动车组整车流体力学方案设计，降低车内振动和噪声强度，从而改善耳膜压力波感受；完善空气净化消毒方案，有效改善车内空气清新度、异臭味、RH、垂直温差、压力与风速变化指标。

3.5.3　全球晕车现状调查

晕车是一种典型的乘车舒适性不佳问题，可导致驾乘人员身体健康风险。德国福特汽车公司联合荷兰与英国在全世界开展了晕车国际调查研究，详情如下。

1. 调查与分析方法

采用网络在线问卷形式，调查巴西、中国、德国、英国和美国经常使用公共交通工具与私家车的民众晕车状况。总共邀请16315人参加，73%完成了调查，得到了4500个经过质量筛选的案例，其中21个案例由于明显的不一致而被排除，最后获得4479例完整晕车病例，并进行统计分析。受邀者条件与调查内容如表3.17所示。

表3.17　晕车调查内容与受邀者条件

受邀者条件	年龄>18岁，代表该国车主的性别和年龄分布，以汽车与公共交通工具为主要交通方式的人各占50%
调查内容	受邀者性别、年龄和车辆所有权等信息，乘坐交通工具时座位选择，交通方式与行为的晕车频率，晕车调节因素及对策

2. 调查结果与结论

在过去的5年中，46%的汽车乘客出现过晕车症状，59%的人一生中经历过晕车，晕车仍然是汽车旅行常见的令人不愉快的经历；晕车比例与晕车频率如图3.33所示，汽车使用者晕车严重程度如图3.34所示；结果还发现81.7%的<30岁的中国女性有晕车经历，11.5%的≥50岁巴西男性有晕车现象。晕车率排序依次为中国61.7%、巴西44.5%、美国44.2%、英国42.8%与德国34.3%；可能与非常可能导致晕车的影响因子比例为：车辆行驶时反复多次转弯占71.8%，车辆在弯曲的道路上行驶占70.5%，车辆走走停停的占56.9%、香烟或废气味占71.2%、暖空气占57.9%、车内阅读占67.1%、车内写作占59.4%等。

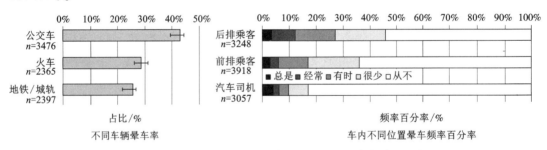

图3.33　不同车辆晕车率与汽车内不同位置晕车频率百分率

图3.34　不同视野导致乘客晕车严重程度百分率

此外，在过去的40年中，晕车的易感性没有显著降低，说明车内人员本身不能解决晕车问题；在未来几十年中，控制晕车也许是人们接受智能车的一个重要参考因素，有助于分析交通安全和环境因素的潜在积极影响。

3.6 结论

调查发现车内环境中存在有害气体、颗粒物、微生物、烟草烟雾、噪声、热污染、光污染以及舒适性差与不良微气候问题，偶尔还伴有火灾、中暑与晕车现象。不同地区、行驶环境、车辆类型与通风方式等因素导致车内空气污染物浓度与成分、热/光/声品质、温湿度与舒适性有较大差异。车内VOC含200多种成分，主要是芳香烃类或苯系物，车内有害气体主要有CO_2、CO、甲醛、甲苯与二甲苯。吸电子烟与传统香烟是车内污染的重要来源，应尽量避免在车内抽烟；应优先选择健康环保的汽车儿童座椅，避免多溴联苯醚、全氟辛酸、全氟和多氟烷基等有害物危害儿童健康。

在车内环境中检测出几十种微生物，主要细菌有葡萄球菌、微球菌、甲基杆菌、芽孢杆菌与棒状杆菌，主要真菌有青霉菌、枝孢霉菌、曲霉菌与酵母菌。真菌与细菌最大均值可达到560 cfu/m^3与728 cfu/m^3；疫情期间车内还检出新冠病毒，严重危害人们健康。车内异味是汽车消费者抱怨率最高的问题，由烷烃类、醛酮类、胺类、芳香烃与酸酯醇醚类等有机物组成，人长时间接触会产生恶心或昏睡症状。晕车是乘客常见的汽车舱内环境舒适性不佳问题，主要影响因子有车内空气污染或气味异味、行驶时的转弯/颠簸/急刹车等。

太阳暴晒可导致密闭汽车内温度升高，热感觉预测不满意为100%；久在车舱内会使身体热调节失灵，是引发儿童或婴儿中暑死亡的最直接原因。整体动态舒适度评价发现某轿车内动态舒适度值可<3.5，表明产品有瑕疵，可导致顾客抱怨。高速动车舱室需要改进的指标有垂直温差、空气清新度、异臭味、风速、相对湿度、气压、振动、噪声与清洁度等。客车尾气中的CO进入舱内可导致乘客中毒或死亡的安全事故；汽车零部件或发动机故障还可导致汽车火灾，使车辆损毁严重，对健康危害极大。

参考文献

[1] De Souza P, Lu R, Kinney P, et al. Exposures to multiple air pollutants while commuting: Evidence from Zhengzhou, China[J]. Atmospheric Environment, 2021, 247: 118168.

[2] Zhu X, Lei L, Han J, et al. Passenger comfort and ozone pollution exposure in an air-conditioned bus microenvironment[J]. Environmental Monitoring and Assessment, 2020, 192: 496.

[3] 韩新宇, 陈缘奇, 邓昊, 等. 昆明地铁环境空气质量检测分析[J]. 云南大学学报, 2017, 39(6): 1023-1029.

[4] 武金娜, 胡俊艳, 王焰孟, 等. 汽车座椅总成气味及VOC来源分析[J]. 中国汽车, 2021(2): 53-57.

[5] Chen X, Cao J, Ward T J, et al. Characteristics and toxicological effects of commuter exposure to black carbon and metal components of fine particles(PM2.5)in Hong Kong[J]. Sci Total Environ, 2020, 742, 140501.

[6] Buitrago N D, Savdie J, et al. Factors affecting the exposure to physicochemical and microbiological pollutants in vehicle cabins while commuting in Lisbon [J]. Environmental Pollution, 2021, 270: 116062.

[7] 张霞, 侯雪波.某特大城市轨道交通环境微生物污染调查[J].环境与健康杂志, 2020, 37(2): 139-142.

[8] Moreno T, Pintó R M, Bosch A, et al. Tracing surface and airborne SARS-CoV-2 RNA inside public buses and subway trains[J]. Environment International, 2021, 147: 106326.

[9] Shen Y, Li C, Dong H, et al. Community outbreak investigation of SARS-CoV-2 transmission among bus riders in eastern China[J]. JAMA Internal Medicine, 2020, 180(12): 1665-1671.

[10] Triadó-Margarit X, Veillette M, Duchaine C, et al. Bioaerosols in the Barcelona subway system[J]. Indoor Air, 2017, 27: 564-575.

[11] 张海红.苏州市吴江区地铁4号线车站空气中细菌和真菌的暴露水平及分布特征[J].智慧健康, 2020, 6(25): 82-85.

[12] 于夕娟, 仲玉莎. 一起客车尾气进入车内引起一氧化碳中毒的调查[J].预防医学文献, 2002, 8(1): 25.

[13] Demirci S, Dogan K H, Erkol Z, et al. Two death cases originating from supplementary heater in the cabins of parked trucks[J]. Journal of Forensic and Legal Medicine, 2009, 16: 97-100.

[14] 刘文成.一起机械故障导致的公交车火灾的调查[J].消防科学与技术, 2021, 40(4): 602-604.

[15] Schober W, Fembacher L, Frenzen A, et al. Passive exposure to pollutants from conventional cigarettes and new electronic smoking devices(IQOS, e-cigarette)in passenger cars[J]. International Journal of Hygiene and Environmental Health, 2019, 222(3): 486-493.

[16] Amalia B, Fu M, Tigova O, et al. Environmental and individual exposure to secondhand aerosol of electronic cigarettes in confined spaces: Results from the TackSHS Project[J]. Indoor Air, 2021, 31(5): 12841.

[17] 张捷.高速列车车内低噪声设计方法及试验研究[D].成都: 西南交通大学, 2018.

[18] Wu Y, Miller G Z, Gearhart J, et al. Side-chain fluorotelomer-based polymers in children car seats [J]. Environmental Pollution, 2021, 268: 115477.

[19] Sargent M. C., Gearhart J. Making the grade-how children's car seat manufacturers measure up on chemical policy and transparency[R]. Car Seat Report Card from American Ecology Center, 2019.

[20] Ao D, Wong P K, Huang W, et al. Analysis of co-relation between objective measurement and subjective assessment for dynamic comfort of vehicles[J]. International Journal of Automotive Technology, 2020, 21(6): 1553-1567.

[21] 武满红, 张贵生, 高羽, 等.高速动车组列车运营环境旅客舒适度调查分析[J].铁路节能环保与安全卫生, 2019, 9(2): 33-37.

[22] Schmidt E A, Kuiper O X, Wolter S, et al. An international survey on the incidence and modulating factors of carsickness[J]. Transportation Research Part F, 2020, 71: 76-87.

第4章

车内环境与健康评价

车内环境评价(VIEE)可分为车内环境的品质评价、健康评价与安全评价。VIEE 是指对比分析车内空间的各个要素,研究车舱环境的主要影响因素,预测这些因素在一定时期内的变化趋势,评价其对司机与乘客的健康、安全与舒适度的影响,并提出经济可行的改善、控制与治理措施,VIEE 是认识舱室环境及各要素是否环保、舒适、健康与安全的一种科学方法。VIEE 的重要意义在于:①了解 EHSV 的现状及变化趋势,为有效预测 EHSV 的隐患危害程度提供理论基础;②正确判断驾乘人员对 EHSV 的接受程度与影响程度,为科学制订 EHSV 相关标准提供充分依据;③弄清车舱环境污染源、火灾源与 EHSV 的关系,为车辆与零配件生产、车辆内饰材料研发、驾驶综合征与晕动病(晕车)预防及 EHSV 改善控制提供理论依据。

为了科学合理地控制 EHSV,消除车舱污染、健康与安全隐患,首先需要对车内环境进行评价。其中心任务是保障驾乘人员身体健康、出行安全与乘车舒适性以及提高司机的工作效率,对 EHSV 的主要安全因子(中暑、碰撞、自燃、火灾等)、健康因子(中毒、晕车等)、污染因子(有害气体、颗粒物、微生物、热污染、光污染、噪声、振动、电磁辐射等)与舒适性因子(温度、湿度、风速等)进行定性定量分析,再依据国家 EHSV 相关标准,判断车内环境要素对驾乘人员健康、安全及舒适性损害的程度。

4.1 环境品质客观评价

车内环境客观评价就是依据国家或行业 VIEQ 标准,直接选取具有代表性的污染物作为评价指标,将其浓度与标准浓度限值对比,评价车内环境参数是否达标。例如污染指标(指数)评价就是一种客观评价,包括单项指标评价与综合指标评价。

4.1.1 评价程序与计算方法

1. 单项指标评价理论

将车内环境中的单一污染物浓度与标准中相应污染物浓度限值进行对比，得出车内污染超标率，以判断 VIEQ 受污染的状况。依据我国车内环境与室内空气相关标准，车内空气污染指标浓度限值如表 4.1 所示，车内物理环境参数控制值如表 4.2 所示。

表 4.1 我国不同标准室内车内空气污染指标浓度限值对比

不同标准	CO_2 /%	Rn/ (Bq·m^{-3})	细菌或菌落总数 /(cfu·$m^{-3①}$)	/(个·皿②)	其他污染指标浓度/(mg·m^{-3}) CO	NH₃	PM10	HCHO	苯	甲苯	乙苯	二甲苯	苯乙烯	TVOC
IAQ	0.1	300	1500	—	10	0.20	0.15	0.08	0.03	0.20	—	0.20	—	0.60
VIAQ₁	—	—	—	—	—	—	—	0.10	0.11	1.10	1.50	1.50	0.26	—
VIAQ₂	0.1	—	4000	—	10	—	—	0.10	—	0.20	—	0.24	—	0.60
VIAQ₃	—	—	—	—	—	—	—	0.10	—	—	—	—	—	—
VIAQ₄	0.15	—	4000	40	10	—	0.25	0.10	—	—	—	—	—	0.60
VIAQ₅	0.1/0.15③	400	1500/4000④	20/40⑤	10	0.20	0.15	0.10	0.11	0.20	—	0.20	—	0.60

注：①撞击法；②(自然)沉降法，单位也可为 cfu/皿；③公共交通车：卧铺≤0.1%，非卧铺≤0.15%；
④公共交通车：卧铺≤1500，非卧铺≤4000；⑤公共交通车：卧铺≤20，非卧铺≤40。
IAQ：GB/T 18883—2022《室内空气质量标准》。
VIAQ₁：GB/T 27630—2011《乘用车内空气质量评价指南》。
VIAQ₂：GB/T 17729—2023《长途客车内空气质量要求及检测方法》。
VIAQ₃：TB/T 3139—2021《机车车辆非金属材料及室内空气有害物质限量》。
VIAQ₄：TB/T 1932—2014《旅客列车卫生及检测技术规定》。
VIAQ₅：GB 37488—2019《公共场所卫生指标及限值要求》。

表 4.2 我国不同标准车内物理环境参数限值对比

不同标准	车辆及环境参数	车舱内部分物理环境参数限值要求
VIAQ₄	旅客列车噪声⑥	运行时：软卧/软座/一等车舱内噪声≤65 dB(A)，硬卧/硬座/二等车/餐厅车舱内噪声≤68 dB(A)，餐车厨房舱内噪声≤75 dB(A)
		静止时：软卧/软座/一等车舱内噪声≤60 dB(A)，硬卧/硬座/二等车/餐厅车≤62 dB(A)，餐车厨房≤70 dB(A)
	旅客列车照度	客车厢、餐车、洗脸间台面照度≥120 lx，厕所≥60 lx

续表4.2

不同标准	车辆及环境参数	车舱内部分物理环境参数限值要求			
VIAQ$_5$	公共交通车噪声	卧铺≤45 dB(A)，非卧铺<70 dB(A)			
VIAQ$_6$	城市客车噪声	前置发动机：驾驶区与乘客区 86 dB(A) 中/后置发动机：驾驶区 78 dB(A)、乘客区 84 dB(A)			
	其他客车噪声	前置发动机：驾驶区与乘客区 82 dB(A) 中/后置发动机：驾驶区 72 dB(A)、乘客区 76 dB(A)			
VIAQ$_7$	轨道交通车噪声	地铁地下运行：司机室 80 dB、客室 83 dB 地上运行时的地铁与轻轨：司机室与客室 75 dB			
VIAQ$_8$	汽车噪声	纯电动汽车、燃料电池汽车和低速汽车除外的汽车司机耳旁噪声≤90 dB(A)			
VIAQ$_9$	车辆电磁辐射[⑦]	频率 f 范围	电场强度 /(V·m^{-1})	磁场强度 /(A·m^{-1})	磁感应强度 /μT
		1~8 Hz	8000	$3.2×10^4/f^2$	$4×10^4/f^2$
		8~25 Hz	8000	4000 /f	5000/f
		0.025~1.2 kHz	200 /f	4/f	5/f
		1.2~2.9 kHz	200/f	3.3	4.1
		2.9~57 kHz	70	10 /f	12/f
		57~100 kHz	4000 /f	10 /f	12/f
		0.1~3 MHz	40	0.1	0.12
		3~30 MHz	$67/f^{1/2}$	$0.17/f^{1/2}$	$0.21/f^{1/2}$
		30~3000 MHz	12	0.032	0.04
		3000~15000 MHz	$0.22 f^{1/2}$	$0.00059/f^{1/2}$	$0.00074/f^{1/2}$
		15~300 GHz	27	0.073	0.092

注：⑥噪声限值等同标准 GB/T 12816—2006《铁道客车内部噪声限值及测量方法》；⑦电磁辐射限值等同标准 GB 8702—2014《电磁环境控制限值》。

VIAQ$_6$：GB/T 25982—2010《客车车内噪声限值及测量方法》。

VIAQ$_7$：GB 14892—2006《城市轨道交通列车噪声限值和测量方法》。

VIAQ$_8$：GB 7258—2017《机动车运行安全技术条件》。

VIAQ$_9$：GB/T 37130—2018《车辆电磁场相对于人体暴露的测量方法》。

2. 综合指标评价理论与计算方法

车内环境可能同时存在 n 种污染物，混合污染的影响存在协同或耦合效应，为了反映出这 n 种污染物对 VIEQ 的综合影响，需要做出综合指数评价。其中分指数定义为车内环境某种污染物的实测浓度(C_i)与标准限值(S_i)之比，由分指数有机组合而成的评价指数能够综合反映 VIEQ 的优劣。该理论最初用于室内空气评价，由同济大学沈晋明博士提出并应用于实际工作中。计算方法如式 4.1~式 4.4 所示。

分指数：
$$P_i = C_i / S_i \qquad (4.1)$$

算术叠加指数：
$$P = \sum (C_i / S_i) \qquad (4.2)$$

算术平均指数：
$$Q = P/n = n^{-1} \sum (C_i / S_i) \qquad (4.3)$$

综合指数：$I = \left[\max(P_i) \times Q \right]^{0.5} = \left[\max(C_i / S_i) \times n^{-1} \sum (C_i / S_i) \right]^{0.5}$ $\qquad (4.4)$

以上评价指数可以反映出 VIEQ 的平均污染水平和车内各种有害物之间在污染程度上的差异，能够确定车内环境主要污染物，其中 I 适当兼顾最高和平均分指数。

根据 VIEQ 指数法，一般认为分指数及综合指数在 0.5 以下就是清洁环境，可获得车内驾乘人员最大的接受率；如指数为 1 可认为 VIEQ 是轻污染，为 2 及以上则认为 VIEQ 为重污染；由此可以确定 VIEQ 等级。车内环境品质按综合指数可分为 5 级，如表 4.3 所示，据此来判断车内环境受污染程度以及带来的健康危害。

表 4.3　车内环境品质等级划分

综合指数（I）	等级水平	等级结论	VIEQ 等级特点
$I < 0.5$	A	清洁	车内环境污染物浓度很低，适宜驾乘人员使用
$0.5 \leq I < 1$	B	未污染	车内各环境要素的污染物浓度都不超标，车内无环境健康风险
$1 \leq I < 1.5$	C	轻污染	至少有 1 个环境要素的污染物超标，可导致环境健康风险，可危害敏感者健康
$1.5 \leq I < 2$	D	中污染	一般有 2~3 个环境要素的污染物超标，环境健康风险大，对敏感者健康危害大
$I \geq 2$	E	重污染	一般有大于 3 个环境要素的污染物超标，环境健康风险严重，敏感者可能死亡

4.1.2　汽车 IEQ 评价结果

通过客观评价分析，汽车舱室内环境中 Rn、CO、NH_3、PM10、乙苯、苯乙烯浓度与电场强度都未超过我国相应标准限值，其他污染物超标情况如表 4.4 所示。由于不同标准规定的污染物浓度限值水平有较大差异，同一污染指标对不同标准的超标率区别明显，超标率较大的有车内噪声与 TVOC 污染。通过数据统计分析得到车内不同污染物的客观评价指数，如表 4.5 所示。舱室多种污染对 VIEQ 损害有加强或协同效应，导致汽车舱内平均与最大综合指数各达到 1.17 与 2.01，车内环境品质等级分别为轻污染（C 级）与重污染（E 级），产生的环境健康风险依次为敏感者健康受损与可能身亡。不同污染级别的汽车数量百分比如图 4.1 所示，主要是轻污染与未污染车辆，合计达到 85.5%；而中度污染与重度污染的车辆合计达到 14.5%，应重点关注并及时治理汽车舱室环境污染，保护驾乘人员健康。

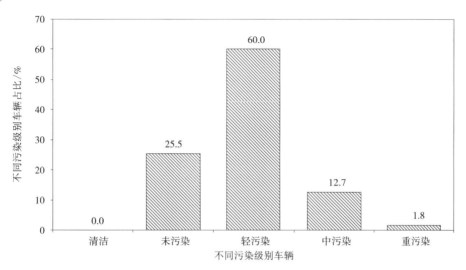

图 4.1 舱室环境不同污染级别的汽车数量百分比

表 4.4 汽车舱内环境污染指标超标率

单位：%

标准	CO_2	HCHO	苯	甲苯	二甲苯	TVOC	噪声	磁感应强度
IAQ	67.3	72.7	96.4	36.4	20.0	81.8	—	—
$VIAQ_1$	—	34.5	7.3	0.0	0.0	—	—	—
$VIAQ_2$	67.3	34.5	—	36.4	9.1	81.8	—	—
$VIAQ_5$	38.2	34.5	7.3	36.4	20.0	81.8	89.1	—
$VIAQ_9$	—	—	—	—	—	—	—	27.3

表 4.5 汽车舱内环境污染物浓度客观评价指数描述统计

评价指数	平均值	标准误差	中位数	众数	标准差	方差	峰度	偏度	区域	最小值	最大值	求和	95%置信度
$P_i(CO_2)$	1.18	0.11	0.92	0.83	0.83	0.69	1.25	1.50	2.92	0.32	3.24	64.7	0.22
$P_i(Rn)$	0.38	0.02	0.41	0.37	0.11	0.01	1.04	−1.45	0.37	0.13	0.50	21.2	0.03
$P_i(CO)$	0.09	0.01	0.08	0.08	0.04	0.002	−0.93	0.37	0.16	0.01	0.18	5.1	0.01
$P_i(NH_3)$	0.79	0.02	0.79	0.76	0.14	0.02	−0.85	−0.35	0.47	0.52	0.99	43.5	0.04
$P_i(PM10)$	0.27	0.03	0.22	—	0.20	0.04	4.46	2.11	0.89	0.06	0.95	14.9	0.05
$P_i(HCHO)$	0.96	0.03	0.93	0.69	0.24	0.06	−0.33	0.48	1.01	0.54	1.55	53.0	0.07
$P_i(苯)$	0.87	0.05	0.85	0.27	0.34	0.11	−0.08	0.48	1.47	0.27	1.74	47.7	0.09
$P_i(甲苯)$	0.40	0.02	0.39	0.25	0.15	0.02	−0.06	0.54	0.67	0.12	0.79	22.0	0.04

续表4.5

评价指数	平均值	标准误差	中位数	众数	标准差	方差	峰度	偏度	区域	最小值	最大值	求和	95%置信度
P_i(乙苯)	0.05	0.003	0.05	0.04	0.02	0.0004	-0.28	0.41	0.08	0.02	0.09	2.8	0.01
P_i(二甲苯)	0.30	0.02	0.29	0.09	0.12	0.01	-0.27	0.49	0.48	0.09	0.57	16.4	0.03
P_i(苯乙烯)	0.08	0.004	0.08	0.04	0.03	0.001	0.34	0.86	0.12	0.04	0.16	4.5	0.01
P_i(TVOC)	2.0	0.11	1.98	2.21	0.81	0.65	-0.34	0.39	3.27	0.62	3.89	110.0	0.22
P_i(噪声)	1.0	0.01	1.0	0.95	0.09	0.01	-0.72	-0.27	0.34	0.82	1.15	55.1	0.02
P_i(电场强度)	0.26	0.02	0.20	0.18	0.15	0.02	1.58	1.52	0.68	0.05	0.73	14.3	0.04
P_i(磁感应强度)	0.79	0.11	0.40	0.38	0.79	0.62	0.77	1.42	2.75	0.05	2.80	43.2	0.21
P	9.43	0.29	8.86	—	2.18	4.74	1.50	1.19	9.84	5.69	15.53	518.4	0.59
Q	0.63	0.02	0.59	—	0.15	0.02	1.50	1.19	0.66	0.38	1.04	34.6	0.04
I	1.17	0.04	1.14	—	0.32	0.10	0.53	0.66	1.39	0.61	2.01	64.4	0.09

汽车舱内空气微生物污染研究发现公交车内细菌平均浓度为460 cfu/m³，轿车内细菌最大平均浓度为395 cfu/m³。应用客观评价方法(单项指标法)分析得出，所调查的公交车与轿车内空气细菌浓度都低于我国 VIAQ 与 IAQ 标准的细菌浓度限值水平，其中轿车与公交车内细菌浓度均值各为我国 IAQ 标准限值1500 cfu/m³ 的26.3%与30.7%，仅为我国 VIAQ 标准限值4000 cfu/m³ 的11.5%与9.9%。

4.1.3 列车 IEQ 评价结果

调查发现地铁与动车乘客舱内光环境品质都达标，即光照度≥120 lx，而火车舱内评价光环境品质的样本量有45%不达标，即光照度<120 lx；调查还发现列车舱内环境空气中 Rn、CO、NH₃、PM10、乙苯、二甲苯、苯乙烯与电场强度都未超过我国标准限值，且电场强度都为 0 V/m，其他污染超标情况见表4.6，主要污染为环境噪声污染。

表4.6 列车厢内环境污染物超标率

单位：%

标准	CO₂	HCHO	苯	甲苯	TVOC	噪声	磁感应强度
IAQ	76.5	76.5	100	35.3	58.8	—	—
VIAQ₄	23.5	17.6	—	—	58.8	94.1	—
VIAQ₅	23.5	17.6	0.0	35.3	58.8	94.1	—
VIAQ₉	—	—	—	—	—	—	64.7

列车舱内环境污染客观评价指数如表 4.7 所示，电场强度的分指数都为 0，因为车内没有检测出电场污染；车内环境污染平均与最大综合指数依次达到 1.12 与 1.97，分别为轻污染（C 级）与中污染（D 级）水平。不同污染级别的列车数量比率如图 4.2 所示，主要是轻污染与未污染的列车，合计达到 82.3%；中污染列车占比为 11.8%，应适当关注与防控，注意车内环境卫生，无重度污染列车。对比可知列车 IEQ 比汽车 IEQ 好。

表 4.7　列车厢内环境污染物浓度客观评价指数描述统计

	平均值	标准误差	中位数	众数	标准差	方差	峰度	偏度	区域	最小值	最大值	求和	95% 置信度
$P_i(CO_2)$	1.07	0.10	0.99	—	0.43	0.18	0.31	1.01	1.46	0.46	1.92	18.13	0.22
$P_i(Rn)$	0.17	0.01	0.17	—	0.06	0.004	3.26	1.75	0.23	0.11	0.34	2.88	0.03
$P_i(CO)$	0.09	0.01	0.08	0.06	0.04	0.001	-0.13	1.07	0.12	0.05	0.17	1.59	0.02
$P_i(NH_3)$	0.52	0.03	0.58	0.37	0.13	0.02	-1.40	-0.32	0.38	0.35	0.73	8.92	0.06
$P_i(PM10)$	0.21	0.05	0.10	—	0.19	0.04	-0.13	1.26	0.53	0.06	0.59	3.49	0.10
$P_i(HCHO)$	0.90	0.03	0.95	0.95	0.12	0.01	-1.35	-0.56	0.34	0.71	1.05	15.32	0.06
$P_i(苯)$	0.84	0.05	0.76	0.71	0.20	0.04	-1.09	0.20	0.65	0.55	1.20	14.26	0.10
$P_i(甲苯)$	0.38	0.02	0.35	0.31	0.08	0.01	-1.73	-0.01	0.22	0.27	0.48	6.48	0.04
$P_i(乙苯)$	0.05	0.003	0.04	0.04	0.01	0.0001	-1.58	-0.08	0.03	0.03	0.06	0.81	0.01
$P_i(二甲苯)$	0.27	0.02	0.26	0.22	0.06	0.004	-1.53	-0.16	0.18	0.17	0.35	4.58	0.03
$P_i(苯乙烯)$	0.08	0.003	0.08	0.07	0.01	0.0001	-1.20	0.07	0.04	0.07	0.10	1.35	0.01
$P_i(TVOC)$	1.54	0.15	1.60	1.60	0.61	0.37	-1.57	0.14	1.76	0.66	2.41	26.26	0.31
$P_i(噪声)$	1.11	0.05	1.13	1.13	0.19	0.04	2.97	-0.96	0.85	0.58	1.43	18.93	0.10
$P_i(电场强度)$	0	0	0	0	0	0	0	0	0	0	0	0	0
$P_i(磁感应强度)$	1.68	0.27	1.53	—	1.12	1.26	0.06	0.78	3.80	0.25	4.05	28.55	0.58
P	8.98	0.58	8.47	—	2.39	5.70	0.88	1.15	8.12	6.27	14.39	152.7	1.23
Q	0.62	0.04	0.58	—	0.16	0.03	-0.01	0.87	0.54	0.42	0.96	10.56	0.08
I	1.12	0.09	1.11	—	0.36	0.13	1.42	1.13	1.33	0.64	1.97	19.09	0.19

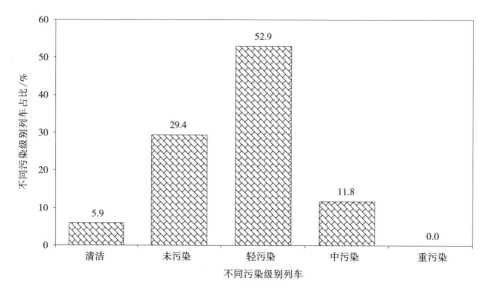

图 4.2　舱室环境不同污染级别的列车数量百分比

列车舱内微生物污染研究发现火车舱内细菌平均浓度为 728 cfu/m³，轨道交通车厢菌落平均值与最大值各为 414 cfu/m³ 与 938 cfu/m³。基于单项指标法客观评价发现，所调查的列车内细菌污染指标值都低于我国 VIAQ 与 IAQ 标准限值，火车舱内细菌浓度均值是我国 VIAQ 标准值 4000 cfu/m³ 的 18.2%，是我国 IAQ 标准值 1500 cfu/m³ 的 48.5%；轨道交通车内菌落平均值与最大浓度各为我国 VIAQ 标准值 4000 cfu/m³ 的 10.4% 与 23.5%，是我国 IAQ 标准值 1500 cfu/m³ 的 27.6% 与 62.5%，可见列车内存在微生物污染，应当重视。

4.2　环境品质主观评价

主观评价是指依据车主、司机、乘客或专业人士对 VIEQ 的主观感受，评价分析车内污染现状，本节介绍车内气味、空气品质与环境噪声主观评价。

4.2.1　汽车舱内气味主观评价

清华大学基于用户主观评价，开展车内环境气味异味调查研究，详情如下。

1. 评价与分析方法

以国内汽车用户为调研对象，从汽车用户的角度出发，采用随机网络问卷形式调查车内气味特性、气味可能来源、用户健康意识及重视程度等；共收回问卷 1021 份，其中车主有 705 人，分布于国内 32 个省级行政区，涉及常见汽车品牌 40 余种；数据统计分析先对回收的问卷进行人工核查，剔除数据异常、漏答或不符合逻辑的问卷，以保证调查数据的可靠性，再采用 SPSS 软件统计分析。

问卷以"气味是否明显，是否引起身体不适"2 个判断标准将气味强度分为 1~5 由弱到强的 5 个等级，1~5 级分别表示"没有气味、可以感觉到但不明显、可明显感觉到但没有引起身体不适、气味很强且感觉身体不适、气味极强且不能忍受"，考虑到部分用户并不讨厌车内气味，设定 0 级表示"有芳香味且喜欢闻"。

2. 评价结果与结论

调查结果显示车内异味现象普遍存在，78% 的被调查者感受到车内有异味，34% 的被调查者认为车内异味明显，气味强度等级评价结果见图 4.3；车内空气环境令人担忧，大多数汽车用户具有较强的健康意识，47% 的汽车用户认为异味严重危害健康，96% 的汽车用户认为车内气味会引起身体不适，37% 的汽车用户认为车内气味会导致驾驶员注意力下降；车内异味问题已成为汽车消费者关注的焦点，95% 的购车者买车时都考虑过车内气味问题，约 50% 认为车内气味是买车时的重要考虑因素之一；车内气味类型与来源如图 4.4 所示，其中皮革味和芳香味随车龄的增加而明显减弱，霉味随车龄的增加而增强；可见 VIAQ 现状并不乐观，车内异味问题亟待解决。

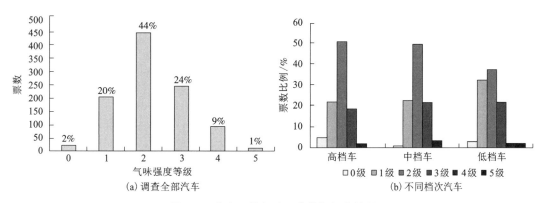

图 4.3　车内环境气味强度等级评价结果

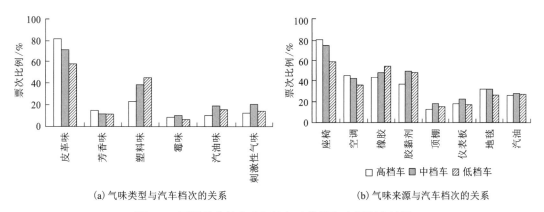

图 4.4　不同档次的车内环境气味类型与来源调查结果

4.2.2 车内空气品质主观评价

1. 评价与分析方法

采用现场问卷加网络问卷调查的方式开展 VIAQ 主观评价,剔除不合理或误答问卷,共收到有效问卷 900 多份,遍布我国大陆地区大城市及其他主要城市。数据具有较好的分散度与合理性,通过整理问卷调查数据并进行统计分析。选取 VIAQ 相关的 4 个指标进行主观评价,其中关注度有很关注、比较关注、有点关注与不关注 4 个分指标(单选),满意度有很满意、有点满意、不满意与非常不满意 4 项分指标(单选),影响因子有车舱内饰材料、机动车尾气、发动机燃料、人为抽烟、车外污染、车内装饰品、HVAC 系统、自然通风、卫生清理与气候环境 10 个分指标(多选),改善措施有活性炭吸附、空气清新剂、洗车保养、车载氧吧、汽车香水、空气净化机、打扫卫生、空调净化、开窗通风与纳米光催化 10 项分指标(多选)。

2. 评价结果与结论

被调查者 VIAQ 的关注度与满意度调查结果如图 4.5 所示,关注度合计占比为 96.2%,主观评价说明车内空气污染已成为大众关心的热门话题;不满意情况(含非常不满意)合计占 54.3%,说明车内空气污染问题比较普遍,大部分被调查者感受到了车内污染,同时对 VIAQ 问题比较担忧;非常不满意者占 18.7%,因此 VIAQ 值得重视。

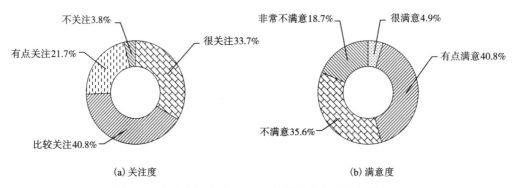

(a) 关注度　　　　　　　　　　　　(b) 满意度

图 4.5 车内空气品质(VIAQ)的关注度与满意度百分比

VIAQ 的影响因子统计结果如图 4.6 所示,主观评价分析发现 VIAQ 主要的影响因子为车舱卫生清理、车内人为抽烟、舱室内饰材料、自然通风与车外大气污染,统计结果都大于 50%,其中车舱卫生清理达到 77.5%,是大家认为最重要的因子;所以应注意车内环境卫生的治理,避免抽烟,保证车内饰材料环保达标,注意合理自然通风(车外空气清洁时多使用、车外空气污染严重时关闭门窗禁止自然通风),避开车外大气环境污染,这些都是提高 VIAQ 的有效措施。

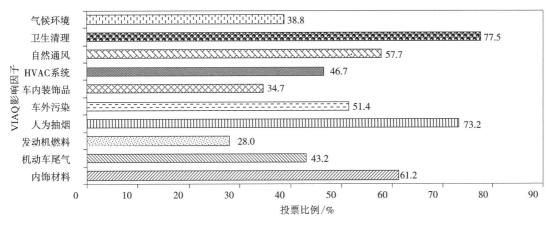

图 4.6　车内空气品质（VIAQ）的主要影响因子统计结果

VIAQ 的改善措施投票比例如图 4.7 所示，主观评价发现主要的改善措施依次是空调净化、打扫舱室卫生、洗车保养、开窗通风、活性炭吸附、空气净化机，都 >55%，因此使用空调通风系统拦截或过滤车内空气颗粒物、微生物与气溶胶是最有效的、经常被使用的、最重要的 VIAQ 改善方式。

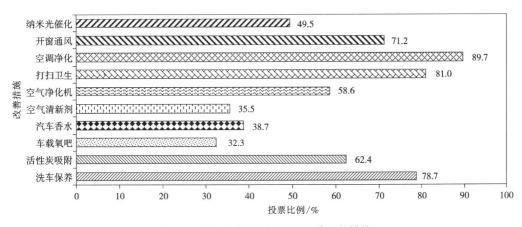

图 4.7　车内空气品质（VIAQ）的改善措施

4.2.3　公交车内环境噪声主观评价

舱室噪声是 EHSV 的重要指标之一，随着环境噪声监测技术与设备的发展，车内噪声的客观评价技术取得较大进步；但车内噪声对舱室驾乘人员的主观感受产生最直接、最真实与最快速的刺激，噪声主观评价仍然不可缺少。目前较为成熟的车内环境噪声主观评价有等级评分法、语义细分法、简单排序法、数值估计法、成对比较法，本节采用问卷调查与等级评分法主观分析公交车内环境噪声，详情如下。

1. 评价与分析方法

采用随机抽样与特定专家问卷调查方式, 获取车内驾乘人员对公交车舱室环境噪声的感受(很好、好、满意、可接受、不满意、差、很差), 车内噪声的来源(发动机、风扇、空调、手机、车外环境、人员吵闹), 车内噪声对驾乘人员烦躁度的影响(影响很大、影响大、影响一般、有点影响、没有影响)等问卷信息; 再以等级评分法主观评价车内噪声等级, 依据国际声品质研究的通用属性10级评定(表4.8)标准进行声品质评分, 等级越低表示车内环境声品质越糟糕, 车内噪声导致人员的烦躁度越强。

表 4.8　车内声品质评分表

噪声等级	1	2	3	4	5	6	7	8	9	10
对噪声的感受	非常坏	坏	很差	差	不满意	可接受	满意	好	很好	极好
说明	不能运作	限制运作	所有乘客都抱怨非常糟糕	所有乘客都抱怨有些糟糕	所有乘客都受到一定干扰	某些乘客受到一点干扰	所有乘客都能注意到	只有可靠的乘客能注意到	只有有经验的评价者能注意到	有经验的评价者也不能注意到

2. 评价结果与结论

行驶状态下的公交车内噪声主观评价统计结果如图 4.8 所示。

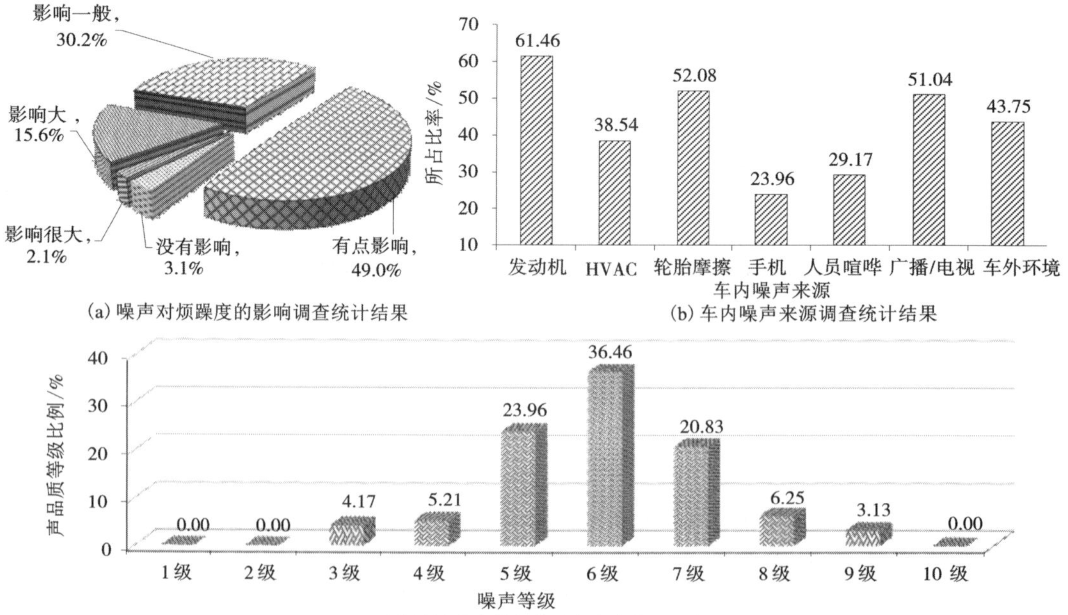

(a) 噪声对烦躁度的影响调查统计结果

(b) 车内噪声来源调查统计结果

(c) 不同噪声等级的公交车占比

图 4.8　内燃机公交车内噪声主观评价统计结果

如图 4.8 所示,内燃机公交车内的噪声主要来自发动机的运转、轮胎与地面的碰撞或摩擦、车内的广播与电视,17.7% 的人认为车内噪声对驾乘人员的烦躁度有较大的影响;统计得到车内声品质的平均等级水平为 5.96,约为 6 级,处于可接受水平;最糟糕的为 3 级,属于很差水平,占比为 4.17%;其次为 4 级,声品质差,占比 5.21%,可见机动车内声品质有待进一步提升。

4.3　环境品质综合评价

综合评价是指人员主观评价与污染监测客观评价相结合的方法,本节主要介绍车内气味异味、有害污染物浓度、舱室乘坐舒适性等车内环境综合评价方法。

4.3.1　车内气味异味综合评价

中汽研汽车检验中心对某车型的整车和主要内饰件气味进行了综合评价,详情如下。

1. 评价与分析方法

依据德国 VDA 207《汽车装饰材料气味特性的测定方法》与 C-ECAP《中国生态汽车评价规程》,各有 3 名与 5 名气味评价员分别评价整车与内饰件异味,气味等级见表 4.9;根据我国 HJ/T 400《车内 VOC 和醛酮类物质采样测定方法》,采用 $1\ m^3$ 与整车试验舱各测试内饰件和整车 VOC 浓度,最后结合气味评价员的主观评价对气味进行综合评价。

表 4.9　汽车装饰材料气味等级(VDA 207)

气味等级	1	2	3	4	5	6
评定标准	无法察觉	可察觉, 不烦人	感觉明显, 但不烦人	令人不安	强烈不安	无法接受

2. 评价结果与结论

评价结果显示整车气味呈现皮革+发泡+橡胶味混合气味,每款车被检出的气味物质>50 种,整车与内饰件气味强度等级达到 4 级,有扰动或刺激性气味(图 4.9);气味贡献率大的内饰件依次是顶棚、围隔音垫、主地毯、驾驶座椅、衣帽架、仪表板,释放高浓度气味的物质是乙醛、HCHO 与二甲苯,其中围隔音垫释放的乙醛浓度接近 $0.45\ mg/m^3$,主地毯释放的 HCHO>$0.3\ mg/m^3$,仪表板、门板与顶棚的 TVOC 释放量各为>1.7、>1.8 与>$2.0(mg/m^3)$;高温下 2 号整车 HCHO、乙醛、二甲苯与 TVOC 的散发量各为>0.1、>0.08、>0.05 与 $1.2(mg/m^3)$。

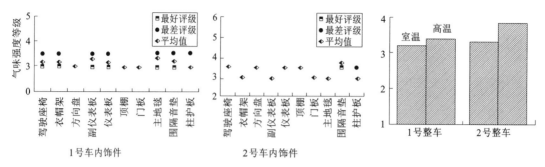

图 4.9　某车型的整车与内饰件气味强度等级评价结果

4.3.2　自动驾驶车内乘坐舒适性评估

华南理工大学综合评价了自动驾驶汽车内乘员个性化乘坐舒适性,详情如下。

1. 评估与分析方法

车辆自动驾驶是横纵向规划控制耦合过程,控制参数直接影响乘坐舒适性。不同乘员对振动的反应不同,评价指标主要包括车辆转向修正时/中/末的横摆特性/侧倾表现/横摆收敛、超调现象、转向盘摆振现象、系统转向修正强度、纵向加速度柔和度等,可通过主观感觉和客观测量这两方面进行综合评价。对比 SAE J1060 主观评价标准,根据自动驾驶规划控制系统的差异,按行驶过程分阶段评价乘坐舒适性。以换道过程为例,对初始、中间和结束 3 个阶段与换道整体舒适性打分,依据乘员主观感受评价方法(表 4.10 评分)。依据标准 ISO2631-1 开展客观时域频域评价,根据座椅支撑面 Xs、Ys 与 Zs 三方向振动的时域和频域加权均方根,评判乘员乘坐舒适性。

表 4.10　驾驶员驾驶主观舒适性评价方法

可接受度	不可接受			临界		可接受				
主观感受	极差	剧烈	差	较差	临界	一般	较好	好	极好	完美
评分	1	2	3	4	5	6	7	8	9	10

2. 评估结果与结论

对 92 组乘员换道整体舒适度分数、换道过程舒适度分数均值、换道过程最不舒适最大值的主观舒适度参数进行分析[图 4.10(a)],其中换道得分 a_{s1} 为 2~8(分数越高舒适性越好)分。对分数进行等比例缩放得到 $a_{s1} = -a_s + 0.95$(分数越高舒适性越差),分析 a_{s1} 和 a_w 的相关性得 $r_{sw} = 0.858$,主观舒适度和客观舒适度的相关性很高,能够辨识主客观舒适度关系。乘员舒适性体验评价为舒适且平稳的 30 组数据的客观舒适性加权均值为

0.3133；随机抽取 15 组运算，结果为 0.3122［图 4.10（b）］，误差<0.001。辨识模型的乘员主客观舒适度相关性高达 85.8%，行驶参数中的横向、纵向、垂向因子对乘员舒适性影响大于行驶风险和效率因子，且个性化乘员舒适性辨识率高达 93.9%，可为搭建考虑乘员舒适性的个性化轨迹规划控制算法提供理论依据。

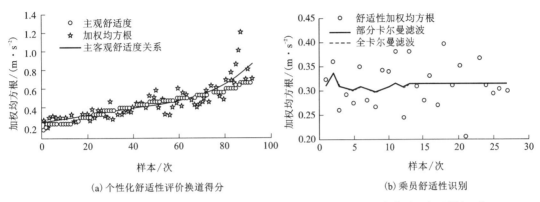

(a) 个性化舒适性评价换道得分　　　　　(b) 乘员舒适性识别

图 4.10　基于乘员闭环的个性化舒适性评价换道得分与卡尔曼滤波乘员舒适性识别

4.3.3　车内有害污染综合评价

1. 评价与分析方法

采用主观评价(网络调查、现场调查)与客观评价(现场检测化验分析)相结合的综合方法分析汽车舱内主要空气有害物污染。为确保调查的准确性与广泛性，被调查的群体包括专业人士、普通乘客、车主与司机；再依据国家强制性标准 GB 37488—2019《公共场所卫生指标及限值要求》选取目标污染物与客观评价分析方法，选取的车内空气有害物质是 HCHO、苯、甲苯、二甲苯、TVOC、NH_3、PM10、CO、CO_2、Rn 与细菌。以该标准公共交通工具非卧铺指标限值作客观评价标准，结果如表 4.11 所示。

表 4.11　单项指标客观评价的国家标准 GB 37488—2019 有害物浓度限值

车内有害物	HCHO	苯	甲苯	二甲苯	TVOC	NH_3	PM10	CO	CO_2	Rn	细菌
浓度限值	100	110	200	200	600	200	150	10000	1500	400	4000
浓度单位	μg/m³	μg/m³	μg/m³	μg/m³	μg/m³	μg/m³	μg/m³	μg/m³	ppm	Bq/m³	cfu/m³

2. 评价结果与结论

如表 4.12 所示，依据客观评价结果，可知车内空气有害物污染超标率排在前 6 位的依次是 TVOC、CO_2、甲苯、HCHO、二甲苯与苯；如图 4.11 所示，根据主观评价的统计分析，可知车内空气中的主要有害物排在前 6 位的分别是 CO_2、CO、HCHO、PM10、苯与 TVOC；考虑主观评价与客观评价分析结果，综合评价可得汽车舱室内空气有害物依次是 TVOC、CO_2、HCHO、甲苯与苯，其中 TVOC 浓度平均超标 1.2 倍。

表 4.12　车内空气有害物客观评价描述统计及超标率

有害物	最小值	平均值	最大值	峰度	偏度	区域	标准误差	中位数	众数	标准差	95%置信度	超标率/%
HCHO($\mu g/m^3$)	64.3	96.1	155	0.6	1.0	90.7	2.7	95	95.7	21.3	5.4	29
苯($\mu g/m^3$)	31.3	72.8	138.9	-0.6	0.5	107.6	3.5	69.7	46.4	27.3	6.9	11.3
甲苯($\mu g/m^3$)	75.5	186.2	353.9	-0.5	0.6	278.4	8.4	176.2	113.5	66	16.8	40.3
二甲苯($\mu g/m^3$)	67	158.3	290.2	-0.7	0.5	223.2	7.3	152.8	95.2	57.6	14.6	25.8
TVOC($\mu g/m^3$)	540.4	1237.6	2335.7	-0.7	0.3	1795.3	61.4	1219.8	565.8	483.6	122.8	83.9
NH_3($\mu g/m^3$)	101	147.2	198	-1.5	0.1	97	4.2	142.5	109	32.7	8.3	0
PM10($\mu g/m^3$)	10.3	34.5	107.5	3.8	1.4	97.2	2.3	35.7	—	17.9	4.6	0
CO($\mu g/m^3$)	375	1078.6	3000	2.8	1.4	2625	62.9	1000	625	495	125.7	0
CO_2(ppm)	385	1757.1	4206	-0.3	0.9	3821	139.6	1512.5	465	1099.6	279.2	51.6
Rn(Bq/m^3)	43.4	110.1	184	-1.8	-0.2	140.6	6.7	136	136	53.1	13.5	0
细菌(cfu/m^3)	189	460	554	—	—	365	46.6	—	—	—	—	0

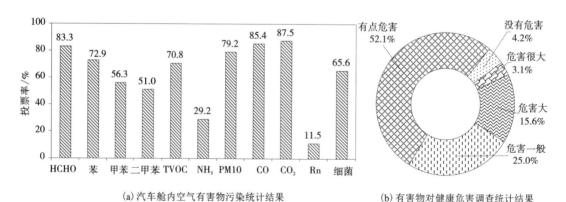

(a) 汽车舱内空气有害物污染统计结果　　(b) 有害物对健康危害调查统计结果

图 4.11　汽车舱内空气有害物污染及其对健康危害的调查统计结果图

4.4　车舱健康与安全评估

本节对遇到车辆碰撞或暴露于车内有害因子环境下的乘员的健康安全危害分析,具体有 VIEH 风险、健康汽车、司机身体健康与车辆碰撞乘员损伤等安全评价。

4.4.1　车内环境健康风险评价

1. 健康风险暴露评价与途径

车内环境中存在部分污染物且有些物质是有毒有害的,危害健康的基本前提是存在暴露,即车内驾乘人员身体暴露于舱室污染环境中。其相互关系可表现为环境浓度、暴露水平和体内剂量 3 个方面。车内污染暴露评价的 3 个层次如下。

1)浓度指标评价:根据车内环境污染物的源模型、汇模型和气流模型,描述车内污染物质量浓度随时间的变化规律。

2)暴露水平评价:参照车内环境污染物浓度的变化规律及其驾乘人员在车内的活动情况,评估车内人员对舱室污染物的瞬间和累积暴露水平。

3)健康风险评价(HRA):依据暴露水平评估结果、车内驾乘人员的敏感程度与舱室环境污染的剂量–反应关系,评估这种暴露(瞬间或长期)可能对车内驾乘人员身体健康造成的各种危害。

车内驾乘人员对舱室环境污染物的主要暴露途径如图 4.12 所示,污染物主要通过呼吸道或呼吸系统(鼻与口腔)进入体内,当有害污染物浓度累积达到一定剂量后,会对车内人员身体造成致癌与非致癌的健康风险。

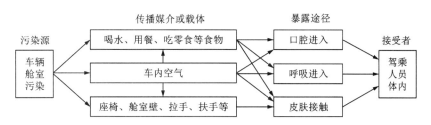

图 4.12　车内环境污染对舱室驾乘人员的主要暴露途径

2. 健康风险的计算方程与参数取值

依据 USEPA,环境 HRA 包括 4 个基本步骤:①是危害鉴定,即明确所评价污染要素的健康终点;②剂量–反应关系分析,即明确暴露水平和健康效应之间的定量关系;③暴露评价,包括人体接触的环境介质中污染物的浓度,以及人体与其接触的行为方式和特征,即暴露参数;④风险表征,即综合分析剂量-反应和暴露评价的结果,得出健康风险值。暴露参数是描述人体暴露环境介质的特征和行为的基本参数,是决定环境 HRA 准确性的关键因子。USEPA 还颁布了风险评估指南,其中人群健康评价手册提到吸入暴露污染物的 HRA,包括致癌物质与非致癌物质的风险评价方程,如式(4.5)、式(4.6)所示;如果是多种污染物共同作用,其健康风险总指数为算术求和,如式(4.7)、式(4.8)所示。

致癌风险:$R_Z = P_F \times A_{DD} = P_F \times C_P \times I_R \times E_T \times E_F \times E_D / (B_W \times A_d)$ (4.5)

非致癌风险:$R_{FZ} = E_C / R_{fC} = C_P \times E_T \times E_F \times E_D / (R_{fC} \times A_h)$ (4.6)

多种污染物致癌风险:$R_{ZT} = \sum_{i=1}^{n} (R_Z)_i$ (4.7)

多种污染物非致癌风险:$R_{FZT} = \sum_{i=1}^{n} (R_{FZ})_i$ (4.8)

式中,R_Z、R_{FZ} 分别为人体吸入某种污染物的致癌、非致癌的风险指数,无量纲;P_F 为致癌斜率因子,$(kg \cdot d)/mg$;C_P 为车内空气污染物的浓度,mg/m^3;A_{DD} 为某种污染物的日均暴露剂量,$mg/(kg \cdot d)$;I_R 为人体呼吸量,m^3/h;E_T 为每天暴露时间,h/d;E_F 为每年暴露天数,d/a;E_D 为持续暴露年限,a;B_W 为暴露人的体重,kg;A_d 为暴露人的平均寿命天数,d;E_C 为某种污染物的日均暴露浓度,mg/m^3;R_{fC} 为暴露某种污染物的风险参考浓度,mg/m^3;A_h 为暴露人的平均寿命小时数,h;R_{ZT}、R_{FZT} 分别为暴露多种污染物的致癌、非致癌的风险指数和。

调查发现专业司机在车内的平均时间为 8 h/d,1 年工作 260 天,暴露年限为 40 年;乘客每年乘车 250 天,暴露年限 50 年;小轿车、公交车与轨道交通车内甲醛、苯、甲苯、乙苯、二甲苯与苯乙烯污染物浓度如表 4.13 所示。参考 USEPA 综合风险信息系统数据库和文献,慢性吸入有害物的健康风险计算参数如表 4.14 所示;依据 USEPA 规定,若 $R_{FZ} < 1$,则表明车内污染物对驾乘人员健康不存在非致癌风险;当 $R_Z < 10^{-6}$(基准值)时,表明不存在致癌风险;当 $R_Z > 10^{-4}$(危险值)时,表明风险较高,必须采取一定的措施;若 R_Z 介于基准值与危险值之间,表明存在致癌风险,但在可接受范围之内。

表 4.13 不同车内环境中部分有害物质量浓度 单位:mg/m^3

车辆类型	HCHO		苯		甲苯		乙苯		二甲苯		苯乙烯	
	平均值	最大值	平均值	最大值	平均值	最大值	平均值	最大值	平均值	最大值	平均值	最大值
小轿车	0.099	0.155	0.075	0.139	0.194	0.354	0.067	0.118	0.164	0.290	0.023	0.043
公交车	0.093	0.129	0.063	0.106	0.163	0.266	0.058	0.096	0.138	0.235	0.019	0.031
轨道交通车	0.088	0.105	0.061	0.080	0.159	0.217	0.056	0.079	0.128	0.171	0.018	0.023

表 4.14　吸入有害物的健康风险计算参数值

计算参数	HCHO	苯	甲苯	乙苯	二甲苯	苯乙烯	性别	乘客呼吸量 /(L·min^{-1})①	司机呼吸量 /(L·min^{-1})②	平均体重/kg	平均寿命/岁
P_F [(kg·d)/mg]	0.045	0.029	—	—	—	—	男性成人	7.7	9.6	67.3	72.4
R_{fC} /(mg·m^{-3})	0.0098	0.03	5.0	1.0	0.1	1.0	女性成人	6.1	7.6	57.5	77.4

注：依据我国环保部数据，男性与女性乘客在小轿车、公交车、轨道交通车内的平均时间各为 80 与 46、46 与 45、39 与 38(min/d)，①取短期坐下呼吸量，②取成人轻微活动呼吸量。

3. 车内 HCHO 与 VOC 健康风险评价结果

1) 致癌风险评价

研究结果表明车内 HCHO 与苯的空气污染对乘客的致癌总指数超过风险基本值，对人体健康有危害，但在可接受范围之内；司机的致癌总指数超过风险危险值，指数最大值是危险限值的 3 倍，已构成健康危害，需要采取措施防控；就致癌风险指数而言，HCHO 是苯的 2 倍多，男性司机、女性司机、男性乘客致癌风险指数各是女性乘客的 12～15(倍)、10～13(倍) 与 1～2(倍)，小轿车与公交车内的风险总指数平均值是轨道交通车的 1.2～2.4 与 1.1～1.3 倍，致癌健康风险指数对比详情如图 4.13 所示。

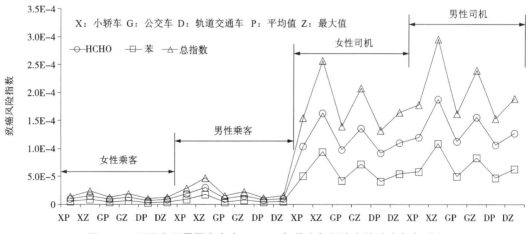

图 4.13　不同人群暴露在车内 HCHO 与苯空气污染中的致癌危害对比

2) 非致癌风险评价。

不同车内空气 HCHO、苯与其他 VOC(甲苯、乙苯、二甲苯、苯乙烯)污染对不同人群的非致癌健康危害如图 4.14 所示，可知乘客的风险指数低于限值 1.0，不构成非致癌健康危害；司机的风险指数>1，最大值>3，仅 HCHO 污染就超过限值 1.0，值得重视；评价还发现男性司机>女性司机>男性乘客>女性乘客，小轿车>公交车>轨道交通车，非致癌指数主要由 HCHO、苯与二甲苯参数构成，占比>95%，已对专业司机的健康造成非致癌风险，应注意车内空气 HCHO、苯与二甲苯的防控与净化，保障车内人员的健康安全。

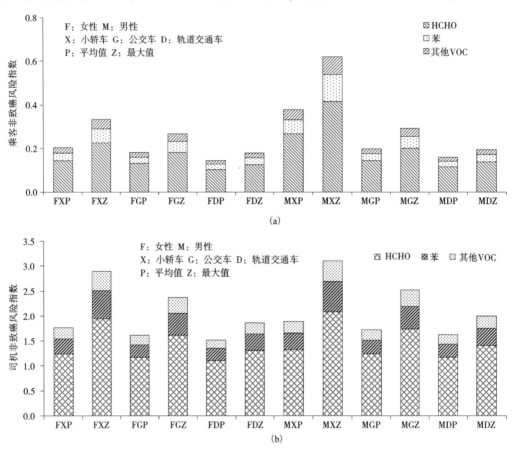

图 4.14　不同人群暴露在车内 HCHO 与 VOC 空气污染的非致癌风险对比

美国加州大学评价了车内环境中暴露的苯、HCHO、邻苯二甲酸二(2-乙基己基)酯、邻苯二甲酸二丁酯、三(1，3-二氯-2-丙基)磷酸盐污染的致癌风险。其中车内空气中 HCHO 和苯污染浓度在任何通勤时间内的健康危害 100% 超过了风险参考剂量浓度，人们在车内吸入苯和 HCHO 的潜在风险值得关注。

4. 车内污染健康风险浓度方程的推导与计算结果

1）致癌健康风险浓度

定义当致癌风险指数 $R_Z = 10^{-6}$ 与 10^{-4} 时，得到车内污染的基准致癌风险浓度/C_{PJ} 与危险致癌风险浓度/C_{PW}，可知 $C_{PW} = 100\,C_{PJ}$，而 C_{PW} 的推导如下。

因 $R_Z = P_F \times A_{DD} = P_F \times C_P \times I_R \times E_T \times E_F \times E_D / (B_W \times A_d)$

$$C_P = R_Z \times B_W \times A_d / (P_F \times I_R \times E_T \times E_F \times E_D) \tag{4.9}$$

$$C_{PW} = 10^{-4} \times B_W \times A_d / (P_F \times I_R \times E_T \times E_F \times E_D) \tag{4.10}$$

$$C_{PW-甲醛} = 2.22 \times 10^{-3} \times B_W \times A_d / (I_R \times E_T \times E_F \times E_D) \tag{4.11}$$

$$C_{PW-苯} = 3.45 \times 10^{-3} \times B_W \times A_d / (I_R \times E_T \times E_F \times E_D) \tag{4.12}$$

将式(4.5)的其他参数代入式(4.11)、式(4.12)计算得到车内苯与甲醛的致癌风险浓度，如表4.15：

表 4.15 不同车内空气 HCHO 与苯的致癌风险浓度值 单位：mg/m³

致癌风险浓度	小轿车				公交车				轨道交通车			
	女乘客	男乘客	女司机	男司机	女乘客	男乘客	女司机	男司机	女乘客	男乘客	女司机	男司机
$C_{PW-甲醛}$	1.03	0.51	0.10	0.08	1.05	0.89	0.10	0.08	1.25	1.05	0.10	0.08
$C_{PW-苯}$	1.60	0.80	0.15	0.13	1.63	1.39	0.15	0.13	1.94	1.63	0.15	0.13
$C_{PJ-甲醛}$	1.03 ×10⁻²	5.1 ×10⁻³	1 ×10⁻³	8 ×10⁻⁴	1.05 ×10⁻²	8.9 ×10⁻³	1 ×10⁻³	8 ×10⁻⁴	1.25 ×10⁻²	1.05 ×10⁻²	1 ×10⁻³	8 ×10⁻⁴
$C_{PJ-苯}$	1.6 ×10⁻²	8 ×10⁻³	1.5 ×10⁻³	1.3 ×10⁻³	1.63 ×10⁻²	1.39 ×10⁻²	1.5 ×10⁻³	1.3 ×10⁻³	1.94 ×10⁻²	1.63 ×10⁻²	1.5 ×10⁻³	1.3 ×10⁻³

2)非致癌健康风险浓度

定义当非致癌风险指数 $R_{FZ}=1$ 时，得到车内污染的非致癌风险浓度/C_{PF}，推导如下。

因 $R_{FZ} = E_C / R_{fC} = C_P \times E_T \times E_F \times E_D / (R_{fC} \times A_h)$

所以

$$C_{PF} = R_{FZ} \times R_{fC} \times A_h / (E_T \times E_F \times E_D) \tag{4.13}$$

$$C_{PF-甲醛} = 0.0098 A_h / (E_T \times E_F \times E_D) \tag{4.14}$$

$$C_{PF-苯} = 0.03 A_h / (E_T \times E_F \times E_D) \tag{4.15}$$

$$C_{PF-甲苯} = 5 A_h / (E_T \times E_F \times E_D) \tag{4.16}$$

$$C_{PF-乙苯} = A_h / (E_T \times E_F \times E_D) \tag{4.17}$$

$$C_{PF-二甲苯} = 0.1 A_h / (E_T \times E_F \times E_D) \tag{4.18}$$

$$C_{PF-苯乙烯} = A_h / (E_T \times E_F \times E_D) \tag{4.19}$$

将式(4.6)的其他参数代入式(4.14)~式(4.19)计算得到车内污染的非致癌风险浓度，如表4.16所示：

表 4.16 不同车内空气污染的非致癌健康风险浓度值 单位：mg/m³

非致癌风险浓度	小轿车				公交车				轨道交通车			
	女乘客	男乘客	女司机	男司机	女乘客	男乘客	女司机	男司机	女乘客	男乘客	女司机	男司机
$C_{PF-甲醛}$	0.69	0.37	0.08	0.07	0.71	0.65	0.08	0.07	0.84	0.76	0.08	0.07
$C_{PF-苯}$	2.12	1.14	0.24	0.23	2.17	1.98	0.24	0.23	2.57	2.34	0.24	0.23
$C_{PF-甲苯}$	353.6	190.3	40.7	38.1	361.6	330.8	40.7	38.1	428.5	390.3	40.7	38.1
$C_{PF-乙苯}$	70.7	38.1	8.1	7.6	72.3	66.2	8.1	7.6	85.7	78.1	8.1	7.6
$C_{PF-二甲苯}$	7.07	3.81	0.81	0.76	7.23	6.62	0.81	0.76	8.57	7.81	0.81	0.76
$C_{PF-苯乙烯}$	70.7	38.1	8.1	7.6	72.3	66.2	8.1	7.6	85.7	78.1	8.1	7.6

4.4.2 健康汽车评价

1. 健康汽车评价指标

新冠病毒疫情使车内健康成为社会关心的话题,健康汽车评价也提上日程,日益受到重视,汽车健康相关评价指标如表4.17所示。中国汽车技术研究中心通过分析汽车产品本身及汽车阻隔周围环境对驾乘人员健康影响的潜在因素,梳理涉及车内人身健康的指标,从空调滤清器过滤效率、VIAQ、车内气味、电磁辐射、车内噪声、内饰抗菌抑菌、汽车禁用物质、空气主动净化等方面构建完整的健康汽车评价指标体系,并提供了每个评价指标所依据标准的建议方案和未来修订建议,以推进汽车行业开展健康技术研发,促进健康汽车相关标准的制定完善;健康汽车考虑的因素,更多的是汽车在使用过程中,汽车产品本身对驾乘人员造成直接健康危害的因素,其他因素可归入环保、生态或者资源节约的范畴。

表4.17 健康汽车相关的评价规则及考核指标

评价规则	考核指标	适用车型
中国汽车健康指数(C-AHI)	车内挥发性有机物(VOC)、车内气味强度(VOI)、车辆电磁辐射(EMR)、车内颗粒物(PM)、车内致敏物风险(VAR)	M1类乘用车
环境标志产品	可再利用率、可回收利用率、污染物排放、油(电)耗、车内噪声	重型汽车
	增加有害物质、车内空气VOC指标,其他指标同重型汽车	轻型汽车
《中国生态汽车评价规程》	基础指标:VIAQ、车内噪声、有害物质、综合油耗、尾气排放。加分指标:可再利用率和可回收利用率核算、企业温室气体排放、零部件生命周期评价	汽车
CN95智慧健康座舱	智慧指标:智联四方、智享乐趣、智能守护、智慧交互。健康指标:清新空气、抗菌除菌、健康选材、电磁洁净、低噪隔音、车内异味、有害颗粒过滤	汽车
《健康汽车技术规则》(2022年版)	被动健康指标:车内VOC散发、车内SVOC散发、车内气味、车内空气致癌风险。主动健康指标:抗菌抑菌、空气净化、智能配置	M1类乘用车
品牌评价-健康乘用车	车内空气VOC浓度、车内气味强度、车内空气颗粒物、车内致敏物风险、车内微生物(菌落总数)、车内负氧离子	M1类乘用车

2. 中国汽车健康指数(C-AHI)评价

来自中国汽研建立的C-AHI官网消息:经历了"毒汽车、雾霾爆表、电磁辐射"恐慌等事件后,VIEH问题已变成消费者关注的焦点;在国际交通医学会指导下,中国汽研整合汽车、医疗与通信等行业资源发起和主导了"C-AHI"测评活动，测评指标见表 4.17；其中 VAR 评价从乘用车的座椅、方向盘和扶手箱 3 个部位取样，每个部位最高分为 100 分，共计 300 分，评分规则如表 4.18 所示。评价结果计分以每个项目分相加再除以 3 得到，最后得分位于[50，60)、[60，70)、[70，80)、[80，90)与[90，100]区间，则分别评为 1、2、3、4 与 5 星级，评价标识分别是★、★★、★★★、★★★★与★★★★★。

表 4.18　乘用车内皮肤与呼吸道的致敏物风险评分规则

项目		满分	结果		得分	结果		得分	结果		得分
			纺织品	皮革		纺织品	皮革		纺织品	皮革	
皮肤致敏物	pH 值	7	4.0~7.5	3.5~7.5	7	限值之外		0			
	甲醛含量/(mg·kg⁻¹)	7	≤20	≤10	7	≤75	≤75	3	>75	>75	0
	多溴联苯	13	≤100	≤100	13	限值之外		0	—	—	—
	多溴二苯醚	13	≤100	≤100	13	限值之外		0	—	—	—
	可萃取重金属 /(mg·kg⁻¹)　锑(Sb)	13	≤30	≤30	13	限值之外		0	—	—	—
	砷(As)	13	≤0.2	≤0.2	13	≤1.0	≤1.0	10	限值之外		0
	铅(Pb)	13	≤0.2	≤0.2	13	≤1.0	≤1.0	10	限值之外		0
	镉(Cd)	13	≤0.1	≤0.1	13	限值之外		0	—	—	—
	铬(Cr)	13	≤1.0	≤2.0	13	≤2.0	≤200	10	限值之外		0
	六价铬[Cr(Ⅵ)]	13	≤0.5	≤3.0	13	限值之外		0	—	—	—
	钴(Co)	13	≤1.0	≤1.0	13	≤4.0	≤4.0	10	限值之外		0
	铜(Cu)	13	≤25	≤25	13	≤50	≤50	10	限值之外		0
	镍(Ni)	13	≤1.0	≤1.0	13	≤4.0	≤4.0	10	限值之外		0
	汞(Hg)	13	≤0.02	≤0.02	13	限值之外		0	—	—	—
	有害染料/g　可分解致癌芳香烃	13	≤20	≤20	13	限值之外		0	—	—	—
	苯胺	13	≤50	≤50	13	限值之外		0	—	—	—
	致癌染料	13	≤20	≤20	13	限值之外		0	—	—	—
	致敏染料	13	≤50	≤50	13	限值之外		0	—	—	—
	其他禁用染料	13	≤50	不得使用	13	限值之外		0	—	—	—
	邻苯二甲酸酯/%　总量(DINP 除外)	10	≤0.05	≤0.05	10	≤0.08	≤0.08	7	—	—	—
	总量	3	≤0.1	≤0.1	3	限值之外		0	—	—	—
	多环芳烃 /(mg·kg⁻¹)　苯并[a]芘	13	≤0.5	≤0.5	13	≤1.0	≤1.0	10	限值之外		0
	16 种总量	13	≤5.0	≤5.0	13	≤10	≤10	10	限值之外		0
呼吸致敏物：车内空气甲醛/(mg·m⁻³)		13	≤0.10		13	限值之外		0			
车内空气二甲苯/(mg·m⁻³)		13	≤0.05		13	限值之外		0			

4.4.3 车内司机身体健康评估

1. 公交车司机的心血管风险

驾驶员健康是世界范围内的一个重要问题，不同国籍的公交车司机表现出较高的心血管风险。香港大学对255名公交车司机和252名非公交司机进行问卷调查与现场自动血压监测，结果表明，公交车司机患心血管疾病的相对风险高于非公交司机，详情如表4.19所示，而且公交车司机患高血压(>140/90 mmHg)的概率是非公交司机人员的1.62倍；公交车司机的健康状况对于确保司机、乘客和其他道路使用者的安全至关重要，每周进行3次30 min的有氧运动、戒烟、在职司机的社区教育培训、相关政府部门对过度或疲劳驾驶监管等是改善专业司机健康的有效措施。

表4.19 公交车司机和非公交司机人员的心血管风险参数(均值±标准差)

调查对象	年龄/岁	收缩血压力/mmHg	体重指数	心血管风险计分	健康评分	相对风险	健康心脏年龄
公交车司机	25~49	131±11	23.3±3.5	3.31±4.90	1.34±2.16	2.79±2.97	47.7±12.45
	50~59	136±11	24.3±3.0	7.85±4.54	3.57±0.89	2.25±1.30	63.24±7.78
	60~84	133±11	23.4±2.7	10.25±5.92	6.28±2.12	1.61±0.81	66.3±10.7
	25~84	133±11	23.7±3.2	6.01±5.70	2.93±2.58	2.41±2.29	56.05±13.63
非公交司机	25~49	126±11	23.4±3.5	2.3±3.34	1.3±1.9	2.01±1.93	43.57±12.48
	50~59	127±12	23.5±3.2	7.22±5.24	4.22±1.82	1.64±0.84	61.3±9.3
	60~84	134±11	23.9±3.3	17.5±10.82	10.24±5.49	1.79±1.03	73.23±10.02
	25~84	129±12	23.6±3.4	8.92±9.86	5.2±5.33	1.84±1.43	58.46±16.96

2. 出租车职业司机的身体健康分析

随着交通工具的快速发展与汽车的广泛使用，交通污染或VIEP对驾乘人员的健康影响也越来越得到重视，特别是专业或职业司机的健康问题。出租车是城市交通系统不可或缺的重要组成部分，出租车司机在车内工作的时间很长且经常性地上夜班，身体健康很容易受到车内环境、天气条件、空气污染和交通环境的影响。澳大利亚等调查了549名出租车司机，结果发现55.6%的司机有健康问题，疲劳和腰痛的患病率明显较高，各达到22.59%与22.04%；英国等在亚洲、北美、欧洲与非洲开展了司机暴露柴油废气中的健康危害调查，结果表明元素碳(EC)和黑碳(BC)污染的平均位移暴露范围是1~64 μg/m³，其中非洲和亚洲的暴露量最高，各为64 μg/m³与4~28 μg/m³；而伦敦情况如图4.15所示，在交通拥挤的高峰期内，车内空气BC质量浓度>90 μg/m³且持续时间>30 min；车内司机急性暴露1级致癌物"柴油废气"，危害了人体呼吸和心血管系统。

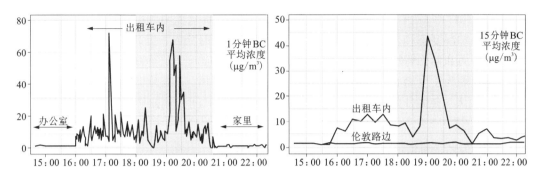

图 4.15　英国伦敦出租车司机单班有代表性的 BC 空气污染暴露

4.4.4　车舱安全评价

1. 地铁碰撞致车厢乘员二次碰撞损伤评价

大连交通大学以某地铁车为研究对象,应用碰撞仿真软件 LS-DYNA 进行车辆正面和侧翻碰撞实验分析,以假人的头部和胸部损伤程度评估乘员二次碰撞安全(图 4.16)。结果表明在正面碰撞中,座椅端部安装屏风、纵向安装座椅对坐姿乘客损伤最小,手握垂向扶手对站姿乘客损伤最小;侧翻碰撞事故中乘员的损伤程度明显高于正面碰撞事故,纵向与横向座椅上的乘客损伤等级分别为 6 级(无法生还)与 5 级(大出血与长期丧失意识)。

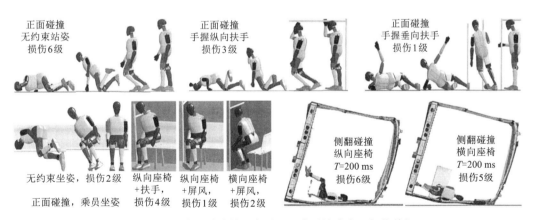

图 4.16　碰撞导致地铁舱内乘员二次碰撞姿态及损伤等级

2. 汽车正面碰撞致乘员颈部损伤评估

吉林大学利用驾驶模拟器构造具有高度虚拟现实感的汽车正碰工况,嵌入真实驾驶员,使用生理记录仪采集在碰撞发生瞬间驾驶员的部分颈部肌肉信号,研究汽车突发正面碰撞时驾驶员颈部肌肉激活状况,采用符合真实乘员肌肉募集策略的肌肉激活配置主动式人体数字模型,客观地评价汽车碰撞中人体损伤机制;研究表明颈部肌肉力在低速正面碰撞中,对头颈部姿态和损伤产生影响;尤其是深层肌肉的介入,提高了颈椎的刚度,颈部张力、剪切力和伸张弯矩均有不同程度降低;在正面碰撞时,以斜方肌为代表的后侧肌肉快速拉伸,因为发生离心收缩而受到损伤;在低速碰撞中,冲击力引起的肌肉收缩对颈部损伤影响较大,会提升剪切力和张力,剪切力与张力随时间变化曲线如图 4.17 所示。

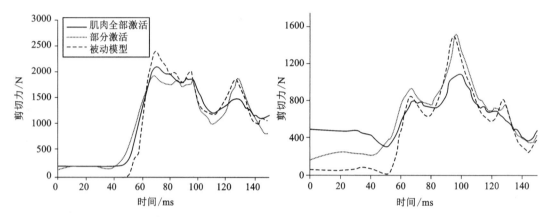

图 4.17　车速为 50 km/h 时,不同肌肉激活下的颈部损伤评价曲线

4.5　车内环境模拟评价

作者团队开展了车内环境模拟评价系列研究,具体有车内火灾烟气温度与环境能见度评价,车内空气温度、流速与压力评估,车内 HCHO 与 CO_2 污染评价。

4.5.1　车内微气候与 HCHO 模拟评价

参照大巴车的实际尺寸建立车舱物理模型,共设有 40 个乘客座位与 1 个司机座位;送风口设在每个座椅上方的车顶内,送风速度为 3 m/s,送风温度为 18℃,回风口位于车厢顶部正中间;座椅为车内 HCHO 释放源,散发的质量流量为 $7.2×10^{-5}$ mg/s。

1. 车内温度与压力分布评估

选取人体站立($Z=1.7$ m)、呼吸区($Z=1.2$ m)与脚踝($Z=0.2$ m)高度处 3 个车内截面分析,从图 4.18 压力云图可知,在司机驾驶区域存在较大的负压区,且随着高度的降低,负压绝对值减小,因此在驾驶区域容易形成污染物聚集区,需要增大送风量。

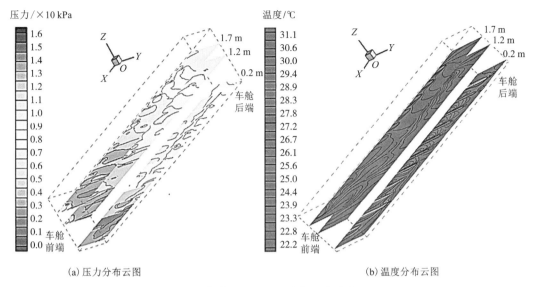

(a) 压力分布云图　　　　　　　　　　(b) 温度分布云图

图 4.18　车内不同平面压力与温度分布云图

如图 4.18(b) 所示，车厢前后两端的温度相较中间区域温度较高，在水平方向位于送风口正下方的靠窗侧座椅区的温度比其他区域要低，且在 Y 轴方向沿着 Y 轴增大的方向车内温度逐渐增大；在高度 Z 方向，同一位置温度随着高度 Z 值的减小而增大。

2. 车内空气速度分布评估

图 4.19 为风速分布图，车舱前后两端的风速相较中间区域较大，水平方向位于送风口正下方的靠窗侧座椅区的空气速度比其他区域要大得多，且在 Y 轴方向沿着 Y 轴增大的方向空气速度逐渐减小；在高度 Z 方向随着高度的增加而增大；由图 4.19(b) 可知，在司机驾驶区域的对称壁面附近存在着涡旋区，且随着 Z 方向高度的减小，涡旋区逐渐增大，涡旋区域的速度逐渐增大，主要是由于车身壁面的阻挠作用，阻碍了气流的运动；在车身后部区域空气流动滞止，容易造成污染物聚集，损害 VIAQ。

3. 车内空气 HCHO 浓度分布评估

评估发现车舱前后两端甲醛浓度超标，为轻度污染，脚踝高度水平面甲醛浓度普遍较高，原因是该区域与 HCHO 释放源座椅靠近且车舱底部区域空气流通不畅。如图 4.20 所示，车舱前后两端的底部区域甲醛聚集造成浓度超标，在水平 Y 轴方向，送风口正下方靠窗侧座椅区的甲醛浓度最低，在 Y 轴方向沿着 Y 值增大而逐渐增大，在 Z 轴方向随着高度的减小而逐渐增大；在车舱后部上方因车身壁面的阻挠，甲醛浓度较高。

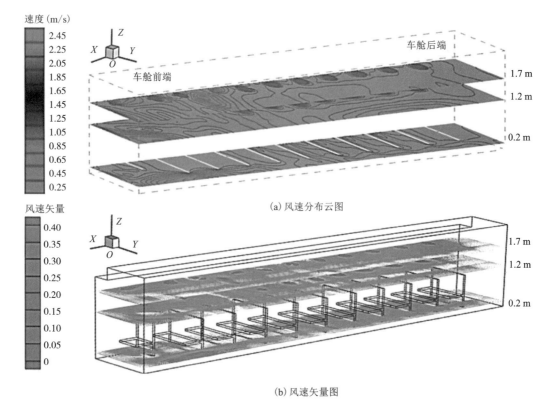

(a) 风速分布云图

(b) 风速矢量图

图 4.19　车内不同平面的气流分布云图

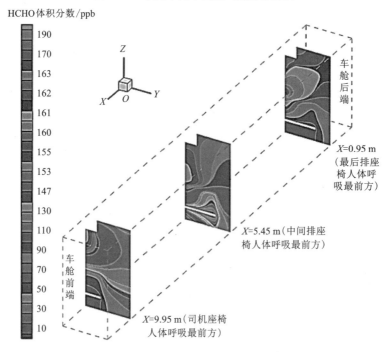

图 4.20　车内不同平面的 HCHO 浓度分布云图

4.5.2　列车舱内火灾模拟评估

工况设置：燃烧火源为车厢正中心座椅，如图 4.21 所示，工况 a 仅开车厢两端门，工况 b 仅开火源两侧窗，工况 c 仅开机械排烟（排烟量 2 m^3/s）。

1. 车厢火源正上方温度评估

如图 4.21 所示，在火灾燃烧到 100 s 前，机械排烟的作用比较大，车内烟气温度较低，随着火灾进行，产生的烟气量越来越大，机械排烟的作用变小。火灾燃烧到 30 s 时，乘员忍受极限时间<20 min，到 40 s 时，忍受极限时间<1 min，到 60 s 时车内乘员会烧伤死亡。

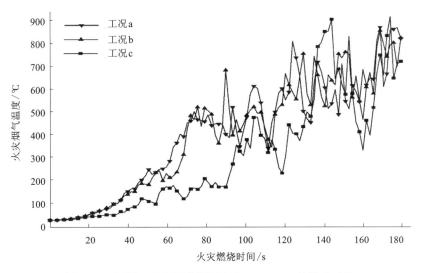

图 4.21　不同工况车厢火源正上方 Z=1.6 m 处温度对比

2. 车厢环境能见度（VIS）分布评估

如图 4.22 所示，火灾燃烧到 30 s 时，车厢环境平均 VIS>10 m 的高度基本还处在人员身高以上，不影响车内乘员疏散；燃烧到 60 s 时车内平均 VIS>10 m 的高度已经在座椅高度左右，燃烧到 90 s 时车内平均 VIS>10 m 已经低于座椅高度，对人员疏散有一定的负面影响，火灾到 180 s 时整个车厢环境平均 VIS<2 m，车内乘员疏散有一定困难。

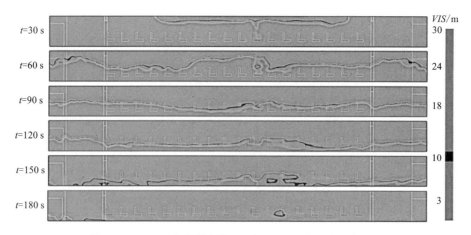

图 4.22　工况 a 车厢纵向截图(宽 1.6 m)能见度分布云图

4.5.3　轿车内风速与 CO_2 模拟评价

按轿车实际大小建模,忽略后视镜、门把手等附件的影响,车内流场 RNG k-ε 湍流模型,前仪表盘有送风口与回风口,新风中 CO_2 体积分数约为 350 ppm,送风速度为 2 m/s,温度为 20℃,车内人体呼出 CO_2 质量分数取 4%,静坐乘客 CO_2 散发量取 5 mL/(s·人)。

1. 车内风速与流场分布评估

如图 4.23 所示,在舱室内靠近乘客位置的区域出现较小的气流旋涡,不利于车内空气 CO_2 等污染物排出,车舱后侧座椅位置的风速较低(<0.1 m/s),前侧与中侧座椅位置风速>0.2 m/s,造成这种分布的原因是送风口和回风口均处在舱室前侧及中侧的仪表盘位置上,送风气流不能直达车舱后侧位置。

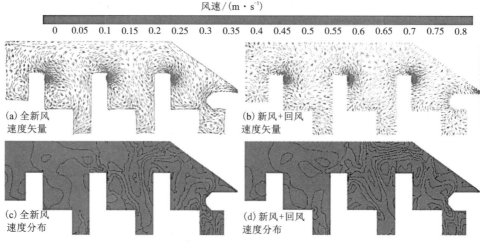

图 4.23　车舱副驾驶区域的风速分布云图

2. 车内空气 CO_2 浓度分布评估

如图 4.24 所示,当风全部来自新风时,车内 CO_2 平均浓度<0.07%,仅仅在乘客呼吸区域 CO_2 浓度较大,最大值(0.3%)超过我国 GB/T 17729—2023《长途客车内空气质量要求及检测方法》与 GB/T 18883—2022《室内空气质量标准》规定的 CO_2 浓度限值;车内空气 CO_2 浓度长期处于 0.3%水平,可对车内驾乘人员身体健康造成危害。如图 4.25 所示,当风部分来自回风时,车内 CO_2 浓度均值<0.12%,高于全新风模式,但乘客呼吸区域 CO_2 浓度最大值仍为 0.3%。增加新风量可以降低车内空气 CO_2 污染,可以改善车内空气质量,但会增大空调能耗;如果既要改善车内空气品质,又要达到车辆空调系统节能目的,合理控制新风量和回风量的比例是比较有效的举措。

CO_2 体积分数/($\times 10^{-6}$)

300 325 350 375 400 425 450 475 500 525 550 575 600 625 650 675 700 725 750 775 800

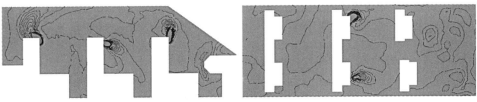

(a) 副驾驶区   (b) 乘客呼吸区

图 4.24 全新风模式下车内空气 CO_2 体积分数云图

CO_2 体积分数/($\times 10^{-4}$)

6 6.5 7 7.5 8 8.5 9 9.5 10 1.05 11 11.5 12 12.5 13 13.5 14 14.5 15 15.5 16

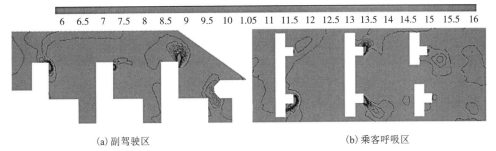

(a) 副驾驶区   (b) 乘客呼吸区

图 4.25 新风+回风模式车内空气 CO_2 体积分数云图

4.6 结论

车内环境品质评价包括客观、主观与综合评价。汽车与列车舱内都存在一定程度的有害气体、异味、颗粒物、微生物与噪声污染,其中部分车内环境中 HCHO、CO_2、苯、甲苯、二甲苯、TVOC 与噪声等超标,细菌与颗粒物污染未超标;新轿车内异味与公交车内噪声污染比较普遍,乘坐舒适性有待改善。健康风险评价发现车内空气 HCHO 与 VOC 污染对专业司机有健康危害,同时反推得出车内 HCHO 与 VOC 污染的基准与危险致癌风险浓度。本章对国内外同行开展的汽车健康指数评价、专业司机身体健康评估分析、车厢碰撞乘员损伤评价进行了简单介绍。通过计算流体力学模拟评价发现,大巴车驾驶舱内存在涡旋区,容易造成空气污染聚集,车舱前后两端 HCHO 污染超标,需要增大送风量;在轿车舱内靠近乘客区域出现较小的气流旋涡,导致车内空气 CO_2 污染不能及时排出;列车火灾前期,机械排烟作用较好,随着火势蔓延,烟气污染持续增大,车厢环境能见度降低,车内乘员疏散困难。

参考文献

［1］ Buitrago N D, Savdie J. Factors affecting the exposure to physicochemical and microbiological pollutants in vehicle cabins while commuting in Lisbon［J］. Environmental Pollution, 2021, 270: 116062.

［2］ 张霞, 侯雪波. 某特大城市轨道交通环境微生物污染调查［J］. 环境与健康杂志, 2020, 37(2): 139-142.

［3］ 黄文杰, 吕孟强, 高鹏, 等. 基于用户主观评价的车内气味调查研究［J］. 暖通空调, 2020, 50(4), 14-20.

［4］ 张仲荣, 武金娜, 姚谦. 车内空气质量的 VOC 及气味评价试验研究［J］. 汽车工艺与材料, 2020, (9): 57-63.

［5］ 兰凤崇, 李诗成. 自动驾驶汽车乘员个性化乘坐舒适性辨识方法［J］. 汽车工程, 2021, 43(8): 1168-1176.

［6］ 环境保护部. 中国人群暴露参数手册(成人卷)［M］. 北京: 中国环境出版社, 2013.

［7］ Lin N, Rosemberg M A, Li W, et al. Occupational exposure and health risks of volatile organic compounds of hotel housekeepers: Field measurements of exposure and health risks［J］. Indoor Air, 2021, 31: 26-39.

［8］ Reddam A, Volz D C. Inhalation of two Prop 65-listed chemicals within vehicles may be associated with increased cancer risk［J］. Environment International, 2021, 149: 106402.

［9］ 张铜柱, 温楠. 健康汽车评价指标及标准体系分析研究［J］. 汽车与配件, 2020(23): 58-61.

［10］ Cheung C K Y, Tsang S S L, Ho O, et al. Cardiovascular risk in bus drivers［J］. Hong Kong Medical Journal, 2020, 26(5): 451-456.

［11］ Truong L T, Tay R, Nguyen H T T. Investigating health issues of motorcycle taxi drivers: A case study of Vietnam［J］. Journal of Transport & Health, 2021, 20: 100999.

［12］ Lim S, Holliday L, Barratt B, et al. Assessing the exposure and hazard of diesel exhaust in professional drivers: a review of the current state of knowledge［J］. Air quality, atmosphere & health, 2021, 14: 1681-1695.

［13］ 赵国辉. 地铁车正面碰撞及侧翻碰撞研究［D］. 大连: 大连交通大学, 2019.

［14］ 李钊. 碰撞工况下车辆乘员肌肉募集策略及其对颈部损伤影响研究［D］. 长春: 吉林大学, 2020.

［15］ Qin D C, Guo B, Zhou J, et al. Indoor air formaldehyde (HCHO) pollution of urban coach cabins［J］. Scientific Reports, 2020, 10(1): 332.

［16］ 覃道枞. 地铁车厢碳氧化物污染与火灾烟气控制分析［D］. 昆明: 昆明理工大学, 2021.

［17］ 王新伟. 高原城市轨道交通车内 CO_2 污染与通风优化研究［D］. 昆明: 昆明理工大学, 2023.

第5章

车内环境污染影响因子

研究发现车舱室内气候参数(温度、湿度与风速)、车外交通状况、车辆类型、通风模式、载客数量、行驶路线与运行时间等因素都对 VIEP 有一定影响。通过对比分析车内有害气体、微生物、颗粒物、光污染、热污染、环境噪声、振动、电磁辐射的影响因子,并应用多元线性回归分析、聚类分析与因素分析方法,探讨汽车舱内空气中 VOC 污染物浓度的影响因子变量特征,为 VIEP 控制提供技术支撑。

5.1 舱室有害气体

主要分析车辆特征、运行状态、环境与乘客行为等因子对车内有害气体的影响。

5.1.1 车辆特征因子

车辆特征因子是指车辆本身及其舱室固有的属性或特性,例如车辆类型、档次、排量、车龄、行驶里程、燃料、空调系统、舱室装饰与空间体积。

1. 车辆类型的影响

不同类型的车辆其用途、厂家、内饰、排量等各不相同,因此车内环境污染会表现出不同程度的差异。不同类型的车辆对车内空气中的 VOC、CO 与 CO_2 污染影响较大,对 Rn 与 NH_3 污染影响很小,如图 5.1 所示。

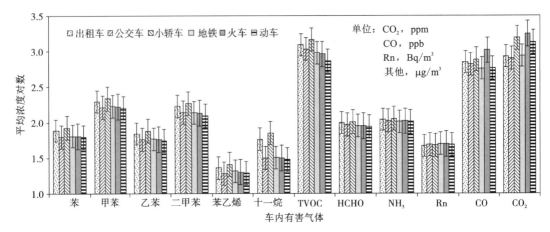

图 5.1　不同类型车内有害气体污染浓度比较

2. 车辆档次的影响

车辆档次不同，车内配置、材料及装饰不同，因此车内环境污染存在一定的差异。高、中、低三个档次的车内有害气体浓度如图 5.2 所示，有害气体浓度大小依次为低档车>高档车>中档车。主要原因是低档汽车内饰材料不够环保，散发的 HCHO 与 VOC 较多；而高档汽车使用真皮内饰，装饰过度，密闭性更好，导致 HCHO 与 VOC 污染物积聚相对较多；档次对车内 CO、CO_2、Rn 与 NH_3 几乎无影响。

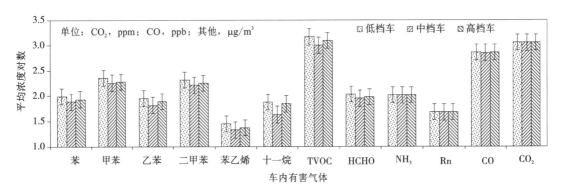

图 5.2　不同档次汽车内有害气体浓度对比分析

3. 车辆使用时间或车龄的影响

车内环境污染程度跟车龄或车辆使用时间有一定关系，一般来说车内空气中 HCHO 与 VOC 污染物浓度随着车龄的增加而降低。车舱内饰材料 VOC 与 HCHO 持续挥发的时间较长，新车劣质内饰材料散发的 VOC 与 HCHO 浓度较高且由于新车通风时间不长，导致新车内 HCHO 与 VOC 污染往往比旧车更严重。而 CO 与 CO_2 污染刚好相反，因旧汽车运营时间长，尾气排放的 CO 与 CO_2 在车内积聚相对更多，如图 5.3 所示。

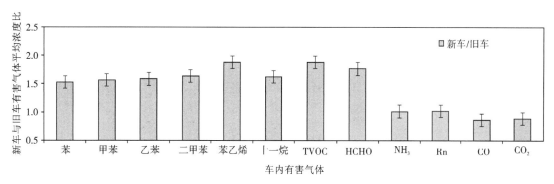

图 5.3　车龄对轿车内有害气体污染的影响

4. 行驶总里程(TM)的影响

随着行驶总里程的增加,车龄越来越大,车内材料释放的 HCHO 与 VOC 浓度会越来越少,由于通风或者换气的影响,车内空气中 HCHO 与 VOC 浓度降低;如图 5.4 所示,车内空气 HCHO 与 VOC 污染随着车辆行驶总里程的增加而下降,这与图 5.3 车龄对车内有害气体污染的影响是一致的。因为对于同一辆在用的车来说,当车龄增大或使用时间增加时,车辆行驶总里程必然变大。

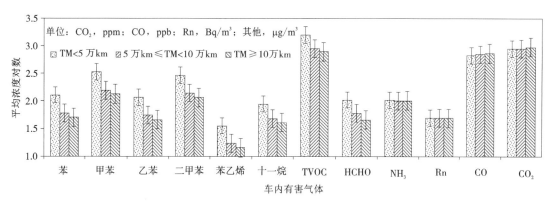

图 5.4　行驶总里程对汽车内有害气体污染的影响

5. 发动机燃料的影响

汽油与柴油对汽车舱内有害气体污染的影响如图 5.5 所示,对柴油车内 HCHO 与 VOC 污染低于汽油车,究其原因是汽油中含有更多 VOC,其中苯、甲苯、乙苯与二甲苯等芳香烃占 20.8%;直馏汽油、催化重整汽油与催化裂化汽油的芳香烃含量各为 3%~10%、60%~70% 与 25%~35%,苯含量依次为 1%~3%、3%~8% 与 0.5%~1.3%。汽油通过燃料泄漏等途径散发到周围空气中,再通过车门、车窗或通风口进入车舱,导致车内 HCHO 与 VOC 污染增加;而 NH_3、Rn、CO 与 CO_2 污染基本无差异。

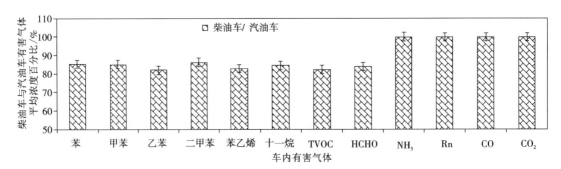

图 5.5　不同燃料对汽车舱内有害气体污染的影响

6. 发动机排量的影响

机动车在行驶过程与怠速状态下，发动机尾气排放上百种空气污染物，其中包含重金属、PM、CO、CO_2、CHx、VOC、NOx 及 SOx 等。车内空气污染的影响因素之一就是机动车尾气排放，车内空气污染物浓度与发动机排量是正相关关系；由于车辆长期使用，加之发动机技术落后，车辆保养不良，车辆尾气排放的空气污染物更易通过车舱渗透与开启的门窗进入车内。因此尾气排量越大，车内有害气体污染物浓度会更大，如图 5.6 所示；而非尾气排放物基本不受到排量的影响。

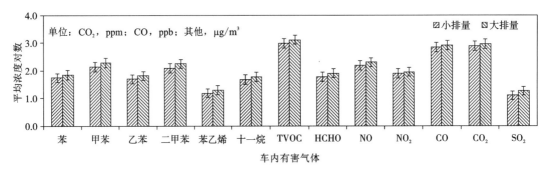

图 5.6　发动机排量对机动车舱内有害气体污染的影响

7. 空调系统的影响

新车空调系统对车内颗粒物污染净化效果很好，对气体污染控制作用相对较小。随着车辆使用时间的变长，因空调损耗与未及时清洗，空调净化效果降低。如图 5.7 所示，空调车内的有害气体污染略高于非空调车，原因是空调系统可能存在污染或车外空气污染更易通过空调风口进入车舱环境。因此要对车辆空调系统进行定时清洗与保养，合理使用空调系统，防止不必要的车内空气污染。

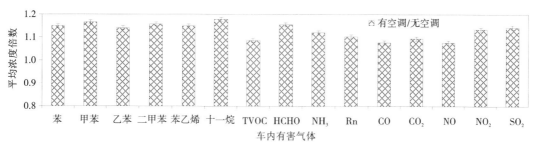

图 5.7　空调系统对车内有害气体污染的影响

8. 车内装饰的影响

环保不达标的车辆内饰材料与零部件是车内空气污染的来源之一，汽车用香水、车内皮椅套、地毯、油漆、涂料、儿童玩具、音箱设备等也会释放有害气体，污染车舱空气环境。真皮内饰中含有大量胶水或黏结剂，会散发出更多的 HCHO 与 VOC 污染物。真皮与非真皮内饰轿车舱室有害气体浓度均值之比如图 5.8 所示，由图 5.8 可知，真皮内饰轿车室内空气 HCHO 与 VOC 污染明显高于非真皮内饰车。

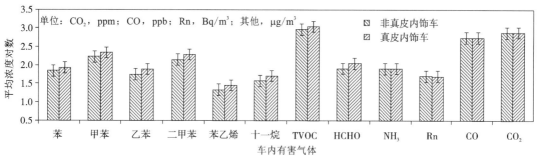

图 5.8　不同内饰对轿车内有害气体污染的影响

9. 车舱体积的影响

出租车司机比公交车司机有更高的车内空气污染暴露，这与车内空间大小有关。车舱空间大小对汽车内有害气体污染的影响如图 5.9 所示，随着车舱空间的加大，车内空气污染物浓度逐渐降低，但减少幅度平缓；原因是车辆舱室空间体积越小，车内有害气体污染物浓度越不容易被稀释，车舱内饰材料释放的 HCHO 与 VOC 在舱室累积的可能性更大，污染物浓度会更高。而 NH_3、Rn、CO 与 CO_2 浓度基本不变。

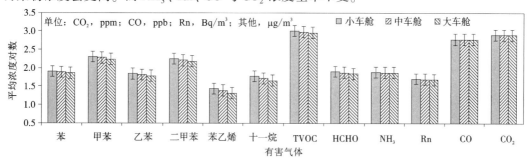

图 5.9　车舱体积对汽车内有害气体污染的影响

5.1.2 运行状态因子

分析车辆行驶速度、运行季节、行驶路线、通风方式与乘客数量对 VIEP 的影响。

1. 行驶速度的影响

研究发现当轿车采用自然通风模式时，车内 HCHO、VOC 与 CO_2 浓度随行驶速度的增大而显著降低，如图 5.10 所示；原因是车外空气清洁，车速增大导致车内自然通风气流速度明显增加，车舱内外空气对流加强，车内污染空气被迅速排出。而 NH_3、Rn 与 CO 浓度基本不变，因这些污染物浓度值等于车外大气环境污染背景值。

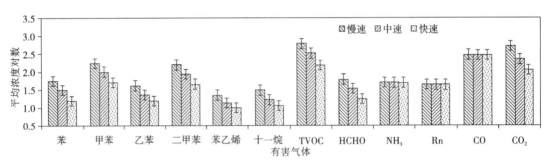

图 5.10 行驶速度对轿车内有害气体污染的影响

2. 通风方式的影响

汽车通常分为空调内循环、空调外循环和开窗自然通风 3 种通风方式，不同通风模式对新轿车内有害气体污染的影响如图 5.11 所示。HCHO、VOC 与 CO_2 污染程度依次为自然通风<空调外循环<空调内循环，因为这些气体主要来自汽车内饰材料释放及人员呼出，自然通风模式下车外进入的新鲜空气稀释了这些污染物；空调内循环未引入车外新鲜空气，没有排出这些污染物；空调外循环引入的新风量介于二者之间。NH_3、Rn 与 CO 空气污染不受通风方式影响，因为车内不产生这些气体，这些污染来自车外大气污染。

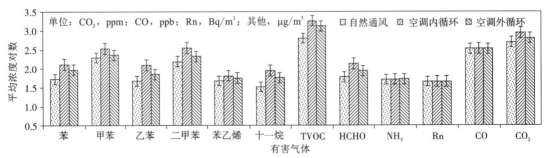

图 5.11 不同通风模式对新轿车内有害气体污染的影响

3. 行驶路线的影响

就城市交通线路而言，车辆行驶路线不同，车内外环境品质有一定差异，对 VIEP 有影响。对某城市夏季工况稳定运行的地铁线路车厢 IAQ 的调查发现，不同行驶线路的车内有害气体浓度有一定差异，如图 5.12 所示。影响最大的是车内 CO_2 浓度，CO_2 浓度最大值与最小值各出现在 A 号线与 C 号线且浓度最大均值 1470 ppm 是最小均值 368 ppm 的 4 倍，主要由于不同地铁线的站台位于城市不同区域，乘客流量差异较大，在空间一定的密闭车厢环境里，乘客数量越多则呼出的 CO_2 量越多，车内 CO_2 浓度也就越大；D 号线地下隧道较多，导致 Rn 与 NH_3 浓度相对较高，HCHO 与 VOC 浓度变化很小。

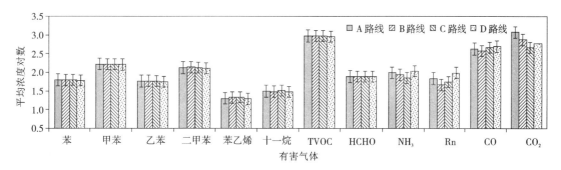

图 5.12　不同行驶路线对地铁车内有害气体污染的影响

4. 运行季节的影响

不同季节对应不一样的车外气候和不同的车外大气污染背景，同时车内不同的客流量、微气候与通风状态等因素也影响 VIEP；如图 5.13 所示，某城市地铁车内有害气体污染，除了 Rn 基本无变化，其他气体污染程度依次为夏季>秋季>春季>冬季。

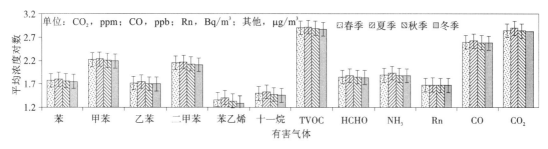

图 5.13　不同季节对地铁车内有害气体污染的影响

5. 车舱乘客数或载客率的影响

上班高峰期地铁车厢乘客拥挤(高载客率)，车内空气中 CO_2 最大浓度为 1780 ppm，当车厢载员率为 50% 时 CO_2 浓度下降为 750 ppm。非高峰期(低载客率)车内 CO_2 最低浓度为 295 ppm。可见乘客数或载客率对车内空气 CO_2 污染的影响显著，地铁车厢 CO_2 最大浓度是最低浓度的 6 倍多。如图 5.14 所示，其他气体浓度有变化，但差异很小。

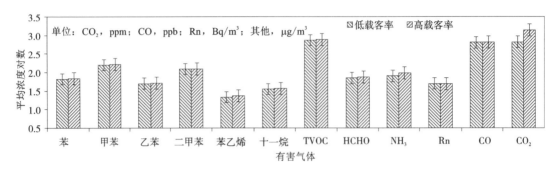

图 5.14　不同载客率对地铁车内有害气体污染的影响

5.1.3　环境与行为因子

本节分析车内温度、RH、太阳辐射、气流速度、吸烟行为及车外污染对车内有害气体的影响。

1. 车内空气温度的影响

舱室空气温度是影响车内 HCHO 与 VOC 污染的重要因素之一，一般情况为车内温度越高，内饰材料释放的 HCHO 与 VOC 污染量就越大。如图 5.15 所示，温度升高导致车内 HCHO 与 VOC 浓度越来越大，其他气体浓度基本不变。原因主要是车内材料中的有机溶剂、助剂、添加剂等挥发性成分的释放量随温度升高而增加。因此降低车内温度，可减缓汽车内饰材料中有害成分的挥发，从而降低车内有害气体污染物浓度。研究发现车舱温度升高，HCHO 释放量逐渐增加，高温下 HCHO 散发质量浓度是常温下的 10 倍多；在温度 65℃时，HCHO、甲苯与 TVOC 的散发量各是 1.3、0.7 与 4.0（mg/m^3）。

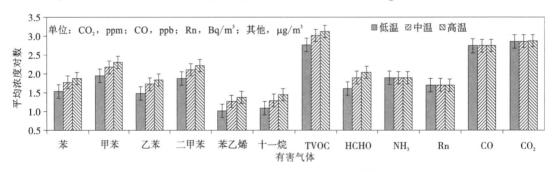

图 5.15　温度对新轿车舱内有害气体污染的影响

2. 太阳辐射对轿车内空气温度与 VOC 污染的影响

浙江大学的研究表明太阳辐射对车内温度起关键作用，阳光照射与非照射的座舱表面温度可各增加 30℃与 10℃，阳光直射下的仪表板和后面板最高温度>60℃，在上午 10 点至中午 12 点车内共释放 VOC 19 mg，且温度越高释放越多，如图 5.16。

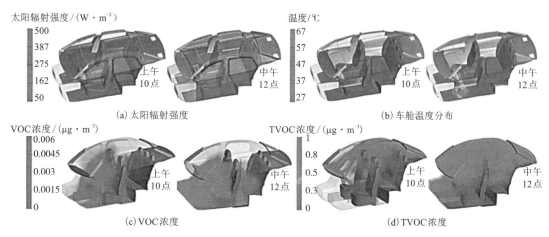

（a）太阳辐射强度　　　　　　　　　（b）车舱温度分布

（c）VOC 浓度　　　　　　　　　　（d）TVOC 浓度

图 5.16　太阳辐射对轿车内空气温度与地毯散发 VOC 的影响

3. 车内空气相对湿度（RH）的影响

如图 5.17 所示，高湿环境下车内有害气体浓度大于等于低湿环境。车内 HCHO 与 VOC 浓度随着车舱 RH 的增加呈升高趋势。这是由于 RH 增大，VOC 与 HCHO 可能在车内空气中累积和滞留，使污染物浓度升高。中科院研究人员发现空调客车内 VOC 排放与客舱 RH 有关，其中甲苯、$\sum$CCs、TVOC 都与 RH 存在显著正相关关系；中型客车内丙烯醛/丙酮、HCHO、丙醛、异戊醛，大型客车舱内 HCHO、乙醛、丙烯醛/丙酮、苯甲醛、异戊醛和戊醛等空气污染物浓度随着 RH 增加而升高。

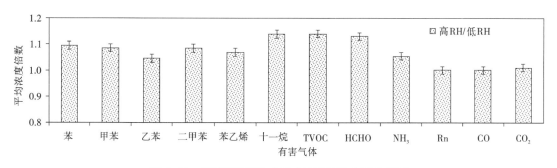

图 5.17　相对湿度对汽车舱内有害气体污染的影响

4. 采样地点或地区的影响

不同采样地点，即不同环境背景，对应不一样的车外空气污染情况和不一样的交通状况，导致 VIEP 有差异。就车外有害气体污染而言，城市中心区>郊区>旅游区，影响因素还有车辆间距和街道距离。城市不同区域对车内有害气体污染的影响如图 5.18 所示，污染程度一般为车站内>商业街>校园里。这是因为火车站与汽车站等交通站点及其附近车辆更多、更拥挤且车辆经常怠速、起步，尾气排放污染最严重，车外更多的 CO_x、HCHO 与

VOC 等污染物进入车内；而校园里车辆最少，一般都是绿树成荫，空气清新，因此汽车尾气污染程度自然低很多；非交通相关污染的 NH_3 与 Rn 基本无浓度水平差异。

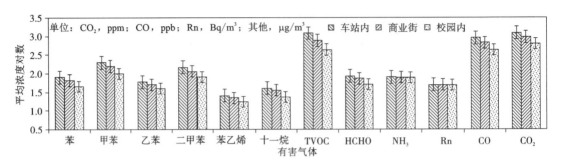

图 5.18　采样地点对汽车舱内有害气体污染的影响

5. 车内采样位置的影响

深圳大学、华南理工大学、比亚迪商用车研究院与湖南大学的联合研究表明电动客车舱内不同采样位置(图 5.19)对车内空气 HCHO 与 VOC 浓度有不同的影响，如表 5.1 所示；影响最显著的是低档客车的甲苯污染，舱室前部甲苯浓度是中部的 2.5 倍，其次是高档客车的二甲苯污染，舱室后部是前部的 2.4 倍。

车舱前部　　　　　　　　车舱中部　　　　　　　　车舱后部

图 5.19　客车舱内空气采样点不同位置实物图

表 5.1　采样位置对客车舱内 HCHO 与 VOC 浓度的影响　　　　　单位：$\mu g/m^3$

不同档次 电动客车	采样位置	苯	甲苯	乙苯	二甲苯	苯乙烯	HCHO	乙醛	TVOC
高档电动客车	前部	2.5	187.1	60.2	237.7	14.6	19.3	13.6	1230
	中部	2.7	252.1	54.3	550.9	18.3	21.8	14.2	1230
	后部	3.1	247.3	55.7	569.6	18.4	22.2	14	1320
低档电动客车	前部	—	47	376	1944	290	70	33	3380
	中部	—	19	378	2012	480	60	34	3510
	后部	—	39	390	2063	290	70	35	3620

6. 车内气流的影响

如图 5.20 所示，在空调外循环通风模式下，轿车舱内交通相关有害气体污染随着车内气流速度的增加而减少，NH_3 与 Rn 等非交通相关污染变化很小。因为车外空气清洁，交通相关污染低，车内空气流速增大，加速了车内外空气对流，车内 HCHO、VOC、CO 与 CO_2 浓度被稀释被排出了车舱；车内 NH_3 与 Rn 污染等于车外大气污染背景值，车内外空气对流对 NH_3 与 Rn 污染基本无影响。

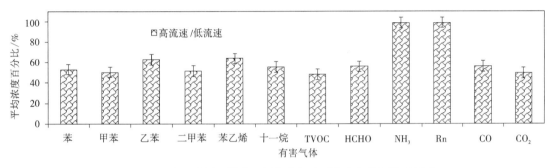

图 5.20　空调外循环模式下轿车内气流对有害气体污染的影响

7. 吸烟行为的影响

在静态密闭的运动型多功能车（SUV）舱室内吸烟对车内有害气体污染的影响如图 5.21 所示；吸烟环境中有害气体浓度是非吸烟环境的 1~4 倍，浓度倍数上升最大的有害气体依次是 CO、CO_2、VOC 与 HCHO，各增加 3.0、2.9、2.7 与 2.6(倍)，质量浓度分别增加 1663、3516、1441 与 134($\mu g/m^3$)，非烟草污染的 Rn 基本无变化。分析原因：香烟燃烧产生大量的烟草烟雾，导致车内 CO_2、CO、HCHO 与 VOC 等烟草烟雾有害气体浓度很高。

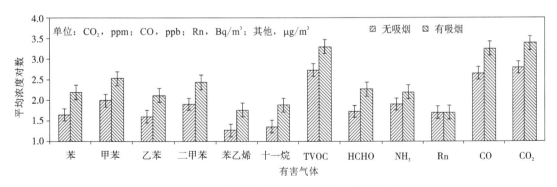

图 5.21　吸烟对汽车舱内有害气体污染的影响

5.1.4 影响因子特征分析

应用 SPSS 统计分析软件，采用多元线性回归、因素分析与聚类分析方法，研究汽车舱内空气 HCHO 与 VOC 污染影响因子变量特征。

1. 多元线性回归

采用逐步回归法对自变量进行筛选（入选标准 $\alpha = 0.05$，排除标准 $\alpha = 0.10$），最后进入模型的自变量及方程参数如表 5.2 所示，得出汽车舱内空气 HCHO 与 VOC 质量浓度（$\mu g/m^3$）随各变量的最优回归方程及特性。如表 5.3 所示，相关系数都大于 0.92，说明因变量/Y 与自变量/X 之间有很好的正相关性；由方程与排序可知车内 HCHO 与 VOC 污染的最大影响因子是车龄与车内空气温度。

表 5.2 车内 VOC 浓度回归方程的特性参数

有害气体	自变量(V_i)	未标准化系数(U)	标准差（St）	标准化系数（S）	t	Sig.	方程常量（I）	相关系数（R）
HCHO	车龄（X_6）	−1.297	0.119	−0.567	−12.759	<0.001	17.458	0.932
	温度（X_3）	1.914	0.244	0.324	7.894	<0.001		
	湿度（X_4）	0.475	0.095	0.199	4.913	<0.001		
	装饰（X_7）	6.577	1.878	0.143	3.598	0.001		
苯	车龄（X_6）	−1.286	0.105	−0.553	−12.287	<0.001	16.795	0.930
	温度（X_3）	1.810	0.236	0.307	7.672	<0.001		
	湿度（X_4）	0.461	0.094	0.189	4.890	<0.001		
	装饰（X_7）	6.461	1.851	0.130	3.490	0.001		
甲苯	车龄（X_6）	−4.398	0.519	−0.729	−8.466	<0.001	40.762	0.927
	温度（X_3）	4.455	0.643	0.291	6.924	<0.001		
	湿度（X_4）	1.135	0.255	0.179	4.446	<0.001		
	装饰（X_7）	16.176	5.028	0.125	3.217	0.002		
	档次（X_8）	7.985	2.980	0.098	2.680	0.008		
乙苯	车龄（X_6）	−1.142	0.094	−0.546	−12.145	<0.001	14.031	0.931
	温度（X_3）	1.641	0.212	0.309	7.741	<0.001		
	湿度（X_4）	0.427	0.085	0.194	5.041	<0.001		
	装饰（X_7）	5.924	1.664	0.132	3.560	0.001		

续表5. 2

有害气体	自变量(V_i)	未标准化系数(U)	标准差(St)	标准化系数(S)	t	Sig.	方程常量(I)	相关系数(R)
二甲苯	车龄(X_6)	−4. 735	0. 571	−0. 913	−8. 285	<0. 001	−21. 295	0. 935
	温度(X_3)	3. 985	0. 521	0. 303	7. 643	<0. 001		
	湿度(X_4)	0. 900	0. 207	0. 165	4. 339	<0. 001		
	装饰(X_7)	12. 213	4. 159	0. 110	2. 937	0. 004		
	空调(X_9)	22. 317	7. 375	0. 123	3. 026	0. 003		
苯乙烯	车龄(X_6)	−0. 399	0. 034	−0. 541	−11. 761	<0. 001	3. 287	0. 937
	温度(X_3)	0. 575	0. 077	0. 307	7. 520	<0. 001		
	湿度(X_4)	0. 150	0. 031	0. 194	4. 921	<0. 001		
	装饰(X_7)	2. 146	0. 600	0. 136	3. 575	0. 001		
十一烷	车龄(X_6)	−0. 763	0. 070	−0. 433	−10. 876	<0. 001	6. 056	0. 928
	温度(X_3)	0. 832	0. 215	0. 207	6. 453	<0. 001		
	湿度(X_4)	0. 217	0. 065	0. 183	4. 002	<0. 001		
	装饰(X_7)	1. 867	0. 699	0. 101	2. 315	0. 006		
TVOC	车龄(X_6)	−23. 595	1. 865	−0. 568	−12. 653	<0. 001	328. 86	0. 931
	温度(X_3)	31. 747	4. 204	0. 301	7. 552	<0. 001		
	湿度(X_4)	7. 657	1. 679	0. 175	4. 561	<0. 001		
	装饰(X_7)	111. 986	32. 992	0. 126	3. 394	0. 001		

表 5.3　汽车舱内 HCHO 与 VOC 浓度的回归方程及影响因子

有害气体	回归方程	标准化系数绝对值排序	影响因子排序
HCHO	$Y = 17. 5 + 1. 91X_3 + 0. 48X_4 − 1. 3X_6 + 6. 58X_7$	$\|S_6\| > \|S_3\| > \|S_4\| > \|S_7\|$	$X_6 > X_3 > X_4 > X_7$
苯	$Y = 16. 8 + 1. 8X_3 + 0. 46X_4 − 1. 29X_6 + 6. 46X_7$	$\|S_6\| > \|S_3\| > \|S_4\| > \|S_7\|$	$X_6 > X_3 > X_4 > X_7$
甲苯	$Y = 40. 76 + 4. 6X_3 + 1. 14X_4 − 4. 4X_6 + 16. 18X_7 +$ $7. 99X_8$	$\|S_6\| > \|S_3\| > \|S_4\| > \|S_7\| > \|S_8\|$	$X_6 > X_3 > X_4 > X_7 > X_8$
乙苯	$Y = 14. 03 + 1. 64X_3 + 0. 43X_4 − 1. 14X_6 + 5. 92X_7$	$\|S_6\| > \|S_3\| > \|S_4\| > \|S_7\|$	$X_6 > X_3 > X_4 > X_7$
二甲苯	$Y = −21. 3 + 3. 99X_3 + 0. 9X_4 − 4. 73X_6 + 12. 21X_7 +$ $22. 32X_9$	$\|S_6\| > \|S_3\| > \|S_4\| > \|S_7\| > \|S_9\|$	$X_6 > X_3 > X_4 > X_7 > X_9$
苯乙烯	$Y = 3. 3 + 0. 58X_3 + 0. 15X_4 − 0. 4X_6 + 2. 15X_7$	$\|S_6\| > \|S_3\| > \|S_4\| > \|S_7\|$	$X_6 > X_3 > X_4 > X_7$
十一烷	$Y = 6. 1 + 0. 83X_3 + 0. 22X_4 − 0. 76X_6 + 1. 88X_7$	$\|S_6\| > \|S_3\| > \|S_4\| > \|S_7\|$	$X_6 > X_3 > X_4 > X_7$

续表5.3

有害气体	回归方程	标准化系数绝对值排序	影响因子排序
TVOC	$Y = 328.86 + 31.75X_3 + 7.65X_4 - 23.59X_6 + 111.99X_7$	$\lvert S_6 \rvert > \lvert S_3 \rvert > \lvert S_4 \rvert > \lvert S_7 \rvert$	$X_6 > X_3 > X_4 > X_7$

统计分析还发现车内空气 HCHO 与 VOC 质量浓度回归方程的标准化残差都<3 且都服从正态分布，所以没有异常值。车内空气甲苯浓度回归方程标准化残差的直方图与常态 P-P 图如图 5.22 所示，由图 5.22 可知绝大多数散点都接近于对角线。

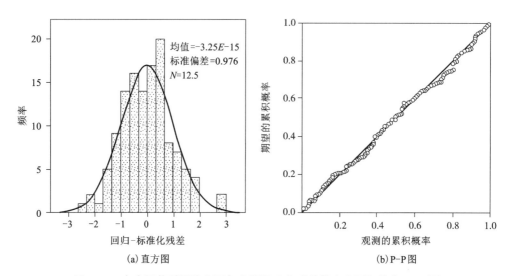

(a) 直方图　　　　　　　　(b) P-P 图

图 5.22　车内甲苯质量浓度回归方程标准化残差的直方图与常态 P-P 图

2. 因素分析

通过抽样适合性（KMO）检验，车内空气 HCHO 与 VOC 质量浓度的自变量可进行因素分析，其碎石图和旋转空间中的成分图如图 5.23 所示；从碎石图中可知，有 3 个成分的特征值>1，因此自变量可取 3 个公因素成分且其累积方差百分比达到 75.3%，即 3 个主成分可反映出污染浓度 13 个自变量中的 9.8 个，效果很好。从旋转空间成分图可以直观看出，类型(X_1)、流速(X_5)、车龄(X_6)、内饰(X_7)、档次(X_8)、空调(X_9)、里程(X_{11})与燃料(X_{12})为一组，除了流速(X_5)外，都是车辆特征因子；地点(X_2)、温度(X_3)与湿度(X_4)为一组，都是环境参数因子；排量(X_{10})与体积(X_{13})为一组，都是车辆特征因子。

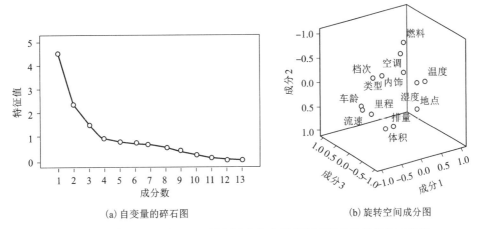

　　(a) 自变量的碎石图　　　　　　　　　　(b) 旋转空间成分图

图 5.23　车内 HCHO 与 VOC 质量浓度自变量的碎石图与旋转空间成分图

　　依据输出因子成分得分系数矩阵(提取方法：主成分分析法。旋转法：具有 Kaiser 标准化的正交旋转法)，从而有

$$F_1 = -0.030X_1 + 0.196X_2 + 0.241X_3 + 0.198X_4 - 0.032X_5 - 0.024X_6 + 0.095X_7 - 0.080X_8 + 0.040X_9 + 0.089X_{10} + 0.018X_{11} + 0.005X_{12} + 0.016X_{13}$$

$$F_2 = +0.030X_1 + 0.182X_2 + 0.050X_3 + 0.071X_4 + 0.006X_5 - 0.007X_6 - 0.006X_7 + 0.044X_8 - 0.163X_9 + 0.357X_{10} - 0.178X_{11} - 0.317X_{12} + 0.289X_{13}$$

$$F_3 = +0.406X_1 - 0.182X_2 - 0.206X_3 - 0.075X_4 + 0.213X_5 + 0.218X_6 + 0.120X_7 + 0.502X_8 + 0.179X_9 + 0.113X_{10} - 0.185X_{11} - 0.458X_{12} + 0.004X_{13}$$

　　从上述方程可以看出，第一公因子(F_1)基本上支配了 3 个主要成分中的地点(X_2)、温度(X_3)与湿度(X_4)变量，因为其系数绝对值较大；同理可得第二公因子(F_2)基本上支配了 3 个主要成分中的排量(X_{10})与体积(X_{13})；第三公因子(F_3)基本上支配了 3 个主要成分中的类型(X_1)、流速(X_5)、车龄(X_6)、内饰(X_7)、档次(X_8)、空调(X_9)、里程(X_{11})与燃料(X_{12})变量。因素分析结果对 13 个变量数据的提示为：F_1 表示车辆的环境参数因子；F_2 表示车辆的特性参数因子；F_3 的含义，除了流速(X_5)外，也表示车辆的特性参数因子。

3. 聚类分析

　　使用系统聚类分析法研究车内 HCHO 与 VOC 浓度的 13 个影响因子($X_1 \sim X_{13}$)，如图 5.24 所示；由图 5.24 可知车内 HCHO 与 VOC 浓度的 13 个变量经过 12 次聚合，最后变成 1 类，其中车龄与温度聚类最紧密；如果将所有变量划分为 2 类，则可在上述树状图的标尺线查到类间距离 15~20 之间对应着 2 条谱线，即对应 2 类变量因子；第 1 类可表示为车辆的特征因子，包括车龄、里程、空调、排量、体积与档次；第 2 类主要为车辆的环境参数因子，包括温度、湿度、流速、地点等；这与因素分析图 5.23 基本一致。

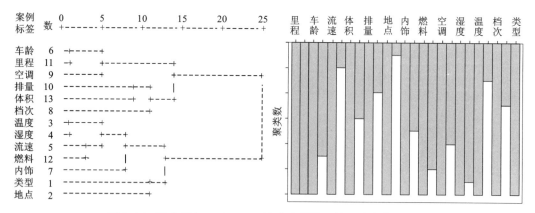

图 5.24　车内 HCHO 与 VOC 浓度变量因子的系统聚类树状图

计算每一类指标的 D_i^2 值，选取 D_i^2 最大值为该类指标的典型指标，经计算得出第 1 类指标 $D_{i车龄}^2 = 0.243$、$D_{i里程}^2 = 0.225$、$D_{i空调}^2 = 0.138$、$D_{i排量}^2 = 0.116$、$D_{i档次}^2 = 0.057$ 与 $D_{i体积}^2 = 0.164$，可以看出 $D_{i车龄}^2 > D_{i里程}^2 > D_{i体积}^2 > D_{i空调}^2 > D_{i排量}^2 > D_{i档次}^2$，因此车龄是第 1 类指标中的典型指标；同理计算得出第 2 类指标 $D_{i类型}^2 = 0.015$、$D_{i地点}^2 = 0.012$、$D_{i温度}^2 = 0.218$、$D_{i湿度}^2 = 0.069$、$D_{i流速}^2 = 0.139$ 与 $D_{i内饰}^2 = 0.059$ 与 $D_{i燃料}^2 = 0.094$，可知 $D_{i温度}^2 > D_{i流速}^2 > D_{i燃料}^2 > D_{i湿度}^2 > D_{i内饰}^2 > D_{i类型}^2 > D_{i地点}^2$，因此温度是第 2 类指标中的典型指标；由计算结果可知每类指标的典型指标分别是车龄和车内温度，再结合多元回归及因素分析方法，在 13 个影响因子($X_1 \sim X_{13}$)变量中，可知车内空气 HCHO 与 VOC 质量浓度的最大影响因子是车龄，其次是车内温度。

5.2　舱室颗粒物与微生物

本节主要分析车辆类型、车舱采样位置、车辆所在采样城市或地点、不同行驶路线等因子对车内空气 PM 与微生物污染物浓度或种类的影响。

5.2.1　不同城市的差异

1. 不同城市车内空气颗粒物(PM)对比

依据作者团队调查结果与文献部分数据，世界范围内不同城市地铁车内 PM 污染对比图如图 5.25 所示；在所调查城市的地铁车厢内的 PM10>PM2.5，其中污染物浓度最大值是首尔某线路地铁车厢中的 PM10 浓度，达到 356 $\mu g/m^3$；污染物浓度变化最大的是意大利某城市线路地铁车厢的 PM2.5 浓度，质量浓度最大值是最小值的 19.7 倍。综合考虑，地铁车厢空气 PM 污染相对较轻的城市有中国台北、昆明与洛杉矶。此外，英国、中国、埃及与澳大利亚等国调查了全球 10 大城市(广州、亚的斯亚贝巴、布兰太尔、达累斯萨拉姆、开罗、达卡、麦德林、苏莱曼尼亚、圣保罗、金奈)汽车舱室空气中 PM2.5 污染，同在开窗通风模式下，车内 PM2.5 浓度最大平均值 136 μg/m³（亚的斯亚贝巴）是最小平均值 13 μg/m³（麦德林）的 10.5 倍。

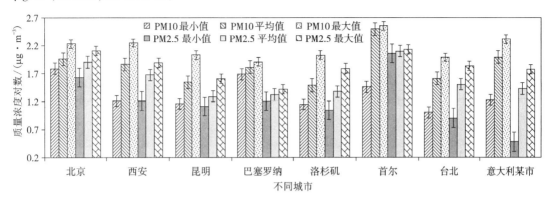

图 5.25　世界不同城市地铁车厢空气 PM 浓度对比

2. 城市对车内空气微生物的影响

不同的城市有不一样的气候条件，城市大气环境污染与生物气溶胶不一样，导致室内车内微生物污染也有一定程度的差异。研究发现世界范围内不同城市车舱空气微生物污染程度各不相同，如表 5.4 所示，其中 B 市与 D 市细菌浓度均值相差 563 cfu/m³，真菌浓度均值相差 111 cfu/m³；研究表明伊朗某市与西班牙某市公交车内空气新冠病毒阳性检出率分别是 50% 与 16.7%；可见不同城市车内真菌、细菌与病毒污染差异较大。

表 5.4　不同城市列车舱内空气微生物浓度对比　　　　　单位：cfu/m³

城市	微生物浓度		
	最小值	平均值	最大值
土耳其 A 市	真菌 20	真菌 340（春季境外线路）	真菌 400
葡萄牙 B 市	—	真菌 204 与细菌 728	—
中国 C 市	菌落 154	菌落 414	菌落 938
中国 D 市	—	真菌 93 与细菌 165	—

5.2.2　车辆类型的影响

1. 不同交通车内空气 PM 差异

如图 5.26 所示，不同类型的交通车舱室空气 PM 污染差异明显，其中 TPM 污染物浓度最大均值为 109.8 μg/m³（SUV）是最小均值 24.4 μg/m³（动车）的 4.5 倍，PM2.5 污染最大均值为 19.7 μg/m³（地铁、公交车）是最小均值 7.4 μg/m³（动车）的 2.6 倍；动车内 PM 污染最轻，这归因于动车舱室通风空调系统优良的净化作用。长安大学研究人员调查了西安不同交通车内空气的 PM 污染，结果表明秋季在 CNG 公交车、纯电动公交车与地铁车厢内乘客暴露 PM10 剂量各是 4.48 μg·min/m³、3.3 μg·min/m³ 与 0.88 μg·min/m³。

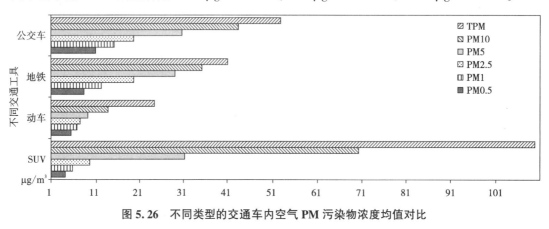

图 5.26　不同类型的交通车内空气 PM 污染物浓度均值对比

2. 不同交通车内环境微生物差异

葡萄牙里斯本大学调查发现轿车、公交车、火车舱内空气微生物浓度有较大差异，如表 5.5 所示；空调开启状态下，公交车内真菌浓度平均值是轿车的 15.6 倍，相差 524.2 cfu/m³，火车舱内细菌浓度平均值是轿车内的 14.3 倍，相差 677 cfu/m³。研究发现公交车、地铁车厢、地铁巴士与摆渡车内空气真菌浓度范围分别为 40~660、20~400、40~360 与 20~260(cfu/m³)。因此，不同车舱环境微生物污染差异较大。此外，研究表明地铁车厢室内空气新冠病毒检出的阳性率为 100%，公交车为 50%；研究发现某国在新冠肺炎疫情期间，民众乘坐不同交通车辆感染新冠病毒的概率各不相同，如图 5.27 所示，三轮汽车最低，空调出租车最高，这种差异主要依赖于车舱密闭程度及通风状况。

图 5.27　乘坐不同车辆感染新冠病毒的概率

表 5.5　不同交通车舱内空气微生物污染浓度对比　　　　　单位：cfu/m³

交通工具	条件	真菌浓度均值	真菌浓度均值标准误差	细菌浓度均值	细菌浓度均值标准误差
轿车	风扇关闭	137.0	14.4	395.0	46.6
	风扇开启	82.0	25.4	51.0	11.7
	空调开启	35.8	6.1	51.0	5.8
公交车	空调开启	560.0	98.1	460.0	58.8
火车	空调开启	203.5	13.8	728.0	173.2

5.2.3　采样位置与时间的差异

1. 对车内空气 PM 的影响

列车舱室不同采样位置对车内空气 PM 的影响如图 5.28(a)所示，可知采样位置对车内 TPM 与 PM10 污染影响很大，其中车门处 TPM 浓度均值是非车门处的 6.8 倍；汽车舱室不同采样时间对车内 PM 的影响如图 5.28(b)所示，可知采样季节对车内 PM 污染有一定影响，其中秋季 TPM 浓度均值是冬季的 1.3 倍，原因在于冬季寒冷，车内外人类活动与交通尾气排放相对较少，车内 PM 污染较轻。此外，研究表明西安 CNG 公交车内空气 PM10 浓度均值前门与后门处分别是 105.4 μg/m³ 与 179.6 μg/m³，夏季与秋季各是 79.9 μg/m³ 与 155.7 μg/m³；研究发现广州早上高峰、非高峰与晚上高峰期，汽车内空气 PM10 浓度均值各为 184、87 与 98(μg/m³)。因此采样时间与采样位置对车内空气 PM 污染影响较大。

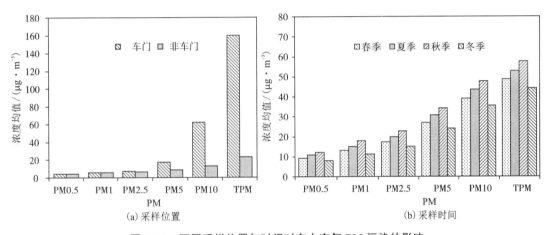

图 5.28　不同采样位置与时间对车内空气 PM 污染的影响

2. 对车内环境微生物的影响

季节不同，气候差异很大，导致车内环境微气候明显不同，车舱是否使用空调及通风空调模式对车内空气微生物污染有影响。如图 5.29 所示，为国外某城市春夏秋冬四季交通车内真菌污染情况，真菌浓度均值大小依次为夏季>秋季>春季>冬季；可能是因为夏季与秋季空气温度、湿度相对较大，有利于微生物产生。

车内采样位置的不同，病毒感染与微生物污染有差异。例如，西班牙等国的研究表明地铁车内空气与支撑杆表面检出的新冠病毒感染率各是 33.3% 与 40%。而我国南方医科大学等研究发现地铁内表面微生物以环境菌与皮肤菌群为主，车内扶手确定有 14 种菌属，车内扶手和座椅有相似的菌群结构但相似性均较远。

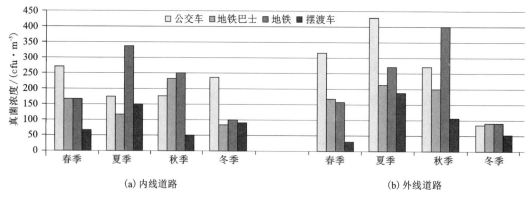

(a) 内线道路　　　　　　　　　　　　　　　　(b) 外线道路

图 5.29　不同采样季节对车内空气真菌浓度的影响

5.2.4　行驶路线的影响

1. 对车内空气 PM 的影响

交通车的不同行驶路线，有的客流量、交通流量与机动车尾气排放量也不同，故车舱内外空气污染有差异。如图 5.30 所示，为我国某城市 A、B、C 3 条不同交通路线的汽车舱室内 PM 污染物浓度对比，其中 A 线 TPM 浓度均值是 B 线的 2.5 倍，是 C 线的 1.9 倍；A 线 PM10 浓度均值是 B 线的 2.4 倍，是 C 线的 1.4 倍；而 PM2.5 的浓度出现相反的情况，C 线浓度均值最高，是 A 线的 2.3 倍，是 B 线的 1.8 倍。同样，英国、中国与澳大利亚等调查了全球 10 大城市汽车舱室空气 PM 污染情况，结果表明不同线路车内 PM 污染差异较大，PM2.5 浓度最大均值>111 μg/m³，而最小均值<21 μg/m³。由此可知，不同行驶路线对车内空气 PM 污染有较大影响，汽车驾驶应选择合理路线，避免污染危害健康。

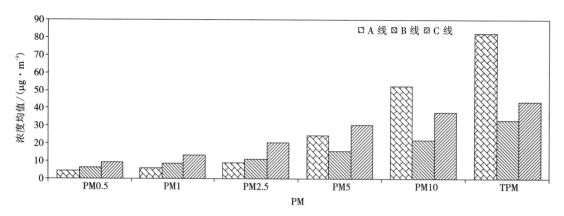

图 5.30　不同行驶路线对车内空气 PM 浓度均值的影响

2. 对车内环境微生物的影响

城市不同公共交通行驶路线，对应不一样的大气污染、交通车站点、上下车乘客与车厢微气候，对车内微生物污染产生不同影响。上海市疾控中心调查了我国某特大城市不同线路轨道交通车内空气菌落水平，结果发现其 2 号线车厢菌落平均值与最大值各为467 cfu/m³ 与 938 cfu/m³，而 10 号线车厢各为 350 与 854（cfu/m³）。南方医科大学等研究表明我国某超大城市地铁车内微生物菌属丰富，人流密集，存在一定的公共卫生风险，菌群分布有显著的地铁线路聚集特征，不同线路间的菌群分布差异较为明显；在菌门水平，变形菌门是最主要的类别，地铁 1、2、3、4 号线各占 63.8%、50.7%、79.5% 与 63.7%；而4 条线路在菌属水平有较大不同，主要菌属有在医院环境中常见的不动杆菌属、伯克霍尔德菌属，也有土壤等环境中常见的土壤小杆菌属，其他差异如图 5.31 所示。

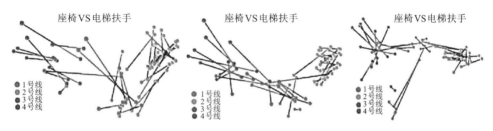

图 5.31　不同线路地铁室内环境菌群结构相似性对比

5.3　舱室物理环境污染

下面分析车内噪声、振动、热污染、中暑、电磁辐射与光品质的影响因子。

5.3.1　噪声影响因子

1. 车辆类型对车内噪声的影响

由于不同交通车辆类型，有不一样的车体结构、动力源、HVAC 系统、地面摩擦或轨道系统、车内人员密度，因此车内环境噪声有差异。如图 5.32 所示，车辆类型对车舱噪声有一定的影响，其中舱室噪声最大值 114.6 dB（A）来自地铁，舱室噪声最小值 52.2 dB（A）来自 SUV，相差 62.4 dB（A）；总体而言，地铁舱室噪声污染最大，而 SUV 舱室噪声污染最小。主要原因是调查时，地铁在隧道里行驶时间相对较长，气流噪声较大。

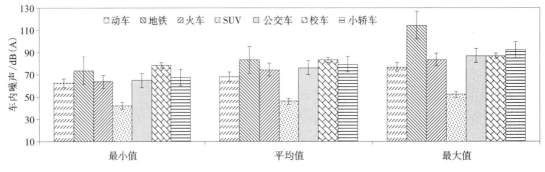

图 5.32　不同车舱室内环境噪声污染对比

2. 行驶路线对车内噪声的影响

不同的驾驶环境会产生不一样的噪声，例如隧道环境会产生气流噪声，特别是在车辆加速行驶时噪声较大；地面的粗糙度会影响汽车行驶的轮胎噪声。如图 5.33 所示，隧道环境车内噪声远高于非隧道环境，其中列车与汽车厢内噪声均值各增加 28.9 dB(A) 与 15 dB(A)，因为在狭小的隧道环境里气流噪声较大；而高速路上行驶的客车噪声略高于非高速路，因为高速行驶的客车气流噪声增值略高于非高速路轮胎摩擦噪声增值；结果还发现相同类型的交通车辆在相同的行驶环境中，车内噪声变化幅度不大。

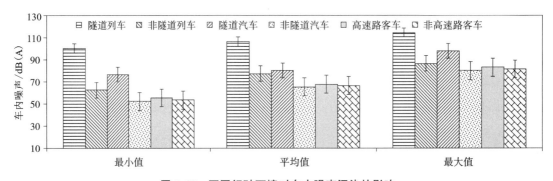

图 5.33　不同行驶环境对车内噪声污染的影响

3. 监测位置对车内噪声的影响

研究人员调查分析了列车乘客厢与汽车舱室前部、中部与后部噪声污染的变化。如图 5.34 所示，列车乘客厢基本无变化，因为车内外噪声源基本一致，车内噪声分布比较均匀；而汽车舱噪声值有变化，舱室前部>舱室中部>舱室后部，舱室前部噪声均值为 66.9 dB(A)，比舱室中部均值 64.5 dB(A) 高出 2.4 dB(A)，比舱室后部均值 62.1 dB(A) 高出 4.8 dB(A)；主要原因是该汽车使用燃油发动机，且发动机位于车舱前部，从舱室前部、中部到后部，发动机噪声逐渐衰减，车内噪声从前部到后部逐渐降低。

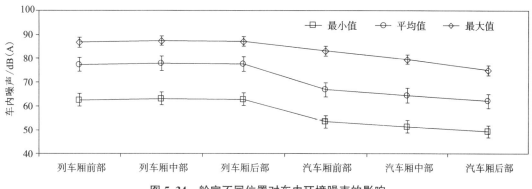

图 5.34　舱室不同位置对车内环境噪声的影响

5.3.2　振动影响因子

列车行驶速度较高时易出现结构模态振动问题，在某些特定环境下还会出现异常振动（也称为"抖车"），对列车乘坐舒适性与安全性造成影响；北京交通大学研究发现横风对高速行驶状态下的列车振动有重要的影响，振动影响因子如下。

1. 不同车体对横风载荷列车振动的影响

车辆运行速度为 350 km/h，横风速度为 20 m/s 时，横向与垂向连接刚度为 10^8 N/m，垂向阻尼为 0 N·s/m；结果表明刚性车体的横向振动主频为 0.5 Hz 和 1.56 Hz，柔性车体的横向振动主频为 0.5 和 1.65(Hz)；刚性和柔性模型车体的垂向加速度时程的最大值各为 0.163 和 0.167(m/s^2)，垂向振动幅值各为 0.329 与 0.343(m/s^2)；相较于刚性车体模型，柔性车体模型中两主频中较低主频处的横向振动能量较大，其中横向加速度如图 5.35 所示。

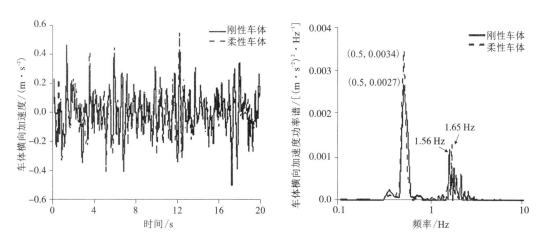

图 5.35　仅有横风载荷下的不同车体横向加速度对比分析

2. 车速与风速对列车振动的影响

瞬态横风载荷对动车组车体振动时域特征的影响比较突出，不仅表现在幅值上，更表现在振动频率上，车辆系统的横向与垂向振动的差异较大，且风载荷大小与平均风速和车速大小密切相关；如图 5.36 所示，在仅有随机横风载荷时，无论平均风速和车速如何变化，车体横向振动能量<5 Hz；车体均在 0.52~0.56 Hz 左右存在横向振动主频，且该频率处的振动能量随着风速加大而逐渐增加；在相同平均风速的风载荷工况下，随着车辆运行速度的增加，该频段处的振动能量也略有增加。

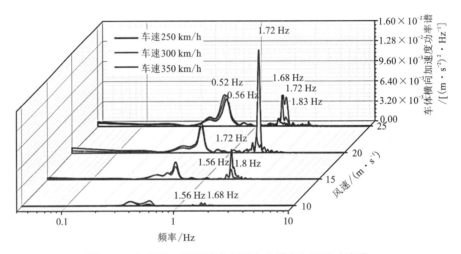

图 5.36　仅风载工况下动车组列车体横向加速度功率谱

5.3.3　热污染与中暑影响因子

1. 不同类型车舱热感觉与热舒适差异

依据美国加州大学伯克利分校人工环境中心（CBE）热舒适计算工具，分析不同交通车辆在夏季正常行驶状态（开启空调模式）下的舱室热舒适参数，包括热感觉的预计平均投票（PMV）、预计不满意百分比（PPD）、标准有效温度（SET）与热感觉、乘客穿的夏季典型服装。结果表明不同车内热舒适参数有差异，乘客倚靠在地铁、动车、SUV 与校车舱室的状态都是稍凉状态，乘客倚靠在火车与公交车舱室的状态都是凉状态，凉与稍凉都不符合ASHRAE 标准 55-2017 的热舒适要求；同在舱室倚靠状态，PPD 值最大（78%），SUV PPD值最小（16%），热感觉不满意率相差 62%，其他参数详情如表 5.6 所示。

表 5.6 不同交通车舱室内环境热舒适参数均值对比

热舒适参数	地铁			火车			动车			SUV			校车			公交车		
	站立	静坐	倚靠	站立	静坐	倚靠	站立	静坐	倚靠	站立	静坐	倚靠	站立	静坐	倚靠	站立	静坐	倚靠
PMV	0.1	−0.32	−1.42	−0.28	−0.77	−2.03	0.35	−0.01	−1.01	0.43	0.14	−0.71	0.14	−0.29	−1.4	−0.19	−0.67	−1.91
PPD/%	5	7	46	7	17	78	8	5	27	9	5	16	5	7	45	6	15	73
SET/℃	26.6	25.2	24.6	25.2	23.9	23.4	27.3	26	25.4	27.5	26.5	26.2	26.5	25.3	24.7	25.5	24.1	23.6
热感觉	中性	中性	稍凉	中性	稍凉	凉	中性	中性	稍凉	中性	中性	稍凉	中性	中性	稍凉	中性	稍凉	凉

2. 不同时间与位置对车内热环境的影响

研究人员分析了夏季正常行驶的火车(空调模式)硬卧上、中与下铺的热环境舒适性参数,如表 5.7 所示,乘客穿着夏季典型服装,倚靠上铺与中铺时出现冷的感觉,PPD 达到 100%,说明空调制冷负荷与风速过大;小轿车停在室外露天场地,有太阳照射,处于静态密闭无通风模式,夏季与冬季乘客各穿着夏季和冬季典型服装,结果表明夏季工况都是热感觉,PPD 为 100%,SET>46℃,这也是导致车内儿童中暑身亡的直接原因,至于冬季乘客倚靠时 PPD=100% 与感觉凉,说明停在室外的车辆舱室人员的热感觉受外界自然气候的影响很大;同时还看出除了火车硬卧下铺的乘客站立状态,其他热、冷、凉与稍凉状态都不符合 ASHRAE 标准 55-2017 的热舒适要求。广州汽车集团在我国新疆吐鲁番与美国凤凰城 2 个干热自然环境试验场中分析了汽车耐候性,结果表明城市地区、月份、舱室位置对车内温度影响显著,如表 5.8 所示。

表 5.7 交通车舱室不同位置、不同季节的热舒适参数均值对比

参数	火车硬卧上铺			火车硬卧中铺			火车硬卧下铺			夏季轿车			冬季轿车		
	站立	静坐	倚靠	站立	静坐	倚靠	站立	静坐	倚靠	站立	静坐	倚靠	站立	静坐	倚靠
PMV	−1.66	−2.46	−4.21	−0.86	−1.42	−2.82	−0.36	−0.86	−2.14	6.96	8.06	9.29	−1.55	−2.38	−4.1
PPD/%	59	93	100	20	46	98	8	21	83	100	100	100	54	91	100
SET/℃	21.3	20.1	19.4	23.9	23	22.5	25.1	23.9	23.3	46.5	46.4	46.4	19.7	18	17
热感觉	凉	凉	冷	稍凉	稍凉	冷	中性	稍凉	凉	热	热	热	凉	凉	冷

表 5.8 不同试验场地汽车部件表面温度对比

单位:℃

汽车部位	试验场地	6 月均值	6 月最大值	7 月均值	7 月最大值	8 月均值	8 月最大值	9 月均值	9 月最大值
仪表板	吐鲁番	48.8	99.2	44.1	99.7	47.8	88.5	41.6	81.9
	凤凰城	47.4	85.7	49.0	88.3	47.6	87.5	45.2	83.1

续表5.8

汽车部位	试验场地	6月均值	6月最大值	7月均值	7月最大值	8月均值	8月最大值	9月均值	9月最大值
座椅	吐鲁番	43.4	79.0	42.7	79.9	43.6	75.6	37.0	67.5
	凤凰城	42.2	73.8	43.6	76.2	42.4	75.1	38.5	69.9
前舱	吐鲁番	42.2	90.2	43.2	93.1	41.1	97.5	34.5	88.9
	凤凰城	38.3	78.3	41.1	81.1	40.0	81.3	37.3	79.4
车顶	吐鲁番	42.7	88.8	43.0	91.5	42.0	88.0	34.9	78.7
	凤凰城	39.8	80.8	42.6	84.7	40.8	81.3	37.8	79.2

3. 月份与地区对车内儿童中暑的影响

不同城市或不同地区对应不一样的海拔高度，不一样的紫外线强度，不一样的车外气候与环境，导致车身得热不同；不同月份，太阳高度角与太阳辐射强度会有较大差异；不同地区与月份室外露天车内的空气温度有较大差异，引发车内人员中暑概率与中暑程度不同。如图 5.37 所示，美国圣何塞州立大学研究了 1998 年到 2022 年不同月份与地区车内儿童中暑的死亡人数，结果显示差异显著，其中 7 月、8 月与 6 月排前 3，死亡人总数均>190 人，月平均数均>7.5 人；得克萨斯州排第 1，超过 135 人。

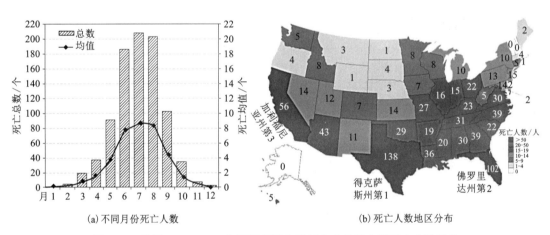

(a) 不同月份死亡人数　　　　　(b) 死亡人数地区分布

图 5.37　美国 1998—2022 年不同月份与地区车内儿童中暑死亡人数对比

5.3.4　电磁辐射影响因子

1. 不同类型车辆舱室电磁辐射差异

车辆发动机、电热电器设备与电池电源都会产生电磁辐射污染，车外环境产生的电磁辐射也有可能进入车内。如图 5.38 所示，不同车内电磁辐射强度差异较大，其中磁场强度较大的是校车与地铁，最小的是轿车与客车；校车内磁场均值为 0.49 μT，是轿车均值 0.13 μT 的 3.7 倍，是客车均值 0.19 μT 的 2.6 倍；而电场强度较大的是 SUV 与校车，且 SUV 舱室电场强度变化幅度最大，最小的是地铁与动车，为 0 V/m；此外还发现轿车与火车存在离群值点，这可能与车辆外部环境产生的电磁辐射有关。

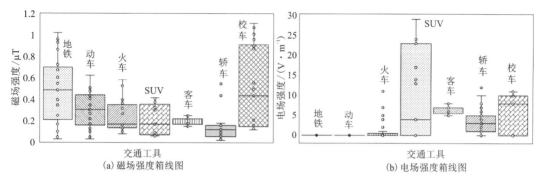

图 5.38　不同交通车内电磁辐射强度箱线图对比分析

2. 行驶路线对车内电磁辐射污染的影响

研究人员分析了汽车与列车在某城市 A、B、C 3 条线路上行驶时的车内电磁辐射，A 线是城市中心区线路，交通车辆及电器设备更多更密集，产生的电磁辐射更强；B 线处于城乡接合部，介于 A 与 C 之间；C 线为郊区线路，交通车辆及电器设备相对较少，产生的电磁辐射相对较弱。如图 5.39 所示，不同行驶线路车内电磁辐射强度有一定差异，其中 A 线列车内磁场强度均值为 0.67 μT，是 C 线列车内磁场均值 0.37 μT 的 1.8 倍，是 C 线汽车内磁场强度均值 0.13 μT 的 5 倍；B 线与 C 线列车内电场强度为 0，A 线汽车电场强度均值为 9.2 V/m，是 C 线汽车电场强度均值 2.6 V/m 的 3.6 倍。

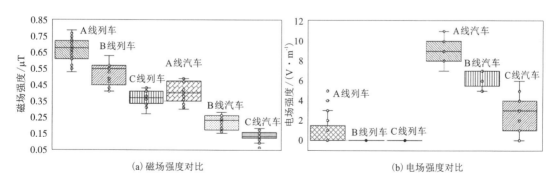

图 5.39　不同行驶路线交通车内电磁辐射强度对比

5.3.5 光环境影响因子

1. 不同类型车舱内光环境品质差异

车内光环境影响因素很多，具体有车外自然光强度，晴朗天与阴雨天差别很大；太阳光是否照射到舱室内环境，车内是否有窗帘且窗帘是否遮挡了车外光线；车厢透明玻璃的占比直接影响白天的车内照明，还有车内照明设计及要求，不同车辆的车内照明设计及光照强度有差异。如图5.40所示，不同交通车内光照度差异较大，其中光照最强的是公交车，最弱的是火车，公交车内光照度均值为2120 Lux，是火车内光照度均值136 Lux的15.6倍，因为公交车身透明玻璃面积较大，车内光照度受自然光影响很大，特别是有阳光照射时，光照度可增加3000多Lux；校车的窗帘遮挡了部分光线，火车、地铁与动车都属于列车，基本都有窗帘，车内环境相对更封闭、更稳定，同时车内照度或照明设计差异也不大，故车内环境光照度的平均值与最大值基本一致。

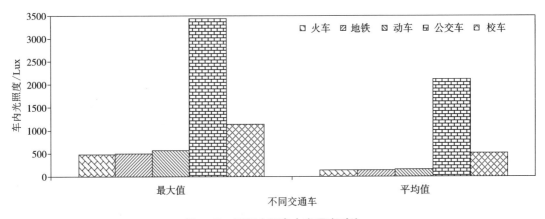

图5.40 不同交通车内光照度对比

2. 行驶路线对车内光环境的影响

研究发现在晴朗的白天，SUV行驶在室外开阔路线上，在阳光照射下车舱不开灯时，车内光照度最高值可达到5万多Lux，足以导致眩光污染，影响视线；而行驶在地下车库的车辆，即使车内所有的灯全部打开，车内光照度最低值<10 Lux，二者相差5000多倍，可见不同行驶路线对车内光环境影响巨大。如图5.41所示，不同行驶路线对交通车内环境光照度影响很大，其中变化最明显的是公交车，在开阔路上的车辆车内光照度均值比在隧道路上的车辆车内光照度均值增加了2031 Lux；其次是SUV，开阔路车内光照度均值比隧道路车内均值上升1479 Lux；而火车、地铁与动车等列车舱室内光照度，开阔路也大于隧道路，但增加幅度不大，基本都在300～350 Lux，这是因为列车舱内灯光设计全面，照明充足，受外界影响相对较弱。

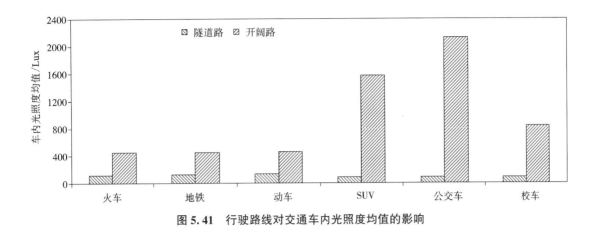

图 5.41　行驶路线对交通车内光照度均值的影响

3. 舱室位置对车内光环境的影响

交通车舱室光环境受外界自然光影响很大，白天在靠近舱室透明玻璃窗户位置的光照度要明显大于其他位置。这是因为外界的光线会照进来，甚至还会有阳光直接斜射进来，光照度突然增大几千倍，引发眩光污染，这也是车厢窗户安装窗帘的原因之一。如图5.42 所示，靠窗处的光照度明显高于非靠窗处的舱室前部、中部与后部，其中汽车靠窗处光照度均值为 1985 Lux，是舱室后部光照度均值 453 Lux 的 4.4 倍，而非靠窗处的舱室前部、中部与后部环境光照度差异不大，因为车内灯光照明相对比较一致。

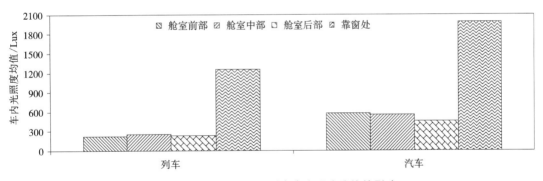

图 5.42　舱室不同位置对车内光照度均值的影响

5.4　结论

车内环境污染影响因子很多，车辆特征(类型/档次/排量/燃料/空调/装饰/车龄/里程/舱室体积)、运行状态(速度/季节/路线/通风/乘客数量)、环境与行为(温度/湿度/太阳辐射/气流速度/吸烟行为/城市或地区/采样时间/舱内位置）等因子会对车内有害气体、微生物、颗粒物、热光污染、中暑、噪声、振动、电磁辐射产生不同影响。其中对CO、CO_2、VOC、颗粒物与噪声等交通相关污染影响显著，对Rn与NH_3等非交通相关污染影响很小；应注意车辆通风空调系统的卫生清洁与保护，疫情期间应加强杀菌消毒工作，关注车内真皮内饰带来的HCHO与VOC污染。车内空气HCHO与VOC质量浓度的最大影响因子依次是车龄与车内温度；太阳辐射或暴晒对车内温度与热污染起关键作用，乘客形态（倚靠、静坐、站立）影响车内环境热舒适性；在不同城市与不同月份车内儿童中暑人数有显著差异，7月与8月是高发月份；汽车应选择合理路线与通风模式，车外尾气污染严重时宜采用空调内循环通风方式，车外空气清洁时宜采取开窗自然通风模式，避免车内吸烟，减少污染带来的健康危害；车辆行驶时会遇到不同强度的气流力、地面或轨道摩擦力，对车舱的振动与噪声产生不同影响，车速与风速越大，振动与噪声幅度越明显；车内光环境受自然光影响大，太阳照射可导致眩光污染，对司机行车安全造成危害。

参考文献

［1］ Qin D C, Guo B, Zhou J, et al. Indoor air formaldehyde（HCHO）pollution of urban coach cabins［J］. Scientific Reports, 2020, 10(1)：332.

［2］ 覃道枞. 地铁车厢碳氧化物污染与火灾烟气控制分析［D］.昆明：昆明理工大学, 2021.

［3］ 郭兵. 高原城市客车舱内甲醛污染与热舒适研究［D］.昆明：昆明理工大学, 2020.

［4］ 许明春, 李永, 胡隽隽, 等.车内高温下甲醛及气味散发研究［J］.汽车工程师, 2021(6)：14-16.

［5］ Tong Z, Liu H. Modeling In-vehicle VOCs distribution from cabin interior surfaces under solar Radiation［J］. Sustainability 2020, 12：5526

［6］ Lu YY, Lin Y, Zhang H, et al. Evaluation of volatile organic compounds and carbonyl compounds present in the cabins of newly produced, medium- and large-Size Coaches in China［J］. International Journal of Environmental Research and Public Health, 2016, 13：596.

［7］ Deng B, Hou K, Chen Y, et al. Quantitative detection, sources exploration and reduction of in-cabin benzene series hazards of electric buses through climate chamber experiments［J］. Journal of Hazardous Materials, 2021, 412：125107.

［8］ 曹慧慧. 西安市公共交通通勤颗粒物暴露评估研究［D］.西安：长安大学, 2020.

［9］ Kumar P, Hama S, Nogueira T, et al. In-Car Particulate Matter Exposure across Ten Global Cities［J］. Science of the Total Environment, 2021, 750：141395.

［10］ 张海红. 苏州市吴江区地铁4号线车站空气中细菌和真菌的暴露水平及分布特征［J］.智慧健康, 2020, 6(25)：82-85.

［11］ Metiner K, Kekec AI, Halac B, et al. Characterization and concentration of airborne fungi in public transport vehicles in Istanbul［J］. Arabian Journal of Geosciences, 2021, 14：2248.

［12］ 张霞, 侯雪波.某特大城市轨道交通环境微生物污染调查［J］.环境与健康杂志, 2020, 37(2)：139-142.

［13］ Buitrago N D, Savdie J. Factors affecting the exposure to physicochemical and microbiological pollutants in vehicle cabins while commuting in Lisbon［J］. Environmental Pollution, 2021, 270：116062.

［14］ Hadei M, Mohebbi S R, Hopke P K, et al. Presence of SARS-CoV-2 in the air of public places and transportation[J]. Atmospheric Pollution Research, 2021, 12(3): 302-306.

[15] Moreno T, Pintó R M, Bosch A, et al. Tracing surface and airborne SARS-CoV-2 RNA inside public buses and subway trains[J]. Environment International, 2021, 147: 106326.

[16] Das D, Ramachandran G. Risk analysis of different transport vehicles in India during COVID-19 pandemic [J]. Environmental Research, 2021, 199: 111268.

[17] 余韵, 郑钟黛西, 盛华芳, 等.广州地铁环境微生物组分布规律及其潜在影响因素分析[J].现代医院, 2020, 20(1): 103-106.

[18] 薛蕊.时速250公里以上货运动车组振动特性及安全性[D].北京: 北京交通大学, 2021.

[19] 郑习娇, 郑海生.中美典型干热气候下整车大气暴露环境严酷度分析[J].环境技术, 2021(01): 81-85

[20] Null J. Heatstroke Deaths of Children in Vehicles. [2023-7-6]. https://www.noheatstroke.org.

第6章

车内环境热舒适与改善

车内人体热舒适是当前的研究热点之一。车内热舒适表示驾乘人员对车辆舱室热环境的满意程度，车内热环境直接影响舱室人员的热舒适度、健康与安全，还影响车辆空调系统的能耗。热舒适与舱室空气温度、相对湿度、气流速度和平均辐射温度等环境因素有关，也是 EHSV 问题；乘员热舒适不仅与舱室环境参数有关，还与人的心理、新陈代谢率或活动状态、衣服热阻及人体热调节都有关。因此开展车内环境热舒适研究对构建节能、舒适、健康、安全的绿色交通具有深远意义。

6.1 舱室传热与人体舒适调节

车辆舱室热量来自通过车壁和车窗传入到舱室的车外环境热量，车内设备、发动机和驾乘人员散发的热量，通风与渗风带入的热量，阳光直射与周围环境的辐射热等；热舒适性主要参数有空气温度、湿度、风速、平均辐射温度、人的活动状态与服装热阻等。

6.1.1 传热分析与计算

1. 舱室传热分析

夏季工况车舱室内热量主要通过热传导、热对流、热辐射、换气新风、缝隙渗透风5 种方式从舱外环境获得，以及来自车内发动机、电气设备和人体散发的热。车辆在室外道路行驶的过程中，周围环境、气候与运行状态都是动态变化的，舱室环境得热过程与车辆本身结构材料都非常复杂，为便于理论推导与计算，假设舱室传热是一维稳态，车体传热的温度分布具有均匀一致性，舱外辐射源只考虑太阳；舱内空气视为理想透明介质，不参与整个辐射换热过程；舱室六面围护结构都是单层材料，大致分为车身板、车门、窗玻璃(唯一透明材料)、地板、踏步板，如图 6.1 所示。

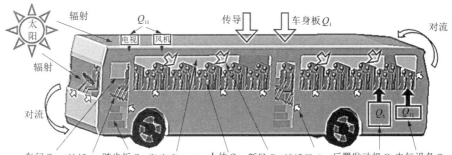

图 6.1　夏季客车舱内环境得热分析

2. 舱室得热计算

依据图 6.1 与稳态传热过程，空调客车内环境得热、单层材料 $Q_1 \sim Q_5$ 导热量、双层材料 Q_6 导热量可分别由式（6.1）、式（6.2）与式（6.3）计算得出。

$$Q = Q_1 + Q_2 + Q_3 + Q_4 + Q_5 + Q_6 + Q_7 + Q_8 + Q_9 + Q_{10} + Q_{11} \quad (6.1)$$

式中，Q 为客车内得热总量；$Q_1 \sim Q_5$ 为车身板、车门、地板、踏步板、窗玻璃的热传导量；Q_6 为发动机通过发动机盖板与地板进入车内的热传导量；Q_7、Q_8 各为太阳辐射透过玻璃、人体散发的热量；Q_9 为通风换气或新风带人（普通车与豪华车只选其一）的热量；Q_{10} 为车身缝隙渗透风热量（密封性好的旅游或高档客车可不计）；Q_{11} 为车内电气设备（电视音响+通风换气电机）的散热量。$Q_1 \sim Q_{11}$ 单位为 W。

$$Q_{1 \sim 5} = \sum_{i=1}^{5} (K_i F_i \Delta T) = \sum_{i=1}^{5} \left[(1/H_I + \delta_i / \lambda_i + 1/H_O)^{-1} \times F_i (T_O - T_I) \right] \quad (6.2)$$

式中，H_I、H_O 分别为舱内、外壁面的表面传热系数，$W/(m^2 \cdot K)$；T_I、T_O 为舱内、外壁面的空气温度，℃；$\delta_1 \sim \delta_5$ 为车身板、车门、地板、踏步板、窗玻璃的厚度，m；$\lambda_1 \sim \lambda_5$ 分别为车身板、车门、地板、踏步板、窗玻璃的导热系数，$W/(m \cdot K)$；$F_1 \sim F_5$ 分别为车身板、车门、地板（减去发动机盖板面积）、踏步板、窗玻璃的面积，m^2。

$$Q_6 = KF \Delta T = \left[(1/H_I + \delta_3/\lambda_3 + \delta_6/\lambda_6 + 1/H_O)^{-1} \times F_6 (T_g - T_I) \right] \quad (6.3)$$

式中，δ_6 为发动机盖板的厚度，m；λ_6 为发动机盖板的导热系数，$W/(m \cdot K)$；F_6 为发动机盖板的面积，m^2；T_g 为发动机盖板内表面空气温度，℃。

依据空调客车冷负荷计算原理，$Q_7 \sim Q_{11}$ 传热量由式（6.4）~式（6.8）计算得出。

$$Q_7 = \eta K_s U + \rho U H_I / H_O = (\eta K_s + \rho H_I / H_O) \times \left[F_7 J + (F_5 - F_7) J_s \right] \quad (6.4)$$

式中，K_s、η 各为遮阳系数、太阳辐射通过车窗玻璃的透过系数；U 为车窗的太阳辐射量，W；ρ 为材料对太阳辐射的吸收系数；J、J_s 为车窗外表面太阳的辐射强度、散射辐射强度；F_7 为阳面车窗面积，m^2。

$$Q_8 = q_1 + (n-1) q_2 \quad (6.5)$$

式中，q_1、q_2 分别是车内司机、乘客散发的全热（显热+潜热），W；n 为车内设计的载客总数。

$$Q_{9普通车} = n \gamma \nu c (T_O - T_I) \quad 或 \quad Q_{9豪华车} = n \gamma \nu \left[c (T_O - T_I) + \gamma_0 (RH_1 d_1 - RH_2 d_2) \right] \quad (6.6)$$

式中，γ 为车内空气密度，kg/m^3；ν 为车内乘员对新鲜空气的人均需求量，m^3/s；c 为空气定压比热容，$J/(kg \cdot ℃)$；γ_0 为水蒸气的凝结热，J/kg；RH_1、RH_2 各为舱外、舱内空气相对湿度，%；d_1、d_2 为车内 T_0、T_1 情况的完全饱和空气含湿量，kg/kg 干空气。

$$Q_{10} = 3600^{-1}M \times c \times (T_0 - T_1) \tag{6.7}$$

式中，M 为通过车舱缝隙进入车内的风量，kg/h。

$$Q_{11} = n_1n_2n_3n_4N_1 + n_1n_2n_3n_4N_2/\beta \tag{6.8}$$

式中，n_1 为额定功率的利用系数，取 0.7~0.9；n_2 为负载系数，取 0.5~0.8；n_3 为同时使用系数，取 0.5~1.0；n_4 为考虑空气吸热量的系数，取 0.65~1.0；N_1、N_2 为电视音响电气设备、通风换气电机设备的总功率，W；β 为通风电机效率。

6.1.2 热舒适性影响参数

1. 车内空气温度（t_a）

空气温度是衡量车内热舒适性和汽车空调性能的重要环境参数之一，由车舱得热、失热、围护结构内表面的温度及通风等因素构成的动态热平衡决定，直接决定车内人体与车舱环境的热交换。结合汽车空调技术，从热舒适性与节能角度出发，建议车辆载人舱内空气温度夏季为 23℃~28℃，冬季为 15℃~19℃。

2. 空气相对湿度（RH）

在车内环境舒适性方面，夏季工况下车内驾乘人员周围空气 RH 直接影响人体蒸发散热，RH 过大使人感到闷热；舱室环境热舒适区 RH 为 30%~70% 对热感觉影响不大，载人舱室 RH 以 30%~70% 为宜。

3. 舱室环境风速

增大风速可以加速人体表面空气对流、汗液蒸发与散热，特别在车内空气温度与相对湿度较大时，增加风速可使舱内人员热感觉舒适。但风速过大可导致驾乘人员感不适，其中以人体颈部、脚踝比较敏感。乘用车内风速在夏季与冬季可分别取 ≤0.5 m/s 与 ≤0.3 m/s。

4. 平均辐射温度（$\bar{t_r}$）

当太阳光通过车窗玻璃直接照射到人体上，辐射温度直接影响皮肤表面换热效应，同时还影响车内空气温度，对人体热舒适性影响很大。实测发现轿车在密闭与空调不通风的情况下，直接的大太阳暴晒可导致车舱环境温度>70℃，这也是遗留在密闭的小汽车舱内小孩中暑昏迷或死亡的原因之一。

5. 新陈代谢率（met）

车内驾乘人员不同类型与强度的休息或活动状态，会导致人的新陈代谢率、消耗的能量、产生的热量不同，直接影响人体与车辆舱室内部环境的热交换。车内常见的驾乘人员的活动有驾车操控、静坐、站立、倚靠等，相应的新陈代谢率是不同的。人体代谢率受到肌肉活动强度、周围环境温度高低、进食后时间长短、神经紧张程度、姿态、性别和年龄等多种因素影响，不同代谢率导致个体对于同一环境的热舒适感受有一定差异。根据美国加州大学伯克利分校人工环境中心(CBE)热舒适计算工具，人在车内可能发生的活动代谢率如表 6.1 所示。

表 6.1 车内人不同活动状态的新陈代谢率

活动状态	睡眠	倚靠	静坐	坐着阅读	坐着打字	放松站立	开轿车	开大型汽车
代谢率/met	0.7	0.8	1.0	1.0	1.1	1.2	1.5	3.2

6. 人员服装热阻(I_{cl})

乘员服装或衣着可以增大热阻，防止人体热流向外界传递。服装对人的热舒适性影响较大，服装的大小、厚薄、款式、颜色、材料、件数、热阻及其不同搭配或组合都是热舒适的重要影响因素。不同服装热阻如表 6.2 所示。

表 6.2 不同着装或服装组合热阻值 单位：clo

不同着装	热阻值	不同着装	热阻值	不同着装	热阻值
夏季室内典型着装	0.50	薄裤+短袖衬衫+袜+鞋+内裤	0.57	休闲短裤+短袖衬衫+拖鞋+内裤	0.36
冬季室内典型着装	1.00	薄裤+长袖衬衫+袜+鞋+内裤	0.61	短裙+长袖衬衫+拖鞋+长衬裙+内裤	0.67
短裙+短袖衬衫+拖鞋+内裤	0.54	运动裤+长袖运动衫+拖鞋+内裤	0.74	薄裤+长袖衬衫+西服上衣+袜+鞋+内裤	0.96

注：取自美国加州大学伯克利分校 CBE 热舒适工具，标准 I_{cl} 为 0.6 clo，1 clo=0.155 $m^2 \cdot K/W$

7. 垂直空气温差

室内环境人体热舒适评价中，垂直空气温差是指室内人体头部与脚踝位置二点处垂直高度的空气温度差，温差过大可导致人体热不适。

8. 舱室冷热地板

人体足部通过舱室地板发生热传导，温差越大，传热越多，同时舱室地板对人体还发生热辐射，舱室地板的温度太高或太低，人体足部可能热感觉不舒适。

9. 标准有效温度(SET)

考虑人体活动水平与服装热阻对热舒适的影响，美国 A. P. Gagge 提出 SET：人在空气静止恒温室($t_a = t_r$，$RH = 50\%$，$I_{cl} = 0.6$ clo)和实际环境(实际 I_{cl})中的热损失、皮肤的平均温度和湿润度相等,则恒温室的温度为实际环境的 SET。不同 SET 下的人体热感觉与反应如表6.3所示。

表6.3　不同 SET 环境中的人体热感觉与生理反应

$SET/℃$	等级值	热感觉	平均体温/℃	久坐者生理状态
>37.5	>3	很热,很不舒适	>36.7	热调节失灵
34.5~37.5	2~3	热,不能接受	36.7	大汗淋漓
30.0~34.5	1~2	暖,不舒适,不接受	36.6	流汗
25.6~30.0	0.5~1	微暖,有点不接受	36.5	微汗,血管扩张可接受
22.2~25.6	−0.5~0.5	舒适,接受	36.3	适中,自然
17.5~22.2	−1~−0.5	微凉,有点不接受	35.8	血管收缩
14.5~17.5	−2~−1	冷,不接受	35.0	身体表面慢慢变凉
10.0~14.5	−3~−2	很冷,不能接受	34.3	颤抖,哆嗦

10. 等效/量温度(T_{eq})

　　人体在实际环境与空气静止、温度均匀的理想密闭空间中,通过对流与辐射的显热换热量相等,则密闭空间的空气温度就是实际环境的 T_{eq};根据定义 T_{eq} 不含导致热不适的出汗和蒸发热量损失。依据 ISO 制定的国际通用标准 ISO 14505-2,测量车内空气环境 T_{eq} 的传感器布置图如图6.2所示,图中 A、B、C、D 表示真人或人体假人,A 与 B 用扁平加热传感器,C 与 D 用平面热膜传感器,可测量人体整体和局部的定向 T_{eq};E 表示带座椅的假人装置,模拟坐在座位上的人体,用椭球体传感器可测量人体整体和局部的全方位 T_{eq};根据测量的 T_{eq} 值,确定司机或乘客的预期主观热感受评估方案,如图6.3所示。图6.3(a)为夏季车内空调制冷模式下,人穿轻薄服装($I_{cl}=0.6$ clo)时热舒适区,图6.3(b)为冬季车内空调供热模式下,人穿冬季室内典型服装($I_{cl}=1.0$ clo)时热舒适区。

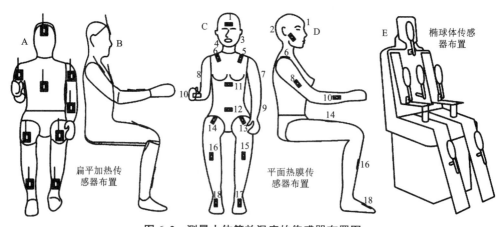

图6.2　测量人体等效温度的传感器布置图

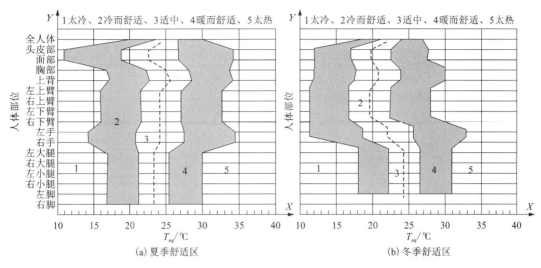

图 6.3　人体等效温度与车内人员局部或整体热舒适评估图

6.1.3　人体热舒适性调控

人体热舒适模型是人工环境研究的重要组成部分，热舒适模型需要主动系统和被动系统协同工作，其中主动系统控制被动系统。人体与舱室环境间的传热过程很复杂，涉及热传导、传对流、热辐射、人体蒸发和呼吸换热等；人体会通过复杂的生理活动，自我调节热舒适来适应新的热环境。

1. FPC 模型的被动控制系统

德英合作的 Fiala 人体热生理与舒适模型，简称 FPC 模型，由两个相互作用的体温调控系统(被动和主动系统)组成，有广泛应用；FPC 被动控制系统表示人体多阶段与多层次的热控制，人的身体被理想化为头部、面部、颈部、胸部、腹部、臀部、左肩、右肩和左右四肢(上下臂、手、上下腿、脚)等 20 个球形和圆柱形元素，如图 6.4 所示。主体元素进一步横向细分为 63 个扇区，以便模拟空间不对称边界条件；FPC 被动控制系统细分了人体节段、空间、组织和节点，明确了人体通过生理干预与周围环境的传热方式。

2. FPC 模型的主动调节系统

FPC 模型的主动系统预测中枢神经系统 4 种基本的整体体温调节反应，它们的区域分布和局部热影响而产生的颤抖、出汗、外周血管运动(扩张和收缩)等人体生理主动调节反应，如图 6.5 所示；图 6.5 中 $T_{sk,i,0}$、$T_{i,0}$ 和 $T_{hy,0}$ 分别指在 30℃室温热中性状态下人体皮肤、组织与头部的定点温度，$T_{sk,i}$、T_i 与 T_{hy} 依次表示人体局部皮肤温度、局部组织温度、头部中心温度。

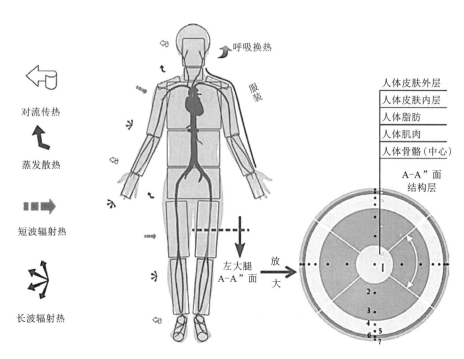

图 6.4　人体热生理与舒适模型（被动控制系统）

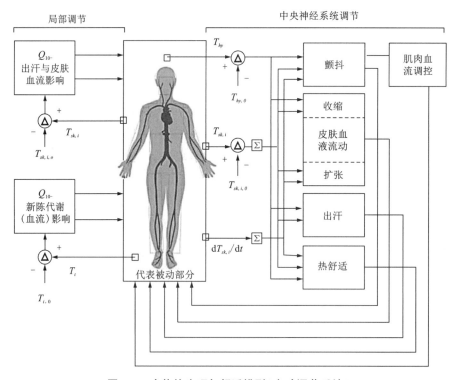

图 6.5　人体热生理与舒适模型（主动调节系统）

3. 相互调控关系

舱室人体热舒适调节可以理解为通过人体生理与心理作用,体温主动调控系统与体温被动控制系统相互作用,在一定程度范围达到改善人体热不适的目的。被动控制系统模拟车内人体的物理结构以及人体内部和表面的传热传质,而主动系统则模拟人体温度调节系统预测中枢神经系统反应的行为,主要通过干预车内人员的生理与心理状态,主动调控人体器官及组织系统及人体的热量散发或能量传递,确定热舒适或改善热不适。

当舱室人员体内产生的热量等于向舱室环境散发的热量时,人处于热平衡;在中等舱室环境里,人体热调节系统将自动通过调整皮肤温度和出汗量以维持热平衡。但这种热舒适调控程度比较有限,当舱室微气候超过了人体自我适应调节的范围,人可以发挥主观能动性改变外部环境。例如,夏季通过开窗自然通风,避开阳光暴晒,减少穿着服装或者开启空调通风制冷等措施,改变舱室微环境气候以改善人体热舒适性;冬季可通过开启空调采暖,接受太阳照射,添加衣服等方法增加人体热舒适性。车辆舱室热环境、人体热调节与热舒适性之间的关系如图 6.6 所示。

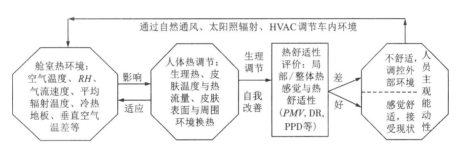

图 6.6　车内热环境、人体热调节与热舒适性三者的关系

6.2　车内热舒适调查与评价

使用实验设备现场监测车内空气环境参数,然后计算 *PMV*、*PPD* 与 *SET* 等相应的热环境舒适性参数,依据 ASHRAE 与 ISO 相关标准判断车内热舒适性级别。

6.2.1　调查与评价方法

1. 热舒适调查

采用热指数测定仪(QUESTemp-32)与多功能通风仪(VELOCI-9565)监测静止密闭状态的客车舱内空气温度、*RH* 与风速,其中有、无太阳辐射调查样本各 25 份;依照 ASHRAE 标准 55-2017 的热舒适要求,计算客车舱室内环境热舒适参数,对比有、无太阳辐射时司机驾车、乘客静坐、乘客倚靠 3 种状态 6 种情况,分别计算舱室热环境或热感觉的预计平均投票数(PMV)、预计不满意百分比(PPD)、吹风感指数(DR)与标准有效温度(SET)等热舒适指标,评价车内环境的热感觉或热舒适性。

2. 热舒适评价

采用目前应用较为广泛、很有代表性的人体整体热舒适评价指标,即丹麦 P. O. Fanger 提出的 PMV-PPD 评价模型。依据国际标准 ISO 7730,PMV 指数是根据人体热平衡预测一大群人对热感觉投票所得等级的平均值,综合考虑了空气温度、相对湿度、平均辐射温度、空气流速、人体新陈代谢率、衣服热阻 6 个影响热舒适的主要因素。室外行驶的车辆、低温气候或太阳辐射对舱室热环境影响很大。PMV 热感觉等级如表 6.4。

表 6.4　车内环境 PMV 的热感觉等级

PMV 值	−5	−4	−3	−2	−1	0	+1	+2	+3	+4	+5
热感觉	极冷	很冷	冷	凉	微凉	适中	微暖	暖	热	很热	极热

PMV 代表了大多数人在同一环境中的冷热感觉,可以用来评价环境的热舒适性。但是,人类有个体差异性,PMV 不能代表所有个人的热感觉。在热感觉投票中,觉得环境太热或太冷而对热舒适不满意人数的预计百分比称为 PPD 指数,对热感觉的不满意率称为 PD 指数。由于人体的不同部位对冷热的敏感程度有差异,吹风感、垂直空气温差、冷热地板、辐射的非对称性等因子会导致人体局部热不适。因吹风感导致的热不适预计人数百分比称为 DR,考虑了风速、风温和湍流强度 3 个参数,是评价局部热不适的指标之一。依据国际标准 ISO 7730 第三版,PMV、PPD、DR 与 PD 指数分别采用式(6.9)~式(6.12)、式(6.13)、式(6.14)与式(6.15)~式(6.16)计算。

$$PMV = (0.303e^{-0.036M} + 0.028) \times \{M - W - 3.05 \times 10^{-3}[5733 - 6.99(M-W) - P_a]$$
$$-0.42(M - W - 58.15) - 1.7 \times 10^{-5}M(5867 - P_a) - 0.0014M(34 - t_a)$$
$$-3.96 \times 10^{-8}f_{cl} \times [(t_{cl} + 273)^4 - (\bar{t}_r + 273)^4] - f_{cl}h_c(t_{cl} - t_a)\} \tag{6.9}$$

其中:$t_{cl} = 35.7 - 0.028(M - W) - I_{cl}\{3.96 \times 10^{-8}f_{cl} \times [(t_{cl} + 273)^4$
$$- (\bar{t}_r + 273)^4] + f_{cl}h_c(t_{cl} - t_a)\} \tag{6.10}$$

$$h_c = \begin{cases} 2.38|t_{cl} - t_a|^{0.25}, & \text{当 } 2.38|t_{cl} - t_a|^{0.25} > 12.1(v_{at})^{0.5} \\ 12.1(v_{at})^{0.5}, & \text{当 } 2.38|t_{cl} - t_a|^{0.25} < 12.1(v_{at})^{0.5} \end{cases} \tag{6.11}$$

$$f_{cl} = \begin{cases} 1.00 + 1.290 I_{cl}, & \text{当 } I_{cl} \leqslant 0.078 \text{ m}^2 \cdot \text{K/W} \\ 1.05 + 0.645 I_{cl}, & \text{当 } I_{cl} > 0.078 \text{ m}^2 \cdot \text{K/W} \end{cases} \tag{6.12}$$

$$PPD = 100 - 95\exp[-0.03353(PMV)^4 - 0.2179(PMV)^2] \tag{6.13}$$

$$DR = (34 - t_{aj}) \times (v_{aj} - 0.05)^{0.62} \times (0.37v_{aj} \times T_{uj} + 3.14) \tag{6.14}$$

$$PD_1 = 100[1 + \exp(5.76 - 0.856\Delta t_{ah})]^{-1} \tag{6.15}$$

$$PD_2 = 100 - 94\exp[(-1.387 + 0.118t_f - 0.0025(t_f)^2] \tag{6.16}$$

式中,PMV 为预计平均投票数(预计热感觉投票均值);M、W 分别为人体代谢率、有效机械功率，W/m²；P_a 为水蒸气分压力，Pa；f_{cl} 为人体着装后人体与裸体表面积比，着装后 f_{cl} ≥1，裸体 f_{cl}=1；t_r、t_a、t_{cl} 分别为平均辐射温度、空气温度、服装表面温度，℃；h_c 为对流换热系数，W/(m²·K)；v_{at} 为相对风速，m/s；I_{cl} 为服装热阻，m²·K/W；PPD 为预计不满意百分数，%；DR 为吹风感指数，若 DR>100%，取 DR=100%；T_{uj} 为局部湍流强度，取值范围 10%~60%，若未知可取 40%；t_{aj} 为局部空气温度，取值范围 20~26℃；v_{aj} 为局部平均风速，m/s，若 v_{aj}<0.05 m/s，取 v_{aj}=0.05 m/s；PD_1、PD_2 分别为由垂直空气温差、冷热地板导致的不满意率，%；Δt_{ah} 为头脚之间的垂直空气温差，℃；t_f 为地板温度，℃。

6.2.2　调查与评价结果

针对有无太阳辐射时，车内人员驾车、静坐与倚靠 3 种行为 6 种状态，对车舱环境热舒适度进行计算，结果如表 6.5 所示。除了无太阳辐射时乘客倚靠状态外，其他 5 种状态都不符合 ASHRAE 标准 55-2017 的热舒适要求。如表 6.5 所示，有太阳辐射时，无论车内人员是处于驾车、静坐状态还是倚靠状态，车舱室内环境热舒适感觉是热，预测不满意百分率为 100 %。由表 6.3、表 6.4 与图 6.3 可知，在太阳辐射环境下，司机驾车的热反应为非常不舒适、不接受状态，乘客静坐或倚靠状态的热反应为不舒适。分析原因，太阳辐射可导致车内空气平均温度增加 3.1℃，平均黑球温度上升 8.3℃，平均辐射温度增加10.1℃；车内干球与黑球温度最大值分别为 32.7℃ 与 42.9℃，分别增加了 4.8℃ 与 15℃；可见太阳辐射对车内空气温度影响大，对车舱环境热舒适影响很大。

表 6.5　车内人员不同状态的客车舱内环境热舒适性对比

有、无太阳辐射	车内人员状态	PMV	PPD/%	热感觉	SET/℃
	驾车	2.90	99	热	35.8
有太阳辐射	静坐	3.27	100	热	34.0
	倚靠	3.13	100	热	33.7
	驾车	1.19	35	稍暖	30.4
无太阳辐射	静坐	0.55	11	稍暖	27.0
	倚靠	-0.39	8	中性	26.1

也有研究发现，太阳辐射强度是外界环境影响舱内人体热舒适的重要因素，太阳辐射强度的增加使得舱内人体各部位的辐射及蒸发散热量增加，对人体局部热感觉与热舒适的影响较为明显，人体手部热感觉由较为舒适变为最不舒适；中午 12 点的太阳辐射可导致车内空气温度>65℃，每增大 200 W/m² 的太阳辐射强度，人体微环境的平均温度上升1.2℃，太阳辐射强度从 600 W/m² 增至 1000 W/m²，人体整体热感觉度从 0.92 增至 1.79，人体感觉变热，而整体热舒适均值由-0.8 降为-1.67，热舒适变差。

进一步通过 PMV 模型计算，由车内环境空气温度、相对湿度、风速的平均值得出符合ASHRAE 标准 55-2017 要求的车内平均热舒适区间，太阳辐射及车内驾乘人员的 3 种活动

状态(开车、静坐、倚靠)对平均热舒适区间的影响如图 6.7 所示。图中阴影区域为 *PMV*
不超过 ± 0.5℃的热舒适区间，舱室驾乘人员热感觉为良好状态，阴影区内圆圈中心点
(A)为最佳热舒适状态，同一水平线的另外一圆圈中心点(B)为舱室实测的空气温湿度
点；由图 6.7 可知，在不改变车内其他气候参数的情况下，可通过空调来改变客车舱室空
气温度达到车内环境最佳舒适状态。有太阳辐射时，司机驾车、乘客静坐与乘客倚靠状态
空气温度需要依次降低 17.5℃、12.8℃与 9.7℃；无太阳辐射时，司机驾车与乘客静坐空
气温度需要分别下降 7.4℃与 2.3℃，而乘客倚靠需要升高 1.3℃。

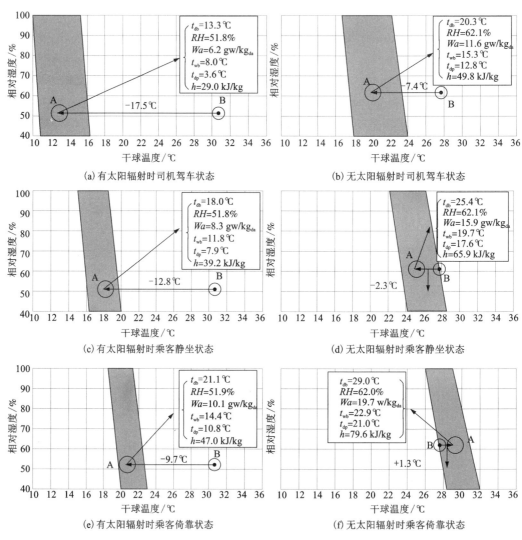

图 6.7　太阳辐射与人员状态对客车舱内环境平均热舒适区间的影响

6.3　数值模拟模型与仿真计算

利用 Fluent 软件对某客车舱室热舒适性进行了流体力学（CFD）模拟分析，并应用该软件的用户自定义函数（UDF）求解相应参数，编写 UDF 代码求解不同送风速度和温度下舱内热舒适性的 *PMV*、*PPD* 与 *DR* 评价指标。

6.3.1　模拟理论与三维模型

1. 数值模拟理论基础

车内空气流动既要遵循质量、动量和能量守恒定律，同时又要满足舱室内组分守恒定律；在数值计算过程中，假定车内各种空气组分不发生化学反应，且满足组分质量守恒定律，采用通用有限速率模型对输运方程求解。

舱室质量守恒定律：舱室内流体质量的增量等于流入与流出舱室的质量差。舱室动量守恒定律：舱室流体系统动量对时间的变化率等于外界作用于舱室流体系统上的外力总和。舱室能量守恒定律：舱室微元体中能量的增加率等于进入舱室微元体的净热流量加上体积力与面力对舱室微元体所做的功。舱室组分守恒定律：舱室环境系统内某种化学组分质量对时间的变化率等于通过舱室环境系统界面净扩散流量与通过化学反应导致该组分的生产率之和。

Fluent 软件以内置的方式提供了单方程、双方程、雷诺应力、标准 k-ε、可实现 k-ε 与重整化群 k-ε 等常用湍流模型，在求解辐射传热问题时还提供了离散传播 DTRM、球形谐波法 P-1、罗斯兰德、离散坐标 DO、表面辐射 S2S 等 5 种基本辐射模型。

客车舱室风口采用气体紊流射流送风，属于受限空间内的温差射流与贴附射流，风口在送风时可能会存在涡的分离与合并等复杂运动，这给舱内流场分布的准确预测带来了困难；研究人员选择可实现 k-ε 湍流模型来模拟舱内空气湍流，以提高精确度；在户外行驶的空调客车，太阳辐射得热对舱室传热模拟具有重要影响，Fluent 数值模拟应充分考虑太阳辐射的作用，可选择离散坐标 DO 辐射模型。

2. 车辆物理三维模型构建

车辆物理模型按照长途空调客车实际车型 1∶1 的尺寸建立，实物客车在形状和内部结构方面都较为复杂，在不影响舱室主要关注区域的空气流动及传热情况下，对客车物理与计算模型做一定程度的简化与假设。

①考虑舱内座椅、乘客、司机、仪表台等对气流组织有主要影响的物理构件，忽略扰流板、后视镜、门把手等车体表面附件；②车身的围护结构视为同性材质，对于车架与车身蒙皮不做区分；车窗与车体四围均视为垂直面；③将车舱同一侧的玻璃简化为一块玻璃，玻璃材质为普通玻璃；④舱室空气流动与传热为稳态过程，舱室流场为三维不可压缩

流场；⑤舱室密闭性良好，非空调通风口无空气泄漏，送风口的送风速度与温度稳定；⑥舱内空气为辐射透明介质，参与太阳辐射和固体表面辐射；⑦舱室空气成分为 H_2O、CO_2、O_2 与 N_2，不考虑其他微量气体与杂质。

舱室左右两侧对称布置 4 列乘客座椅，每列 10 个座椅，最后端设置 5 个乘客座椅，最前端左侧设置 1 个司机座椅，舱室共有 46 个座椅；舱室空调系统采用上送上回通风方式，空调送风口均匀布置在车舱长度沿 X 方向的车顶两侧，回风口布置在车舱顶部中心位置便于车厢走廊实现集中回风。客车简化模型的几何尺寸如表 6.6 所示、物理三维模型如图 6.8 所示。

表 6.6　车体模型构件的几何尺寸　　　　　　　　单位：mm

车体构件	尺寸		
	X 方向	Y 方向	Z 方向
车身	11050	2450	2800
前车窗	5	2250	1100
后车窗	5	2250	600
司机处车窗	800	5	1000
乘客侧车窗	9100	5	800
长方形回风口	1500	400	5
座椅	500	450	1000

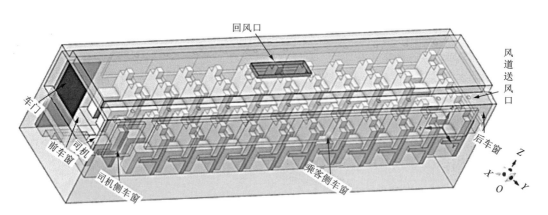

图 6.8　车辆仿真三维模型

6.3.2　边界条件与参数设置

1. 入口与出口边界条件

舱室空调送风口为入口边界条件，指定为速度入口边界条件，根据不同工况对送风口的送风速度、温度与入射角进行不同的设置;在湍流设置中,入口边界的湍动能 k 和湍动率 ε 分别取 0.04 与 0.008;在车辆舱室夏季空调送风空气中,H_2O、CO_2、O_2 与 N_2 的质量分数依次为 2.1%、0.05%、23.1% 与 74.75%。舱室空调回风口为出口边界,指定为出流边界条件;Fluent 软件通过出口边界条件来模拟求解流体的流动,对所需要的信息通过软件内部推导获得。

2. 舱室人体边界条件

以定热流边界条件为舱内人体的热边界条件,乘客与司机的定热流设定值分别为 60.7 W/m^2 与 92.2 W/m^2,建立的人体模型表面积为 1.91 m^2;舱内人体呼出的 CO_2、O_2、H_2O 与 N_2 质量分数依次是 4.0%、16.9%、3.5% 与 75.6%。

3. 固体壁面边界条件

舱室壁面边界条件设置为固体壁无滑移边界条件,采用壁面函数法对紊流动能 k 和紊流动能耗散率 ε 进行处理。车身板(车顶、地板、车门、前后左右侧板)属于非透明材料,太阳辐射不能直接穿过车身板面,其热边界条件采用第一类热边界条件对其进行指定。舱室前后、两侧、司机处的车窗玻璃属于半透明介质,太阳辐射能够透过玻璃进入舱室内部,玻璃表面还与空气发生对流传热,车窗玻璃指定复合热边界条件,将车窗壁面的热边界条件设置为混合的边界条件,热辐射参数为半透明介质,玻璃的吸收率为 0.2,透过率为 0.8。舱室内部仪表台等构件不受太阳辐射的影响,设置边界条件时取消太阳辐射追踪,将散射比例设为 100%。

4. 模拟工况与求解参数设置

为模拟送风速度、送风温度、送风角度对车舱内流场和热舒适性的影响,对模拟工况条件进行设置,如表 6.7 所示,其中工况 1 为基本工况;在客车舱内流场的 CFD 数值模拟中,利用有限体积法(FVM)对流场的控制方程进行离散,主要求解设置参数(表 6.8)。

表 6.7　模拟工况条件设置

工况	送风方式	送风速度 $V/(m \cdot s^{-1})$	送风温度 $T/℃$	备注
工况 1	垂直向下	3	18	
工况 2	垂直向下	4	18	不同送风速度
工况 3	垂直向下	5	18	
工况 4	垂直向下	3	14	
工况 5	垂直向下	3	16	不同送风温度
工况 6	垂直向下	3	20	

续表6.7

工况	送风方式	送风速度 $V/(\text{m} \cdot \text{s}^{-1})$	送风温度 $T/℃$	备注
工况 7	前倾 45°	3	18	
工况 8	后倾 45°	3	18	不同送风角度
工况 9	内倾 45°	3	18	
工况 10	外倾 45°	3	18	

表 6.8　Fluent 中的求解参数设置

项目	设置参数	项目	设置参数
计算属性	三维空间、稳态、不可压缩、双精度	差分方程	隐式
解算方式	压力基耦合求解器	速度方程	绝对坐标
计算物理模型	能量方程、湍流模型、辐射模型、组分输运模型	动量方程	二阶迎风
		能量方程	二阶迎风

5. 模拟计算收敛控制原则

CFD 模拟过程中，为了保证数值解的可靠性，在不同模拟工况下，通过对残差曲线和壁面热流密度同时收敛来保证所有的计算工况都达到收敛。首先设置对残差曲线的监测，在 Fluent 残差中设置计算的收敛精度：能量方程、DO 辐射方程及组分输运方程设为 10^{-6}，其余方程设为 10^{-3}。其次通过自定义监测透过驾驶室车窗壁面的热流密度变化来判断解的收敛性。计算的迭代步数设为 1000 步，采用混合初始化方法初始化流场。

以空调客车划分 521.18 万网格为例，对工况 1 进行收敛监测，如图 6.9 所示。从图 6.9(a)残差收敛曲线可知，当迭代计算运行到 100 步后，各项残差基本不再变化且趋于平缓，保证了计算的收敛；而在图 6.9(b)车窗热流密度的收敛变化趋势与图 6.9(a)基本保持同步，也是在迭代计算的 100 步后趋于平缓并最终收敛。因此可以判定工况 1 的计算结果已经收敛，其收敛解是可靠的。同理，对于工况 2~10，也可以通过对残差曲线和壁面热流密度的同时收敛来保证计算达到收敛。

6.3.3　网格划分与无关性分析

1. 模型网格划分

车舱内的流场复杂，导致舱内气-固界面物性产生阶跃性变化。为了避免结构化网格自适应性较差的问题，采用非结构化网格对只有空气流动的车舱内部区域进行了网格划分。此外，为了提高模拟计算结果的准确性，着重对车舱内的近壁面区域，几何突变区域，人体、车窗、车门、空调的送回风口位置进行网格加密，按照先面后体

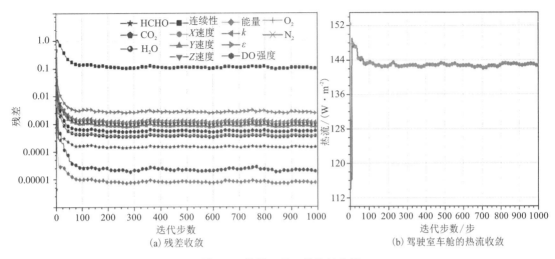

图 6.9 模拟工况 1 的收敛曲线

的网格划分流程划分舱内区域的网格。将网格划分为四面体和三角形面组成的非结构化网格，并控制网格的质量，均保证所有网格的最小体积为正值。划分的所有不同数量的网格扭曲度的最大值均<0.75，网格划分质量满足计算要求。最终的网格划分结果如图 6.10 所示。

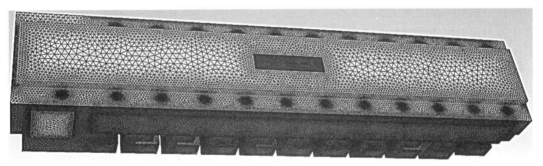

(a) 舱室外表面

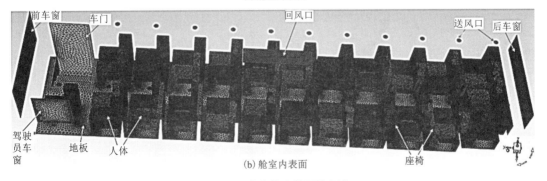

(b) 舱室内表面

图 6.10 客车舱室的网格划分

2. 网格无关性分析

网格质量的优劣对数值模拟计算结果的准确性有决定性影响，网格质量的好坏主要取决于网格分布控制，进一步决定于网格疏密把控。对于车内空气环境的数值模拟，需要确定所用网格的数量、尺寸与模拟计算结果之间的无关联性，即进行车舱网格无关性验证（网格敏感性分析），以消除车舱网格数量与尺寸对模拟计算结果的影响。将车舱室内流场区域划分为 4 种网格数量不同的网格，如表 6.9 所示。

表 6.9　车舱模拟的 4 种不同网格信息对比

网格种类	网格数量/万个	网格单元数/个	网格节点数/个
2.20	219.62	2196247	434913
3.28	328.36	3283566	645208
5.21	521.19	5211853	1018327
6.03	602.79	6027900	1175404

对于不同网格数量的车舱室内流场，按照工况 1 的条件设置并进行数值计算，选取点 $(5.525、0、0)$ 与点 $(5.525、0、2)$ 之间沿高度 Z 方向的线段，比较 4 种网格数量不同的车舱网格在该线段上的温度和速度的差异，如图 6.11 所示；可知 3.28 m、5.21 m 和 6.03 m 三种网格数量的温度变化趋势基本一致，在高度 Z 为 0.5~1.0 m 时，网格数 3.28 m 的温度走势与其他两条（5.21 m、6.03 m）有一定分离，而其他两条的温度值基本重合；当网格数为 2.2 m 时，在高度 Z 为 0.6~2.0 m 时，温度变化趋势显著不同；而 4 种数量网格的速度走势高度一致，当网格数从 5.21 m 增加到 6.03 m 时，二者之间的数值解基本不变，可以认为 5.21 m 的网格数量已达到网格无关，能够得到网格无关解。为了减少所需要的计算资源，故选取 5.21 m 的网格作为计算网格。

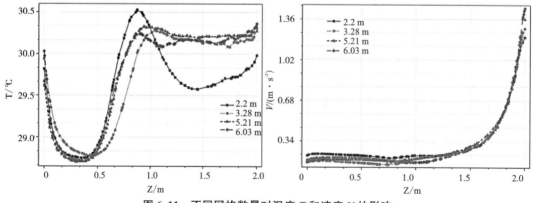

图 6.11　不同网格数量对温度 T 和速度 V 的影响

6.4　车内热舒适数值模拟结果

根据模拟工况 1~10 的计算结果，利用 CFD 后处理软件 Tecplot 进行可视化处理，分析了送风速度、温度与角度对舱室空气流速场、温度场与热舒适的影响。

6.4.1　送风速度对舱室空气流速的影响

送风速度为 3 m/s、4 m/s 与 5 m/s，模拟舱室送风口垂直面流速场的变化，如图 6.12 所示。

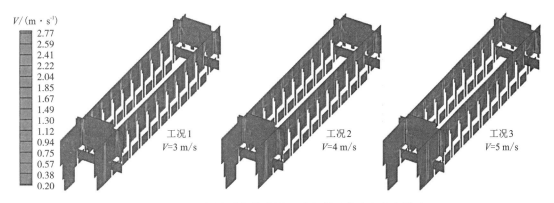

图 6.12　不同风速对车舱送风口垂直截面的速度分布影响

由图 6.12 可知，在车内风速增大的过程中，舱室前后车窗附近的空气流动加强，有利于车内热量及污染物的排出，改善了舱室舒适性；风速增大使得车门区域的气流遇到人体阻碍时，更易形成气流涡旋区，同时气流向外扩散运动能力也变强；风速增大使乘客附近区域的空气流速分布更加均匀。而在靠近舱室地板及座位下部附近，无论送风速度如何变化，这些区域都处于气流运动的死角，必然导致车内热量堆积与空气污染物聚集，属于热环境不舒适区。送风速度大小影响舱室空气流速场，影响车内驾乘人员的吹风感指数，进一步影响车内驾乘人员的热舒适性。

图 6.13 为整个舱室的流线分布及人体附近的温度分布图，通过流线能够直观描述舱内气流的速度场。从整体上看，中间过道附近的流线都较为稀疏，空气流动较弱，导致过道侧乘客的头顶、座位区形成热涡旋，车内热量无法及时排出，不利于舱室环境舒适性的改善；而在舱室靠窗两侧，气流运动比过道侧明显加强，排热能力更为理想，有利于改善舱室舒适性；但热量在后车窗附近堆积更为严重，且风速变化对该区域的影响能力有限，导致后车窗附近区域的热舒适性较差。此外，当车内风速由 3 m/s 增大到 5 m/s 时，回风口附近的流线变密，气流紊乱运动加剧，空气的回流速度增大；由于后车窗区域存在更多阻碍空气流动的障碍物，该区域的封闭流线随着风速增大也变得更大、更密，气流涡旋运动更强。

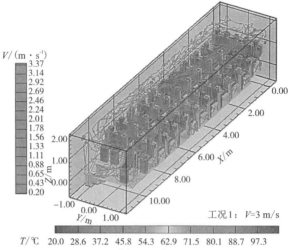

(a) V=3 m/s

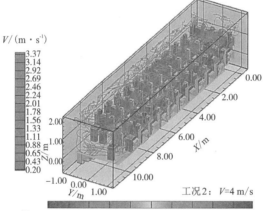

(b) V=4 m/s

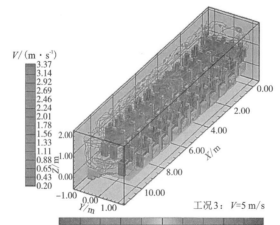

(c) V=5 m/s

图 6.13　不同送风速度下车舱内速度流线分布

车内静坐人员的呼吸高度一般为 $1.15\sim1.3$ m，选取车高 $Z=1.2$ m 为人的呼吸高度，对该平面进行分析，如图 6.14(a)；增大送风速度能够有效改善舱室前部区域、靠窗侧乘客区域、中部过道区域与尾部区域的空气流动；然而在舱室左右侧区域，由于存在座椅、人体等较多阻碍物，气流运动变得紊乱，使该区域的涡旋区增多增大。进一步分析在不同风速下 $Z=1.20$ m 平面上的 $Y=0$ m 过道中心线段速度分布，如图 6.14(b)，送风速度变化对过道中心的尾部区域的气流运动分布无显著影响，送风速度越大导致过道中心的中部区域空气流速越大；而在过道中心的前部区域(司机位置的过道区域)空气流速对送风速度的变化并不敏感，气流速度普遍偏低。

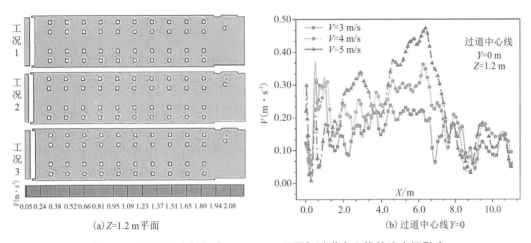

(a) $Z=1.2$ m 平面　　　　　　　　　(b) 过道中心线 $Y=0$

图 6.14　不同风速大小对 $Z=1.20$ m 平面与过道中心线的速度场影响

6.4.2　送风温度对舱室温度场的影响

当送风速度为 3 m/s，送风温度为 18℃、14℃、16℃ 及 20℃ 时，送风口垂直向下截面的温度分布云图如图 6.15 所示；从图 6.15 中可以看出，各送风温度工况下的温度分布整体趋势相似，其中当送风温度越低时，沿 Y 轴的风口截面的温度分布更加均匀，温度值在对应区域也更低一点。

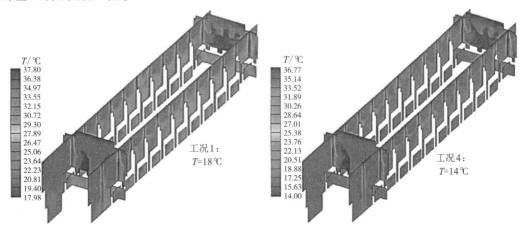

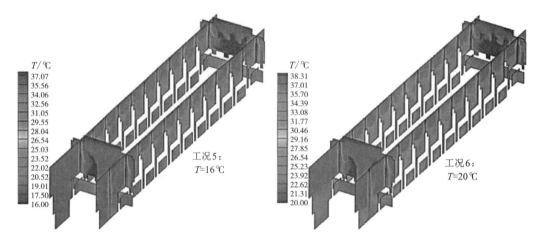

图 6.15　不同送风温度下送风口垂直截面的温度分布

图 6.16 为呼吸高度 $Z=1.20$ m 平面的温度分布云图,由图 6.16 可知工况 4(送风温度为 14℃)中,车舱内的驾驶区及后车窗尾部区域较其他工况(工况 1、5、6)有较为明显的热量聚集效应,工况 4 中其他区域情况与工况 1、5、6 对应区域情况近似。

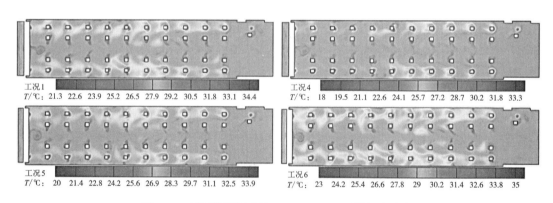

图 6.16　不同送风温度下 $Z=1.20$ m 平面的温度分布

不同送风温度对 $Z=1.20$ m 平面上的过道中心线段($Y=0$ m)空气温度场分布影响如图 6.17 所示,由图 6.17 可知,整体上 $T=20℃$ 时的温度值曲线处于最上方,$T=14℃$ 时的温度值曲线处于最下方,而在 $T=20℃$ 时沿车长 X 方向 0.3~0.6 m 区间内温度出现急剧变化,该区间内的温度值与其他工况相比差异明显,不同工况下的温度走势相近。

图 6.18 显示不同的送风温度下 $Y=-0.9$、-0.45、0、0.45 与 0.9(m)从左到右 5 个截面的温度云图,可知送风温度变化对驾驶区及座椅下方的温度分布影响较大。当送风温度降低时,这些区域的温度分布趋于均匀,热堆积效应缓解,热舒适性有效改善。其他区域的温度分布变化规律各工况相差不大。

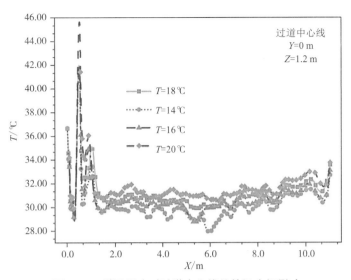

图 6.17　送风温度对过道中心线处的温度场影响

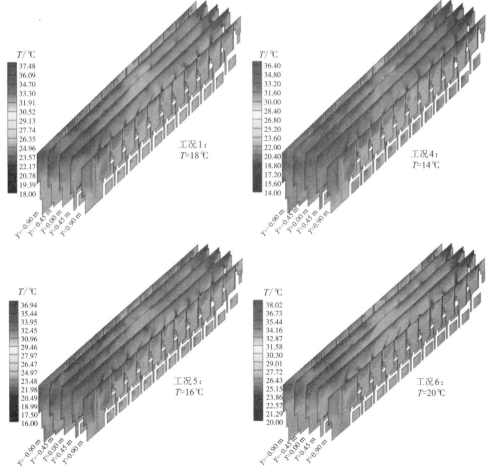

图 6.18　不同送风温度下（4 种工况）各垂直断面的温度分布云图

6.4.3 送风角度对舱室风速场的影响

送风角度决定舱室空气流动的方向，对舱室空气流速场及驾乘人员吹风感指数有一定影响，不同送风角度下，车内送风口界面的风速分布云图如图 6.19 所示。

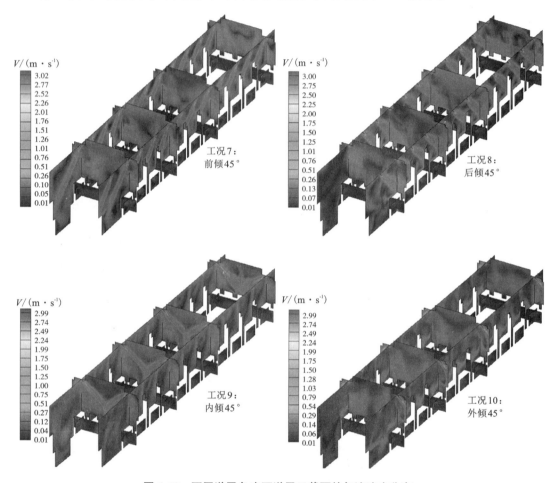

图 6.19 不同送风角度下送风口截面的气流速度分布

可以看出不同的送风入射角度对车舱内的气流速度分布影响很大，舱室过道及驾驶区受送风入射角度的影响极大，当送风角度为前倾 45°（工况 7）与内倾 45°（工况 9）时，驾驶区的空气流动变强，气流组织得到有效改善，明显优于后倾 45°（工况 8）与外倾 45°（工况 10）工况下驾驶区的气流组织，后倾 45°时驾驶区的气流组织最差；当送风角度为内倾 45°时，过道区域空气流速增大，有利于改善该区域的空气流动状态，与其他工况风速场相比显著不同。此外，由图 6.19 可知，舱室座椅区下方都是空气流动的死角，说明舱室座椅下方区域气流受座椅与人体的阻碍作用极大，同时受到周围气流环境的影响很少，送风角度变化对舱室座椅下方区域风速场的影响微乎其微。

进一步分析驾乘人员呼吸平面($Z=1.20$ m)处的风速场变化情况,结果如图 6.20 所示。工况 7 为前倾 45°送风时在该平面形成的速度涡,与垂直角度送风[图 6.14(a)工况 1]时相比位置向前移动,因而能够影响驾驶区的气流运动,但在尾部区域气流运动"停滞";后倾 45°送风时该平面的速度涡分布则向后移动,与前倾 45°送风的情况刚好相反,这种速度涡的分布改善了尾部区域的气流组织运动,但不利于驾驶区的空气流动;内倾 45°时速度涡分布在过道区域,在驾驶区司机位的空调送风口内倾 45°送风从而使其速度涡分布在驾驶区过道中心,这对改善驾驶区的气流运动有积极作用;而对于外倾 45°,风口出风遇到车身侧围的阻碍作用,在靠近两侧车窗附近区域有速度带的形成,整体来看该断面的速度场分布相对均匀。

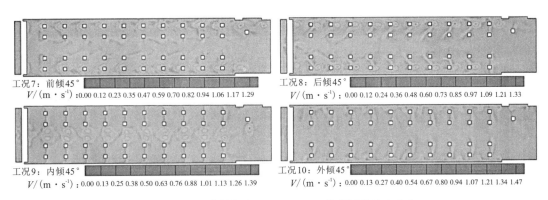

工况7:前倾45°
$V/(\mathrm{m \cdot s^{-1}})$: 0.00 0.12 0.23 0.35 0.47 0.59 0.70 0.82 0.94 1.06 1.17 1.29

工况8:后倾45°
$V/(\mathrm{m \cdot s^{-1}})$: 0.00 0.12 0.24 0.36 0.48 0.60 0.73 0.85 0.97 1.09 1.21 1.33

工况9:内倾45°
$V/(\mathrm{m \cdot s^{-1}})$: 0.00 0.13 0.25 0.38 0.50 0.63 0.76 0.88 1.01 1.13 1.26 1.39

工况10:外倾45°
$V/(\mathrm{m \cdot s^{-1}})$: 0.00 0.13 0.27 0.40 0.54 0.67 0.80 0.94 1.07 1.21 1.34 1.47

图 6.20　不同送风角度下 $Z=1.20$ m 处断面的速度分布

此外,不同送风角度对车舱呼吸平面($Z=1.20$ m)的过道中心($Y=0$ m)线段上的风速场分布的影响如图 6.21 所示;由图 6.21 可知舱室空调内倾 45°送风时,$Y=0$ m 线段上气流速度数值波动起伏较大,速度矢量变化剧烈。这是由于内倾 45°送风时,大部分风量被输送到车辆舱室过道中心区域,故而对高度 $Z=1.2$ m 处呼吸区域空气的物理量参数影响

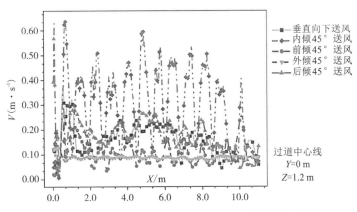

图 6.21　送风角度变化对过道中心线上的速度场影响

较大。研究还发现空调外倾45°送风时速度分布与其他送风角度相比则最小，造成这种气流分布特征的原因是外倾45°送风时，在呼吸高度平面 $Z=1.20$ m 上的速度分布表现出由外往内从靠窗侧向过道侧影响减弱的特征，故而对过道中心线段 $Y=0.00$ m 的作用能力最差；前倾45°和后倾45°送风时，气流速度变化与图6.20中的表现一致，垂直入射的数值变化走势处于这两者之间。

不同送风角度下，$Y=-0.9$ m、-0.45 m、0、0.45 m 与 0.9 m 处，即舱室从左到右5个截面的气流速度云图，如图6.22所示；可知后倾45°送风时这5个面气流速度分布最不均匀，其驾驶区气流运动陷入"停滞"状态；整体而言外倾45°送风时，截面气流速度分布下最为均匀；在车室前部至中部区域前倾45°的速度云图分布的一致性稍好，而对于中部及尾部区域则内倾45°送风时稍好一些，垂直入射时其前、中、尾部区域的风速场均匀性介于前倾45°及内倾45°之间。

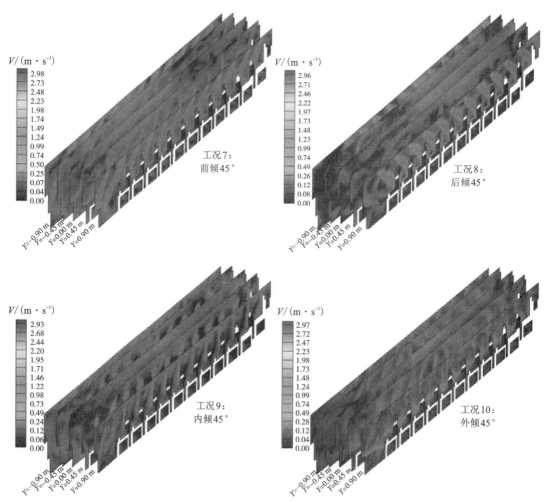

图6.22 不同送风角度下各垂直断面的气流速度分布云图

6.4.4 送风速度对车内热舒适性的影响

根据不同送风速度模拟工况 1、2、3 车舱呼吸区平面($Z = 1.20$ m 处)的热舒适性评价指标 PMV、PPD、DR 的分布结果如图 6.23~图 6.25 所示。由于在计算过程中考虑了太阳辐射与人体热源对舱内热环境的影响,且车舱无遮阳措施,因此 $Z = 1.20$ m 平面各送风速度工况下 PMV 值整体处于微暖等级,PPD 和 DR 的分布大体近似,这是不同工况下热舒适指标的分布共性;在增大送风速度的过程中,各工况下相应区域的 PMV 和 PPD 值降低,而 DR 值小幅上升,送风速度增加对车厢前部区域及后部区域热舒适性影响较大,送风速度增大导致这两部分区域更容易造成热量聚集,热量由舱室中部区域向两端扩散效应明显。

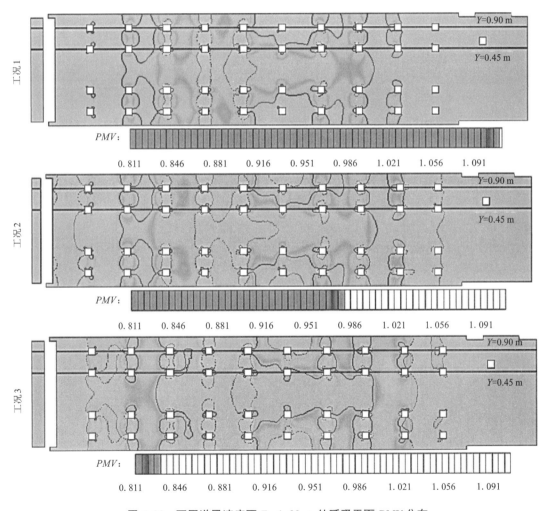

图 6.23 不同送风速度下 $Z = 1.20$ m 处呼吸平面 PMV 分布

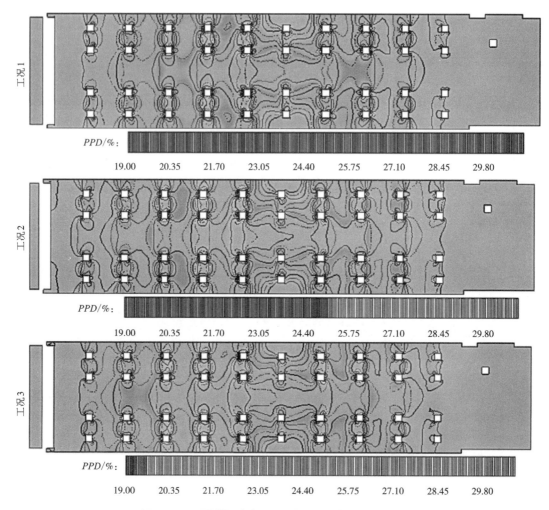

工况1

PPD/%：

19.00   20.35   21.70   23.05   24.40   25.75   27.10   28.45   29.80

工况2

PPD/%：

19.00   20.35   21.70   23.05   24.40   25.75   27.10   28.45   29.80

工况3

PPD/%：

19.00   20.35   21.70   23.05   24.40   25.75   27.10   28.45   29.80

图 6.24   不同送风速度下 $Z=1.20$ m 呼吸区 PPD 分布

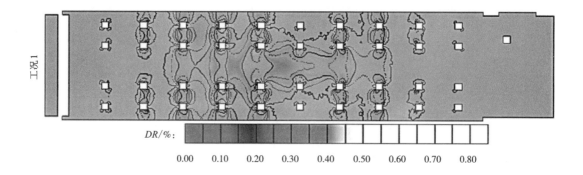

工况1

DR/%：

0.00   0.10   0.20   0.30   0.40   0.50   0.60   0.70   0.80

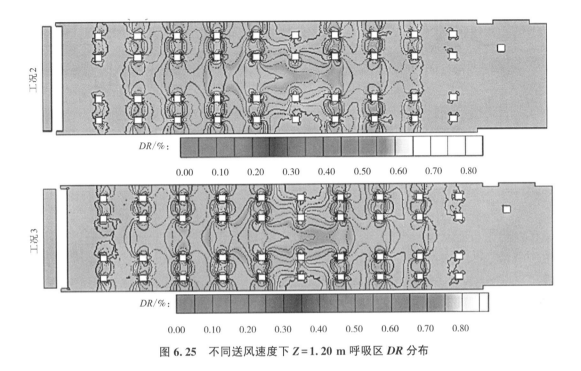

图 6.25　不同送风速度下 $Z = 1.20$ m 呼吸区 DR 分布

图 6.26~图 6.27 为车舱 $Z = 1.20$ m 平面分别与 $Y = 0.45$ m、$Y = 0.90$ m 平面的相交线上 PMV、PPD 和 DR 沿 X 轴方向的分布图；交线 A($Y = 0.45$ m)、B(0.90 m)分别为靠过道侧、车窗侧乘客人体模型的中心线，如图 6.23 黑色实线所示。在 $Y = 0.45$ m 的交线位置上，各送风速度下的 PMV 和 PPD 值在对应位置上随着送风速度的增大而减小，PMV 与 PPD 沿 X 方向的变化趋势基本一致，当 $X = 8.0 \sim 9.0$ m 时，PMV 与 PPD 的变化趋势随着送风速度的增加波动幅度变大，而 DR 值则在对应位置上随着送风速度的增大而增大，其变化趋势除在 X 为 $6.3 \sim 8.0$ m 时随着送风速度的增加变化幅度增大外，在其余位置处 DR 的变化趋势基本保持一致，如图 6.26 所示。在 $Y = 0.90$ m 的交线位置上，PMV 与 PPD 的分布规律与变化趋势跟 $Y = 0.45$ m 的交线 A 对应工况下的 PMV 和 PPD 相似，但在 $X = 4.5 \sim 6.0$ m 时，各送风速度下的 PMV 与 PPD 数值上要小于 $Y = 0.45$ m 的交线 B 中各送风速度下对应位置的值，变化趋势整体上呈下降趋势，如图 6.27 所示；但图 6.26 中 PMV 与 PPD 数值则表现为先上升后下降的变化趋势。

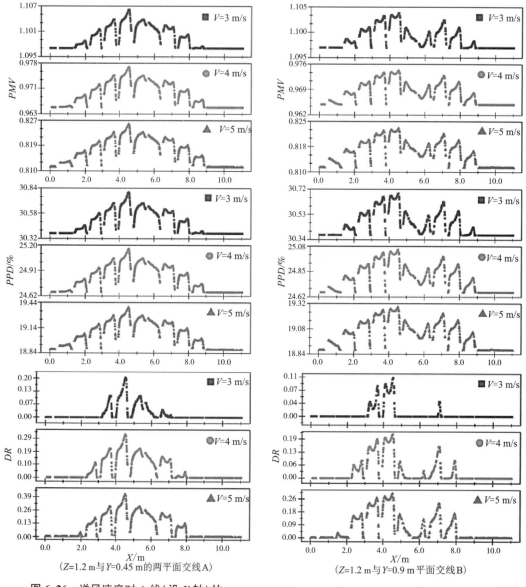

图 6.26 送风速度对 A 线(沿 X 轴)的
热舒适指数的影响

图 6.27 送风速度对 B 线(沿 X 轴)的
热舒适指数的影响

6.4.5 送风温度对车内热舒适性的影响

为分析不同送风温度对舱内热舒适性的影响,模拟了工况 4、工况 5 与工况 6 在呼吸区平面($Z = 1.20$ m)的 PMV、PPD 与 DR 指数分布,见图 6.28~图 6.30。从整体上看,太阳辐射及人体热源提升了舱内空气温度,随着送风温度增加,该平面的 PMV 和 PPD 值在变大,而 DR 值在不同的送风温度工况下的分布非常一致,说明送风温度对 DR 的分布基本无影响。结果还发现，不同送风温度工况下的 *PMV* 和 *PPD* 的分布除了数值存在差异外，其分布规律近乎一致，说明送风温度的变化主要影响车舱内空气温度，而对气流组织运动的影响非常微弱，故而各工况下的 *PMV* 和 *PPD* 的分布规律非常相似。

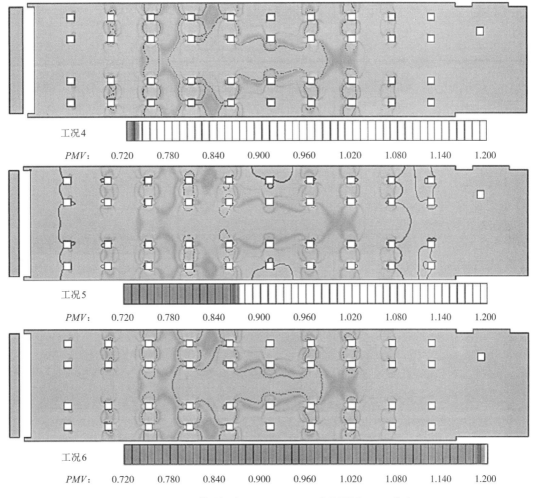

图 6.28　不同送风温度下 $Z = 1.20$ m 呼吸平面 *PMV* 分布

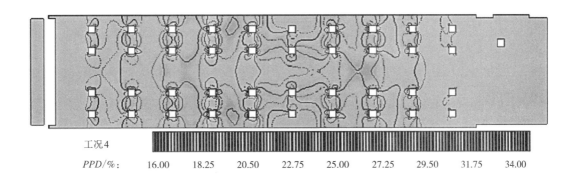

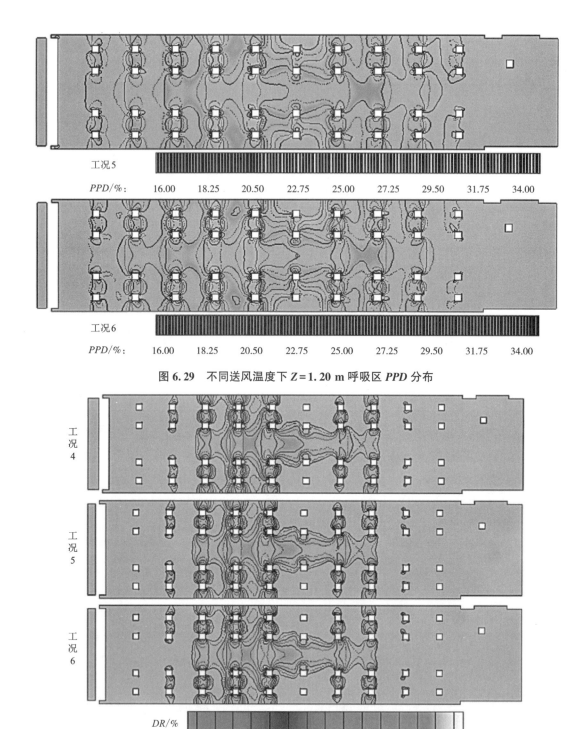

图 6.29 不同送风温度下 $Z=1.20$ m 呼吸区 PPD 分布

图 6.30 不同送风温度下 $Z=1.20$ m 呼吸区 DR 分布

　　图 6.31~图 6.32 是在不同送风温度下，呼吸平面（$Z = 1.20$ m）分别跟 $Y = 0.45$ m、$Y = 0.90$ m 平面的相交线沿 X 轴方向 PMV、PPD 和 DR 的分布图。图 6.31 与图 6.32 中的 PMV 和 PPD 沿 X 轴的分布变化规律很相近，这与图 6.28、图 6.29 相互印证，而 DR 值的大小及分布变化规律基本一致，与图 6.30 对应；图 6.31 与图 6.32 中的各指标值，在对应工况下车厢前部驾驶区域与后部区域基本接近，而当 X 处于 4.7~6.2 m 范围时各指标值显著变化，图 6.31 中各指标值明显高于图 6.32 中各对应位置处的值，且变化趋势为先升后降，而图 6.32 中各指标值的变化趋势则为先急剧上升后又急剧下降，表现出明显的差异性。

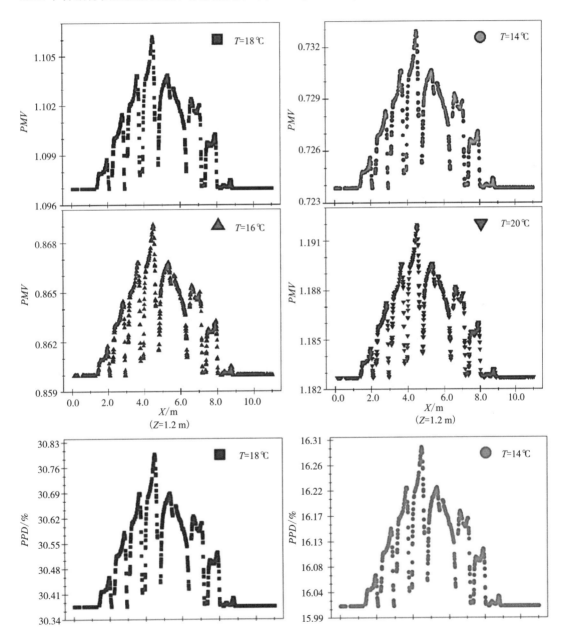

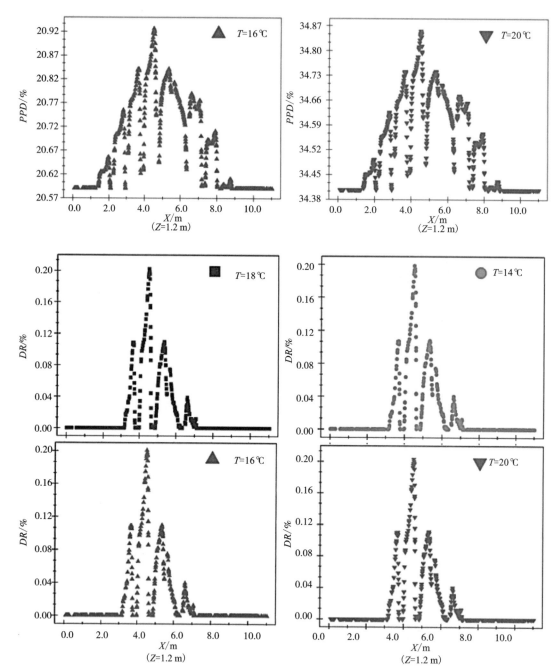

图 6.31　不同送风温度下，$Z = 1.20$ m 呼吸平面与 $Y = 0.45$ m 平面的
交线 A 线(沿 X 轴)的热舒适指数分布图

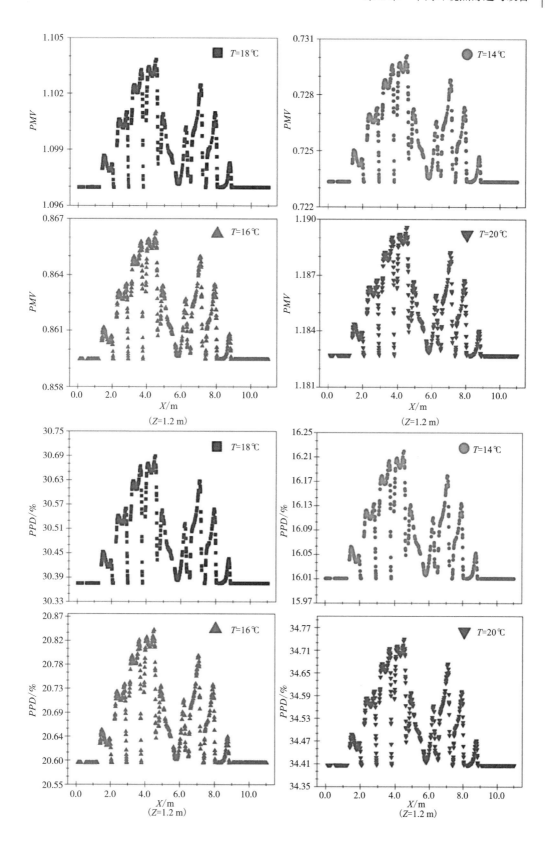

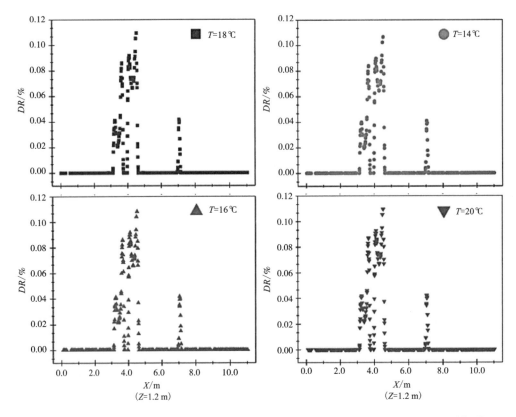

图 6.32　不同送风温度下 $Z=1.20$ m 呼吸平面与 $Y=0.90$ m 平面的相交线 B(沿 X 轴)的热舒适指数分布图

　　类似的研究表明空调送风温度与送风速度对车内热舒适影响较大,送风温度每增大 3℃,人体微环境平均温度上升 1.8℃;送风温度从 10℃ 上升至 16℃,人体整体热感觉从 1.1 增加到 1.66,整体热舒适从 -0.97 降为 -1.46;送风速度从 3 m/s 增至 7 m/s,人体整体热感觉由 1.88 降至 0.47,整体热舒适从 -1.76 变为 -0.70,随着送风速度的增大,人体躯干、左上臂、右上臂以及左手的热感觉从偏热转为偏冷,这些部位受到空调送风的影响较大;夏季在车内整体热感觉偏热的情况下,人更加喜好较低的舱室送风温度,能够降低热感觉,改善舱室环境热舒适性。

6.5　车内热舒适改善措施与技术

6.5.1　舱室通风空调措施

1. 测试车辆与方法

对处于太阳暴晒下的静态密闭汽车进行调查分析,使用 QUESTemp-32 型多功能通风仪测定车内空气温度、*RH* 与风速，采用 VELOCI-9565 型热指数测定仪检测干球温度、湿球温度、黑球温度与 WBGT 参数；以美国加州大学伯克利分校建筑环境中心的热舒适分析工具计算 *PMV*、*PPD* 与 *SET* 等参数，表明在通风的情况下车内热舒适性得到改善。

车辆在暴晒一段时间后，车内空气温度上升较快，20 min 就上升了约 11℃，从 32℃ 提高到 43.7℃，人员进入车内 1 min 后就开始大汗淋漓，此时开启空调通风或开窗通风能降低车内环境热污染，改善乘车热舒适性。

2. 改善效果与结论

开启空调通风，即使使用最大制冷挡，前 20 min 车内热环境几乎没什么变化，因汽车空调冷负荷及送风量相对较少，对暴晒下的车内高温影响很少。当车辆 4 扇窗户全部打开，仅采用自然通风时，车内空气温湿度开始下滑，10 min 后快速下滑，而 *RH* 有所上升（图 6.33），这是车内外空气对流所致；热舒适参数 *PPD* 前 10 min 保持不变（100%），后5 min 急剧降低，而人静坐与倚靠状态的 *PMV* 一直下滑且变化很明显，说明自然通风对车内热舒适影响很大，当风速>0.25 m/s 时人感觉特凉爽；此外，静坐与倚靠状态的 *SET* 也降低了，且静坐与倚靠状态的 *SET* 差异很小，几乎是同一条曲线（图 6.34）。

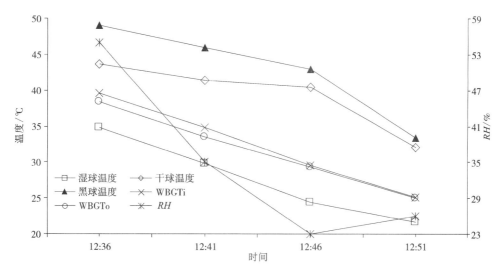

图 6.33　开窗自然通风对车内空气温湿度指数的影响效果

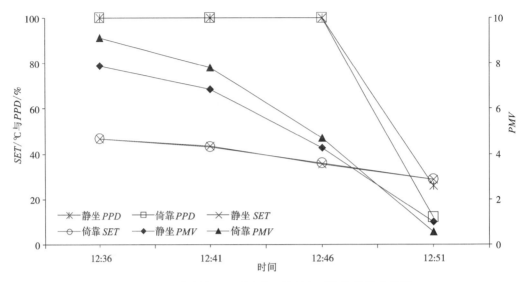

图 6.34 开窗自然通风对车内环境热舒适指数的影响效果

6.5.2 相变材料调控技术

维斯瓦拉亚理工大学、哈立德国王大学等研发了一种浸渍椰子油的有机相变材料（PCM）以此来调节汽车舱内的温度和 RH，从而改善舱室热舒适性，详情如下。

1. 实验材料与方法

在车顶下方和车门内部的空隙中加入椰子油有机 PCM，让汽车暴露在阳光下，使用红外摄像机拍摄车内热环境成像，用温湿度记录仪检测车内外环境空气温度。部分材料与仪器如图 6.35 所示，并对比分析没有该 PCM 时的车内热环境状况。

图 6.35 部分实验材料与设备

2. 实验结果与结论

实验结果表明汽车座舱内部温度平均降低 13℃，最大降低 17℃，RH 平均增加 8.6%，所需椰子油为 1.43 kg，其对车内热环境参数的影响如图 6.36 所示；相比其他 PCM，椰子油在提高乘用车人体热舒适性方面表现优异，将来可以考虑从椰子油和其他广泛的 PCM 中提取月桂酸进一步研究，将椰子油及其衍生物作为 PCM 以改善车辆热舒适性。使用有机 PCM 做车体或内饰材料，可改变车内温湿度，改善车舱热舒适性，方法简单可行，能防止阳光照射引起的车内发热和空气干燥现象，从而确保车辆节能、安全，提高 VIEP。

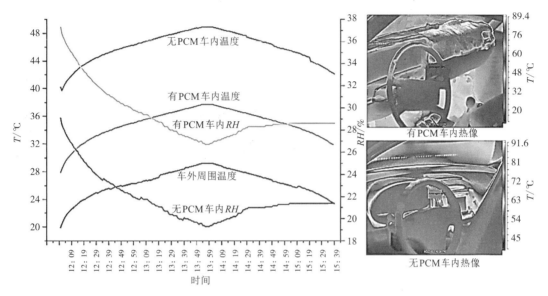

图 6.36　PCM 对车内温湿度及热像的影响

6.6　结论

车内环境热舒适与 EHSV 密切相关，不仅影响车辆的能耗与油耗，还影响人的身心健康；车辆舱室的热量主要通过热传导、热对流、热辐射 3 种方式获得，包括车内设备、发动机和驾乘人员散发的热量，空调送风、通风与渗风带入的热量，阳光直射与周围环境辐射产生的热量等；车内环境热舒适性主要影响因子有空气温度、湿度、风速、平均辐射温度、垂直空气温差、标准有效温度、等量温度、舱室冷热地板、人的活动状态与服装热阻等；舱室人体热舒适通过人体生理与心理作用及体温主动调控系统与体温被动控制系统相互协调作用，得到一定程度范围的改善。

实测发现太阳辐射对车内热舒适有重要影响，可导致车内空气干球、黑球与辐射平均温度各增加 3.1℃、8.3℃ 与 10.1℃；有太阳辐射时，无论驾乘人员是驾车、静坐状态还是倚靠状态，舱室环境热感觉为热，$PPD \geqslant 99\%$，司机驾车的热反应为非常不舒适，乘客静坐或倚靠的热反应为不舒适。如果通过空调制冷来改善这种热不适，司机驾车、乘客静坐与乘客倚靠三种状态各需要降低 17.5℃、12.8℃ 与 9.7℃。

模拟发现空调不同送风模式对车内环境热舒适性有较大影响，增大风速可加强前后车窗附近空气流动，有利于热量及污染物排出，降低 PMV 和 PPD 值，改善车内热舒适性；但

DR 值有小幅上升，还导致热量由舱室中部向两端扩散明显；舱室中间过道附近的空气流动较弱，导致过道侧乘客的头顶、座位区形成热涡旋，热量无法及时排出，热舒适性差；提高送风温度增大了 *PMV* 和 *PPD* 值，而对 *DR* 基本无影响，送风温度对驾驶区及座椅下方的温度分布影响较大，降低送风温度可缓解该区域的热堆积效应，改善热舒适性。

研究发现太阳暴晒可导致车内空气温度达到 43.7℃，车内人员出现大汗淋漓，热舒适性极差，*PPD* 为 100%，人在车内待久了会出现人体热调节失灵而中暑。通过空调制冷来改善热舒适效果很慢，窗户全开自然通风可有效改善车内热舒适，静坐与倚靠状态的 *PMV* 一直下滑且变化很明显，当风速>0.25 m/s 时人感觉特凉爽。研究表明有机相变材料（PCM）可调节汽车舱内空气温湿度，从而改善舱室热环境舒适性。

参考文献

［1］ Warey A, Kaushik S, Khalighi B, et al. Data－driven prediction of vehicle cabin thermal comfort：using machine learning and high－fidelity simulation results［J］. International Journal of Heat and Mass Transfer, 2020, 148：119083.

［2］ 郭兵.高原城市客车舱内甲醛污染与热舒适研究［D］.昆明：昆明理工大学，2020.

［3］ 杨志刚，徐鑫，赵兰萍，等.乘员舱驾驶员位置微环境及人体热舒适分析［J］.同济大学学报（自然科学版），2020,48(5)：733－742.

［4］ 申福林，冯还红，王建锋，等.客车空调技术［M］.北京：人民交通出版社，2020.

［5］ Parsons K. Human Thermal Comfort［J］. Florida：CRC Press, 2020.

［6］ Zhao Q, Lian Z, Lai D. Thermal comfort models and their developments：A review［J］. Energy and Built Environment, 2021, 2：21－33.

［7］ Fiala D, Psikuta A, Jendritzky G, et al. Physiological modeling for technical, clinical and research applications［J］. Frontiers in Bioscience, 2010, S2：939－968.

［8］ Tong Z, Liu H. Modeling in－vehicle VOCs distribution from cabin interior surfaces under solar radiation［J］. Sustainability, 2020, 12：5526.

［9］ Afzal A, Saleel C A, Badruddin I A, et al. Human thermal comfort in passenger vehicles using an organic phase change material－an experimental investigation, neural network modelling, and optimization［J］. Building and Environment, 2020, 180：107012.

第7章

车内有害气体预测与净化

污染影响因子的特征分析表明，车内空气 VOC 污染物浓度的主要影响因子依次是车龄和车内温度，浓度随车龄的增加而降低，随温度的增加而上升。本章首先重点分析车内空气中 HCHO、苯、甲苯、乙苯、二甲苯、苯乙烯、十一烷与 TVOC 浓度随车龄、温度变化的函数方程规律，并预测其质量浓度，车内 CO_2 污染随乘客人数及空调通风的变化规律；然后再讨论车内有害气体净化技术；研究结果为确定车内气体污染控制技术，为改善 EHSV 与保障居民健康提供借鉴。

7.1 舱室有害气体浓度预测

当车内温度、车龄变化时，预测汽车舱室空气中 VOC 的质量浓度，城市轨道交通列车舱室空气 CO_2 污染随乘客人数及空调送排风情况变化的浓度预测。

7.1.1 车内 VOC 浓度预测分析方法

1. 车内有害气体污染样本

研究人员调查分析了 103 个有害气体样本，样本来自处于静止密闭状态的汽车，得到了车内空气 HCHO、苯、甲苯、乙苯、二甲苯、苯乙烯、十一烷、TVOC、车内空气温度与车龄参数散点图(图 7.1)。

2. 曲线估计回归分析

通过 SPSS 20 统计软件，先将车内 HCHO、苯、甲苯、乙苯、二甲苯、苯乙烯、十一烷与 TVOC 的质量浓度(因变量 y, $\mu g/m^3$)分别与车龄(自变量 x, 月)、车内温度(自变量 x,℃)曲线拟合，模型如表 7.1；再进行回归分析，R^2 最大的方程为最优方程。

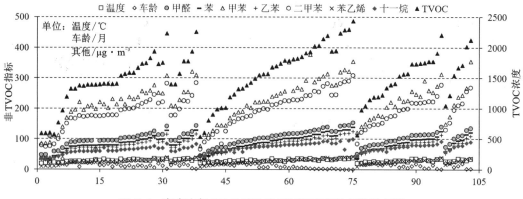

图 7.1　车内空气 VOC 质量浓度与温度车龄参数散点图

表 7.1　车内有害气体衰减分析的曲线拟合方程

方程	曲线方程式		曲线方程式		曲线方程式		曲线方程式
线性	$Y=b_0+b_1x$	二次	$Y=b_0+b_1x+b_2x^2$	指数	$Y=b_0\exp(b_1x)$	幂	$Y=b_0x^{b1}$
对数	$Y=b_0+b_1lnx$	三次	$Y=b_0+b_1x+b_2x^2+b_3x^3$	S	$Y=\exp(b_0+b_1x^{-1})$	复合	$Y=b_0+b_{1x}$
反向	$Y=b_0+b_1x^{-1}$	逻辑	$Y=[1+b_0\exp(-b_1x)]^{-1}$	增长	$Y=\exp(b_0+b_1x)$		

3. 曲线方程求解的标准限值

国内外部分相关标准 VOC 浓度限值如表 7.2 所示，以便于按最优曲线方程计算车内空气中 VOC 污染浓度达到标准限值水平所需要的时间及车内温度。

表 7.2　全球部分室内车内空气标准污染物浓度限值　　　　　　单位：$\mu g/m^3$

标准名称		污染物浓度						
		甲醛	苯	甲苯	乙苯	二甲苯	苯乙烯	TVOC
①WHO-IAQ	《世界卫生组织室内空气质量指南：选定的污染物》	100	—	—	—	—	—	—
②中国 IAQ	GB/T 18883—2022《室内空气质量标准》	80	30	200	—	200	—	600
③中国乘用车	GB/T 27630—2011《乘用车内空气质量评价指南》	100	110	1100	1500	1500	260	
④中国长途客车	GB/T 17729—2009《长途客车内空气质量要求》	120	—	240	—	240	—	600

续表7.2

	标准名称	污染物浓度						
		甲醛	苯	甲苯	乙苯	二甲苯	苯乙烯	TVOC
⑤中国公共场所	GB37488—2019《公共场所卫生指标及限值要求》	100	110	200	—	200	—	600
⑥日本 VIAQ	JAMA 降低汽车内 VOC 的自主举措	100	—	260	3800	870	220	—
⑦德国 IAQ	室内空气指南值	100	5	300	200	100	30	300
⑧韩国 VIAQ	No. 2013—539 新建汽车 IAQ 管理标准	210	30	1000	1000	870	220	—
⑨俄罗斯 VIAQ	P51206-2004《汽车交通工具乘客厢和驾驶室空气中污染物含量实验标准和方法》	35	—	—	—	—	—	—

7.1.2 车内 VOC 浓度随车龄衰减预测

1. 最优衰减方程的确定

通过曲线拟合分析，车内空气 VOC 浓度 y 随车龄 x 变化的曲线模型参数和方程参数值如表 7.3~表 7.10 所示。由表 7.3~表 7.10 可知，复合函数、增长函数、指数函数与逻辑函数具有相同的 R^2 值，因此，本次试验的车内 VOC 污染物浓度随车龄的变化规律，在复合函数、增长函数、指数函数与逻辑函数上具有相同的曲线拟合度。分析结果还表明不同函数曲线模型 R^2 最大值所对应的曲线方程是一元三次方程 $Y=b_0+b_1x+b_2x^2+b_3x^3$，因此车内 VOC 质量浓度与车龄之间的最优函数关系是一元三次方程；依据表 7.3~7.10 中的 b_0、b_1、b_2 与 b_3 的值，可得车内 VOC 的最优衰减方程，如表 7.11 所示。

表 7.3 车内 HCHO 衰减方程的模型参数和方程参数估计值

[因变量为甲醛浓度(μg/m³)；自变量为车龄(月)]

方程	模型参数					方程参数估计值			
	R^2	F	df_1	df_2	Sig.	b_0	b_1	b_2	b_3
线性	0.753	307.668	1	101	<0.001	131.297	−2.120		
对数	0.733	276.729	1	101	<0.001	151.170	−21.599		
反向	0.414	71.362	1	101	<0.001	91.227	55.854		
二次	0.764	161.548	2	100	<0.001	135.573	−2.827	0.019	
三次	0.788	122.852	3	99	<0.001	144.224	−5.726	0.212	−0.003
复合	0.773	343.996	1	101	<0.001	137.219	0.977		

续表7.3

方程	模型参数					方程参数估计值			
	R^2	F	df_1	df_2	$Sig.$	b_0	b_1	b_2	b_3
幂	0.632	173.258	1	101	<0.001	163.572	−0.222		
S	0.301	43.456	1	101	<0.001	4.490	0.526		
增长	0.773	343.996	1	101	<0.001	4.922	−0.024		
指数	0.773	343.996	1	101	<0.001	137.219	−0.024		
逻辑	0.773	343.996	1	101	<0.001	0.007	1.024		

表7.4　车内苯衰减方程的模型参数和方程参数估计值

[因变量为苯浓度($\mu g/m^3$)；自变量为车龄(月)]

方程	模型参数					方程参数估计值			
	R^2	F	df_1	df_2	$Sig.$	b_0	b_1	b_2	b_3
线性	0.744	293.965	1	101	<0.001	117.162	−2.131		
对数	0.730	273.475	1	101	<0.001	137.345	−21.800		
反向	0.412	70.791	1	101	<0.001	76.852	56.332		
二次	0.759	157.167	2	100	<0.001	122.149	−2.956	0.023	
三次	0.780	117.035	3	99	<0.001	130.304	−5.689	0.204	−0.003
复合	0.752	305.929	1	101	<0.001	124.880	0.972		
幂	0.600	151.358	1	101	<0.001	153.503	−0.267		
S	0.276	38.504	1	101	<0.001	4.306	0.622		
增长	0.752	305.929	1	101	<0.001	4.827	−0.029		
指数	0.752	305.929	1	101	<0.001	124.880	−0.029		
逻辑	0.752	305.929	1	101	<0.001	0.008	1.029		

表7.5　车内甲苯衰减方程的模型参数和方程参数估计值

[因变量为甲苯浓度($\mu g/m^3$)；自变量为车龄(月)]

方程	模型参数					方程参数估计值			
	R^2	F	df_1	df_2	$Sig.$	b_0	b_1	b_2	b_3
线性	0.726	267.027	1	101	<0.001	302.270	−5.525		
对数	0.702	238.217	1	101	<0.001	353.711	−56.140		
反向	0.368	58.838	1	101	<0.001	198.857	139.817		
二次	0.746	147.000	2	100	<0.001	317.964	−8.121	0.071	
三次	0.760	104.556	3	99	<0.001	335.226	−13.906	0.456	−0.006

续表7.5

方程	模型参数					方程参数估计值			
	R^2	F	df_1	df_2	Sig.	b_0	b_1	b_2	b_3
复合	0.738	284.829	1	101	<0.001	320.194	0.972		
幂	0.594	147.477	1	101	<0.001	393.749	−0.265		
S	0.262	35.787	1	101	<0.001	5.254	0.605		
增长	0.738	284.829	1	101	<0.001	5.769	−0.029		
指数	0.738	284.829	1	101	<0.001	320.194	−0.029		
逻辑	0.738	284.829	1	101	<0.001	0.003	1.029		

表 7.6　车内乙苯衰减方程的模型参数和方程参数估计值

[因变量为乙苯浓度（μg/m³）；自变量为车龄（月）]

方程	模型参数					方程参数估计值			
	R^2	F	df_1	df_2	Sig.	b_0	b_1	b_2	b_3
线性	0.743	292.295	1	101	<0.001	105.848	−1.927		
对数	0.727	269.345	1	101	<0.001	124.043	−19.692		
反向	0.409	69.799	1	101	<0.001	69.419	50.777		
二次	0.757	155.742	2	100	<0.001	110.269	−2.659	0.020	
三次	0.779	116.274	3	99	<0.001	117.745	−5.164	0.187	−0.003
复合	0.752	306.385	1	101	<0.001	112.869	0.971		
幂	0.599	150.577	1	101	<0.001	138.711	−0.267		
S	0.274	38.201	1	101	<0.001	4.204	0.622		
增长	0.752	306.385	1	101	<0.001	4.726	−0.029		
指数	0.752	306.385	1	101	<0.001	112.869	−0.029		
逻辑	0.752	306.385	1	101	<0.001	0.009	1.029		

表 7.7　车内二甲苯衰减方程的模型参数和方程参数估计值

[因变量为二甲苯浓度（μg/m³）；自变量为车龄（月）]

方程	模型参数					方程参数估计值			
	R^2	F	df_1	df_2	Sig.	b_0	b_1	b_2	b_3
线性	0.735	280.612	1	101	<0.001	259.017	−4.763		
对数	0.725	266.890	1	101	<0.001	304.435	−48.855		
反向	0.409	69.890	1	101	<0.001	168.878	126.182		
二次	0.752	151.771	2	100	<0.001	271.165	−6.772	0.055	

续表7.7

方程	模型参数					方程参数估计值			
	R^2	F	df_1	df_2	$Sig.$	b_0	b_1	b_2	b_3
三次	0.771	111.303	3	99	<0.001	288.497	−12.580	0.441	−0.006
复合	0.736	281.663	1	101	<0.001	275.901	0.971		
幂	0.593	147.295	1	101	<0.001	341.154	−0.271		
S	0.273	37.936	1	101	<0.001	5.091	0.634		
增长	0.736	281.663	1	101	<0.001	5.620	−0.029		
指数	0.736	281.663	1	101	<0.001	275.901	−0.029		
逻辑	0.736	281.663	1	101	<0.001	0.004	1.030		

表 7.8　车内苯乙烯衰减方程的模型参数和方程参数估计值

[因变量为苯乙烯浓度（$\mu g/m^3$）；自变量为车龄（月）]

方程	模型参数					方程参数估计值			
	R^2	F	df_1	df_2	$Sig.$	b_0	b_1	b_2	b_3
线性	0.740	287.367	1	101	<0.001	35.794	−0.686		
对数	0.737	283.010	1	101	<0.001	42.412	−7.069		
反向	0.417	72.134	1	101	<0.001	22.793	18.284		
二次	0.760	158.194	2	100	<0.001	37.688	−0.999	0.009	
三次	0.778	115.929	3	99	<0.001	40.141	−1.821	0.063	−0.001
复合	0.752	306.560	1	101	<0.001	38.360	0.969		
幂	0.606	155.355	1	101	<0.001	48.074	−0.289		
S	0.278	38.809	1	101	<0.001	3.085	0.672		
增长	0.752	306.560	1	101	<0.001	3.647	−0.031		
指数	0.752	306.560	1	101	<0.001	38.360	−0.031		
逻辑	0.752	306.560	1	101	<0.001	0.026	1.032		

表 7.9　车内十一烷衰减方程的模型参数和方程参数估计值

[因变量为十一烷浓度（$\mu g/m^3$）；自变量为车龄（月）]

方程	模型参数					方程参数估计值			
	R^2	F	df_1	df_2	$Sig.$	b_0	b_1	b_2	b_3
线性	0.703	238.630	1	101	<0.001	85.759	−1.174		
对数	0.647	185.479	1	101	<0.001	96.017	−11.637		

续表7.9

方程	模型参数					方程参数估计值			
	R^2	F	df_1	df_2	Sig.	b_0	b_1	b_2	b_3
反向	0.329	49.468	1	101	<0.001	63.999	28.526		
二次	0.711	123.042	2	100	<0.001	87.926	−1.532	0.010	
三次	0.721	85.385	3	99	<0.001	91.117	−2.602	0.081	−0.001
复合	0.717	255.587	1	101	<0.001	87.977	0.982		
幂	0.580	139.471	1	101	<0.001	100.736	−0.173		
S	0.258	35.085	1	101	<0.001	4.143	0.396		
增长	0.717	255.587	1	101	<0.001	4.477	−0.019		
指数	0.717	255.587	1	101	<0.001	87.977	−0.019		
逻辑	0.717	255.587	1	101	<0.001	0.011	1.019		

表 7.10　车内 TVOC 衰减方程的模型参数和方程参数估计值

[因变量为 TVOC 浓度($\mu g/m^3$)；自变量为车龄(月)]

方程	模型参数					方程参数估计值			
	R^2	F	df_1	df_2	Sig.	b_0	b_1	b_2	b_3
线性	0.753	307.648	1	101	<0.001	2059.575	−38.129		
对数	0.726	267.466	1	101	<0.001	2412.841	−386.661		
反向	0.406	68.899	1	101	<0.001	1340.775	994.153		
二次	0.763	161.092	2	100	<0.001	2134.676	−50.549	0.339	
三次	0.785	120.224	3	99	<0.001	2280.060	−99.271	3.580	−0.054
复合	0.760	319.694	1	101	<0.001	2214.249	0.970		
幂	0.589	144.467	1	101	<0.001	2720.295	−0.274		
S	0.265	36.435	1	101	<0.001	7.161	0.633		
增长	0.760	319.694	1	101	<0.001	7.703	−0.030		
指数	0.760	319.694	1	101	<0.001	2214.249	−0.030		
逻辑	0.760	319.694	1	101	<0.001	0.000	1.031		

表 7.11　车内空气 VOC 的最优衰减方程

污染物	最优衰减曲线方程	R^2	污染物	最优衰减曲线方程	R^2
HCHO	$Y = 144.224 - 5.726\ x + 0.212\ x^2 - 0.003\ x^3$	0.788	二甲苯	$Y = 288.497 - 12.580\ x + 0.441\ x^2 - 0.006\ x^3$	0.771
苯	$Y = 130.304 - 5.689\ x + 0.204\ x^2 - 0.003\ x^3$	0.780	苯乙烯	$Y = 40.141 - 1.821\ x + 0.063\ x^2 - 0.001\ x^3$	0.778
甲苯	$Y = 335.226 - 13.906\ x + 0.456\ x^2 - 0.006\ x^3$	0.760	十一烷	$Y = 91.117 - 2.602\ x + 0.081\ x^2 - 0.001\ x^3$	0.721
乙苯	$Y = 117.745 - 5.164\ x + 0.187\ x^2 - 0.003\ x^3$	0.779	TVOC	$Y = 2280.060 - 99.271\ x + 3.580\ x^2 - 0.054\ x^3$	0.785

2. 最优衰减方程的求解

表 7.11 衰减方程的判别式 △>0，方程有 1 个实根与 2 个共轭虚根；当车内空气中的 VOC 污染物浓度等于表 7.2 国内外相关标准限值时，求解方程得到的结果如表 7.12 所示；负值表示车内实测 VOC 浓度低于表 7.2 中标准对应的污染物浓度限值。车内 VOC 浓度衰减为 0 μg/m³ 时，衰减时间为 3.5~5.2 年；当 VOC 污染物浓度衰减到都低于表 7.2 中 WHO-IAQ、中国 IAQ、中国乘用车、中国长途客车、中国公共场所、日本 VIAQ、德国 IAQ、俄罗斯 VIAQ 与韩国 VIAQ 标准的对应浓度限值时，衰减时间各为>1.0 年、>3.3 年、>2.1 年、>3.3 年、>3.3 年、>2.1 年、>3.9 年、>3.9 年与>3.5 年；可以得出车内 VOC 污染物浓度不超过表 7.2 标准限值时，至少需要 1.0~3.9 年，因此为了更快、更有效地防控车舱 VOC 污染，需要执行更严格的标准。

显然按照表 7.2 中世界各国不同标准，车内空气 VOC 污染物浓度衰减到达标的时间差异较大，是由于不同标准规定的 VOC 质量浓度限值差别很大。例如，韩国 VIAQ 标准（No. 2013－539）中的 HCHO 浓度限值是我国乘用车 IAQ 标准（GB/T 27630—2011）限值的 2.1 倍，是俄罗斯 VIAQ 标准（P51206-2004）限值的 6.0 倍；而我国乘用车 IAQ 标准中苯浓度限值是韩国 VIAQ 标准苯限值的 3.7 倍，是德国 IAQ 标准限值的 22 倍；同时我国乘用车 IAQ 标准的甲苯与二甲苯浓度限值分别是我国公共交通车 IAQ 标准（GB 37488—2019）对应污染物浓度限值的 5.5 倍与 7.5 倍，是德国 IAQ 标准对应污染物浓度限值的 3.7 倍与 15 倍；日本 VIAQ 标准（JAMA）规定的乙苯、二甲苯与苯乙烯浓度限值分别是德国 IAQ 标准对应污染物浓度限值的 19 倍、8.7 倍与 7.3 倍。总的来说，车内材料与零部件 HCHO 与苯等 VOC 有害气体的散发与衰减过程很漫长，因此车内 VOC 防控是长期过程。

表 7.12　随车龄变化的车内 VOC 最优曲线方程的解

污染物	求解方程	x_1	x_2	x_3		求解方程	x_1	x_2	x_3
甲醛	$Y=0$	51.74	$9.47+28.98i$	$9.47-28.98i$	十一烷	$Y=0$	62.68	$9.16+37.01i$	$9.16-37.01i$
	$Y=80$②	31.84	$19.42+17.19i$	$19.42-17.19i$	苯	$Y=0$	47.32	$10.34+28.48i$	$10.34-28.48i$
	$Y=100$①③⑤⑥⑦	12.45	$29.11+18.34i$	$29.11-18.34i$		$Y=110$③⑤	4.15	$31.93+24.74i$	$31.93-24.74i$
	$Y=120$④	5.14	$32.77+22.33i$	$32.77-22.33i$		$Y=5$⑦	46.54	$10.73+27.97i$	$10.73-27.97i$
	$Y=210$⑧	-8.49	$39.58+31.85i$	$39.58-31.85i$		$Y=30$②⑧	41.76	$13.12+25.07i$	$13.12-25.07i$
	$Y=35$⑨	46.45	$12.11+25.24i$	$12.11-25.24i$	二甲苯	$Y=0$	50.86	$11.32+28.59i$	$11.32-28.59i$
甲苯	$Y=0$	52.10	$11.95+30.49i$	$11.95-30.49i$		$Y=200$②⑤	10.14	$31.68+21.22i$	$31.68-21.22i$
	$Y=200$②⑤	17.32	$29.34+20.99i$	$29.34-20.99i$		$Y=1500$③	-34.60	$54.05+53.99i$	$54.05-53.99i$
	$Y=1100$③	-25.79	$50.89+48.50i$	$50.89-48.50i$		$Y=240$④	4.53	$34.48+24.39i$	$34.48-24.39i$
	$Y=240$④	9.37	$33.31+24.15i$	$33.31-24.15i$		$Y=870$⑥⑧	-22.66	$48.08+44.32i$	$48.08-44.32i$
	$Y=260$⑥	6.78	$34.61+25.50i$	$34.61-25.50i$		$Y=100$⑦	41.08	$16.21+22.41i$	$16.21-22.41i$
	$Y=300$⑦	2.78	$36.61+27.82i$	$36.61-27.82i$	苯乙烯	$Y=0$	42.38	$10.31+29.00i$	$10.31-29.00i$
	$Y=1000$⑧	-23.68	$49.84+46.84i$	$49.84-46.84i$		$Y=260$③	-38.44	$50.72+56.10i$	$50.72-56.10i$
乙苯	$Y=0$	43.50	$9.41+28.52i$	$9.41-28.52i$		$Y=220$⑥⑧	-34.60	$48.80+53.07i$	$48.80-53.07i$
	$Y=1500$③	-55.63	$58.98+69.31i$	$58.98-69.31i$		$Y=30$⑦	7.13	$27.94+25.34i$	$27.94-25.34i$
	$Y=3800$⑥	-85.49	$73.91+94.31i$	$73.91-94.31i$	TVOC	$Y=0$	46.23	$10.00+28.50i$	$10.00-28.50i$
	$Y=200$⑦	-10.89	$36.61+34.32i$	$36.61-34.32i$		$Y=600$②④⑤	39.74	$13.28+24.63i$	$13.28-24.63i$
	$Y=1000$⑧	-44.95	$53.64+60.55i$	$53.64-60.55i$		$Y=300$⑦	43.41	$11.45+26.72i$	$11.45-26.72i$

注：Y 是 VOC 浓度（$\mu g/m^3$），x 是车龄（月），上标①~⑨同表 7.2 所示。

3. 衰减结果分析与讨论

车内 VOC 污染物随车龄衰减的拟合曲线如图 7.2~图 7.5 所示，可知车龄对车内 VOC 浓度影响较大。新车内 VOC 污染物主要来自内饰材料、内饰品及零部件，汽车及零配件喷漆与汽车涂料生产过程中所使用的有机溶剂中都含有 VOC 污染物，涂料基本由油脂、天然或合成的树脂、不挥发的活性稀释剂、有机溶剂、颜料、填料、助剂等组成，VOC 在涂料喷涂过程中会挥发出来。新车的内饰材料更新，潜在的 VOC 污染更大，向车厢内散发更多的有害气体，因此新车舱室 VOC 污染更严重。随着车龄增长，车内饰材料、涂料与胶黏剂潜在的 VOC 会逐步释放而排出，所以车龄越大，车内 VOC 污染越低。

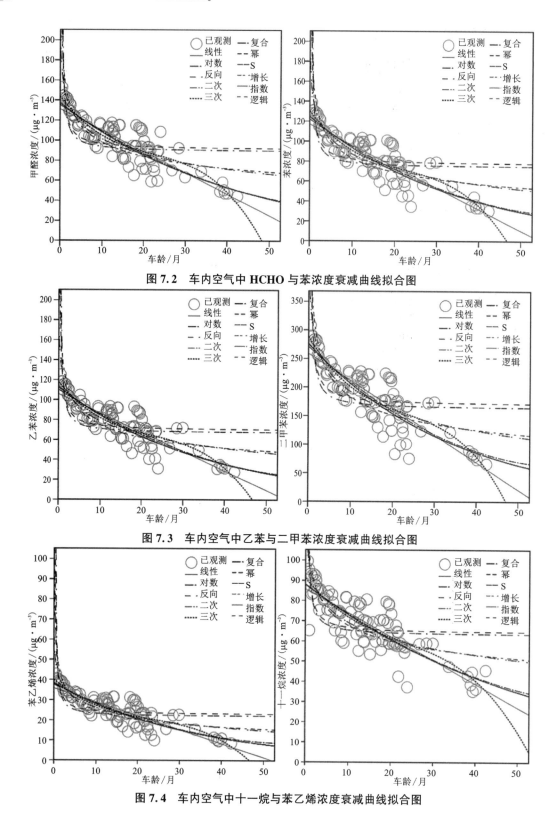

图7.2 车内空气中 HCHO 与苯浓度衰减曲线拟合图

图7.3 车内空气中乙苯与二甲苯浓度衰减曲线拟合图

图7.4 车内空气中十一烷与苯乙烯浓度衰减曲线拟合图

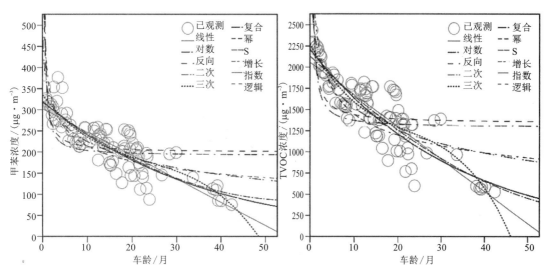

图 7.5　车内空气中甲苯与 TVOC 浓度衰减曲线拟合图

7.1.3　车内 VOC 浓度随温度上升预测

1. 最优预测方程的确定

通过曲线拟合分析，得到车内空气 VOC 浓度 $y(\mu g/m^3)$ 随车内温度 $x(℃)$ 变化的曲线模型和参数值，如表 7.13~表 7.20 所示；由表 7.13~表 7.20 可知，复合函数、增长函数、指数函数与逻辑函数具有相同的 R^2 值，二次函数与三次函数具有相同的 R^2 值且系数也相同，因此说明本次车内 VOC 污染样本随车内温度的变化规律，在复合函数、增长函数、指数函数与逻辑函数上具有相同的曲线拟合度，在二次函数与三次函数上基本类似；结果还发现 R^2 最大值所对应的曲线方程是对数函数，因此车内空气 VOC 污染与车内温度之间的最优函数关系是自然对数方程；再依据表 7.13~表 7.20 中的对数方程系数，得到最优曲线方程，如表 7.21 所示。

表 7.13　车内 HCHO 浓度随温度变化的方程模型参数和方程参数估计值

因变量 y，HCHO 浓度($\mu g/m^3$)；自变量 x，温度($℃$)

方程	模型参数					方程参数估计值			
	R^2	F	df_1	df_2	$Sig.$	b_0	b_1	b_2	b_3
线性	0.821	215.192	1	101	<0.001	−20.150	4.168		
对数	0.824	218.801	1	101	<0.001	−291.996	117.124		
反向	0.819	213.512	1	101	<0.001	213.635	−3180.072		
二次	0.823	107.758	2	100	<0.001	−62.709	7.222	−0.053	
三次	0.823	107.758	2	100	<0.001	−62.709	7.222	−0.053	0.000

续表7.13

方程	模型参数					方程参数估计值			
	R^2	F	df_1	df_2	$Sig.$	b_0	b_1	b_2	b_3
复合	0.798	194.204	1	101	<0.001	26.207	1.046		
幂	0.818	212.637	1	101	<0.001	1.296	1.288		
S	0.820	224.756	1	101	<0.001	5.837	-35.429		
增长	0.798	194.204	1	101	<0.001	3.266	0.045		
指数	0.798	194.204	1	101	<0.001	26.207	0.045		
逻辑	0.798	194.204	1	101	<0.001	0.038	0.956		

表 7.14 车内苯浓度随温度变化的方程模型参数和方程参数估计值

[因变量 y,苯浓度($\mu g/m^3$);自变量 x,温度(℃)]

方程	模型参数					方程参数估计值			
	R^2	F	df_1	df_2	$Sig.$	b_0	b_1	b_2	b_3
线性	0.742	290.894	1	101	<0.001	-41.204	4.401		
对数	0.773	308.070	1	101	<0.001	-330.122	124.225		
反向	0.754	309.851	1	101	<0.001	206.717	-3388.456		
二次	0.752	151.595	2	100	<0.001	-126.218	10.500	-0.106	
三次	0.752	151.595	2	100	<0.001	-126.218	10.500	-0.106	0.000
复合	0.711	248.709	1	101	<0.001	15.256	1.060		
幂	0.744	293.051	1	101	<0.001	0.309	1.666		
S	0.768	333.986	1	101	<0.001	6.048	-46.133		
增长	0.711	248.709	1	101	<0.001	2.725	0.058		
指数	0.711	248.709	1	101	<0.001	15.256	0.058		
逻辑	0.711	248.709	1	101	<0.001	0.066	0.944		

表 7.15 车内甲苯浓度随温度变化的方程模型参数和方程参数估计值

[因变量 y,甲苯浓度($\mu g/m^3$);自变量 x,温度(℃)]

方程	模型参数					方程参数估计值			
	R^2	F	df_1	df_2	$Sig.$	b_0	b_1	b_2	b_3
线性	0.725	266.620	1	101	<0.001	-108.725	11.423		
对数	0.762	276.444	1	101	<0.001	-856.175	321.712		
反向	0.730	272.808	1	101	<0.001	533.329	-8753.433		
二次	0.731	135.838	2	100	<0.001	-279.680	23.689	-0.214	

续表7.15

方程	模型参数					方程参数估计值			
	R^2	F	df_1	df_2	$Sig.$	b_0	b_1	b_2	b_3
三次	0.731	135.838	2	100	<0.001	−279.680	23.689	−0.214	0.000
复合	0.706	242.330	1	101	<0.001	39.549	1.060		
幂	0.734	278.500	1	101	<0.001	0.827	1.654		
S	0.753	307.928	1	101	<0.001	6.977	−45.668		
增长	0.706	242.330	1	101	<0.001	3.678	0.058		
指数	0.706	242.330	1	101	<0.001	39.549	0.058		
逻辑	0.706	242.330	1	101	<0.001	0.025	0.944		

表 7.16　车内乙苯浓度随温度变化的方程模型参数和方程参数估计值

[因变量 y, 乙苯浓度($\mu g/m^3$); 自变量 x, 温度(℃)]

方程	模型参数					方程参数估计值			
	R^2	F	df_1	df_2	$Sig.$	b_0	b_1	b_2	b_3
线性	0.742	290.839	1	101	<0.001	−37.473	3.983		
对数	0.773	307.563	1	101	<0.001	−298.912	112.419		
反向	0.753	308.667	1	101	<0.001	186.878	−3065.607		
二次	0.752	151.405	2	100	<0.001	−113.637	9.448	−0.095	
三次	0.752	151.405	2	100	<0.001	−113.637	9.448	−0.095	0.000
复合	0.710	247.148	1	101	<0.001	13.738	1.060		
幂	0.742	289.838	1	101	<0.001	0.277	1.667		
S	0.765	328.136	1	101	<0.001	5.947	−46.151		
增长	0.710	247.148	1	101	<0.001	2.620	0.058		
指数	0.710	247.148	1	101	<0.001	13.738	0.058		
逻辑	0.710	247.148	1	101	<0.001	0.073	0.943		

表 7.17　车内二甲苯浓度随温度变化的方程模型参数和方程参数估计值

[因变量 y, 二甲苯浓度($\mu g/m^3$); 自变量 x, 温度(℃)]

方程	模型参数					方程参数估计值			
	R^2	F	df_1	df_2	$Sig.$	b_0	b_1	b_2	b_3
线性	0.740	287.839	1	101	<0.001	−96.255	9.881		
对数	0.771	304.588	1	101	<0.001	−744.944	278.920		
反向	0.752	305.709	1	101	<0.001	460.340	−7606.106		

续表7.17

方程	模型参数					方程参数估计值			
	R^2	F	df_1	df_2	$Sig.$	b_0	b_1	b_2	b_3
二次	0.750	150.148	2	100	<0.001	−289.672	23.759	−0.242	
三次	0.750	150.148	2	100	<0.001	−289.672	23.759	−0.242	0.000
复合	0.709	246.294	1	101	<0.001	32.269	1.061		
幂	0.741	288.383	1	101	<0.001	0.601	1.702		
S	0.763	325.306	1	101	<0.001	6.870	−47.094		
增长	0.709	246.294	1	101	<0.001	3.474	0.059		
指数	0.709	246.294	1	101	<0.001	32.269	0.059		
逻辑	0.709	246.294	1	101	<0.001	0.031	0.942		

表 7.18 车内苯乙烯浓度随温度变化的方程模型参数和方程参数估计值
[因变量 y，苯乙烯浓度（$\mu g/m^3$）；自变量 x，温度（℃）]

方程	模型参数					方程参数估计值			
	R^2	F	df_1	df_2	$Sig.$	b_0	b_1	b_2	b_3
线性	0.739	286.175	1	101	<0.001	−15.210	1.418		
对数	0.768	299.624	1	101	<0.001	−108.094	39.961		
反向	0.746	297.385	1	101	<0.001	64.532	−1088.192		
二次	0.747	147.486	2	100	<0.001	−39.631	3.170	−0.031	
三次	0.747	147.486	2	100	<0.001	−39.631	3.170	−0.031	0.000
复合	0.714	252.606	1	101	<0.001	3.964	1.065		
幂	0.745	294.892	1	101	<0.001	0.059	1.796		
S	0.766	331.170	1	101	<0.001	4.961	−49.664		
增长	0.714	252.606	1	101	<0.001	1.377	0.063		
指数	0.714	252.606	1	101	<0.001	3.964	0.063		
逻辑	0.714	252.606	1	101	<0.001	0.252	0.939		

表 7.19 车内十一烷浓度随温度变化的方程模型参数和方程参数估计值
[因变量 y，十一烷浓度（$\mu g/m^3$）；自变量 x，温度（℃）]

方程	模型参数					方程参数估计值			
	R^2	F	df_1	df_2	$Sig.$	b_0	b_1	b_2	b_3
线性	0.605	154.680	1	101	<0.001	3.522	2.252		
对数	0.644	160.548	1	101	<0.001	−144.359	63.583		

续表7.19

方程	模型参数					方程参数估计值			
	R^2	F	df_1	df_2	Sig.	b_0	b_1	b_2	b_3
反向	0.616	161.842	1	101	<0.001	130.465	−1735.777		
二次	0.612	78.785	2	100	<0.001	−36.775	5.144	−0.050	
三次	0.612	78.785	2	100	<0.001	−36.775	5.144	−0.050	0.000
复合	0.600	151.812	1	101	<0.001	24.295	1.036		
幂	0.622	166.431	1	101	<0.001	2.333	1.003		
S	0.638	177.900	1	101	<0.001	5.192	−27.670		
增长	0.600	151.812	1	101	<0.001	3.190	0.035		
指数	0.600	151.812	1	101	<0.001	24.295	0.035		
逻辑	0.600	151.812	1	101	<0.001	0.041	0.965		

表 7.20　车内 TVOC 浓度随温度变化的方程模型参数和方程参数估计值

[因变量 y，TVOC 浓度（ $\mu g/m^3$ ）；自变量 x，温度（ ℃ ）]

方程	模型参数					方程参数估计值			
	R^2	F	df_1	df_2	Sig.	b_0	b_1	b_2	b_3
线性	0.738	284.149	1	101	<0.001	−753.925	78.049		
对数	0.760	302.327	1	101	<0.001	−5883.406	2204.815		
反向	0.752	305.726	1	101	<0.001	3646.146	−60181.298		
二次	0.749	149.131	2	100	<0.001	−2375.030	194.363	−2.028	
三次	0.749	149.131	2	100	<0.001	−2375.030	194.363	−2.028	0.000
复合	0.697	232.364	1	101	<0.001	253.704	1.062		
幂	0.730	273.488	1	101	<0.001	4.591	1.713		
S	0.755	311.813	1	101	<0.001	8.954	−47.485		
增长	0.697	232.364	1	101	<0.001	5.536	0.060		
指数	0.697	232.364	1	101	<0.001	253.704	0.060		
逻辑	0.697	232.364	1	101	<0.001	0.004	0.942		

表 7.21　车内 VOC 浓度随车内温度变化的最优方程

污染物	最优曲线方程	R^2	污染物	最优曲线方程	R^2
HCHO	$Y=-291.996+117.124 \ln x$	0.824	二甲苯	$Y=-744.944+278.920 \ln x$	0.771
苯	$Y=-330.122+124.225 \ln x$	0.780	苯乙烯	$Y=-108.094+39.961 \ln x$	0.778
甲苯	$Y=-856.175+321.712 \ln x$	0.760	十一烷	$Y=-144.359+63.583 \ln x$	0.721
乙苯	$Y=-298.912+112.419 \ln x$	0.779	TVOC	$Y=-5883.406+2204.815 \ln x$	0.785

2. 最优预测方程的求解

由表 7.21 可知，当车内空气 VOC 污染 $Y=0$ 时与达到表 7.2 标准限值，求解自然对数方程，得到的结果如表 7.22 所示；可知车内 VOC 浓度为 0 μg/m³ 时，车内预测温度范围为 9.68℃~14.95℃；当车内 VOC 浓度都低于中国 IAQ、中国乘用车、中国长途客车、中国公共场所、WHO-IAQ、韩国 VIAQ、日本 VIAQ、德国 IAQ 与俄罗斯 VIAQ 标准限值时，车内预测温度分别低于 18.93℃、28.41℃、18.93℃、18.93℃、28.41℃、18.16℃、28.41℃、14.85℃ 与 16.31℃；$x>300$℃ 是由于标准中相应的 VOC 浓度限值过大（$\geqslant 1$ mg/m³），除了燃烧以外，车内不会出现这样空气绝对高温，同时也反映出这些污染指标限值水平不合理，有待深入分析。显然，针对不同标准，车内空气中 VOC 污染物浓度超标时，车内空气预测温度差异很大，原因是不同标准中规定的 VOC 浓度限值差异较大。

表 7.22　随温度变化的车内 VOC 最优曲线方程的解

污染物	求解方程	x	污染物	求解方程	x		求解方程	x
甲醛	$Y=0$	12.10	二甲苯	$Y=1000^{⑧}$	>300	十一烷	$Y=0$	9.68
	$Y=80^{②}$	23.95		$Y=0$	14.45	苯	$Y=0$	14.26
	$Y=100^{①③⑤⑥⑦}$	28.41		$Y=200^{②⑤}$	29.60		$Y=110^{②③⑤}$	34.57
	$Y=120^{④}$	33.70		$Y=1500^{③}$	>300		$Y=5^{⑦}$	14.85
	$Y=210^{⑧}$	72.68		$Y=240^{④}$	34.17		$Y=30^{⑧}$	18.16
	$Y=35^{⑨}$	16.31		$Y=870^{⑥⑧}$	>300	苯乙烯	$Y=0$	14.95
甲苯	$Y=0$	14.32		$Y=100^{⑦}$	20.68		$Y=260^{③}$	>300
	$Y=200^{②⑤}$	26.66	乙苯	$Y=0$	14.28		$Y=220^{⑥⑧}$	>300
	$Y=1100^{③}$	>300		$Y=1500^{③}$	>300		$Y=30^{⑦}$	31.68
	$Y=240^{④}$	30.18		$Y=3800^{⑥}$	>300	TVOC	$Y=0$	14.42
	$Y=260^{⑥}$	32.12		$Y=200^{⑦}$	84.60		$Y=600^{②④⑤}$	18.93
	$Y=300^{⑦}$	36.37		$Y=1000^{⑧}$	>300		$Y=300^{⑦}$	16.52

注：Y 为 VOC 浓度（μg/m³），x 为车内空气温度（℃），上标①~⑨同表 7.2 所示。

3. 最优预测结果分析与讨论

车内空气 VOC 污染物浓度随温度变化的拟合曲线如图 7.6~图 7.9 所示，可知车舱温度对 VOC 浓度影响较大，特别是甲苯、二甲苯与 TVOC 浓度，随着车内空气温度的上升而明显提高。其原因是车内 VOC 污染主要来自内饰材料及胶黏剂中有害物的挥发与释放。车内温度越高，HCHO、甲苯与二甲苯等 VOC 挥发越多且甲苯与二甲苯为主要有害气体，特别是新车及真皮内饰车舱室污染更明显，车内空气 VOC 污染更严重。

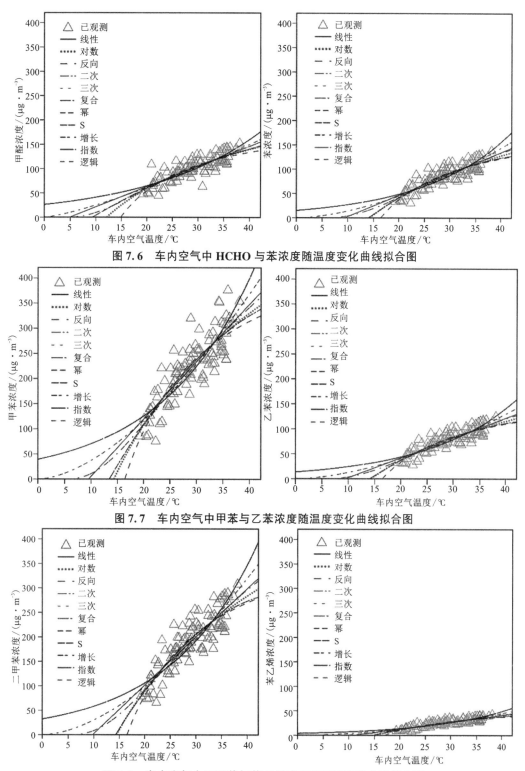

图 7.6　车内空气中 HCHO 与苯浓度随温度变化曲线拟合图

图 7.7　车内空气中甲苯与乙苯浓度随温度变化曲线拟合图

图 7.8　车内空气中二甲苯与苯乙烯浓度随温度变化曲线拟合图

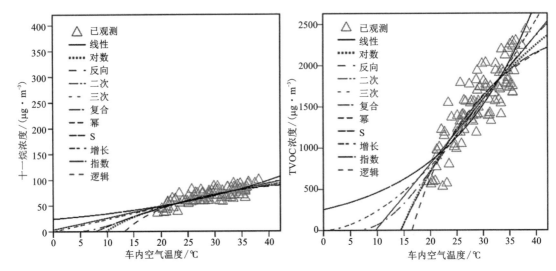

图7.9　车内空气中十一烷与 TVOC 浓度随温度变化曲线拟合图

7.1.4　车内 CO₂ 污染浓度预测

1. 车内空气 CO₂ 浓度预测模型假设

以城市轨道交通车的 B 型地铁列车为例，车厢空调为一次回风系统；车内初始 CO_2 浓度与新鲜空气一致，车内 CO_2 浓度分布均匀，与其他物质不发生化学反应，通过车厢缝隙排出及人体吸入的 CO_2 污染忽略不计；交通车内男性、女性、司机与乘客的呼吸量取值见第 4 章表 4.14，人呼出气体成分 CO_2 占 4%；车内人员为成年人，人数 N，车舱环境为常温常压状态。车厢空调系统及车内 CO_2 质量平衡如图 7.10 所示。

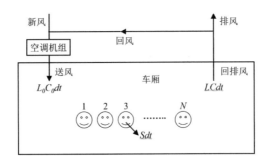

7.10　车厢空调及车内 CO₂ 质量平衡示意图

2. 车内空气 CO_2 浓度预测模型方程

根据质量守恒定律，在单位时间 dt 内，通过送风进入车内的 CO_2 污染物量 L_0C_0dt 与车内乘客呼出的 CO_2 污染物量 Sdt 之和为车内增加的 CO_2，减去通过循环风排出的 CO_2 污染物量 $LCdt$ 应等于车内 CO_2 的变化量。

车内 CO_2 质量守恒，即

$$L_0C_0 \, dt + S \, dt - LC \, dt = V \, dC \tag{7.1}$$

由于车舱风量平衡，即

$$L_0 = L \tag{7.2}$$

由式(7.1)与(7.2)得出，

$$L_0C_0 \, dt + S \, dt - L_0C \, dt = V \, dC \tag{7.3}$$

由式(7.3)等价变换得出，

$$dt/V = dC/(L_0C_0 + S - L_0C) \tag{7.4}$$

由式(7.4)得出，

$$dt/V = d(L_0C_0 + S - L_0C)/[-L_0(L_0C_0 + S - L_0C)] \tag{7.5}$$

到 t 时间车内 CO_2 浓度从 C_1 变化到 C_2，对式(7.5)积分变换得出：

$$\int_0^t \frac{dt}{V} = -\frac{1}{L_0}\int_{C_1}^{C_2} \frac{L_0C_0 + S - L_0C}{L_0C_0 + S - L_0C} \tag{7.6}$$

对式(7.6)积分求解，

$$tL_0/V = \ln[(L_0C_1 - S - L_0C_0)/(L_0C_2 - S - L_0C_0)] \tag{7.7}$$

由式(7.6)可得，

$$\exp(tL_0/V) = (L_0C_1 - S - L_0C_0)/(L_0C_2 - S - L_0C_0) \tag{7.8}$$

对式(7.8)进行变换，求得任意瞬时时刻车内空气 CO_2 浓度 C_2 计算式：

$$C_2 = C_1 \times \exp(-tL_0/V) + (S/L_0 + C0) \times [1 - \exp(-tL_0/V)] \tag{7.9}$$

$$C_2 = C_1 \times \exp(-tL_0/V) + (0.02NIR/L_0 + C_0) \times [1 - \exp(-tL_0/V)] \tag{7.10}$$

当通风时间 $t \to \infty$ 时，$\lim[\exp(-tL_0/V)] \to 0$，故式(7.10)可简化为：

$$C_2 = C_0 + 0.02N \times IR/L_0 \tag{7.11}$$

式中：L_0 为车内空调送风量，m^3/s；C_0 为送风 CO_2 浓度，g/m^3；S 为乘客 CO_2 呼出量，g/s；L 为空调回风排风量，m^3/s；C_2 为 t 时刻 CO_2 浓度，g/m^3；C 为某一时刻 CO_2 浓度，g/m^3；V 为单节车厢体积，m^3；t 为通风时间，s；dt 为某一无限小时间段，s；dc 为 dt 时间内 CO_2 浓度变化量，g/m^3；IR 为人体呼吸量，m^3/h；N 为车内人员数量，个。

7.2 舱室有害气体污染净化措施

从污染源头控制(应用生态材料与绿色制造技术)与末端净化(通风、净化器、纳米光催化)两个方面入手,重点讨论如何降低车内有害气体污染。

7.2.1 通风空调净化技术

1. 车内有害气体通风净化分析

在某大学校园,研究人员对满座的新SUV舱室在不同通风模式下(空调内循环、空调外循环和开窗自然通风)车内有害气体污染的净化效果进行实验分析,结果如图7.11所示;开窗自然通风取得较好的污染净化效果,车内空气HCHO、VOC与CO_2浓度降低很多,与空调内循环通风模式相比,CO_2浓度下降最多,达到1252.2 ppm(等于2454.3 mg/m^3),CO_2净化效率为69%,HCHO与苯净化效率各为63%与66%;实验结果还表明车内有害气体污染净化效果大小为自然通风>空调外循环>空调内循环,因为开窗自然通风最大限度地加速了车舱内外空气对流,引入了最多的舱外新鲜空气,置换了舱内有害气体。

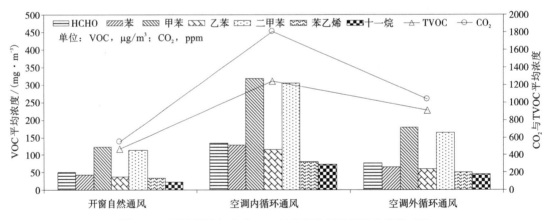

图7.11 不同通风方式对SUV舱室气体污染的净化效果对比

2. 大巴客车内HCHO污染通风控制

为了探明通风净化车内有害气体的效果,设置了大巴车舱室空调不同的通风速度、温度与角度共10种工况(详情见6.3.2节),通过CFD数值模拟车内HCHO控制效率;结果表明增大送风速度可有效降低车内HCHO污染,同时使靠窗侧乘客区域的气流运动加强,HCHO浓度处于较低水平;空调外倾45°送风时,车内HCHO浓度整体分布更均匀,靠窗两侧的浓度分布最低，HCHO 污染最轻；HCHO 平均排出率达到 91.2%，工况 9 排出率最低为 83%，工况 3 排出率最高为 98%，如图 7.12 所示。

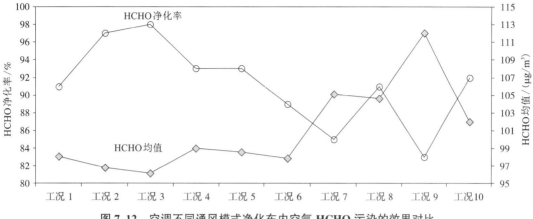

图 7.12　空调不同通风模式净化车内空气 HCHO 污染的效果对比

依据我国标准 GB/T 17729—2009《长途客车内空气质量要求》，客车舱室空气中 HCHO 浓度限值为 0.12 mg/m³，各工况车内 HCHO 浓度分布如图 7.13 所示；若增大送风速度，舱室整体污染超标区域在减少，风速增大对于降低过道及地板附近的 HCHO 浓度及减少超标区域效果显著；空调外倾 45°送风可使车内 HCHO 超标区域最小，垂直入射次之，而后倾 45°送风，HCHO 超标区域最大，尤其是驾驶区污染最严重；因此，车内气体污染控制，从送风入射角度分析，空调向外倾斜送风净化车内有害气体污染效果最佳。

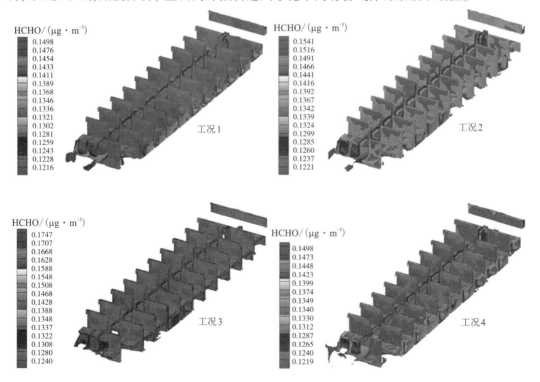

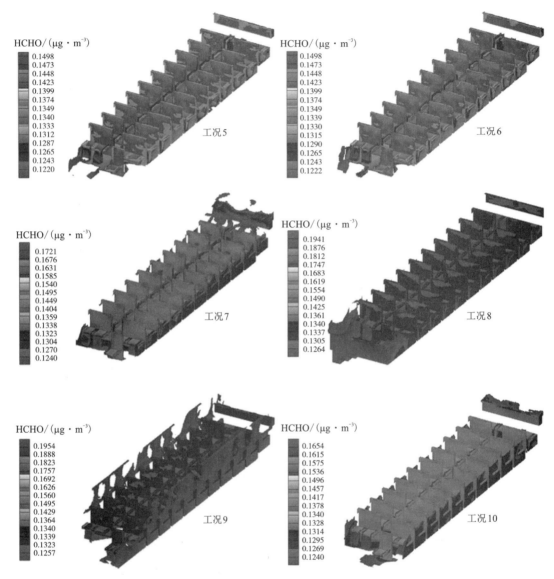

图 7.13 空调 10 种通风方式下客车舱室空气中 HCHO 浓度的分布云图

3. 交通列车内 CO_2 通风净化

作者团队通过实验调查与 CFD 数值模拟,研究了列车舱内空气 CO_2 污染的通风净化效果,车厢模型如图 7.14 所示。针对乘客高峰期 2 种送风速度(1.5 m/s 与 2.5 m/s)与 3 种送风角度(垂直入射、外倾 45°与内倾 45°)共 6 种模拟工况进行分析。现场实测发现高峰期车内空气中 CO_2 污染严重,浓度超出我国 GB/T 18883—2022 IAQ 标准值的 50%,最大峰值为 1662 ppm,列车到站时随着大量乘客下车,车内 CO_2 浓度开始急剧下降。

模拟结果表明高峰期车内人员多,调整送风角度不能有效降低 CO_2 浓度,增大风速可

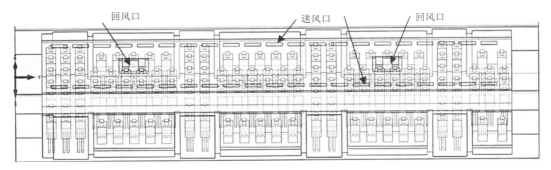

回风口　　送风口　　回风口

图 7.14　列车车厢几何模型(高峰期车内静坐 34 人，站立 126 人)

明显降低呼吸区 CO_2 污染(图 7.15)，最大净化效率>90%；回风口气流速度较大，附近区域的 CO_2 浓度较低，远离回风口区域因 CO_2 无法及时排出，更易超标；车内 CO_2 浓度数值模拟值与现场实测值有较好的吻合度，说明通风能有效控制车内空气 CO_2 污染。

(a) V=1.5 m/s
垂直向下送风

(b) V=1.5 m/s
外倾 45° 送风

(c) V=1.5 m/s
内倾 45° 送风

(d) V=2.5 m/s
垂直向下送风

(e) V=2.5 m/s
外倾 45° 送风

(f) V=2.5 m/s
内倾 45° 送风

CO_2浓度 ppm
1500
1425
1350
1275
1200
1125
1050
975
900
825
750
675
600
525
450
375
300
225
150
75
0

图 7.15　通风对列车舱内静坐乘客呼吸区 CO_2 污染净化的对比

7.2.2　生态材料与绿色制造技术

在可持续发展的理念下，车身、零部件与内饰品及其材料不仅朝着轻量化的方向发展，同时也朝着绿色生态、环保健康、舒适安全的趋势发展。

1.汽车生态绿色内饰件及材料设计

研发与推广应用绿色复合材料(木塑复合、生物复合与有机–无机纳米复合)与生物基材料(改性聚丁二酸丁二醇酯、改性聚乳酸、聚羟基烷酸酯、生物塑料、生物基尼龙、生物基聚烯烃、天然纤维复合材料)及其产品有利于控制车内 VOC 等有害气体污染。例如，使用椰子壳制造汽车座椅用竹片制造汽车仪表板，以天然洋麻材料作为车门内饰和后窗台内饰的基底材料；丰田公司通过复合处理工艺，积极开发以甘蔗、玉米、甜土豆等植物为原料的"生态塑料"作为汽车零部件耐用新材料，开发和应用具有负离子功能的车辆内饰面料；其他绿色材料还有免喷涂塑料、小径木集成、纯实木、聚氨酯、SKYTRA 共聚酯、PVC 材料等。汽车生态绿色内饰的研发应用如图 7.16 所示。国外研究结果也表明竹子与剑麻纤维合成材料也可用于汽车内饰。

（a）免喷涂塑料仪表板　　（b）纳米复合材料坐垫　　（c）再生涤纶环保面料　　（d）环保生态内饰面料

图 7.16　汽车绿色生态内饰零部件及材料

2. 电动客车材料与车身皮肤制造优化

深圳大学、华南理工大学、比亚迪商用车研究院与湖南大学联合研究发现车内甲醛等 VOC 污染物主要来自聚氨酯（PU）胶黏剂、PU 泡沫材料、塑料地板（PVC 材料），车内零部件使用的 PU 胶黏剂释放的苯、甲苯、乙苯、二甲苯与苯乙烯有害气体的最大浓度分别为 0.063、1.1、21.2、116.4 与 1.8（mg/m^3），车内空气甲苯、乙苯、二甲苯、苯乙烯、甲醛与 TVOC 最大浓度各是 0.25、0.39、2.06、0.48、0.07 与 3.62（mg/m^3）。

与传统客车相比，PU 胶黏剂更多地用于电动客车的密封、保温、黏合和装饰（图 7.17）；研究表明通过材料改进与车身皮肤制造工艺优化，车内空气 VOC 污染控制取得了显著效果，VOC 浓度最大降低>50 倍。改进措施有：①PU 胶黏剂材料的使用优化：使用焊接和铆接工艺来代替胶水，以减少或取消连接处胶水材料的使用，如图 7.18；在客车蒙皮的制造过程中，减少黏合胶的用量；必须使用胶水材料时，优先考虑绿色胶水。②PU 泡沫材料的优化：选择更合适的材料，采用高档聚醚多元醇材料以减少聚醚多元醇小分子的挥发；在发泡过程中，用二苯基甲烷二异氰酸酯代替甲苯二异氰酸酯，优化生产制造工艺；在脱模过程中，可以适当加入反应稳定剂，降低反应温度，以减少高分子材料的分解；在设计模具时，尽可能避免喷涂过程，以减少 VOC 污染。

内饰装饰　　　　　　　　　　密封　　　　　　　　　　　　舱体皮肤/玻璃

图 7.17　PU 胶黏剂在客车中的应用

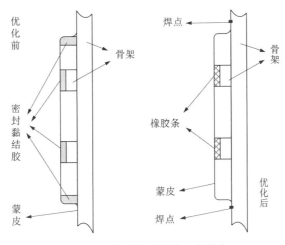

图 7.18　车身皮肤制造工艺优化

优化改进后取得的效果：HL125 型 PU 胶黏剂产生的乙苯与二甲苯浓度分别下降24.6 倍与 19.3 倍(优化前后浓度差与优化后的浓度比)；PU 胶黏剂(HL125、XK221、XK256)释放的 TVOC 浓度减少 56.5 倍，详情见图 7.19；车内空气二甲苯、甲苯与 TVOC浓度各减少 22.7 倍、21.1 倍与 2.2 倍，低于我国 GB/T 17729—2009《长途客车内空气质量要求》标准的限值。

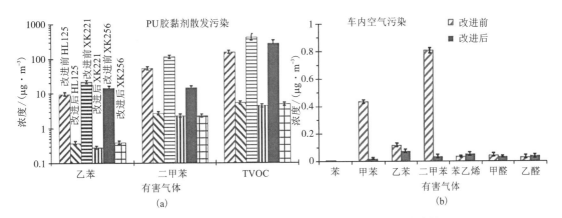

图 7.19　内饰材料与制造工艺优化措施控制车内 VOC 污染的效果

3. 列车舱内生态绿色内饰件涂层的研发与应用

针对轨道交通车辆内饰件涂层低 HCHO 与低 TVOC 的环保要求，哈尔滨工业大学、中车青岛四方机车公司与优美特环境材料公司开展联合研究，通过添加助溶剂来降低 VOC污染，研制出一种低 VOC 含量的水性聚氨酯砂纹面漆。研究人员分析了不同助溶剂对内饰件成品残存 VOC 的影响，结果表明丙二醇二醋酸酯的综合性能最好，当添加量为 10%

时，TVOC 仅为 0.283 mg/m³，完全满足轨道交通主机厂 TVOC 浓度≤0.7 mg/m³ 的限制要求。轨道交通车辆内饰用水性聚氨酯砂纹面漆，环保性能优异，可以满足轨道交通车辆行业绿色涂装要求，已应用于复兴号动车，施工过程如图 7.20 所示。

(a)喷涂前底材处理　　　(b)调漆过程　　　(c)喷涂过程　　　(d)烘烤过程

图 7.20　轨道交通车辆内饰用水性聚氨酯砂纹面漆的施工过程

7.2.3　空气净化器技术

空气净化器是防控车内空气污染的有效措施。车载空气净化器可分为过滤式(初效/中效/高效)、吸附式(传统活性炭/改性活性炭/静电集尘)、催化氧化(光催化/热催化/等离子/负离子/臭氧)、多功能或多技术协同(智能型/移动型/吸附-光催化-杀菌)式等。

1. 汽车舱内空气净化器对 VOC 污染的降解

中汽研汽车检验中心研究分析了不同车载空气净化器(表 7.23)对 VOC 污染的降解，采用 GC-MS 与 HPLC 方法分别分析 VOC 中的苯系物与醛酮类物质的含量；结果表明化学分解类型(Ⅰ)车载空气净化器对苯系物的综合净化效果最好，可 100%净化苯乙烯，其次是活性基吸附型(Ⅱ)，最后为负离子型(Ⅲ)；对于醛酮类污染，每种车载空气净化器净化效果均>70%，尤其是净化器(Ⅰ)的效率均>95%，3 种净化器100%降解丙烯醛(表 7.24)；还发现目前市面上各类车载空气净化器对醛酮类 VOC污染净化效果较好，而对于苯系物污染的净化效果较差；如需选购车载空气净化器，应优先考虑化学分解类型。

表 7.23　3 种车载空气净化器净化原理及特点

车载空气净化器类型	净化原理	工作方式
Ⅰ	电解装置产生活性氧，可化学分解有害物质	主动去除
Ⅱ	蜂窝净化颗粒，产生活性基吸附有害物质	被动吸附
Ⅲ	低频负离子发射器，被激化的带电电荷吸附有害物质	被动吸附

表 7.24　3 种车载空气净化器降解 VOC 后 VOC 的最终浓度与净化率

净化器	VOC 最终浓度/$(ng \cdot mL^{-1})$								
	苯	甲苯	乙苯	间对二甲苯	苯乙烯	邻二甲苯	甲醛	乙醛	丙烯醛
I	42.6	64.2	31.5	81.8	0	59.9	0.003	0.006	0
II	103.6	186.6	67.0	119.5	54.0	55.5	0.051	0.039	0
III	161.6	210.3	70.0	99.8	99.8	46.0	0.052	0.015	0
净化器	净化效率/%								
	苯	甲苯	乙苯	间对二甲苯	苯乙烯	邻二甲苯	甲醛	乙醛	丙烯醛
I	85.24	80.57	89.79	86.83	100	78.95	98.31	97.30	100
II	64.10	43.52	78.28	80.76	79.99	80.50	71.19	82.43	100
III	44.01	36.35	77.31	83.93	63.01	83.84	70.62	93.24	100

2. 列车舱内可移动空气净化器的研发与应用

中车四方车辆有限公司与北京化工大学联合开展空气净化器控制列车舱室内 VOC 污染研究，利用紫外光解联合常温催化氧化技术原理，研制了 KJ800Q-B01 型 VOC 净化器（图 7.21）。该设备结构简单且移动便利，对未出厂的 25K 型硬卧厢内 VOC 污染进行净化试验，结果表明该设备对火车整个硬卧厢 VOC 的净化率随着紫外灯功率、入口风量的增加呈上升趋势，而紫外灯越靠近灯箱出气口，整个硬卧客室 VOC 的净化率越高；该设备在运行 180 min 后硬卧客室 VOC 的去除率>80%，无臭氧二次污染。

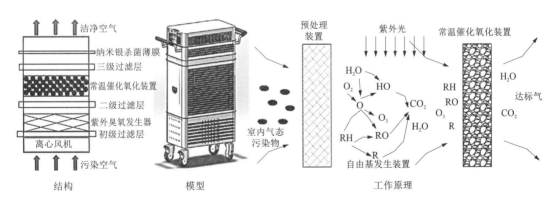

图 7.21　列车舱内可移动空气净化器的结构、模型与工作原理

3. 不同滤网型车载净化器对比

纳米技术及应用国家工程研究中心与上海交通大学联合研发车载净化器滤网。目前常见的多功能滤网为夹碳布（高效过滤-活性炭复合滤网），其结构简单，是将高效过滤网与活性炭滤网合二为一，既能过滤颗粒物，又能净化甲醛等 VOC 污染；选用市场上常见的夹碳布、锰基材料滤网和改性活性炭滤网装载在 D6-CAP-18S 车载净化器中可净化

HCHO，净化结果见表 7.25；锰基材料有明显优越性，以夹碳布约 50% 的负载量就达到较高 CADR 值，还具有较高的 HCHO 初始净化效率(93.4%)；通过长时间观察测试发现夹碳布净化器存在酸味、异味问题，初步分析原因有 4 点：①夹碳布中的胶水在使用中发生化学变化，产生酸味；②被活性炭吸附的甲醛时间过长会发生化学反应，生成某种有机酸产生酸味；③部分厂家为提高甲醛的 CADR 指标，采用尿素浸泡活性炭，尿素会释放氨气，产生臭味；④夹碳布中分散的破碎活性炭由于表面积大，会吸附空气中的大量微生物，在存在大量胶水且在一定温湿度条件下，滋生细菌，产生异味。

表 7.25　3 种车载净化器及其对 HCHO 气体净化率的对比

净化器	滤网	负载量/g	甲醛 CADR 值 /($m^3 \cdot h^{-1}$)	初始净化效率/%	有效时间/h	单位质量甲醛处理量/($mg \cdot g^{-1}$)
I	夹碳布	31.5	7.7	56.9	9.0	5.23
II	改性活性炭	27.5	5.2	56.9	11.5	5.32
III	锰基材料	16.7	6.3	93.4	16.0	8.54

7.2.4　纳米光催化技术

取适量纳米 TiO_2、$H_2PtCl \cdot 6H_2O$、乙醇与活性炭纤维(ACF)原材料，通过试验合成得到 $Pt \cdot TiO_2 \cdot ACF$ 复合材料，用于光催化降解车内空气 VOC 污染。

1. 复合材料 $Pt \cdot TiO_2 \cdot ACF$ 净化车内 VOC 污染

如图 7.22 所示，在紫外光的照射下，$Pt \cdot TiO_2 \cdot ACF$ 吸附光催化降解车内空气 HCHO 与 VOC 污染的效率为 72%～75%，其中 HCHO、苯与 TVOC 质量浓度各降低 90、81.3 与 830.6($\mu g/m^3$)，载铂量为 1%～1.5% 时效果最佳；在无紫外光或无太阳辐射的可见光下，VOC 净化率为 35%～40%，无论是否有紫外光与太阳光照射以及无论载铂量如何变化，CO_2 质量浓度基本不变。研究结果说明复合材料 $Pt \cdot TiO_2 \cdot ACF$ 净化车内有害气体污染具有很强的选择性，对 VOC 光催化降解效果良好，净化效果依赖于紫外光强度、复合材料的载铂量与使用量，但无论何种情况对 CO_x 污染均无效果。研究还发现纳米 TiO_2 复合材料具有较好的自清洁功能，可以净化空气污染，保护人类健康。

2. 复合材料吸附光催化净化机理探讨

图 7.23 为复合材料 $Pt \cdot TiO_2 \cdot ACF$ 吸附光催化净化车内空气 VOC 污染示意图。ACF 先吸附车内 VOC，在紫外光的照射下，$Pt \cdot TiO_2$ 将 VOC 催化降解，导致 ACF 不断原位再生，从而继续吸附 VOC，形成了吸附-催化-吸附-催化的良性净化循环，提高了复合材料对 VOC 的降解效率；Pt 的助催化性，纳米 TiO_2 的光催化性与 ACF 吸附性被很好地结合并运用于空气净化中。

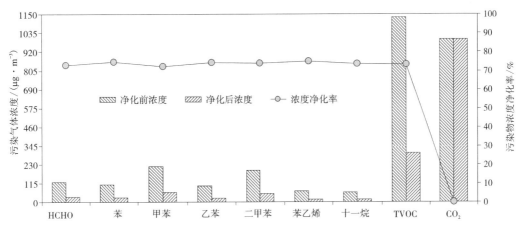

图 7.22　复合材料 Pt · TiO$_2$ · ACF 降解车内空气 VOC 污染效果

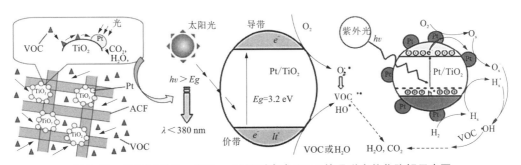

图 7.23　复合材料 Pt · TiO$_2$ · ACF 对车内 VOC 的吸附光催化降解示意图

复合材料净化车内 VOC 污染的机制包括以下三个方面。

1）Pt/TiO$_2$ 光催化增强 ACF 吸附能力：光激活 TiO$_2$ 产生光生电子和空穴，与催化剂表面吸附态的电子给予体（H$_2$O 或 OH$^-$）和电子接受体（溶解在水中的 O$_2$）进行化学反应，生成 OH$^\bullet$ 以及 O$_2{}_\bullet$ 等自由基，强氧化剂 OH$^\bullet$ 在 Pt/TiO$_2$ 光催化剂表面发生氧化还原反应；使得 ACF 不断原位再生而获得更多的 VOC 吸附容量；反应过程如表 7.26 所示。

表 7.26　复合材料 Pt · TiO$_2$ · ACF 吸附光催化车内 VOC 反应步骤

反应过程	车内 VOC 污染物光催化降解步骤
电子空穴 对形成	（1）Pt · TiO$_2$ · ACF$+hv$→（Pt · TiO$_2$ · ACF）$^-$+OH$^\bullet$/（Pt · TiO$_2$ · ACF）$^+$ （2）（Pt · TiO$_2$ · ACF）$^-$+O$_2$+H$^+$→Pt · TiO$_2$ · ACF+HO$_2$ （3）（Pt · TiO$_2$ · ACF）$^-$+H$_2$O$_2$+H$^+$→Pt · TiO$_2$ · ACF+H$_2$O+OH$^\bullet$
电子脱离导带	（4）（Pt · TiO$_2$ · ACF）$^-$+2H$^+$→Pt · TiO$_2$ · ACF+$^\bullet$H$_2$
空穴捕获	（5）H$^+$+H$_2$O→OH$^\bullet$+H$^+$ （6）H$^+$+HO$^-$→OH$^\bullet$
车内 VOC 氧化降解	（7）OH$^\bullet$+O$_2$+C$_x$O$_y$H$_{(2x-2y+2)}$→xCO$_2$+（$x-y$+1）H$_2$O

续表7.26

反应过程	车内 VOC 污染物光催化降解步骤
非生产性基本反应	(8)(Pt·TiO₂·ACF)⁻+OH•+H⁺→Pt·TiO₂·ACF+H₂O (9)2OH•→H₂O₂ (10)2HO₂⁻→H₂O₂+O₂ (11)2OH•+H₂O₂→H₂O+O₂ (12)2OH•+HCO₃⁻→CO₃•+H₂O

2）Pt 的助光催化性分析：Pt 的沉积相当于超微闭路光电化学电池，首先产生吸电子效应，减少晶粒内部光生电子和光生空穴的复合，加速电子-空穴对的分离，增加催化剂表面的空穴数目，与还原剂发生更多氧化还原反应，提高光催化氧化效率。

3）ACF 提高 Pt·TiO₂ 光催化降解效率：在微孔壁不饱和力场的相互作用下，ACF 形成了表面态效应，有效吸附车内空气低浓度 VOC，形成微细范围内的 VOC 污染局部高浓度，再通过 Pt·TiO₂ 的光催化降解净化，提高了光催化氧化反应速率。

7.2.5 等离子与热催化技术

1. 太阳能热催化降解车内甲醛污染

研究人员采用修饰共沉淀法制备出热催化剂 MnOx-CeO₂ 用于净化车内甲醛污染，在 650 W/m² 的实验中，甲醛降解率为 82.1%；利用太阳能可将车内超标近 9 倍的甲醛热催化降解至<70 ppb，低于国家标准限值；可见光照射下热催化剂降解甲醛率优于光催化剂，甲醛的净化率 MnOx-CeO₂>CuO-MnO₂>MnOx-CeO₂-TiO₂>TiO₂>Bi-V-O；太阳辐射强度越大，实验舱内温度越高，甲醛催化效果越好，因为高温有利于铈离子向锰离子提供氧元素，增强了锰氧化物的氧化还原能力，同时促进了产物的脱附；与传统净化器相比，利用太阳能热催化氧化车内甲醛更加节能，用于车内空气净化具备应用前景。现场试验及净化效果如图 7.24 所示。

车内净化实验

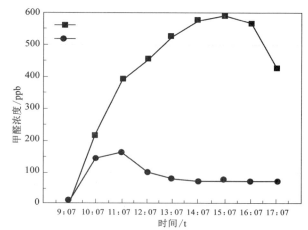

图 7.24 MnOx-CeO₂ 热催化车内甲醛试验

2. 低温等离子体净化 VOC 技术

低温等离子体是指继"固、液、气"物质三态之后的第四态，当外加电压达到气体放电电压时，气体被击穿，产生包括电子、各种离子、原子和自由基在内的高能离子混合体；等离子净化技术一般是指通过低温等离子体制造臭氧(O_3)来净化空气污染。

广州地铁集团有限公司在广佛线增购列车项目中使用了株洲菲尼德生产的等离子体净化器(图 7.25)，该装置由外壳、减震柱、等离子体低温净化模块(关键部件)、集成电路(关键部件)、航空接头 5 部分组成；该装置安装在列车空调机组回风口上方，设计上与空调正常通风联动，由空调控制器供电(110 V)，最终升压为>3200 V，对周围空气电离；客舱空气的流动，带动等离子体场内大量自由基扩散，达到全面净化车内空气污染的目的，对 VOC 的净化效率如表 7.27 所示；每列车配置 8 台该装置，实车应用共发生 11 起故障，原因为变压器密封不良，高压通过微气孔与空气接触、放电，净化器模块电压骤降，反馈信号过低(<3 V)导致报警；对装置升级改造后，消除了故障。

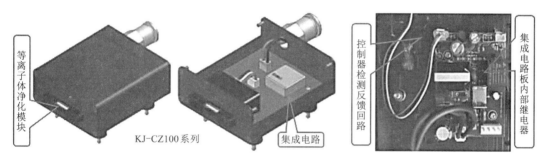

图 7.25　地铁车载空气净化器部件及检测反馈

表 7.27　车载空气净化器去除有害气体试验数据

测试污染物	作用时间/h	空白试验舱气体浓度/(mg·m⁻³)	样品试验舱气体浓度/(mg·m⁻³)	净化率/%
甲醛	2	1.15	0.13	88.7
苯	2	1.17	0.14	88.0
TVOC	2	5.86	0.628	89.3

3. 光等离子体净化 TVOC 污染

北京地铁运营公司与深圳百欧森环保科技公司在地铁车舱空调机组内安装光等离子净化装置，与车辆空调系统联动，用于净化车内空气 TVOC 污染；结果表明在开启净化装置 0.5 h、1 h 与 2 h 后，车内 TVOC 的去除率各达到37%、53%与90%，说明该装置可有效降低 TVOC 污染，提升地铁车厢 IAQ；光等离子净化技术是利用低压气体中显示辉光的气体放电现象，产生大量电子、正负离子、具有强氧化性的自由基、负氧离子的等离子体，通过非弹性碰撞打开有害物的化学键，使空气中的污染物分解成单质原子或无害分子；污染净化过程如图 7.26，利用等离子团中活性较高的离子氧化能力，将 VOC 大分子污染物的化学键断裂，将其分解为酸类与酮类，最终生成 CO_2 与 H_2O 而达到无害化。

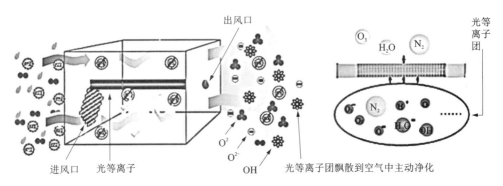

图 7.26　光等离子技术净化空气污染过程

7.3　结论

从生态材料、环保工艺与绿色制造开展 VOC 污染物源头控制，从通风、净化器与纳米光催化技术着手 VOC 污染末端或过程净化，可有效防控车内有害气体污染；汽车舱内有害气体净化效果：自然通风>空调外循环>空调内循环；大巴客车内空调向外倾斜送风 HCHO 净化效果最佳，增大空调送风速度降低车内 HCHO 与 CO_2 污染明显；在车内推广应用绿色复合材料、生物基材料、内饰件环保涂层，改变材料成分与优化生产工艺，改进车身皮肤制造工艺，有利于净化车内 VOC 等污染。车载净化器去除有害气体效果好，化学分解型净化器对苯系物去除率最高，其次是活性基吸附型与负离子型净化器，锰基材料滤网型净化器去除 HCHO 效果最佳(初始净化率 93.4%)，紫外光解-常温催化型净化器、低温或光等离子体型净化器净化 VOC 的效率分别为>80%、>90%；太阳能热催化氧化车内 HCHO 效率优于光催化剂，比传统净化器更节能。在紫外光的照射下 $Pt \cdot TiO_2 \cdot ACF$ 净化车内 VOC 效率可达 75%，净化机制为 Pt 的助光催化性、ACF 的吸附性、纳米 TiO_2 的光催化性三者耦合吸附光催化降解。

车内 VOC 浓度随舱室温度的升高而增大，最优函数是自然对数方程；VOC 污染随车龄的增加而减少，最佳衰减方程是一元三次方程，VOC 浓度自然衰减到低于车内环境标准限值至少需要 1.0~3.9 年；因此，车内材料 VOC 的散发与衰减过程很漫长，车内有害气体防控是一个长期过程。至于城市轨道交通车内空气 CO_2 污染浓度预测分析，建立了车内 CO_2 质量浓度随车厢空调送风量、回风量、排风量及车内人员数量变化的预测模型方程。

参考文献

［1］　王新伟，周健，覃道枞，等.基于 CO_2 污染调查对轨道交通车辆通风优化研究［J］.工业安全与环保，2022，48（10）：91-95.

［2］　刘亮，梁少剑.新环保塑料材料用于新能源汽车内饰研究［J］.汽车博览，2021（16）：143-144.

［3］　吴双全.健康环保汽车内饰面料的研究与产品开发［J］.针织工业，2021（3）：14-17.

［4］　Getu D，Nallamothu R B，Masresha M，et al. Production and characterization of bamboo and sisal fiber reinforced hybrid composite for interior automotive body application［J］. Materials Today：Proceedings，2021，38：2853-2860.

［5］　Deng B，Hou K，Chen Y，et al. Quantitative detection，sources exploration and reduction of in-cabin benzene series hazards of electric buses through climate chamber experiments［J］. Journal of Hazardous Materials，2021，412：125107.

［6］　王瑞涛，李春香，王志江，等.轨道交通车辆内饰用水性聚氨酯砂纹面漆的研究与应用［J］.涂料工业，2020，50（5）：46-52.

［7］　朱亚璟，王龙.多种车载空气净化器对车内 VOC 净化效果及净化原理研究［J］.云南化工，2021，48：70-72.

［8］　陈全雷，葛美周，蒋玲雁.铁路车辆内部挥发性有机化合物（VOCs）净化设备研制［J］.现代城市轨道交通，2021（2），12-17.

［9］　徐荣，袁静，蔡婷，等.室内、车载空气净化器用滤网发展现状及趋势［J］.化工进展，2020，39（5）：1974-1980.

［10］　Khannyra S，Luna M，Gil M L A，et al. Self-cleaning durability assessment of TiO_2/SiO_2 photocatalysts coated concrete：Effect of indoor and outdoor conditions on the photocatalytic activity［J］. Building and Environment，2022，211：108743.

［11］　刘旺.太阳能热催化降解车内甲醛的影响因素研究［D］.天津：天津商业大学，2021.

［12］　张土轩，李智勇，周汉邦，等.等离子空气净化技术在广州地铁广佛线增购车中的运用研究［J］.机电信息，2020（35）：78-79.

［13］　李小东，张宇，张晨，等.光等离子空气净化技术在城市轨道交通车辆中的应用［J］.铁路节能环保与安全卫生，2021，11（3）：44-47.

第8章

车内颗粒物与微生物防控

颗粒物(PM)是气溶胶体系中均匀分散的各种固体或液体微粒,空气中 PM 污染物是一类致癌物,可分为 PM0.5、PM1.0、PM2.5、PM5.0、PM10、UFP、TSP、TPM 等。微生物可划分为细菌(bacteria)、病毒(viruses)、真菌(fungi)等,病原微生物是导致人类诸多疾病的罪魁祸首;2020 年全球爆发的新冠肺炎(COVID-19)是由新型冠状病毒引起的,截至 2022-11-09 日全球死亡人数为 660 多万人。车内环境存在 PM 与微生物污染,对驾乘人员身体健康构成危害,需要预防、净化或控制。

8.1 车内颗粒物污染

车内 PM 污染主要指舱室空气中 PM0.5、PM1.0、PM2.5(细颗粒物)、PM5.0、PM10(可吸入颗粒物)、UFP(超细颗粒物)、TSP(总悬浮颗粒物)等污染,总颗粒物(TPM)为车内环境空气颗粒物的总称。

8.1.1 汽车舱内颗粒物模拟

以某长途客车为模拟对象,客车车体密闭性较好,不存在空气泄漏;车内气流为紊流流动。计算过程中颗粒无质量变化,无颗粒物的聚合、风化,颗粒间无热量传递。

1.模拟计算模型的建立与边界条件设置

参照客车厢的基本尺寸,长×宽×高=11 m×2.4 m×2.6 m,利用 SCDM 软件进行建模圆形送风口($\varphi=0.1$ m)与方形回风口(0.3 m×0.8 m);对车厢内部适当简化,忽略行李架与窗帘等细节部位,车厢共 46 个座位且每个座位上静坐 1 人;采用四面体网格划分,对于送风口和回风口等位置附近的网格加密处理,建立的车厢三维模型及网格划分如图 8.1 所示。

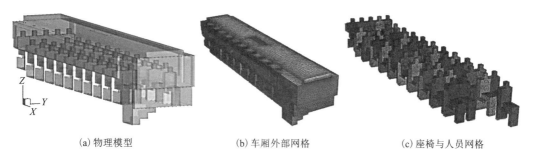

(a) 物理模型　　　　　　　(b) 车厢外部网格　　　　　　(c) 座椅与人员网格

图 8.1　客车物理几何模型与网格划分

以车厢空调送风口作为计算进口边界，采用速度入口作为边界条件；空调回风口作为计算出口边界，采用自由出口作为边界条件；车体壁面采用无滑移速度边界条件，对座椅纤维的壁面条件采取全部吸附处理，座椅的离散相边界设为捕捉；假定 PM 形状均为圆形，密度为 2.0 g/cm³，直径为 1.77 μm，PM 内部导热热阻为 0；空调送风温度 20℃，送风速度取 2 m/s 与 3 m/s 2 种工况。

2. 数值模拟计算结果与分析

如图 8.2 所示，车内气流从车厢两侧的送风口送入车厢内，经中间处的回风口排出车厢；在不同风速情况下，靠近车厢外侧区域均产生有少量旋涡，是该区域附近的颗粒物不能及时排出的主要原因。如图 8.3、图 8.4 所示，车厢气流从空调送风口处到达车厢外侧乘员头部及呼吸区域的速度较大(>0.3 m/s)，会造成乘员的不舒适感，其他区域的风速较小。当空调风速增大时，车内空气流速有所增加。

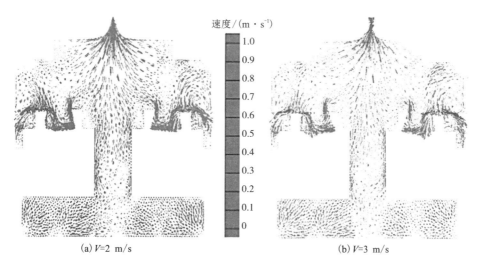

速度/(m·s⁻¹)

(a) V=2 m/s　　　　　　　　　　　　　(b) V=3 m/s

图 8.2　车厢 X=5.52 m 处截面的风速矢量流场分布云图

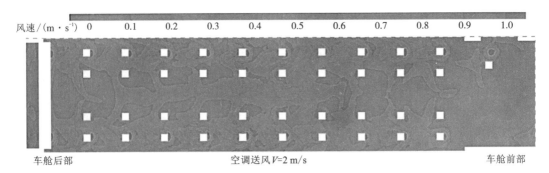

图 8.3　送风风速为 2 m/s 时，车厢 $Z = 1.2$ m 处截面的风速分布云图

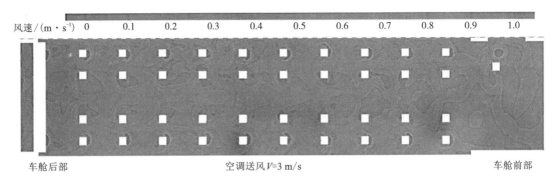

图 8.4　送风风速为 3 m/s 时，车厢 $Z = 1.2$ m 处截面的风速分布云图

如图 8.5 与图 8.6 所示，在乘客静坐的呼吸区（$Z = 1.2$ m）平面，车内空气 PM 污染平均质量浓度低于我国 GB 37488—2019《公共场所卫生指标及限值要求》中公共交通车内 PM 限值；因舱室座椅与人体对气流的影响，车内不同区域 PM 污染水平有差异，车舱前部司机右侧区域 PM 浓度相对较大，因此处风速最小，如图 8.3 与 8.4 所示。当空调风速增大时，车内空气 PM 污染有所降低，但非常有限。

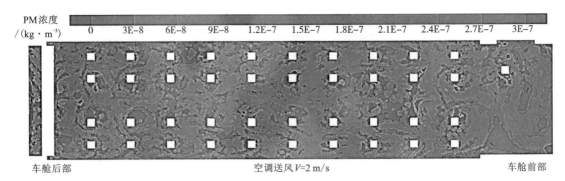

图 8.5　送风风速为 2 m/s 时，车厢 $Z = 1.2$ m 处截面的颗粒物浓度分布云图

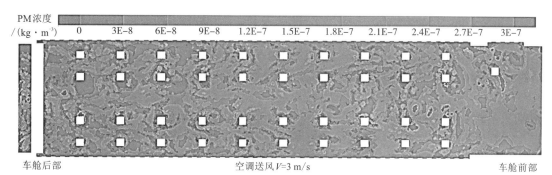

图 8.6　送风风速为 3 m/s 时，车厢 Z=1.2 m 截面的颗粒物浓度分布云图

8.1.2　清洁卫生控制措施

1. 我国车内环境卫生清理

公共交通车辆的保洁员、司机或乘务员，私家车的车主或司机基本都会定期或不定期使用吸尘器、拖把或抹布打扫车厢环境卫生，有助于减少车内 PM 等环境污染。例如我国上海为防控城市轨道交通车内 PM 等污染，清洗了地铁空调，如图 8.7 所示。

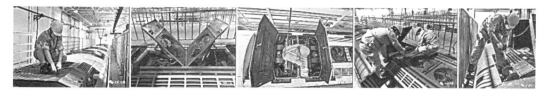

图 8.7　城市地铁空调系统的环境卫生清洗现场(来自地铁万象)

对某品牌私家轿车舱室环境卫生进行清洁处理，舱室处于密闭无通风状态，现场监测分析车舱室内空气 PM 污染，清洁前后车内空气 PM 污染的平均浓度对比如图 8.8 所示。可知车舱环境卫生治理可以显著降低车内 PM 污染，其中 PM2.5、PM10 与 TPM 浓度均值各降低 7.9、74.3 与 166.1(μg/m³)，净化率分别为 49%、64%与 62%。

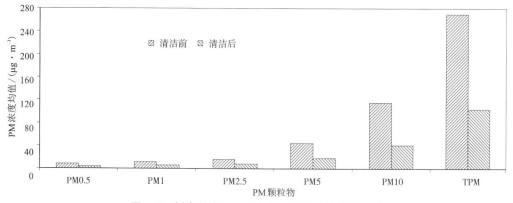

图 8.8　轿车舱内环境卫生清理对 PM 浓度的影响

2. 国外汽车舱内环境卫生清洁

欧洲科研人员通过对汽油、柴油与电动汽车舱内的环境卫生清理，发现在风扇关闭（密闭无通风）状态下车内空气 PM 污染物浓度明显减少，舱室卫生清洁使汽油汽车、柴油汽车与电动汽车室内空气 PM2.5 浓度均值分别降低 25%、13.1% 与 47.5%；而汽车舱室在开启风扇或空调通风模式下，卫生清洁导致车内 PM 浓度有增有减，如表 8.1 所示。

表 8.1　汽车舱内卫生清理对 PM 污染物浓度的影响　　　单位：$\mu g/m^3$

汽车类型	舱室通风状态	颗粒污染物类型	无清洁		有清洁	
			浓度均值	均值标准误差	浓度均值	均值标准误差
汽油汽车	风扇关闭	PM2.5	20	10	15	2.8
		PM2.5-10	2.5	2.9	1.6	1.0
	风扇开启	PM2.5	13	6	18	10
		PM2.5-10	0.4	0.7	0.7	0.9
	空调开启	PM2.5	13	8	19	8
		PM2.5-10	0.2	0.5	0.5	0.7
柴油汽车	风扇关闭	PM2.5	15.3	4.7	13.3	2.7
		PM2.5-10	3.0	3.5	2.6	2.2
	风扇开启	PM2.5	12	5.1	10.1	4.1
		PM2.5-10	0.6	1.6	0.4	0.6
	空调开启	PM2.5	12.5	3	13.2	5.5
		PM2.5-10	0.5	1.3	0.4	0.6
电动汽车	风扇关闭	PM2.5	26.1	6.3	13.7	4.3
		PM2.5-10	4.5	3.9	6.2	6.6
	风扇开启	PM2.5	19.3	4.4	17.3	13
		PM2.5-10	1.3	2.5	1.3	2.7
	空调开启	PM2.5	16.6	8.4	15	9
		PM2.5-10	1.1	2.9	1.2	2.4

8.1.3　空调与通风净化

1. 汽车舱室内 PM 污染通风净化实验分析

某辆运动型多功能车（SUV）在自然通风（窗户全开）、空调外循环与内循环通风模式下，现场实测车内空气 PM 净化的效果，结果对比如图 8.9 所示。结果显示密闭无通风状态下，车内 PM 污染物浓度最高，通风模式的净化效率为空调内循环>空调外循环>开窗自然通风，其中 PM10 在这 3 种通风模式下的净化率各是 80.9%、71.1% 与 50.4%；空调通风净化率取决于空调系统过滤器或过滤网，开窗自然通风取决于车外空气污染；在车辆拥挤路段，交通污染严重，不宜开窗通风，空调内循环是最佳选择。同理，英国、中国、澳大利亚等调查了全球 10 大城市汽车舱内空气 PM 污染，分析了不同通风模式对车内 PM 净化的影响，得到了同样的结论。

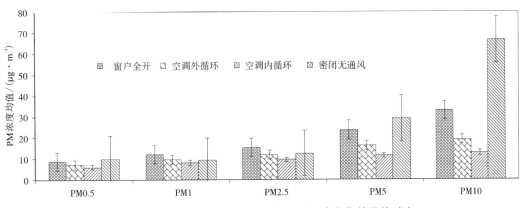

图 8.9　不同通风模式对车内空气 PM 污染净化效果的对比

2. 客车空调通风净化 PM 模拟分析

如图 8.10 与图 8.11 所示，使用 CFD 模拟分析发现，在长途客车的空调送风口正下方，风速较大，可达到 1 m/s，会对乘客头部造成吹风不适感；车舱前部上车台阶与座椅下面为吹风死角，风速接近于 0，会导致车内 PM 等空气污染物聚集。

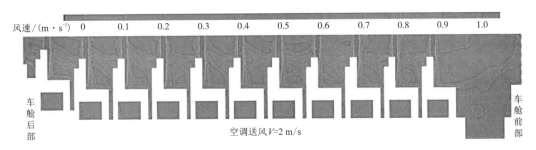

图 8.10　送风风速为 **2 m/s** 时，车厢 **Y = 0.85 m** 处截面的风速分布云图

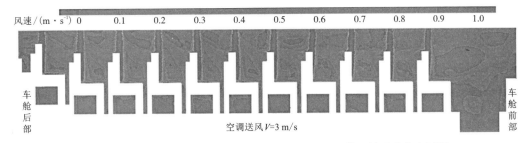

图 8.11　送风风速为 **3 m/s** 时，车厢 **Y = 0.85 m** 处截面的风速分布云图

如图 8.12 与图 8.13 所示，因空调送风口是车内空气 PM 的唯一来源处，送风气流与车内最初空气中的 PM 存在浓度差，PM 从送风口处可以直接被送到车舱外侧乘员头部及呼吸区域，造成车舱外侧乘员附近 PM 浓度较大；模拟还发现车厢的后排空间和前侧上车台阶位置 PM 浓度较高，这是因为该处风速较小，为气流死角，车内空气 PM 聚集后不易排出；当空调风速增大时，车内 PM 污染有所降低，特别是车舱前部上车台阶位置区域的PM 浓度降低明显。

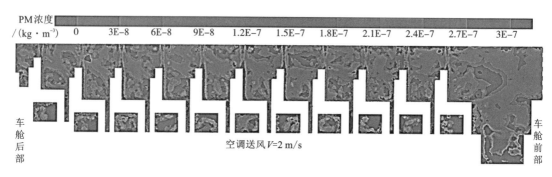

图 8.12　送风风速为 2 m/s 时，车厢 $Y=0.85$ m 处截面的颗粒物浓度分布云图

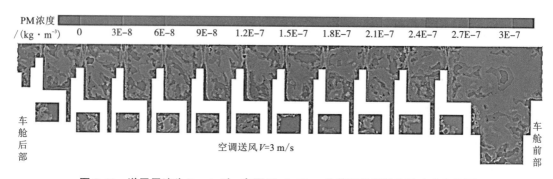

图 8.13　送风风速为 3 m/s 时，车厢 $Y=0.85$ m 处截面的颗粒物浓度分布云图

8.1.4　车载空气净化器控制

1. 车载空气净化器净化 PM 污染对比分析

北京市产品质量监督检验院汽车检测中心通过模拟和实车试验发现，车载空气净化器去除车内空气 PM 污染的效果最佳，其次是汽车空调滤芯，都明显好于只开启车内空气循环的试验过程。不同车载空气净化器的净化效果有一定差异，如表 8.2 所示。

表 8.2 车载空气净化器和汽车空调滤芯净化 PM2.5 浓度的效果对比

净化装置	PM2.5 浓度/(μg·m^{-3}) 不同净化时间(min)后											10 min 净化率/%
	0	1	2	3	4	5	6	7	8	9	10	
净化器 1	3314	2350	1902	1510	1219	815	686	568	484	408	349	89.5
净化器 2	3299	1996	1293	875	588	440	301	217	160	115	85	97.4
净化器 3	3297	2331	1625	1226	952	752	597	475	391	314	253	92.3
空调滤芯 A	3304	2604	2091	1739	1452	1232	1062	924	822	723	654	80.2
空调滤芯 B	3304	2636	2139	1772	1487	1261	1071	945	804	719	631	80.9
车内循环	3305	2996	2699	2460	2223	2033	1871	1742	1592	1481	1368	58.6

2. 空调过滤器与电离装置联合净化

瑞典沃尔沃汽车公司与查尔姆斯理工大学共同对轿车空调系统新旧过滤器加电离器去除车内空气 PM 污染的效果进行了研究,测试现场及 PM 净化率如图 8.14 所示。瑞典车外空气中 PM2.5 与 UFP 浓度均值各为 50 μg/m^3 与 2.4 万个/cm^3,车内空气通过该装置净化后,PM2.5 与 UFP 浓度均值各为 9.9 μg/m^3 与 0.4 万个/cm^3;研究结果还发现空调过滤器的老化使其对 PM 的过滤效率降低了 33% ~ 50%,过滤器加电离器明显改善了对 PM 的过滤能力;电离器与老化过滤器相结合与新过滤器具有同等的 PM 净化效率。

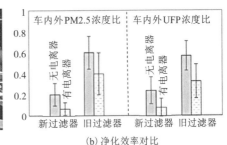

(a) 净化现场   (b) 净化效率对比

图 8.14 轿车内空气 PM 污染净化现场及净化效率对比

3. 地铁车舱空气净化器应用

中车唐山机车公司与西南交通大学等研究发现将蜂巢形圆孔通道净化器安装在地铁车厢空调系统中,空调运行 1 h 后车内 PM2.5 浓度降为 33 μg/m^3,VIAQ 达到优级。该净化器有显著的除尘效果,对 PM2.5 的除尘率为 98.6%,如图 8.15 所示。

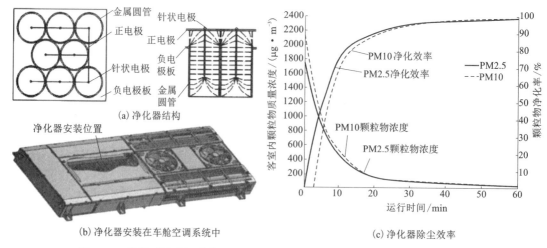

(a) 净化器结构

(b) 净化器安装在车舱空调系统中

(c) 净化器除尘效率

图 8.15　蜂巢形圆孔通道净化器的结构、在地铁空调中的安装位置及除尘效率

4. 车舱空气过滤器净化 PM 效果

英国与韩国测试了汽车舱室空气过滤器对 PM 污染的净化效果(图 8.16),实验室内与行驶路面 PM0.3-10 的净化率范围各为 87.5%~99.1%与 58.7%~99.1%。

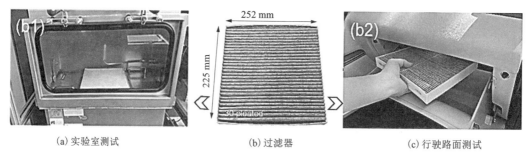

(a) 实验室测试

(b) 过滤器

(c) 行驶路面测试

图 8.16　测试汽车舱室空气过滤器 PM 净化效果

8.2　车内微生物

车内微生物主要包括细菌、病毒、真菌、霉菌及其生物气溶胶。

8.2.1　病毒扩散与传播模拟

地铁作为城市轨道交通的骨干,使用时间长且载客量大,车内乘客容易发生新冠肺炎群体性感染。本节以某城市 B 型地铁车厢为研究对象,使用 ANSYS Fluent 软件模拟分析地铁舱室不同的通风模式和病原体(感染乘客)位置对呼吸产生的病毒气溶胶在车内分布的情况与影响。

1. 模型建立与网格划分

将呼吸产生的病毒气溶胶看作连续介质，运用欧拉法混合模型模拟病毒和空气的相间耦合流动，使用 RNG k-ε 湍流模型和 DPM 模型，采用压力与速度耦合的 SIMPLE 算法求解病毒气溶胶在车内的传播规律。地铁车厢通风采用上送上回与一次回风的空调气流组织形式，车厢内部长×宽×高 = 19.5 m×2.9 m×2.35 m；送风口为 0.6 m×0.1 m 的条缝形单层格栅共 42 个，沿走道对称分布于车厢顶部两侧；回风口大小为 1.1 m×0.5 m 共布置 2 个，位于车厢长度方向的 1/4 和 3/4 处；车厢内静坐 34 人，站立 42 人，病原体在车厢中部($Y = 10.3$ m)和车厢一侧连接处($Y = 17.4$ m)；选取地铁某节车厢进行模拟，简化送风口、回风口(排放口)、座位和人体，车厢物理模型如图 8.17 所示；采用非结构性多面体网格来划分模型，对车厢送风口、回风口及病原体呼出口进行网格加密，计算域、人体表面、病原体呼出口、空调送风口与回风口的最大允许网格尺寸分别为 30 cm、5 cm、0.5 cm、2 cm 与 4 cm，车厢体网格总数约 120 万个，扭曲度≤0.7，网格质量良好，网格划分如图 8.18 所示。

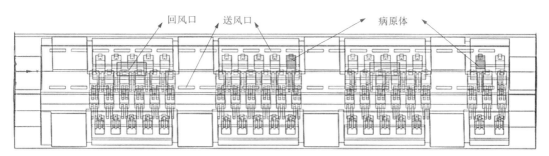

回风口　　送风口　　　　　病原体

图 8.17　城市轨道交通地铁车厢物理几何模型

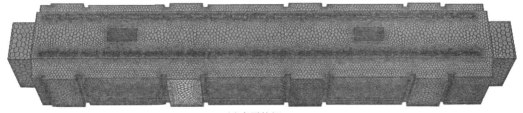

(a) 车厢外部

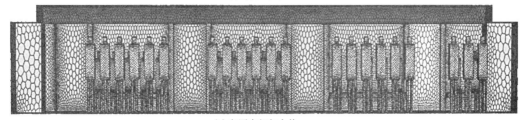

(b) 车厢内部与人体

图 8.18　地铁车厢与人体模型的网格划分

2. 边界条件与工况设置

以夏季工况为例,假定车内初始压强为1标准大气压,初始温度为297 K,呼出病毒前车内空气洁净,病原体飞沫水分很快蒸发,变成病毒气溶胶,呼吸速度为常量,在两站点区间进行120 s的瞬态计算,边界条件设置如表8.3所示;在正常通风和防疫通风的条件下,对比分析位于车厢中部($Y=10.3$ m)和车厢一侧($Y=17.4$ m)病原体呼吸产生的病毒气溶胶浓度,在120 s内的扩散规律,工况设置如表8.4所示。

表8.3 模型模拟边界条件设置

边界类型	边界条件设置
空调风口	送风速度为1.5 m/s与2.5 m/s,送风温度为291 K,回风口为自由出流边界
车内人体	取群集系数为0.955,静坐与站立人体的散热量各为77 W/m² 与80 W/m²
病原体呼吸口	嘴部开口面6 cm²,呼出气流速度为1.5 m/s,病原体呼出温度为310.5 K,其余乘客呼出温度309.5 K
病毒气溶胶	飞沫选择 droplet,粒径为25 μm,可蒸发组分质量占91.5%,密度为$1.1×10^3$ kg/m³,质量流率$7.85×10^{-12}$ kg/s;病毒气溶胶扩散设置:送风口/呼吸口为reflect模式,反弹后继续在车厢内扩散;回风口为escape模式,出去后不再追踪;人体表面/车身壁面为trap模式,沉积在物体表面后静止

表8.4 车内病毒模拟工况设置

工况	病原体位置 Y/m	通风模式	送风速度 /(m·s⁻¹)	工况	病原体位置 Y/m	通风模式	送风速度 /(m·s⁻¹)
工况1	10.3 m	正常通风	1.5 m/s	工况3	=10.3 m	防疫通风	2.5 m/s
工况2	$Y=17.4$ m	正常通风	1.5 m/s	工况4	$Y=17.4$ m	防疫通风	2.5 m/s

3. 模拟结果分析与讨论

在正常通风模式下,对病原体乘客120 s的呼吸活动进行数值模拟,对比病毒气溶胶浓度在30 s、60 s、90 s、120 s 4个时段的变化;如图8.19(a)所示,30 s时在车厢中部($Y=10.3$ m)地板附近病毒气溶胶滞留量较大,中部区域为感染区,此时病毒并未扩散到车厢两端,两端区域为安全区,车厢两端乘客不会感染病毒;60 s时车厢中部病毒气溶胶发生累积现象,并从中部扩散到车厢两端,两端区域由安全区逐渐变为易感染区;90 s和120 s时车内病毒气溶胶均完全扩散到全车厢区域,回风口下方区域未发生病毒气溶胶累积现象,因回风口下方风速较大,有利于病毒排出,净化车内空气微生物污染;分析计算结果还表明90 s和120 s内车内病毒气溶胶累积浓度各为$15.66×10^{-6}$ kg/m³ 和$20.26×10^{-6}$ kg/m³,可以预测在正常通风模式下,随着病原体乘客呼吸时间的增加,病毒气溶胶能够扩散到车内所有区域, 同时各区域病毒浓度呈现增大的趋势, 意味着乘客被感染风险上升。

如图 8.19(b)所示, 病原体位于车厢一端($Y=17.4$ m), 30 s 时病原体区域病毒气溶胶滞留量较大, 为病毒感染区, 且病毒未扩散到车厢中部和另一端区域; 60 s 时病原体周围病毒污染严重, 病毒气溶胶扩散至车厢中部区域, 但未扩散到车厢另一端, 车厢中部从安全区变为易感染区; 90 s 和 120 s 车内空气病毒累积浓度各为 16.58×10^{-6} kg/m³ 和 23.09×10^{-6} kg/m³, 病毒浓度的增长率略大于工况 1, 可能是病原体周围区域受到送风口吹出气流的影响, 形成了一个相对封闭的区域, 该区域内的病毒气溶胶不易传播到其他地方, 但同样不易排出; 所以工况 2 病毒气溶胶排出效率不高, 局部区域病毒浓度较大, 有更多的病毒气溶胶在病原体周围沉积, 对远离病原体的乘客起到一定的保护作用。

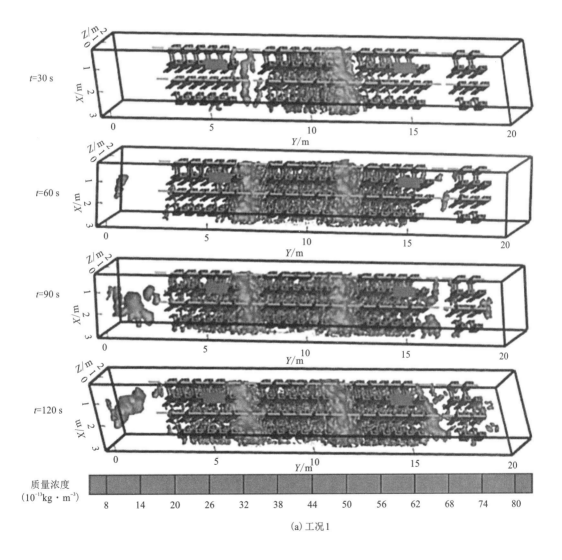

(a) 工况 1

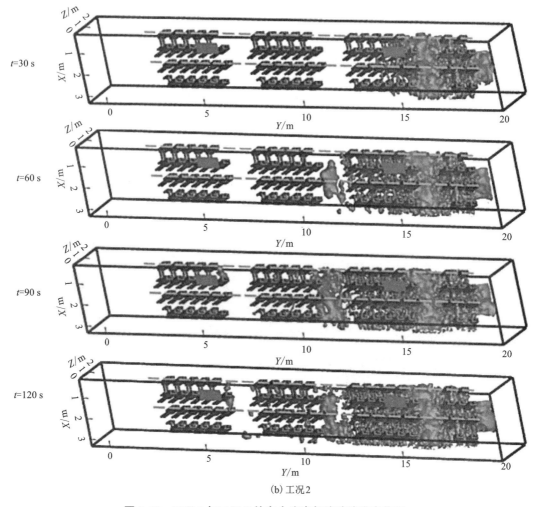

(b) 工况 2

图 8.19 工况 1 与工况 2 的车内病毒气溶胶浓度变化图

8.2.2 使用净化器与消毒机控制

用于车内杀菌消毒的空气净化器与消毒机市场上已有生产销售，常见的有光触媒净化器、消毒机器人、低温超氧净化机、等离子体消毒机或净化器。光触媒净化器主要由光催化反应器和紫外灯构成，当空气微生物经过时，在波长<400 nm 紫外线的照射下，光反应器内的光触媒被激活，可破坏细菌与病毒的细胞膜而杀死细胞；低温超氧净化机有医用级杀毒功能，可以连续灭杀车舱环境的细菌病毒，阻断病毒的传播，避免人群感染。2021 年京港地铁从港铁公司引入智能双氧水雾化消毒机器人，通过自动喷洒雾化的双氧水消毒液对车厢进行消毒，可深入到人工消毒不到的细微缝隙，能更有效地杀菌消毒。

1. 等离子体消毒机净化效果

中山大学、深圳市疾控中心与郑州大学联合研究 YDG 1000S 型等离子体空气消毒机对汽车舱内环境的杀菌效果,结果如表 8.5 所示。由表 8.5 可知该消毒机对车内空气消毒效果较好,但对车舱物体表面消毒效果不佳,可推广应用在私家车、出租车、客车与公交车等各种交通工具场所;该装置消毒原理是利用等离子发生器,通过低高压使空气中的氧气和水分子带上电荷,产生高浓度正负氧离子、氢氧基、电子等高活性因子,通过风动力系统将激发的离子态高活性消毒因子扩散到空气中,以电能、电子击穿、氧化作用破坏微生物细胞膜及细胞核,以实现杀菌消毒目的。

表 8.5 等离子体消毒机对汽车舱内环境的杀菌效果

消毒目标	消毒时间/min	消毒前菌数/(cfu·m⁻³)	消毒后菌数/(cfu·m⁻³)	平均杀灭率/%
大巴车内	30	659	157	76.18
	60	1014	95	90.63
小汽车内	30	321	11	96.57
	60	321	15	95.33
大巴车内物体表面	60	263	79	69.95
小汽车内物体表面	60	74	18	75.68

2. 光等离子体净化器杀菌消毒

北京地铁与深圳百欧森环保科技公司在某地铁线路 B 型车内,加装光等离子体空气净化器,消除车内细菌等污染;该装置规格:长 290 mm、宽 109 mm、高 60 mm,额定功率 14 W,额定电压 24 V(DC),输入电压范围 20~28 V(DC),额定电流 0.6 A;安装位置如图 8.20 所示,测试结果表明开启净化装置 2 h 后,车内空气细菌去除率为 100%,详情如表 8.6 所示;说明光等离子净化技术可有效降低车内空气和物体表面的细菌数量,提升车厢空气质量,其工作原理为光等离子团中的高能离子与细菌、病毒等微生物蛋白质结构中的氢原子结合,通过脱氢反应改变微生物蛋白质结构实现杀菌的目的;该装置净化能力强,能主动快速杀菌;可连续运行 8 个月,且工作状态正常,无故障记录。

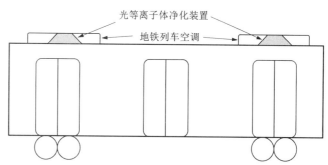

图 8.20 光等离子体空气净化器安装位置

表8.6　光等离子体净化器在地铁车内细菌的去除率　　　　　　　单位：%

不同位置处细菌总数	1 车厢（试验组、开启净化器）			6 车厢（对照组、无净化器）
	0.5 h	1 h	2 h	自然衰减 2 h
车内空气中	50	80	100	51
空调出风口物表处	83	87	98	53
车厢中部拉手物表处	70	87	99	55

3. 低温等离子体净化器杀菌消毒

为防控新冠病毒，广州地铁各线列车积极开展加装空气净化器的研究工作，基本实现紫外线消杀病毒；广州地铁集团在广佛线18列增购车中，率先使用等离子体净化器（株洲菲尼德产的 KJ-CZ100 系列），第三方检测机构——广东省微生物分析检测中心的实测数据表明，该净化器平均杀菌率为96.19%，详情如表8.7所示；低温等离子体激发产生正负离子，通过等离子高压放电，在空气中释放出大量的高能电子、正负离子、激发态粒子和具有强氧化性的 HO、HO_2 等活性自由基，对空气中的浮游霉菌、病毒等有害物质进行包围分解净化；该净化器使地铁列车舱室具备了应急消毒杀菌能力，能够在紧急情况下阻断细菌和病毒的传播和扩散，低温等离子体技术对于低浓度、大流量空气的净化具有重要作用，非常适合地铁车厢的应用。

表8.7　低温等离子体净化器对地铁车内空气白色葡萄球菌的杀菌效果

实测样品序号	净化前含菌量/(cfu·m⁻³)	净化时间/h	净化后含菌量/(cfu·m⁻³)	除菌率/%
1	$6.0×10^4$	2	$8.5×10^2$	96.07
2	$5.7×10^4$	2	$7.1×10^2$	96.45
3	$5.6×10^4$	2	$8.0×10^2$	96.05

上海轨道交通设备发展有限公司为实时有效净化列车舱室内空气，首先从送风空调机组出发，通过安装新风与回风滤网初步过滤送入车内的空气，去除空气中的杂质和粉尘等；然后在空调机组内的送风口处设置 2 个高度集成化的低温等离子体空气净化机，来自空调的自然气流将等离子体迅速扩散到车内，快速去除车内空气的细菌和病毒等污染物，实现行驶列车厢内动态空气的净化杀菌消毒；通过在运行的某地铁列车舱内进行对比试验，测得净化前后车内每个培养皿中沉降菌的数量分别为127 个、3 个，杀菌率为96.7%，可见该空气净化设备的杀菌效果非常明显。

8.2.3　杀菌抗毒内饰及材料

1.汽车内饰抗菌杀毒材料

抗微生物材料的技术关键是抗菌剂，抗菌剂可分为天然、有机、无机与光催化 4 大类；上汽集团与华东理工大学共同开发具有抗有害细菌、霉菌、病毒、螨虫等功能的汽车地毯及内饰环保专用材料[图 8.21(a)]，抗菌机制见图[8.21(b)]。微生物细胞膜由蛋白质和磷酸酯双分子层构成，而磷酸酯可分为电中性和电负性两种，其中带负电的磷酸酯与带正电的胍盐聚合物结合，可破坏细胞膜结构，引起细胞内容物的流失，最终杀死微生物；采用分子组装抗有害微生物技术制造的聚丙烯纤维与尼龙纤维材料都具有极好的抗菌性能，其中尼龙纤维对大肠杆菌、金黄色葡萄球菌、驱螨都有良好的杀灭效果，应用于荣威 E50 新能源电动轿车地毯总成；上汽集团自主品牌荣威 E50 车型地毯总成是基于物理作用杀灭微生物的有机胍盐类优秀代表，经国家级微生物检测中心分析表明其抗菌、抗病毒与螨虫等指标都达标，无疑为改善 VIEQ 与减少疾病，筑成了一道绿色保护屏障。

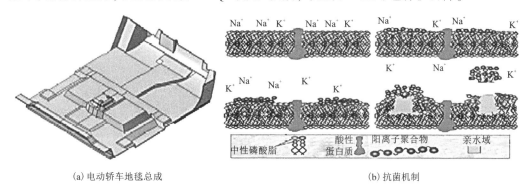

(a)电动轿车地毯总成　　　　　　　　　(b)抗菌机制

图 8.21　新能源电动轿车地毯总成及其胍盐聚合物破坏微生物细胞膜的杀菌机制

2.抗菌抗病毒防霉的汽车内饰面料与材料

旷达科技集团调查发现目前常用的具有抗菌和抗病毒功能的材料主要是含有金属元素(如 Ag 或 Cu)的材料以及负载金属或其氧化物的 TiO_2 光催化类材料，研究人员开发了具有抗菌三防健康功能的顶棚面料，选择抗菌三防一步法工艺进行复合功能整理。工艺流程为：坯布预定形→染色→浸轧抗菌三防复合功能整理液→定形；再采用抗菌防水同浴一步法进行整理。优化工艺流程为：浸轧复合功能整理液(3.0%抗菌剂 KD-2015 与 2%防水剂 SFA)→定形(160℃与 1 min)。依据国标《纺织品 抗菌性能的评价 第 2 部分：吸收法》测试其抗菌性能，结果表明对大肠杆菌、金黄色葡萄球菌和白色念珠菌的抑菌率都≥99.9%，样品具有良好的抗菌性。

在车内配备智能空气净化系统的同时，从环保源头出发，普利特还推出车用抗菌防霉材料，使材料具备抑菌或杀灭表面细菌的功能。普利特开发的 PP、ABS、PC/ABS、HDPE 与 PA 等基材的抗菌材料对金黄葡萄球菌和大肠杆菌的有效抗菌率>99.9%，防霉等为 0~1 级，能保持车内零件表面清洁，保护驾乘人员的健康。

8.2.4 空调通风与卫生清理技术

1. 防疫通风对病毒气溶胶的控制

将空调送风速度增大到 2.5 m/s，即地铁车厢采用防疫通风模式；由图 8.22(a)可知，病原体乘客呼吸时间为 60 s 时，病毒不断地从病原体周围向车内其他区域扩散，90 s 时病毒已扩散到车内所有区域，在 90 s 和 120 s 时车内病毒累积浓度各为 13.4×10^{-6} kg/m³ 和 15.5×10^{-6} kg/m³；如图 8.22(b)所示，120 s 时病毒仅扩散到车厢中部，有效保护了车厢另一端的乘客，在 90 s 和 120 s 时病毒累积浓度分别为 13.1×10^{-6} kg/m³ 和 15.9×10^{-6} kg/m³。虽然工况 3 在 90 s 时病毒累积浓度大于工况 4，但随着病原体呼吸活动的继续，到达 120 s 时，工况 3 最终累积的车内病毒浓度最低，病毒气溶胶排出效率要优于工况 4。研究结果还表明防疫通风(工况 3 与工况 4)时车内病毒累积浓度明显低于正常通风时(工况 1 与工况 2)，因此，增加送风量有利于车内病毒气溶胶污染跟随气流排出，降低了车内乘客感染病毒的概率。

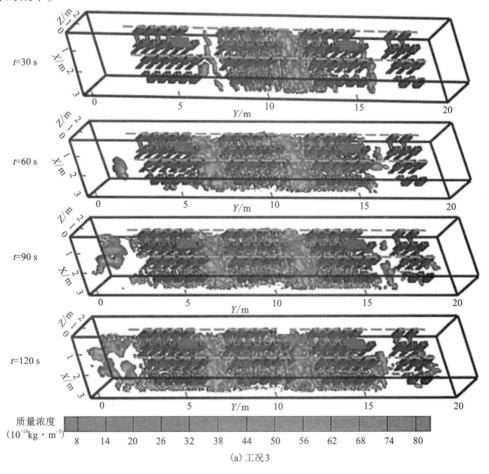

(a) 工况 3

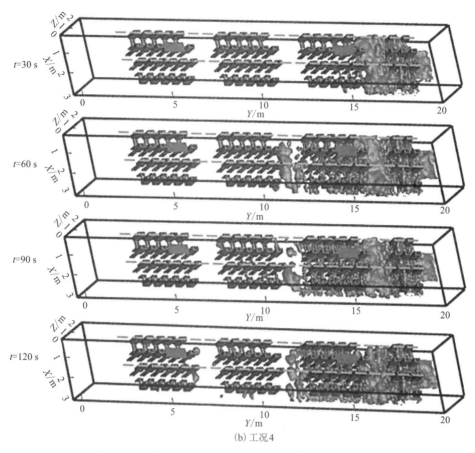

(b) 工况 4

图 8.22　工况 3 与工况 4 车内气溶胶颗粒浓度变化图

2. 不同通风模式下净化病毒气溶胶的效果对比

如图 8.23(a)所示，在通风前 60 s 内所有通风模式的乘客呼吸区病毒气溶胶瞬时浓度都快速增长，但防疫通风模式(工况 3 与工况 4)明显低于正常通风模式(工况 1 与工况 2)；60~90 s 内仅工况 3 的气溶胶瞬时浓度增长，而工况 1 和工况 4 出现下降趋势，工况 2 变化不大；90~120 s 时段内，工况 1 和工况 3 瞬时平均浓度下降幅度较大，说明通风开始快速排出车内病毒气溶胶。呼吸区病毒最终浓度大小为：工况 3<工况 1<工况 4<工况 2，防疫通风模式的(工况 3)净化病毒效率最高。

如图 8.23(b)所示，通风 60 s 后，防疫通风模式排出病毒的优势开始显现，车内空气病毒累积浓度低于正常通风模式；120 s 时的病毒累积浓度对比，结果为工况 3<工况 4<工况 1<工况 2，可知防疫通风排出的车内病毒数明显高于正常通风，所以车内乘客感染病毒的风险降低；不同通风模式对车内病毒气溶胶的净化效果影响较大，主要原因是通风模式明显影响车内气流速度，最后影响车内病毒的排出；如图 8.24 所示，正常通风模式下车内大部分区域的气流速度为 0.15~0.75 m/s，而防疫通风模式下车内气流速度为 1.2~1.95 m/s，因防疫通风模式下的气流速度远大于正常通风，所以排出病毒效果更好。

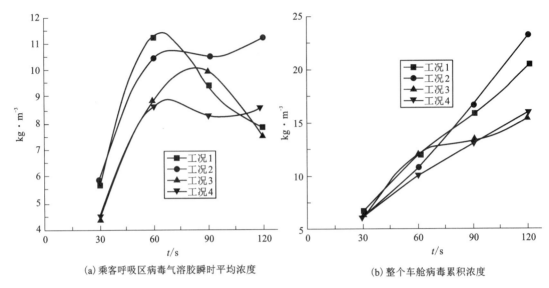

(a) 乘客呼吸区病毒气溶胶瞬时平均浓度　　　　(b) 整个车舱病毒累积浓度

图 8.23　不同通风工况对地铁乘客舱内空气病毒气溶胶浓度的影响

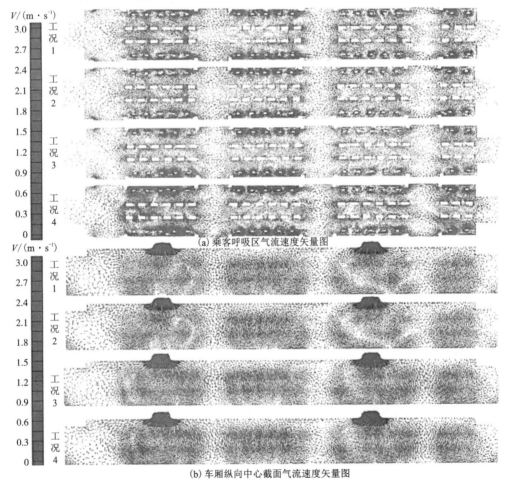

(a) 乘客呼吸区气流速度矢量图

(b) 车厢纵向中心截面气流速度矢量图

图 8.24　不同通风模式下地铁乘客舱内气流速度矢量图

3. 车舱设计与通风优化调控

香港大学与香港科技大学模拟研究了汽车乘客舱生物气溶胶污染, 通过咳嗽发生器产生呼吸性病毒气溶胶(10^7 PFU/mL), 实验装置如图 8.25(a) 所示。结果发现沉积在病原体前排座椅的病毒数量比其他座位高 1 个数量级, 座椅后背比咳嗽位置高 15 cm 可减少 5% 的病毒量, 在病原体上方开启 1.5 m/s 的喷射风速可减少 4% 的病毒量。因此, 增加座椅后背高度与车顶安装喷射风机可保护车内人员健康, 降低病毒感染风险。

美国马萨诸塞州大学与布朗大学采用 CFD 技术, 模拟研究了 SARS-CoV-2 等呼吸性病毒在乘用车内扩散传播的规律。司机为新冠感染者, 呼出的病毒浓度为 C_0, 开窗通风后, 车内病毒浓度为 C, C/C_0 的分布如图 8.25(b) 所示; 结果表明随着开窗数量的增加, 车内空气交换速度增大, 病毒的排出量更多, 净化率更高。

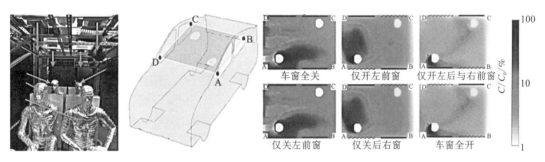

(a) 暖体假人及车舱实验装置　　　　(b) 轿车内病毒传播分布感染

图 8.25　暖体假人及车舱实验装置与车内病毒扩散分布云图

4. 卫生清洁与空调控制车内微生物污染

葡萄牙研究人员发现舱室卫生清洁与空调通风措施可减少汽车舱内空气细菌与真菌污染。如图 8.26 所示, 空调开启后车内真菌浓度的均值(35.8 cfu/m^3)各为开启风扇与无通风状态下车内真菌浓度均值的 43.7% 与 26.1%; 开启空调后车内细菌浓度均值(51 cfu/m^3)与开启风扇模式相同, 仅是无通风状态的 12.9%, 可知应用空调技术防控车内细菌与真菌污染效果最佳。

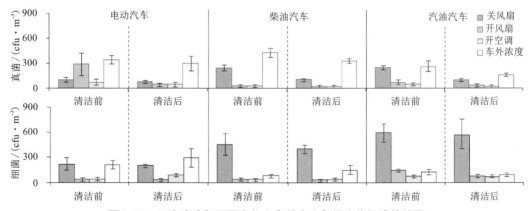

图 8.26　卫生清洁与通风净化汽车舱内空气微生物污染的效果

8.3　车内新冠肺炎防控

截至 2022 年 11 月 9 日,新冠病毒(SARS-CoV-2)引发的新冠肺炎(COVID-19)导致全球死亡人数超过 660 万人,其中美国>100 万人、巴西>68 万人、印度>53 万人、中国>2.8 万人,可见新冠病毒对健康危害极大。光明网报道:某男性乘客与某新冠肺炎复阳病例同乘一列高铁,在同一车厢但相隔 4~5 排座位距离仍被感染,导致全家 4 口都被感染;该案例说明新冠病毒在密闭的车舱内传染性很高,车内环境病毒防控值得重视。

8.3.1　新冠病毒传播与交通停运防控

1. 轨道交通车内新冠病毒传播预测与控制

西安建筑科技大学与长安大学对轨道交通车内新冠病毒传播进行预测研究,研究人员将城市轨道交通系统内的乘客分为 COVID-19 易感者、感染者与暴露者,假设新冠病毒为自由传播,传染概率为 0.41,建立新冠疫情在轨道交通车内部传播的模型;以某市地铁为案例,假如有 13 个新冠病毒感染者乘坐地铁;研究结果表明:城市轨道交通载运水平与 COVID-19 可能感染人数呈线性正相关关系,当载运水平降低至平均水平的 10%时,多数案例的新冠病毒可能感染人数<1 人,证明了城市轨道交通客流管控强度的有效性;起终点站内人数折减引起的感染人数变化(<20%)低于车厢人数折减引起的变化(60%~80%),说明相比较起终点站内人群,车厢内的人群密集程度对新冠病毒感染人数的影响更加显著;车辆中途经停时,进入车厢的人数越多,可能感染 COVID-19 的人数越高,如果上下车人数比≤1 则能有效控制可能感染人数的升高。

2. 公共交通管控与停运防控新冠病毒

澳大利亚、加拿大与中国研究人员发现从 COVID-19 爆发城市到目的城市的出行交通工具(飞机、高铁、长途汽车)与新冠病毒传播感染有关联性,尤其与飞机与高铁呈显著相关性,因此交通停运是控制 COVID-19 感染的重要举措。上海大学研究人员对 COVID-19 爆发初期我国 56 个城市的疫情相关数据进行了研究,发现公共交通管控强度和及时性与新冠肺炎最大累计确诊人数均存在显著相关性,管控强度在"经济水平→管控及时性→累计确诊人数"中介链条中起显著调节作用,高管控强度可弥补因管控不及时造成的大范围新冠病毒传播现象;故当城市新冠肺炎传播已出现严重态势时,有必要采取更高强度的公共交通管控,关闭公共交通或停运部分公共交通,在及时采取公共交通管控措施的前提下,实施高强度管控最多可减少 67.2%的感染患者。

基于哈佛大学 9394 份样本量调查数据,分析全球 6 大洲包括意大利、美国、澳大利亚、伊朗、挪威、巴西、南非、印度、中国、加纳等 10 个国家在内的各国民众不同出行方式(包括步行,乘坐自行车、摩托车、1 人或多人轿车、公共汽车、地铁、火车、有轨电车与飞机)感染 COVID-19 的概率,结果表明乘坐公共汽车、飞机、火车、地铁与有轨电车是最危险的交通方式,在巴西和伊朗 COVID-19 的感染系数≥6,病毒感染率非常高,因此停运公共交通工具是各国抑制 COVID-19 扩散的有效方式。新冠疫情期间,为控制新冠病毒的扩散传播与潜在感染风险,世界各国都在避免或限制民众使用公共交通工具出行。

8.3.2　紫外线与高温消杀病毒

1. 太阳辐射热消杀汽车舱内新冠病毒

在目前 COVID-19 爆发期,消毒是防控新冠病毒的常用方法。因车舱内空间有限,内饰表面人群触摸频繁,造成出租车、公交车和私家车等共享乘用车内流通人群密集,故新冠病毒潜在感染风险高;西安交通大学研究人员提出一种被动式太阳能加热车舱的绿色技术(图 8.27),该技术可在温暖、炎热的天气(50~60℃)情况下,在几分钟到半小时内可杀死车内环境病毒;实测西安秋季某室外停车场的白色小轿车内温度(门窗关闭),发现阳光直射 30 min 后车内空气温度从 30℃上升至 42~49℃,持续 90 min 后温度上升为 52~57℃;要完全杀死新冠病毒,在 50~55℃、55~60℃、>65℃的条件下最短阳光照射持续时间分别为 20 min、5 min、3 min,太阳辐射加热密闭乘用车内空气可能是杀死 SARS-CoV-2 热敏感病原体的有效方式;因此在密闭车舱内通过太阳能加热车舱内的空气是一种很有前途的消毒策略,汽车制造商据此可开发出一款能在停车时间工作的加热系统,以将这项绿色消毒技术应用于寒冷气候。

车内高频触摸表面与病毒气溶胶污染

太阳辐射热导致车内温度升高
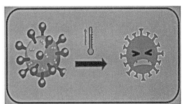
新冠等病毒的热敏感性-高温杀毒

图 8.27　太阳辐射使车内温度升高杀死新冠等病毒示意图

美国国家生物防御分析与对策中心研究发现,温度升高会加速新冠病毒的衰减或死亡,在 54.5℃时病毒半衰期为(10.8±3.0)min,传染性降低 90%的时间为(35.4±9.0)min,详情如图 8.28 所示;研究结果还表明车辆停放在空气较温暖的环境中,停放时间不到 1 h,车舱内部环境表面的接触传染性病毒感染的可能性大大降低;温度升高会加速车舱物体表面上新冠病毒的衰减速度,如果与正常的清洁/消毒措施相结合,会进一步降低新冠病毒的传播可能性。此外,美国国防部与食品药品管理局的研究结果表明,夏季在世界范围内大多数城市,≥90%的新冠病毒在中午阳光下暴露 11~34 min 后将被灭活,而在冬季需要一天或更长时间;因此在世界上许多人口稠密的城市,新冠病毒在夏季相对较快地被灭活(比甲型流感病毒快),表明太阳光在阻止冠状病毒的流行、传播和蔓延过程中发挥作用。

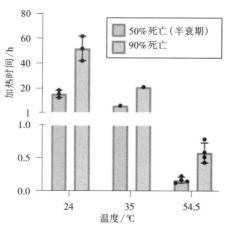

图 8.28 升温杀死新冠病毒的效率

2. 紫外线(UV)技术消杀新冠病毒

加拿大多伦多大学与儿童医院等单位通过分析安大略省 34 个公共卫生单位 2020 年 1—6 月期间 34975 例 COVID-19 患者数据样本,计算了每日 COVID-19 的发病率和复发数,使用广义线性模型,调整潜在的混杂因素,计算紫外线的点估计(PE)和 95% 置信区间(CI),按年龄组、机构组与社区组分析疫情;结果发现紫外线的周平均值与每增加单元 COVID-19 复发数下降 13%($CI=0.80\sim0.96$)有显著相关性,COVID-19 在社区暴发($PE=0.88$、$CI=0.81\sim0.96$)和机构暴发($PE=0.94$、$CI=0.85\sim1.03$)都与紫外线强度呈负相关关系;较强的紫外线可抑制 COVID-19 的传播感染;为了减少复发风险,即使在温暖的季节(气温升高与阳光充足),勤洗手与保持一定的社交距离仍是十分必要的。

8.3.3 车内环境消毒与个人防护措施

1. 公共交通工具消毒操作与个人防护指南

为防止新冠肺炎通过交通工具传播,国务院应对新型冠状病毒感染的肺炎疫情联防联控工作机制综合组 2020 年 1 月 29 日发布《公共交通工具消毒操作技术指南》,国家卫健委 2020 年 7 月 20 日发布并实施我国卫生行业标准 WS 695-2020《新冠疫情期间公共交通工具消毒与个人防护技术要求》,部分相关内容如表 8.8 所示。西班牙、意大利与澳大利亚等国研究使用 O_3 或 NaClO 消毒清洁巴士车舱,显著减少了车内新冠病毒污染。

表 8.8 公共交通工具消毒与个人防护技术要求

	具体相关内容
适用范围	适用于新冠疫情期间运营的飞机、旅客列车、动车、长短途客车、公交车、轨道交通车、船舶、出租汽车等公共交通工具及相关工作人员、旅客、乘客、司机

续表8.8

	具体相关内容	
物体表面消毒	日常运行期间应保持公共交通工具整洁卫生，及时清运垃圾，并采取预防性消毒措施；对运行结束的交通工具内部物体表面(如车身内壁、司机方向盘、车内扶手、桌椅等)采用含有效氯 0.25～0.5 g/L 的含氯消毒剂喷洒或擦拭，也可采用有效的消毒湿巾擦拭；座椅套等纺织物品应保持清洁，并定期进行洗涤、消毒处理；卧铺上的床单、枕套、被套、垫巾等公共用品，坚持每客一换或单程终点更换，保持物品整洁；织物消毒可使用流通蒸汽或煮沸消毒 30 min，或先用含有效氯 0.5 g/L 的含氯消毒剂浸泡 30 min，然后常规清洗；当公共交通工具上出现人员呕吐时，应立即采用消毒剂(如含氯消毒剂)或消毒干巾对呕吐物进行覆盖消毒，清除呕吐物后，再使用新洁尔灭等消毒剂对物体表面进行消毒处理；当有疑似或确诊病例出现时，在专业人员指导下，肉眼可见污染物先使用一次性吸水材料加含有效氯 5～10 g/L 的含氯消毒剂(或能达到高水平消毒的消毒干巾)进行覆盖消毒，完全清除污染物后，再用含有效氯 1 g/L 的含氯消毒剂或 0.5 g/L 的二氧化氯消毒剂进行喷洒或擦拭消毒；无肉眼可见污染物时可用 1 g/L 的含氯消毒液或 0.5 g/L 的二氧化氯消毒剂擦拭或喷洒消毒；地面消毒先由外向内喷洒一次消毒剂，喷药量为 100～300 mL/m²，待室内消毒完毕再由内向外重复喷洒一次，消毒时间应 ≥ 30 min；织物、坐垫、枕头和床单等物品，疑似、确诊病例和无症状感染者在公共交通工具上产生的生活垃圾，均按医疗废物处理	
加强通风换气	日常通风可采用自然通风或机械通风方式，适当增加通风量，提高换气次数，并注意定期清洁消毒空调送风口、回风口及回风口的过滤网等；短途客车与公交车等可开窗的公共交通工具，有条件时可开窗低速行驶，可在停驶期开窗通风，保持空气流通；当出现疑似或确诊病例时，应在专业人员指导下，在无人时选择过氧乙酸、含氯消毒剂、二氧化氯、过氧化氢等消毒剂，采用超低容量喷雾法进行消毒	
工作人员防护与卫生	建议工作人员佩戴医用外科口罩或其他防护级别更高的口罩和手套，每日做好自我健康监测，确保在岗期间身体状况良好，当身体不适时应立即报告所在单位并及时就医；当有疑似或确诊病例出现时，应在专业人员指导下进行个人防护；应加强并随时进行手卫生，可用有效的含醇速干手消毒剂；特殊条件下，也可使用含氯或过氧化氢手消毒剂；有肉眼可见污染物时应使用洗手液在流动水下按"六步洗手法"清洗双手，然后消毒	
旅客消毒与个人防护	旅客乘坐公共交通工具时，应佩戴口罩，旅行结束时及时弃用，有条件的可选择佩戴手套；旅程中尽量避免触碰公共物品，同时加强手卫生，旅程结束后需清洁手卫生，可选用有效的含醇速干手消毒剂，特殊条件下也可使用含氯或过氧化氢手消毒剂；有肉眼可见污染物时应使用洗手液在流动水下先洗手再消毒；应注意与他人保持距离，有条件时保持相互间距>1 m；当有疑似、确诊病例或无症状感染者出现时，乘客应听从工作人员指令，做好个人防护，听从安排进行排查检测，不得私自离开	
手套	一次性手套不可重复使用，可重复使用手套需清洗消毒，可使用流通蒸汽或煮沸 30 min 消毒；或先用 0.5 g/L 的含氯消毒液浸泡 30 min，再常规清洗	

2. 旅客列车消毒技术及现场消毒实践

天津铁路疾控中心针对不同列车的送风方式采取不同的消毒方式，同时增加新风量的输送，降低新冠病毒感染风险。旅客列车舱室消毒技术如表 8.9 所示。为了保障旅客在新冠疫情期间出行安全，我国铁路对列车舱室及 HVAC 病毒进行消杀(图 8.29)。

表 8.9　旅客列车通风与消毒技术

	具体相关内容	适用列车
车内空气消毒	一般不需特殊消毒，如出现病例，则用 1 g/L 的含氯消毒液喷洒消毒，消毒顺序由外向内，消毒作用时间≥30 min	所有列车
集中空调部件	过滤网、过滤器：先清洗后消毒，首选 0.5 g/L 含氯消毒剂喷洒或擦拭消毒。风口、风管、空气处理机组：先清洗后消毒，可采用化学消毒剂擦拭消毒，金属部件首选季铵盐类消毒剂，非金属部件首选 0.5 g/L 含氯消毒剂或 0.2% 过氧乙酸消毒剂。表冷器、加热(湿)器、冷凝水盘：应先清洗，后消毒，可采用季铵盐类消毒剂喷雾或擦拭消毒	动车与普速空调车
通风换气	组织优化调整空调供风系统控制，提高顶部送风量比例，有效防止空气交叉对流循环，最大限度地增加新风供应量，不同车型的新风供应量提高了 17%~33%。各车厢每隔 5~10 min 可完成一次新风换气	动车与普速空调车
	开窗通风为主，每日开窗通风 2~3 次，每次 30 min	普速非空调车
卫生间及设施	便池及周边可用 2 g/L 的含氯消毒液擦拭消毒，作用时间为 30 min；厕所内的表面和面盆、水龙头等可用 0.5 g/L 的含氯消毒液或其他可用于表面消毒的消毒剂擦拭消毒，消毒液作用 30 min 后用清水擦拭干净	所有列车
桌面与门把手	配制浓度为 0.5 g/L 含氯消毒液，消毒液作用 30 min 后用清水擦拭干净	所有列车
车舱与地面	可用 1 g/L 的含氯消毒液擦拭或喷洒消毒，消毒顺序由外向内，消毒时间≥30 min	所有列车
呕吐物、排泄物及分泌物	污染物可用一次性吸水材料(如纱布、抹布等)蘸取 5~10 g/L 含氯消毒液小心移除。地面用 1 g/L 含氯消毒液或 0.5 g/L 的二氧化氯消毒剂擦拭或喷洒消毒，地面消毒时先由外向内喷洒一次消毒液，喷药量为 100~300 mL/m²，待室内消毒完毕后，再由内向外重复喷洒一次，消毒时间应≥30 min。处理污染物时应戴手套与一次性使用医用口罩，处理完毕后应洗手或手消毒	所有列车

图 8.29　我国列车舱室表面的消毒现场与 HVAC 滤棉消毒更换*

3. 新型冠状病毒感染不同风险人群防护指南

同济大学研究人员发现地铁车厢内病原体感染者在佩戴口罩后，咳嗽飞沫中病毒在 1.5 m 高度处扩散距离比未戴口罩降低 36%，儿童与成人接触的飞沫浓度各降低 95% 与 51%，阻力较大与孔隙率较小的口罩抑制病毒传播效果更好。清华大学发现佩戴普通医用外科口罩可有效降低新冠肺炎感染风险。因此，不管是感染者还是健康人，佩戴口罩都可降低车内人员感染新冠病毒的风险。国家卫健委疾控局 2020 年发布《新型冠状病毒感染不同风险人群防护指南》，指导个人防护新冠肺炎，其中针对出行与车内人员的防护指南如表 8.10 所示。

表 8.10 出行及车内驾乘人员防护新冠病毒指南

	防护指南内容
出行人员	日常生活与工作出行人员，外出前往超市、餐馆等公共场所和乘坐公共交通工具时，要佩戴口罩，尽量减少与他人近距离的接触；个人独处、自己开车或独自到公园散步等感染风险较低时，不需要佩戴口罩；出现可疑症状到医疗机构就诊时应佩戴口罩，可选用医用外科口罩，尽量避免乘坐地铁、公交车等交通工具，避免前往人群密集场所；就诊时应主动告知医务人员在疫情区的居住史，与他人接触史，配合医疗机构开展调查；远距离出行人员应事先了解目的地是否为疫情区，如必须去，应事先配备口罩、便携式免洗洗手液、体温计等必要物品；旅行途中尽量减少与他人近距离接触，在人员密集的公共交通场所和乘坐交通工具时要佩戴 KN95/N95 及以上颗粒物防护口罩，口罩在变形、弄湿或弄脏导致防护性能降低时需及时更换；妥善保留赴疾病流行地区时公共交通票据信息以备查询，从疾病流行地区返回应尽快到所在社区居委会、村委会进行登记并医学观察，医学观察期限为离开疾病流行地区后 14 天；医学观察期间进行体温、体征等身体状况监测，尽量做到单独居住或居住在通风良好的单人房间，减少与家人的密切接触
特定行业人员	公共交通工具司乘人员与出租车司机等，因日常接触的人员较多，存在感染风险，其所在单位应为其配备一次性使用医用口罩或医用外科口罩或 KN95/N95 及以上颗粒物防护口罩、手消毒液、消毒纸巾、体温计等物品，并做好工作环境的日常清洁与消毒工作；工作期间应做好个人防护，规范佩戴口罩上岗，口罩在变形、弄湿或弄脏导致防护性能降低时须及时更换；注意保持手卫生，用洗手液或香皂在流水下洗手，或者使用免洗洗手液，每日至少测 2 次体温；一般情况下不必穿戴防护服、防护面罩等防护用品。如出现可疑症状（发热、咳嗽、咽痛、胸闷、呼吸困难、乏力、恶心呕吐、腹泻、结膜炎、肌肉酸痛等），应立即停止工作，根据病情居家隔离或就医

8.3.4 交通车内新冠肺炎疫情防控指南

为深入贯彻习近平总书记关于统筹推进新冠肺炎疫情防控和经济社会发展的重要指示精神，落实中央应对新冠肺炎疫情工作领导小组决策部署，按照国务院应对新冠肺炎疫情联防联控机制关于进一步落实分区分级差异化防控策略的要求，科学做好客运场站和交通运输工具疫情防控工作，我国交通运输部 2020 年 3 月 1 日发布《客运场站和交通运输工具新冠肺炎疫情分区分级防控指南》，即第一版，此后根据疫情实况逐步修订。

1. 交通运输工具新冠肺炎疫情分区分级防控指南(第七版)

针对当时我国本土聚集性疫情呈现点多、面广、频发的特点，疫情防控形势严峻复杂，疫情防控难度加大，我国交通运输部 2022 年 3 月 18 日发布《客运场站和交通运输工具新冠疫情分区分级防控指南(第七版)》，其中车内新冠病毒防控如表 8.11。

表 8.11　交通车内新冠肺炎分区分级防控措施

交通工具		防控措施	高风险区	中风险区	低风险区	备注与其他
道路客运车	车辆消毒	车厢内部车内空调出风口、车身内壁及车窗、方向盘、车门及扶手、车辆座椅及安全带、行李架消毒频次	每趟 1 次		三类以上班线每趟 1 次，县内班线≥1 次/天	有条件的卫生间宜配备速干手消毒剂，安装感应式手消毒设施；及时清扫并转运垃圾等
		行李舱消毒频次	每趟 1 次			
	车辆通风	原则上每次通风时间 ≥ 10 min，室外温度和车速等适宜时可关闭车内空调、开窗通风；适当提高进入服务区停车休息频次，对客车进行通风换气；中、高风险区所在地市车辆空调通风应选择外循环模式通风频次/(次·h⁻¹)	1	0.5	0.25	对于每趟次运营时间超过 1 天的道路客运班线车辆，要进一步提高行驶途中进入服务区停车休息频次，强化对客车的通风换气
	运输组织	省际、市际客运班线客车和包车客座率/%	≤50	≤70	—	
公共汽车、电车	车辆消毒	车厢内部车内空调出风口、扶手、座椅、地板、司机方向盘、车窗开关把手等消毒频次	每趟 1 次		1 次/天	若有体温>37.3℃，或呕吐、乏力、腹泻症状人员，立即对接触区域及设施设备消毒
	车辆通风	原则上每次通风时间 ≥ 10 min，室外温度和车速等适宜时可关闭车内空调、开窗通风	持续通风		每趟通风	中、高风险区所在区县车辆空调通风应选择外循环模式
	运输组织	车内人员拥挤度/(人·m⁻²)	≤4	≤6	—	

续表8.11

交通工具		防控措施	高风险区	中风险区	低风险区	备注与其他
轨道交通车	列车消毒	车厢内部消毒频次：拉手、立柱、扶手、座椅、车门等乘客易接触部位	1 次/4 h	1 次/6 h	1 次/天	若有体温>37.3℃，或呕吐、乏力、腹泻症状人员，立即对接触区域及设施设备消毒
		回库后列车全面消毒频次	每回库 1 次	每日 1 次	—	
	列车通风	中、高风险区所在区县，可根据外部环境温度，调整为正常通风量不间断通风	最大通风量不间断通风		正常工况通风	
	运输组织	列车满载率/%	≤50	≤70	—	
出租汽车	车辆消毒	重点区域消毒频次：司机方向盘、座套、安全带、座椅、脚垫、后备厢、空调出风口等	0.5 次/h	0.25 次/h	1 次/天	若出现人员发热情况，立即对接触区域及设施设备消毒
		重点部位消毒频次：车门把手、车窗升降按钮、后备厢按钮等	1 次/单	0.25 次/h	1 次/天	司机可随车携带使用醇类消毒湿巾对重点部位消毒
	车辆通风	室外温度和车速等适宜时，经乘客同意，可关闭车内空调、开窗通风，通风频次	1 次/单	0.5 次/h	0.25 次/h	中、高风险区所在区县车辆空调通风应选择外循环模式
汽车租赁	车辆消毒	司机方向盘、车门把手、车窗升降按钮、后备厢及按钮、安全带、座椅座套、脚垫等消毒频次	分时租赁1 次/12 h	分时租赁1 次/24 h	—	中、高风险区汽车每次租赁结束后消毒 1 次，分时租赁车消毒后未被租出可不消毒
机动车维修	车辆消毒	方向盘、车门把手、车窗升降按钮、轮胎、后备厢及按钮、安全带、座椅座套、脚垫等消毒频次	每次交接车辆 1 次			若出现人员发热情况，立即对接触区域及设施设备消毒

续表8.11

交通工具		防控措施	高风险区	中风险区	低风险区	备注与其他
机动车驾驶培训车	教学车辆与驾驶模拟设备消毒	方向盘、行车和驻车操纵杆、车门把手、安全带、座椅调节按钮、座椅、内后视镜、转向灯操作杆、外后视镜开关按钮等消毒频次	每1名学员使用完	1次/6 h	每日1次	若出现人员发热情况，立即对接触区域及教学设施设备消毒
	教学车辆通风	车辆被每1名学员使用后必须通风；室外温度和车速等适宜时，可关闭空调、开窗通风，通风频次/(次·h^{-1})	1	0.5	0.25	中、高风险地区所在区县的教学车辆使用空调时，应当选择外循环模式

2. 交通运输工具新冠肺炎疫情防控工作指南(第十版)

我国交通运输部2022年11月12日在分区分级防控指南第八版的基础上，修订形成了《客运场站和交通运输工具新冠肺炎疫情防控工作指南(第九版)》，2022年12月7日发布防控工作指南第十版，即目前使用版本，要求戴口罩、测量体温，其中关于车内新冠防控的消毒通风措施如表8.12所示。

表 8.12　交通运输车内新冠肺炎疫情防控的消毒通风技术

项目	操作要点	适用车辆
消毒范围	方向盘、座套、安全带、座椅、脚垫、车门把手、车窗升降按钮、后备厢及按钮、空调出风口等	机动车驾驶员培训车、出租汽车(含网约车)、租赁汽车
	车身内壁及车窗、车辆座椅、车门及扶手、方向盘、地板、车内空调出风口等	公交车
	车身内壁及车窗、车辆座椅及安全带、车门及扶手、方向盘、地板、车内空调出风口、行李架、行李舱等	客车
消毒要求	每日1次，风险区内每日2次	机动车驾驶员培训车、公交车、客车、出租汽车(含网约车)
	车辆每单1次清洁消毒，承租人每次还车后，经营者对车辆进行清洁消毒	租赁汽车
	列车至少每日全面消毒1次，必要时可每次回库消毒1次；空调滤网3~7消毒1次或每15日更换1次滤网	城市轨道交通列车

续表8.12

项目	操作要点	适用车辆
消毒方法	可选择含氯消毒剂、二氧化氯、季铵盐、过氧乙酸、单过硫酸氢钾等消毒剂擦拭、喷洒或浸泡消毒	机动车驾驶员培训车、客车、公交车、出租汽车（含网约车）、租赁汽车、城市轨道交通列车
清洁要求	及时清理垃圾及可见污染物；对呕吐物立即用一次性吸水材料加足量消毒剂（如含氯消毒剂）或消毒干巾对呕吐物进行覆盖，清除呕吐物后，再对呕吐物污染过的地垫、车壁等进行消毒处理	城市轨道交通列车、客车、公交车、出租汽车（含网约车）
通风换气要求	每日 2~3 次，每次 20~30 min；室外温度等条件适宜情况下，宜持续自然通风	机动车驾驶员培训车、客车、公交车、出租汽车（含网约车）
	可根据疫情防控需要和外部环境温度，采用最大或正常通风量的不间断通风	城市轨道交通列车
其他	每趟次转运结束后，对车辆内部及行李舱进行终末消毒，开窗通风 20~30 min，及时清运垃圾；配备速干手消毒剂、消毒液、消毒湿巾、消毒干巾、备用 N95/kN95 颗粒物防护口罩或以上级别的口罩等；转运人员出现呕吐、吐痰等时，立即用一次性吸水材料加足量消毒剂或消毒干巾对呕吐物进行覆盖，清除呕吐物后，再对呕吐物污染过的地面、车壁等进行应急消毒处理	入境人员等风险人员转运车，车辆配置要求驾驶室与车厢全封闭物理隔离

3. 密闭交通工具新冠病毒防控措施

2020 年 1 月 16 日，国家卫生健康委员会印发《新型冠状病毒感染的肺炎诊疗方案（试行）》，后续依次发布新冠肺炎防控方案第二版至第六版；2020 年 9 月 11 日改为国务院应对新型冠状病毒感染的肺炎疫情联防联控机制综合组印发《新型冠状病毒肺炎防控方案》第七版，2023 年 1 月改为《新型冠状病毒感染防控方案（第十版）》，其中关于密闭车内与大型场所新冠病毒防控如表 8.13 所示。

表 8.13　密闭交通工具与大型场所新冠病毒防控措施

方案名称	具体相关内容
新型冠状病毒肺炎防控方案（第九版）	明确要求对汽车、火车、飞机等密闭交通工具，要落实通风换气、清洁消毒、体温监测等防控措施；火车与汽车等交通运输和转运工具有可见污染物时，应先使用一次性吸水材料蘸取有效氯 5~10 g/L 的含氯消毒液（或能达到高水平消毒的消毒湿巾/干巾）完全清除污染物，再用有效氯 1 g/L 的含氯消毒液或 0.5 g/L 的二氧化氯消毒剂进行喷洒或擦拭消毒，作用 30min 后清水擦拭干净；同时还提出公民防疫基本行为 12 准则：勤洗手、科学戴口罩、注意咳嗽礼仪、少聚集、文明用餐、遵守 1 m 线、常通风、做好清洁消毒、保持厕所卫生、养成健康生活方式、核酸检测、疫苗接种，不断巩固疫情防控成果，切实维护人民群众生命安全和身体健康

续表8.13

方案名称	具体相关内容
新型冠状病毒感染防控方案（第十版）	人群普遍易感的SARS-CoV-2属于β属冠状病毒，对紫外线和热敏感，乙醚、75%乙醇、含氯消毒剂、过氧乙酸和氯仿等脂溶剂均可有效灭活病毒；传染源主要是新型冠状病毒感染者；主要传播途径为经呼吸道飞沫和密切接触传播，在相对封闭的环境中经气溶胶传播，接触被病毒污染的物品后也可能造成感染。目前，奥密克戎变异株已成为国内外流行优势毒株，其潜伏期多为2~4天，传播能力更强，传播速度更快，致病力减弱，具有更强的免疫逃逸能力，现有疫苗对预防该变异株所致的重症和死亡仍有效。对于人员密集、空间密闭的大型场所，要增强员工自我防护意识，开展自我健康监测，做好工作环境清洁消毒和通风换气。感染者非必要不外出，避免前往人群密集的公共场所，不参加聚集性活动；如需外出，应全程佩戴N95或KN95口罩

8.3.5 车舱通风及联合防控技术

1. 公共汽车舱室通风防控技术

越来越多的病例证明COVID-19可通过空气传播，充足的通风对于降低车舱等密闭空间内新冠病毒感染的风险至关重要。清华大学通过CFD模拟研究发现，为了保证人群暴露时间为0.25 h和3 h的感染率<1%，每个感染者的通气率必须为100~350 m³/h和1200~4000 m³/h；如果感染者和易感者戴上口罩，确保感染率<1%的通风率可降低到1/4。中山大学与湖南省疾控中心等单位通过CFD模拟公交车内新冠病毒感染（图8.30）案例，发现图8.30(a)中患者呼出的病毒浓度为31.83%，图8.30(b)为43.77%，图8.30(b)的通风换气率>图8.30(a)，图8.30(b)的车内病毒预测均值为251.7 ppm远低于图8.30(a)的603.2 ppm，增大通风量可显著降低新冠病毒浓度，可避免人群感染。

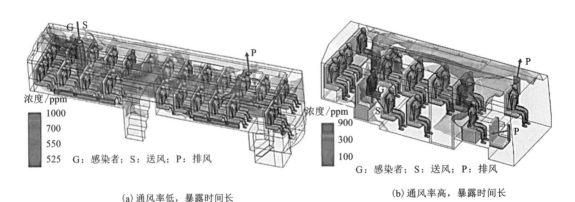

(a) 通风率低，暴露时间长　　　　　　(b) 通风率高，暴露时间长

图8.30　模拟感染者呼出病毒气体在公交车内的扩散传播

2. 车舱环境通风与消毒等联合技术

针对 COVID-19 特点，车辆 HVAC 系统可采用全新风模式、增大新风量、调节温湿度、车舱安装与启动空气净化器(等离子/紫外灯)，使用杀菌消毒剂现场清洁车内环境卫生等组合或联合措施消杀控制病毒，可以显著降低新冠病毒传播感染风险。研究表明强制通风可显著降低公共交通车舱内新冠病毒感染风险，即使在满座的车厢内甚至有感染者在说话；空调系统清洗、舱室环境消毒、强制要求佩戴口罩、保持沉默或少交流、远程遥控车门(避开触摸污染)、避免交通高峰期出行(减少车内聚集)、加大消毒凝胶的获得与使用等都是有力的防控举措，这些措施的组合或联合，可降低车内新冠病毒感染风险。

为做好新冠疫情防控工作，我国铁路部门采取加强旅客列车通风与消毒联合防控消杀组合技术；优化与加强动车组列车通风系统，新风供应量提高了 17%~33%，动车舱室每隔 5~10 min 完成一次新风换气；加强空调列车滤网清洗消毒，增加清洗消毒频次，确保通风系统运转良好；在确保安全的前提下，对非空调列车采取勤开车窗及时通风换气等措施，保持车厢空气流通；在加强通风的同时，还加大各类旅客列车的预防性消毒、应急消毒、终末消毒和全程卫生保洁力度，对厕所门把手、洗手台水龙头、废物箱投放处等重点部位加密消毒频次，保持列车环境整洁卫生，全力阻断疫情传播路径。

3. 救护车舱通风与设备消毒联合防控技术

中国医学救援协会急救分会等研究发现，新冠疫情期间救护车承担转运新冠患者的任务艰巨，是疫情防控的主战场；普通救护车开启驾驶室和医疗舱的侧窗玻璃通风，在车身外侧周围形成负压区，可加速车内空气排出，医疗舱换气扇从车顶排出舱室空气(图 8.31a)；负压救护车启动负压装置时，医疗舱内相对压强低于外界压强，排风装置及连接的高效过滤消毒器，阻止舱内污染物排出(图 8.31b)；通风换气系统应能确保医疗舱内外换气 ≥20 次/h，负压装置应能保证医疗舱内相对压强在 -30~-10 Pa，必要时低于外界压强 80~100 Pa；在患者头部位置应设有负压抽气口，必要时设有定向负压管路，医疗舱内进出风口按照上进下排与前进后出的对角原则布置，有效保护医护人员；这些通风措施有利于车内新冠病毒防控，此外还应及时对车载设备与防护设备消毒，建议如表 8.14 所示。

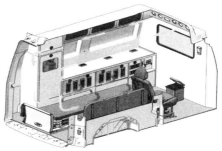

(a) 普通救护车　　　　　　　　　　　　　(b) 负压救护车

图 8.31　救护车在行驶状态的舱室空气流动示意图

表 8.14　车载设备及防护装备消毒推荐意见

病毒消杀技术与措施	
车载设备消毒	先用 75% 乙醇擦拭设备外观进行初步消毒，再用含 75% 乙醇棉片擦拭终末消毒，最后用清洁毛巾擦拭，有条件的医疗机构可将设备置于过氧化氢干雾环境进行终末消毒
呼吸机回路与特殊元件消毒	建议使用一次性呼吸机回路，如需重复使用，初步消毒用 1 g/L 的含氯消毒剂浸泡 30 min，终末消毒用环氧乙烷灭菌消毒；特殊元件如呼吸阀、传感器选择 75% 乙醇浸泡 1 h 消毒或根据厂家建议选择消毒剂，及时更换空气过滤网
全面型正压式呼吸器消毒	初步消毒用 1 g/L 的含氯消毒剂浸泡全面型头套和呼吸导管 30 min，用 75% 乙醇擦拭正压呼吸器外表和喷洒腰带；终末消毒用 1 g/L 的含氯消毒剂再次浸泡全面型头套和呼吸导管 1 h，清水清洗后将其沥干；用 75% 乙醇擦拭正压呼吸器外表和喷洒腰带，最后用清洁毛巾擦拭将其沥干；根据厂家建议时间更换呼吸器空气滤芯
护目镜与防护靴消毒	初步消毒用 1 g/L 的含氯消毒剂或 75% 乙醇喷洒防护靴外表及靴内，终末消毒用 1 g/L 的含氯消毒剂浸泡 1 h，清水冲洗后沥干

8.4　结论

　　增大汽车空调风速可降低车内空气 PM 污染，客车舱外侧乘员附近、车厢的后排空间和前侧上车台阶位置 PM 浓度较高，客车的车舱前部上车台阶与座椅下面为吹风死角导致车内 PM 聚集；在正常通风模式下，随着病原体乘客呼吸时间的增加，病毒能扩散到车内所有区域且呈增大趋势，乘客被感染风险上升；防疫通风模式下，乘客呼吸区病毒浓度明显低于正常通风模式，比正常通风模式排出病毒效果更好，增加空调送风量有利于净化车内病毒；增加座椅后背高度，车顶安装喷射风机可降低车内人员病毒感染风险；随着开窗数的增加，汽车舱自然通风量增加，病毒净化率更高。

　　密闭无通风状态下汽车舱内 PM 浓度最高，通风净化率为空调内循环>空调外循环>开窗自然通风，空调通风净化率取决于空调系统过滤器或过滤网，开窗自然通风净化率取决于车外空气污染，车舱卫生清洁对 PM 的净化率为 13%～64%；空气净化器去除车内 PM 效果最好（不同类型净化器净化效果有一定差异），其次是汽车空调滤芯；行驶途中汽车舱室空气过滤器的 PM 净化率为 58.7%～99.1%，空调过滤器与电离装置联合净化 PM 效果很好，地铁车厢空调系统安装的蜂巢形圆孔通道净化器有显著的除尘效率；舱室卫生清洁与空调通风可降低汽车舱内空气细菌与真菌污染，低温超氧或光触媒净化机、消毒机器人、等离子体净化器或消毒机可有效降低车内细菌数量，空调机组内的送风口集成低温等离子净化机快速去除车内空气细菌和病毒的效果明显，汽车内饰抗菌杀毒材料、抗菌抗病毒的汽车内饰面料与环保材料对净化车内微生物污染有一定作用。

　　当城市新冠疫情严重时，实施高强度的公共交通管控可减少 67.2% 的感染率，停运公共交通车及车内新冠肺炎分区分级防控是抑制感染的有效方式；轨道交通载运水平与可能感染人数呈线性正相关关系，车厢内的人群密集程度对可能感染人数的影响显著；在温暖或炎热的天气，太阳辐射使车内紫外线增加与温度升高，可加速新冠病毒死亡，与正常的清洁/消毒措施相结合，杀毒效果更佳；戴口罩、勤洗手、常通风或增加新风量、接种疫苗、保持社交距离（≥1 m）可预防或避免病毒感染；NaClO、ClO$_2$、过氧乙酸、乙醇等消毒剂可杀死车内新冠病毒，消毒时间应≥30 min；加强车舱通风，使用空气净化器，保持环境清洁卫生，对车内空气与物品进行消毒等措施的联合使用，可有效降低车内新冠病毒感染风险。

参考文献

［1］ Buitrago N D, Savdie J. Factors affecting the exposure to physicochemical and microbiological pollutants in vehicle cabins while commuting in Lisbon［J］. Environmental Pollution, 2021, 270: 116062.

［2］ Kumar P, Hama S, Nogueira T, et al. In-car particulate matter exposure across ten global cities［J］. Science of the Total Environment, 2021, 750: 141395.

［3］ 石非, 赵继波, 霍任锋. 汽车空调滤芯净化效果和车载空气净化器净化车内空气研究［J］. 北京汽车, 2021(4): 38-40.

［4］ Wei D, Nielsen F, Ekberg L, et al. PM2.5 and ultrafine particles in passenger car cabins in sweden and Northern China-the influence of filter age and pre-ionization［J］. Environmental Science and Pollution Research, 2020, 27: 30815-30830.

［5］ 任小玲, 杜世伦, 李海锋, 等. 蜂巢形圆孔通道空气净化器在地铁车辆上的应用［J］. 城市轨道交通研究, 2019(8): 181-183.

［6］ Heo K J, Noh J W, Kim Y, et al. Comparison of the service life of an automotive cabin air filter under dust loading conditions of the laboratory environment and on-road driving［J］. Journal of Aerosol Science, 2022, 162: 105972.

［7］ 李笑颜, 朱嘉辉, 郝元涛, 等. 一种等离子体空气消毒机对车辆和室内环境消毒效果观察［J］. 中国消毒学杂志, 2020, 37(11): 818-820.

［8］ 李小东, 张宇, 张晨, 等. 光等离子空气净化技术在城市轨道交通车辆中的应用［J］. 铁路节能环保与安全卫生, 2021, 11(3): 44-47.

［9］ 张土轩, 李智勇, 周汉邦, 等. 等离子空气净化技术在广州地铁广佛线增购车中的运用研究［J］. 机电信息, 2020(35): 78-79.

［10］ 袁二娜. 城轨车辆车内空气实时净化杀菌方案［J］. 上海节能, 2021(9): 976-979.

［11］ 王伟光, 王琼. 抗有害微生物功能非织造纤维的研制及轿车内饰件应用［J］. 上海汽车, 2013(1): 54-57.

［12］ 吴双全. 健康环保汽车内饰面料的研究与产品开发［J］. 针织工业, 2021(3): 14-17.

［13］ Wang C, Xu J, Fu S C, et al. Respiratory bioaerosol deposition from a cough and recovery of viable viruses on nearby seats in a cabin environment［J］. Indoor Air, 2021, 31: 1913-1925.

［14］ Mathai V, Das A, Bailey J A, et al. Airflows inside passenger cars and implications for airborne disease transmission［J］. Science Advances, 2021, 7: 0166.

［15］ 雷斌, 刘星良, 曹振, 等. COVID-19 在城市轨道交通系统内的传播建模与预测［J］. 交通运输工程

学报, 2020, 20(3): 139-149.

[16] Zhang Y, Zhang A, Wang J. Exploring the roles of high-speed train, air and coach services in the spread of COVID-19 in China[J]. Transport Policy, 2020, 94: 34-42.

[17] 姬杨蓓蓓, 莫世杰, 成枫. 公共交通管控对新冠肺炎病毒(COVID-19)疫情爆发期的影响分析[J]. 重庆交通大学学报(自然科学版), 2020, 39(8): 20-28.

[18] Barbieri D M, Lou B, Passavanti M, et al. Impact of COVID-19 pandemic on mobility in ten countries and associated perceived risk for all transport modes[J]. PLOS ONE, 2021, 16(2): e0245886.

[19] Wang X, Sun S, Zhang B, et al. Solar heating to inactivate thermal-sensitive pathogenic microorganisms in vehicles: application to COVID-19[J]. Environmental Chemistry Letters, 2021, 19: 1765-1772.

[20] Biryukov J, Boydston J A, Dunning R A, et al. SARS-CoV-2 is rapidly inactivated at high temperature[J]. Environmental Chemistry Letters, 2021, 19: 1773-1777.

[21] Sagripanti J L, Lytle C D. Estimated Inactivation of coronaviruses by solar radiation with special reference to COVID-19[J]. Photochemistry and Photobiology, 2020, 96: 731-737.

[22] To T, Zhang K, Maguire B, et al. UV, ozone, and COVID-19 transmission in Ontario, Canada using generalised linear models[J]. Environmental Research, 2021, 194: 110645.

[23] Moreno T, Pintó R M, Bosch A, et al. Tracing surface and airborne SARS-CoV-2 RNA inside public buses and subway trains[J]. Environment International, 2021, 147: 106326.

[24] 王博. 浅谈新型冠状病毒感染肺炎流行期间列车的消毒策略[J]. 中华卫生杀虫药械, 2020, 26(1): 95-96.

[25] 薛宇, 叶蔚, 张旭. 地铁车厢内病原体佩戴口罩对飞沫病毒传播抑制效果的模拟研究[J]. 建筑科学, 2020, 36(10): 114-118.

[26] Dai H, Zhao B. Association of the infection probability of COVID-19 with ventilation rates in confined spaces[J]. Building Simulation, 2020, 13(6): 1321-1327.

[27] Ou C, Hu S, Luo K, et al. Insufficient ventilation led to a probable long-range airborne transmission of SARS-CoV-2 on two buses[J]. Building and Environment, 2022, 207: 108414.

[28] 中国医学救援协会急救分会. 新型冠状病毒肺炎相关救护车转运专家共识[J]. 中国急救复苏与灾害医学杂志, 2020, 15(6): 639-647.

第9章

车舱安全与健康危害控制

随着城镇化的加速，城市人口与车辆数量急剧增加，恶劣天气、行车环境、天灾人祸、车辆故障与驾驶误操作等原因导致 EHSV 事故频发，部分事故造成了人员重大伤亡与经济损失。本章分析由车舱火灾水灾、碰撞爆炸、高温低温、中毒腐蚀、运营故障、刹车失灵、强风地震、噪声振动、辐射放射、爆胎与晕车等引发的安全事故，并给出预防与控制措施。

9.1 车辆火灾安全与自燃爆炸

车辆技术或电气电路故障、过度驾驶且车辆保养维修欠缺、发动机或燃油问题、人为纵火、车外高温环境等危险因素可诱发或导致车辆火灾、自燃冒烟或燃烧爆炸等安全事故。随着新能源车的兴起，因电池问题或不当充电，电动车火灾有明显上升趋势。

9.1.1 国内外案例统计

1. 汽车火灾与自燃爆炸案例

车辆火灾对驾乘人员健康安全危害极大，是民众关注关心的热点，据部分相关研究单位与媒体不完全统计，国内外发生的汽车火灾与自燃爆炸案例如表9.1、图9.1所示。

表 9.1　国内外部分汽车火灾安全事故案例统计

火灾事故	车辆火灾案例统计分析
2022 年火灾发生情况	应急管理部消防救援局：2022 年春季全国共接报火灾 21.9 万起，共有 625 人因火灾死亡、397 人受伤，直接损失 15.2 亿元；其中交通工具火灾 1.9 万起，同比去年上升 8.8%；新能源汽车火灾 640 起，同比上升 32%

续表9.1

火灾事故	车辆火灾案例统计分析
2007—2017年清洁燃料车发生的火灾	研究分析了2007—2017年发生的16次清洁燃料(LPG7次与CNG9次)汽车火灾事故,其中美国、英国、意大利、瑞典、荷兰、新加坡、马来西亚、中国香港各为3次、2次、3次、3次、1次、2次、1次与1次,共发生8次爆炸,碎片炸出最远距离超过30 m,损失最大的一次造成3人死亡、9人受伤与周边建筑严重破坏等
2013—2019年国内外汽车火灾	2014—2019年,英国与美国每年平均各发生汽车火灾2.2万次与17.7万次,其中美国汽车火灾平均每年死亡人数与财产损失各为412人与14亿美元;2013—2017年我国汽车火灾>2.5万次/年,超过英国,少于美国
新能源车火灾	凤凰网(汽车):统计了2020年在国内多个城市、多种汽车品牌发生的20次新能源车起火事件,统计结果表明夏季是火灾高峰期,发生新能源车火灾占到65%,其中行驶中自燃占35%,停车自燃占30%,充电时自燃占20%等
2007—2016年公交车火灾	统计分析了2007—2016年我国发生的21次营运公交车火灾事故,其中破坏最大的是2013年某次BRT公交车火灾,造成车内47名乘客遇难,其余人均受伤的惨况
电动汽车火灾	不完全统计2020年我国电动汽车火灾事故高达124起,相比2019年的99起有明显提升,且在7月、8月和9月高温季节的起火事故有61起,占49%;13起电动汽车火灾中电池问题起火占85%

图9.1 汽车火灾现场与燃烧爆炸后的残骸 [*△]

2. 列车火灾安全事故案例

火灾严重危害列车的安全运行,破坏极大,部分列车火灾统计数据如表9.2、图9.2所示。

表9.2 国内外部分列车火灾与爆炸安全事故统计

	列车火灾案例统计分析详情
高速列车火灾	2002—2019年发生在德国、法国、中国、印度、巴基斯坦的9次火灾事故中电气电路与电气设备故障引发火灾5次(占55.6%)。2019发生在巴基斯坦的某客运列车火灾,火灾因乘客携带并使用违章物品引起造成75人死亡与44人受伤
地铁列车火灾	1968—2017年全球发生104地铁典型火灾,涉及16个国家,其中中国、美国、德国、日本、俄罗斯与瑞典分别发生30次、23次、8次、6次、3次与2次;法国、韩国与加拿大都为5次;破坏最大的一次是1995年发生在阿塞拜疆巴库机电线路老化电气故障引起的火灾(死558人,伤269人),其次是2003年韩国大邱人为蓄意纵火发生的火灾(死198人,伤147人),最早的一次是1968年发生在日本东京的列车火灾(伤11人);地铁典型爆炸事故发生14次,爆炸致死人数合计315人,伤1654人

图 9.2　列车火灾现场及烧毁后的残骸

9.1.2　火灾原因与健康危害

1. 车辆火灾或燃烧爆炸原因

车内可燃物品多，含胶合板、高分子、纺织等材料，车辆火灾原因复杂，影响因素众多且存在交叉耦合与纵横交错现象；特别是燃油机动车辆本身结构复杂，电气电路极多，还存在发动机燃烧、燃油燃料传输与化学反应、传热与热量聚集问题，一旦出现故障，都是火灾安全隐患。新能源车或电动车，虽然没有发动机或内燃机，但存在电池泄漏等电池故障问题，是引发电动车火灾或爆炸事故的重要原因之一。车辆火灾原因大致可分为车辆舱室的电气线路、电器或电池故障，精神病患者或犯罪分子人为纵火，不当吸烟或乱扔烟头引燃，携带易燃易爆及其他危险品等。研究发现电气、油路和排气系统等汽车本身故障问题是我国汽车火灾发生的主要原因，其中线路短路和过热等电气故障引发的火灾占比>81%。汽车火灾主要来自发动机舱，美国、英国发生的部分汽车火灾因子如图 9.3 所示。

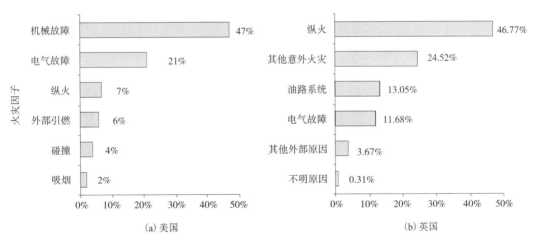

图 9.3　汽车火灾事故原因的统计分析

2. 火灾烟气毒性及健康危害

车辆火灾燃烧的污染物组成非常复杂，与燃烧材料、燃烧条件有关，主要产生烟气烟雾污染与高温热污染。烟气烟雾含 CO_2、CO、NO_2、NO、SO_2、HF 和 HCl 等窒息性与刺激性气体，还含有炭黑与金属等颗粒物，烟气烟雾污染可导致人员窒息死亡，同时降低了能见度，妨碍人员撤离，加重了健康危害。高温热污染主要导致人员烧伤、灼伤或烫伤，更大更猛的火灾还可将人员直接烧死。实验发现在通风状态良好的情况下，锂电池火灾产生的 SO_2、HCl、HF、NO 和 NO_2 气体浓度各为 114、10、165、17 和 12（mg/m^3），HF、SO_2 与 HCl 污染对人员分别造成最大毒性危害、显著刺激性伤害与微弱刺激性伤害，约 50% 的人员因为气体毒性危害而失去逃生能力；对于充电量>50% 的电池引发的火灾，人员会遭受严重的皮肤烧伤且有>50% 的人员因为热危害而无法成功逃生；如果锂电池火灾发生在密闭的车舱环境中，烟气危害更大、毒性更强。车厢内火灾危害性如表 9.3 所示。

表 9.3　车厢内火灾烟气毒性及健康安全危害

烟气中危害因素		对人体的影响	烟气中危害因素		对人体的影响	
氢氰酸浓度/ （$mg \cdot L^{-1}$）	18~36	数小时内无反应	氯化氢浓度/ （$mg \cdot L^{-1}$）	5	对鼻子产生刺激反应	
	110~135	可忍受 30 min 至 1 h		10~35	有强烈刺激反应，难以忍受超过 30 min，只能支持短暂停留	
	135	30 min 死亡		100~500	无法支持作业工作	
	181	10 min 死亡		1000~2000	短时间内十分危险	
	270	立即死亡		2000	数分钟内死亡	
CO_2 浓度/%	1~2	数小时内安全	CO 浓度 /ppm	200	2~3 h 后有人体轻微头痛	
	3~4	1h 内安全		400	1h 后有头痛与恶心	
	5~7	30 min 至 1 h 有危险		800	45 min 时人出现头晕、头痛、恶心症状	
	20	短时间内死亡		>1000	强烈头痛，皮肤呈樱桃红色，严重者会死亡	
温度 /℃	60	人体极限忍受时间 /min	>30	O_2 含量 /%	17~21	不确定	人呼吸量减少，协调能力受损，思考困难
	120		15		14~17	2h	呼吸急促，头晕，浑身无力，动作迟缓
	140		5		11~14	忍受时间 30 min	恶心呕吐，无法行动乃至瘫痪
	180		1		9	5 min	失去知觉
	300~400		无法生存		6	1~2 min	窒息死亡

9.1.3　火灾发展与烟气流动特性

1. 车内火灾发展阶段

车厢火灾属于室内受限空间火灾，燃烧现象很复杂，包含流动、扩散、相变、传热等过程，影响因素多变，但燃烧过程仍遵循火灾的基本规律。通常将交通工具舱室的火灾发展分为如图 9.4 所示的 3 个主要阶段，热释放率（HRR）见图 9.4。车厢火灾燃烧的各个阶段的特征有显著差别，对于火灾应急救援、舱室人员疏散与通风防排烟影响最大的是火灾初期增长和充分发展两个阶段。

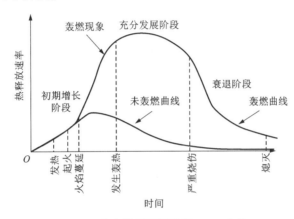

图 9.4　火灾发展不同阶段 HRR 曲线

1）初期增长阶段：为火源点燃周围可燃物的过程，当温度达到可燃物燃点并满足化学反应的热平衡迁移就燃烧，O_2 不足为阴燃，O_2 充足为明火；如果无外界干涉且 O_2 充足，火势增大，燃烧更强烈，出现轰燃。

2）充分发展阶段：车厢 HRR 达到最大值，剩余可燃物剧烈燃烧，车内温度可达到 1000 ℃，列车厢的门窗将被烧毁，高温火焰蹿出车厢，扩展到邻近车厢。

3）衰退阶段：随着可燃物迅速消耗或 O_2 不充分或灭火干预，火势逐渐减弱，燃烧速度逐步减小，进入衰退期；此时火焰变小，烟气逐渐稀薄，燃烧物化为灰烬。

2. 列车舱内烟气流动与火焰蔓延

列车舱室发生火灾后，迅速增大的火势在火源上方形成高温，火羽流不断上升，诱发周围空气产生卷吸效应，提供 O_2 使燃烧持续进行。火羽流上升中产生反锥形扩散，当车舱有开口（人为打开门、窗、通风口）或被燃烧爆炸裂开时，烟气进入车舱室外空间继续形成火羽流，燃烧火苗或火灾烟气范围扩大。此外，中国科技大学研究了强羽流驱动下，列车车厢内火灾的发展与行为特征，发现车厢顶棚下方火焰延伸长度与火源功率的 1/4 次方成比，车内温度衰减速率与火源功率呈线性函数关系；当车厢中间的火源达到 141.6 kW 时，火苗开始从车厢侧门溢出，如图 9.5 所示。

35.4 kW	70.8 kW	106.2 kW	141.6 kW		35.4 kW	106.2 kW	141.6 kW	159.3 kW
	(a) 火源靠侧门					(b) 火源在中间		

图 9.5　列车车厢内不同火源功率的火焰蔓延特征

3. 汽车舱内火灾蔓延特性

火灾蔓延或烟气扩散的实质是热传递过程，包括热传导、热对流及热辐射等，通常这几种方式会同时发生或耦合交叉进行。轿车舱内火灾传播或蔓延特性的研究结果表明发动机舱着火后，火焰迅速蔓延至车舱，5 min 后点燃汽车轮胎，火灾 6 min 前车舱温度相对较低，舱内能见度良好，是逃生、救援和灭火的最佳时间；10 min 后驾驶室燃烧爆炸，温度 >1000℃，距车 5 m 处的热流 >2.5 kW/m²，6 m 处的热辐射为 >1 kW/m²；车内所有可燃物几乎同时燃烧，这是汽车火灾最危险的阶段。中国科技大学研究发现发动机舱起火后，燃烧过程（图 9.6）为从发动机舱→乘客舱→车后部，烟气通过空调格栅比火焰更早进入乘客舱；当火焰从空调格栅溢出后，HRR 曲线以火灾增长系数为 0.084 kW/s² 的 t^2 快速火类型发展，汽油泄漏使得 HRR 达到峰值 3.38 MW，温度可达到 1000℃。周围无任何防护措施的人员与车辆的消防安全距离建议值分别为大于 7.3 m 与 2.2 m。

0 min 7 s	9 min 56 s	11 min 36 s	25 min 4 s	31 min 51 s	40 min 8 s

图 9.6　发动机舱起火导致汽车火灾燃烧过程的图片序列

9.1.4　车厢火灾数值模拟理论与模型

目前对车厢火灾的研究方法主要有全尺寸试验、模型实验与数值模拟计算 3 种方法。作者团队以某列车厢为研究对象，利用火灾动力模拟软件（FDS）对不同通风工况下的静止列车厢内的烟气流动进行模拟，对比分析不同通风条件工况下的车厢温度、碳氧化物（CO_x）浓度、能见度的变化规律，讨论通风防控车厢火灾烟气危害。

1. 火灾数值计算理论模型与方程

FDS 软件采用大涡模拟法对流场的数值求解，通过数值方法求解浮力驱动的低马赫数流动 N-S 方程，实现火灾烟气流动和传热计算。该方法具有对物体间火灾蔓延及对固体材料热解动力学过程的模拟能力，目前被广泛用于火灾安全的科学研究与工程设计中。

1）烟气流动基本控制方程：车内火灾烟气受到密度差的影响流动与扩散，可近似为不可压缩气体流动。因此车辆火灾烟气流动的控制方程满足三维非稳态 N-S 方程，车内烟气流动符合质量、动量、能量与组分守恒定律。计算方程如式（9.1）~式（9.4）所示：

质量守恒：
$$\partial \rho / \partial t + \nabla \cdot \vec{u} \rho = 0 \qquad (9.1)$$

动量守恒：
$$\partial(\rho\vec{u})/\partial t + \nabla\rho\vec{u} + \nabla p = \rho \cdot g + \vec{f} + \nabla\tau_{ij} \tag{9.2}$$

能量守恒：
$$\partial(\rho h)/\partial t + \nabla\rho h\vec{u} = Dp/Dt - \nabla\vec{q_r} + \nabla k \ \nabla T + \sum_l \ \nabla h_l\rho k K_l \ \nabla Y_i \tag{9.3}$$

组分守恒：
$$\partial(\rho Y_i)/\partial t + \nabla \cdot \vec{u}\rho Y_i = \nabla\vec{u}\rho D_i \ \nabla Y_i + \dot{m}'''_i \tag{9.4}$$

式中，ρ 为密度，kg/m^3；t 为时间，s；$\vec{u}$ 为速度矢量，m/s；g 为重力加速度，m/s^2；p 为压力，PA；τ 为牛顿流体黏性应力张量，N；h 为显焓，J/kg；$\vec{q_r}$ 为辐射热通量，W/m^2；K 为导热系数，$W/(m \cdot K)$；T 为热力学温度，K；$\dot{m}'''_i$ 是单位体积内第 i 种组分质量生成率，$kg/(m^3 \cdot s)$；D_i 是第 i 组分质量扩散系数，m^2/s；Y_i 是第 i 组分的质量分数。

2）湍流模型：常见的主要有直接数值模拟法、雷诺平均法和大涡模拟法。被认为最具潜力的大涡模拟模型是基于空间滤波操作的模型，不考虑全尺度范围上涡的瞬时运动模拟，将大于某个尺度的湍流运动通过瞬时 Navier-Stokes 方程直接计算，而对于小尺度的涡则通过亚格子尺度模型（FDS 中为 Smagorinsky）来进行模拟。FDS 计算主要采用大涡模拟模型，大涡模拟中湍流控制方程组变换如式（9.5）～式（9.7）所示。

$$\frac{\partial\overline{u}_i}{\partial t} + \frac{\partial\overline{u}_i\overline{u}_j}{\partial x_j} = -\frac{1}{\rho}\frac{\partial\overline{p}}{\partial x_i} + \mu\frac{\partial 2\overline{S}_{ij}}{\partial x_j\partial x_j} - \frac{\partial\tau_{ij}}{\partial x_j} \tag{9.5}$$

$$\tau_{ij} - (\tau_{kk} \cdot \delta_{ij})/3 = -2\overline{S}_{ij} \cdot \mu_{LES} \tag{9.6}$$

$$\mu_{LES} = \rho(C_s\Delta)^2(2\overline{S}_{ij} \cdot \overline{S}_{ij})/2 \tag{9.7}$$

式中，τ_{ij} 为小涡对大涡的影响，需建立亚格子尺度模型计算；μ_{LES} 为亚格子尺度的湍流黏性系数；C_s 为 Smagorisky 常数；Δ 为网格尺度，取 $(\Delta_x\Delta_y\Delta_z)^{1/3}$。

3）燃烧与火灾模型：FDS 大涡模拟法适用于混合分数燃烧模型，基于假设可以直接模拟大规模对流和辐射传递现象，通过实验确定材料的燃烧产物比例及相应的热释放量等参数，从而对燃烧产物进行定量研究；混合物分数是一个守恒量，表示给定燃料的材料分数，假定火灾 HRR 与 O_2 消耗率成比例，则可以根据火焰表面 O_2 消耗率，计算出局部 HRR。火灾燃烧初期的 HRR 非常低且增长缓慢，随着火灾发展 HRR 会快速增长，为了能够真实描述车辆实际火灾发展全过程，常用时间增长火源（t^2 火灾模型）来表示火源。依据 FDS 使用手册第五版，燃烧反应式如式（9.8）所示，特征火源直径（D^*）计算如式（9.9）所示；来自美国排烟与散热标准（NFPA204），t^2 火灾模型如式（9.10）所示。

$$C_xH_yO_zN_vM_w + \nu_{O2}O_2 \rightarrow \nu_{CO2}CO_2 + \nu_{H2O}H_2O + \nu_{CO}CO + \nu_SS + \nu_{N2}N_2 + \nu_{H2}H_2 + \nu_MM \tag{9.8}$$

$$D^* = [\dot{Q}/(\rho_\infty \times c_p \times T_\infty \times g^{0.5})]^{0.4} \tag{9.9}$$

$$\dot{Q} = x_g \times t^2 \tag{9.10}$$

式中，M_w、S 与 M 各为其他物质成分、烟尘与其他物质；$\dot{Q}$ 为火源热释放率，kW；c_p 为空气定压比热，$1.009 \ kJ/(kg \cdot K)$；ρ_∞ 为空气密度，$1.2 \ kg/m^3$；T_∞ 为环境初始温度，$293 \ K$；g 为重力加速度，$9.81 \ m/s^2$；x_g 为火灾增长系数，kW/s^2；t 为火灾燃烧时间。

4）热辐射模型与能见度：热辐射是车辆火灾燃烧过程中的一种主要传热方式，在车内火灾热量传递中起重要作用；FDS 辐射换热采用有限容积模型，既能计算固体壁面间的辐射换热，还考虑了烟气层内气体对辐射的吸收作用。火灾烟气还具有减光性，导致火场环境内的能见度大大降低，严重影响火灾环境中的人员安全撤离；研究以 10 m 的能见度为参考标准，考虑不同通风条件对车内能见度的影响。

2. 车厢物理模型的建立

考虑到软件的建模能力、精确度及模拟计算量，将动车组列车厢与地铁车厢简化为长方体，如图9.7所示；同时忽略列车厢内部的细小构件对火灾的影响，火灾发生时只设置1个火源，连接处1与2分别表示车厢的左端与右端连接区域。对于动车厢，内部尺寸设计为长×宽×高＝25.8 m×3.2 m×2.4 m，每排设置5个（2+3布置）座位，共18排座椅。地铁车厢模型大小根据B型地铁列车的实际尺寸建立。

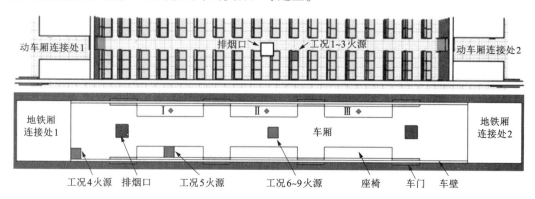

图9.7　列车厢几何模型平面图（含火源与排烟口位置）

3. 边界条件、网格与工况设置

1）计算网格设置：网格是模型进行模拟计算的关键，网格划分对计算结果有重要影响，网格划分越精细，模拟结果就越精确，但同时也会增加模拟计算量；网格敏感性分析表明，当网格尺寸为特征火源直径的1/4~1/16时较为合适。对于动车厢，当火源功率为1 MW时，通过式（9.9）计算可得 D^* 为0.92，对应网格尺寸为0.057~0.231 m，综合考虑后，动车厢网格尺寸采用0.1 m计算。对于地铁车厢，当火源功率为5 MW时，通过式（9.9）计算可得 D^* 为1.83，车厢模型最佳网格尺寸为0.11~0.46 m，对于模型网格独立性分析，地铁模拟研究选取网格尺寸为0.12 m×0.12 m×0.12 m。

2）初始条件及工况

采用无滑移边界条件，假定初始状态列车厢内各处温度与压强相等，烟气的初始浓度为0，车厢固体壁面采用的材料及物性如表9.4所示；选取时间增长火源（t^2 火灾模型）模拟计算，火灾增长类型为快速火（增长系数为0.04689 kW/s^2），其他设置如表9.5所示。

表9.4　列车厢材料参数设置

车厢部位	材料	密度/(kg·m^{-3})	比热/(kJ·kg^{-1}·K^{-1}))	导热系数/W·m^{-1}·K^{-1}
地板	橡胶	1500	1.02	0.102
车厢壁面	不锈钢	7850	0.46	45.8

表 9.5 不同列车厢火灾模拟工况设置

	工况	火源位置	火源与排烟口设置	通风条件或排烟方式
动车	工况 1	第 12 排 3 号座位上	火源功率为 1 MW, 火灾时间为 180 s, 火源直径大小为 0.4 m×0.5 m, 1 个排烟口, 尺寸 0.8 m×0.8 m, 车内初始温度为 20 ℃, 初始压强为 101.3 kPa	两端外门开启, 靠近火源两侧逃生窗关闭
	工况 2	同上		两端外门关闭, 靠近火源两侧逃生窗开启
	工况 3	同上		两端外门关闭, 开启机械排烟, 排烟量为 2 m³/s
地铁	工况 4	车厢左下角落	火源功率为 5 MW, 火灾时间 350 s, 火源大小为 0.5 m× 0.5 m, 2 个排烟口, 尺寸 0.6 m×0.6 m, 车内初始温度为 24 ℃, 初始压强为昆明当地大气压 80.8 kPa	车厢两侧门打开, 自然排烟, 关闭机械排烟
	工况 5	车厢左侧 1 号座椅中心		同上
	工况 6	车厢地板正中心		同上
	工况 7	同上		两侧门进风, 开启机械排烟, 排烟量 1 m³/s
	工况 8	同上		两侧门进风, 开启机械排烟, 排烟量 2 m³/s
	工况 9	同上		两侧门进风, 开启机械排烟, 排烟量 3 m³/s

为了便于分析计算, 在地铁车厢中轴线上设置火灾温度与烟气探测点, 具体位置如图 9.8 所示。T 表示空气温度探测点, C 表示 CO_2 浓度探测点, D 表示 CO 浓度探测点, 探测点高度均为离地铁车厢地板 1.6 m。

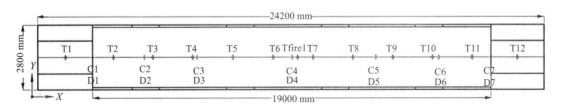

图 9.8 地铁车厢烟气温度、CO 与 CO_2 监测点位置平面图

9.1.5 车厢火灾烟气模拟结果分析

1. 动车厢内温度分布云图

如图 9.9 所示, 工况 1 条件下, 火灾发生 30 s 时, 火灾烟气已经蔓延至顶棚, 车厢整

体温度没有变化，仅火源正上方顶棚处温度升高（达到60℃）；随着顶棚烟气增多，60 s时烟气向车厢两端水平移动，烟气层贴附在车厢顶棚，厚度较小；90 s时，因车厢两端座椅出入口有垂直挡板，烟气层开始聚集，厚度逐渐增加，较少的烟气流向车厢两端；120 s时烟气蔓延至车两侧的外门高度处并流出室外，烟气层高度下降，温度在60℃的分界面下降到座椅高度位置；150 s时烟气层厚度趋于稳定，这是由于通过车厢两端外门流出的烟气与火灾产生的烟气达到了相对平衡。对比工况1与2可知，60 s前，工况2的烟气层温度比工况1略小。原因是开启的外窗离火源较近，烟气很快通过窗户流向室外；随着火灾燃烧时间的推移，烟气增加并水平移动，窗户开启的作用逐渐减小，60 s后，烟气层厚度开始增加；随着火源HRR增大，90 s后工况2火源附近上方的温度比工况1高，工况2烟气层在温度>60℃区域比工况1略低，原因是窗户开启，空气中O_2含量增加，有利燃烧。

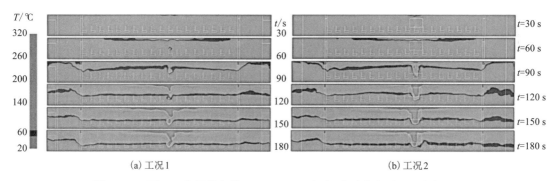

(a) 工况1 　　　　　　　　　　　　　　　(b) 工况2

图9.9　不同工况车厢纵向截面（$y=1.6$ m处）温度随火灾时间 t 分布云图

2. 地铁车厢火源中心纵向截图温度分布云图

通过分析车内烟气温度的变化，可以了解火灾热烟气在地铁车内的蔓延趋势。如图9.10所示，工况4的火源在车厢角落位置，火灾烟气主要向车厢一端蔓延；火灾发生100 s时，高温火羽流已经到达车厢顶部，热烟气已经向车厢一端蔓延，到200 s时，高温烟气蔓延到车厢中部，并有少量烟气流动到车厢另一端。由图9.10（c）可知，火灾发生50 s时烟气羽流蔓延至车厢顶棚，火源上方的顶棚烟气温度达到80℃；到100 s前后，烟气向车厢两端水平移动，烟气层厚度还很小；200 s时，烟气层向车厢两端蔓延且烟气层厚度逐渐增加，到300 s后，烟气层厚度趋于稳定。工况5火源在靠近一侧座椅的位置，火灾发展趋势基本与工况6相同，但由于火源位置相对比工况4、工况6的位置高，火羽流更早地发展到车厢顶部并开始向两端蔓延；火灾发生300 s时，高温烟气已经蔓延至整个座椅。

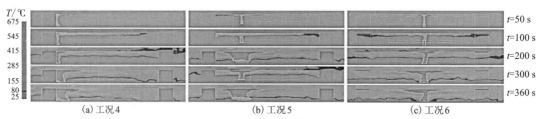

(a) 工况4 　　　　　　　　(b) 工况5 　　　　　　　　(c) 工况6

图9.10　不同工况车内火源中心纵向截面温度分布云图

3. 火源位置对地铁车内火灾 CO_2 污染影响

为探明车厢不同位置发生火灾时车内空气 CO_2 浓度变化情况,对车厢一侧座椅上方的 3 个不同点(图 9.7)进行监测,得到不同工况下车内烟气 CO_2 体积分数变化图,如图 9.11 所示;火源位置对测点 III 的 CO_2 浓度影响较大,工况 5 火灾发生 200 s 前,测点 III 的 CO_2 浓度随火灾燃烧时间增长缓慢增大,与工况 4 和 6 浓度相差不大,200 s 后,车内烟气 CO_2 浓度迅速增人,250 s 后开始保持稳定并基本维持在 $12×10^4$ ppm 左右;这是由于工况 5 火源位于座椅上,与测点 III 距离较近,火灾烟气在附近区域累积最快,200 s 时烟气层逐渐下降到测点 III 处的高度,导致测点 III 的 CO_2 浓度快速升高,250 s 时测点 III 已处在烟气层中,CO_2 浓度基本保持稳定,可知火源位置影响车厢座椅上方烟气 CO_2 浓度。

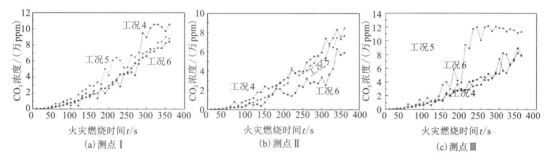

图 9.11 不同工况下车内监测点烟气 CO_2 体积浓度随火灾时间 t 变化图

4. 火源位置对地铁车内火灾 CO 污染的影响

表 9.3 显示烟气中 CO 浓度为 200 ppm,人有轻微头痛症状,以此毒性为参考限值对比。工况 4 条件下,在着火 150 s 内,除靠近火源对面的外门处 CO 浓度 >200 ppm 外,其他外门 CO 浓度都 <200 ppm;工况 5 着火 150 s 时,靠近火源对面两侧门处 CO 浓度均达到 200 ppm;工况 6 着火 150 s 内两侧门均 <200 ppm,如图 9.12 所示。此外还发现,当火源处在车厢中心时,烟气通过两侧门流出基本呈对称分布,两侧外门 CO 浓度沿中心也呈对称分布,相同位置的两侧门处 CO 浓度基本相同;当火源靠近车厢某一侧时,火灾前期,靠近火源的对侧门的烟气量比同侧门处的烟气量大,导致火灾前期对侧门 CO 浓度大于同侧门处的 CO 浓度;火灾后期,由于烟气层高度已经 <1.6 m,CO 浓度分布相差较小。

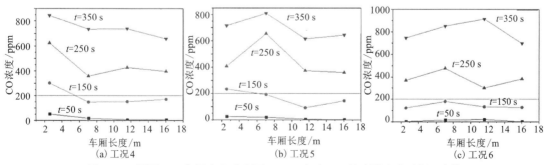

图 9.12 不同工况车门中心垂直面 1.6 m 高度 CO 浓度随火灾时间 t 变化

9.1.6 车辆火灾防控与救援

1. 动车厢能见度(VIS)控制

如图9.13所示,机械排烟提高了车内环境能见度,有利于车内火灾烟雾控制。工况2火灾燃烧30 s时,因烟气厚度很小,车厢能见度>10 m的高度还处在人员身高以上,基本不影响人员疏散;60 s时随着烟气层高度下降,能见度>10 m的高度已经在座椅高度左右;90 s时能见度>10 m的高度已经下降到座椅的高度,对车内人员疏散有一定影响;燃烧120 s后,整个车厢的能见度开始降低,到火灾发生150 s时,整个车厢的能见度已经<3 m。对比工况3可知,机械排烟对车内烟雾污染净化有一定效果,特别是在火灾燃烧90 s前,由于火源功率较小,排风口的排烟速率大于火源烟气速率,可以及时排出车内烟气,工况3动车厢室内环境内能见度要好于工况2。

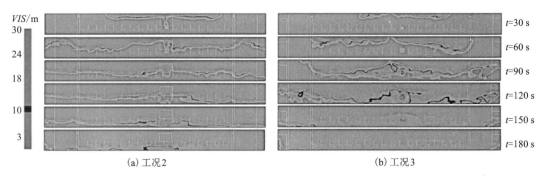

图9.13 不同工况车厢纵向截面(宽1.6 m处)能见度随火灾时间 t 分布云图

2. 动车组列车火灾扑救及处置战术措施

山东省某消防救援大队分析了动车组列车火灾防控与救援措施,首先应了解事故原因再确认灭火行动,必须经电网现场防护员和责任站站长双重确认"现场断电、接地放电完成"等危及生命安全的关键信息后,方可开展灭火行动;全体消防员应在救援现场实行全过程风险评估,明确危险源、管控区域、安全距离、防护措施、撤离信号和自救逃生方法等,落实分级管控和安全防护措施,尤其要注意高压触电风险和高处坠物风险;遵循"救人第一"原则,及时优先转移火灾车厢的乘客;火势不大或列车在运行,切忌砸碎逃生窗,防止空气进入车厢助长火势;当疏散通道被火或烟气封堵,应立即破开逃生窗,在疏散乘客时应告知乘客在事故处理完毕后再取回行李;动车不宜使用干粉、泡沫或CO_2等气体灭火剂,建议选择高压细水雾灭火,可添加S-3-AB、F-500、FFF/AR等水系灭火添加剂,能快速控制火势,最大限度地降低人员伤亡和财产损失,动车组列车火灾的灭火救援现场如图9.14所示。

9.14　某动车组列车火灾扑救现场

3. 轨道交通车火灾防控关键技术

中车大连机车所对轨道交通车的火灾防控进行研究分析,内容包括:①运用火灾探测与传感器:点式感烟/感温探测器、火焰探测器适于机车机械间和动力包等火灾区域,线式感温探测器适于闭塞扁平的车下空间,烟温复合探测器适于空间狭小的区域,CO 探测器适于动力锂离子电池柜体等密闭空间,新型 MEMS 传感器用于自主设计车载专用火灾探测器;②防控技术与策略:火灾防控系统对动力电池的温度、CO 浓度进行综合探测,并与整车控制系统通信联动,动力切除火灾电池,保障机车降功行驶,停留在适合救援的场合,随后启动灭火执行机构,喷放合适的环保型灭火剂(全氟己酮)降温灭火,保障行车安全。

4. 地铁舱火灾烟气温度控制

如图 9.15 所示,着火 50 s 时,车厢空气温度仅火源上方开始升高,3 种工况的火源上方温度均>135℃;火灾发生 100 s 时,火源附近温度开始上升,车厢大部分区域温度<80℃;到 200 s 时,车内温度均>135℃,仅工况 9 两端排烟口附近温度较低,这是因为排烟量达到 3 m³/s 时,排烟口附近烟气被及时排出,无烟气大量聚集;相比工况 6 没有机械排烟系统的情况,工况 7~9 在机械排烟作用下,地铁车厢温度随着排烟量的增加而降低,且车厢达到临界温度 80℃的时间相对延迟,说明机械排烟可以防控车内火灾发展。

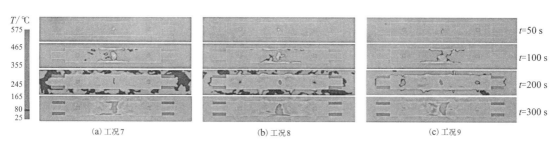

图 9.15　机械排烟对车厢高度 1.6 m 处水平面温度分布的影响

5. 地铁舱火灾 CO 污染控制

以烟气中 CO 浓度达到 200 ppm 为评判标准，分析机械排烟对 CO 污染在车内聚集的阻碍，如表 9.6 所示；可知车厢两端连接处 CO 浓度升高到 200 ppm 的时间随着排烟量的增大而延迟，因此通过提升机械排烟量或通风换气量，可减少地铁车厢火灾烟气对车内人员健康的危害，有利于被困人员及时撤离。

表 9.6 车厢两端连接处火灾烟气 CO 浓度达到 200 ppm 的时间

工况序号	机械排烟量/$(m^3 \cdot s^{-1})$	CO 浓度达到 200 ppm 的时间/s	
		车厢连接处 1	车厢连接处 2
7	1	186	187
8	2	203	198
9	3	215	213

如图 9.16 所示，机械排烟能够降低车厢内火灾烟气 CO 的浓度，在车厢内不同位置处，当不采用机械排烟时（工况 6 排烟量 0 m^3/s），车内 CO 浓度最高；随着排烟量的不断增大（工况 7、8、9 排烟量各是 1 m^3/s、2 m^3/s、3 m^3/s），车内烟气 CO 浓度逐渐降低；离机械排风口的距离越近，火灾烟气 CO 污染物浓度变化越明显。

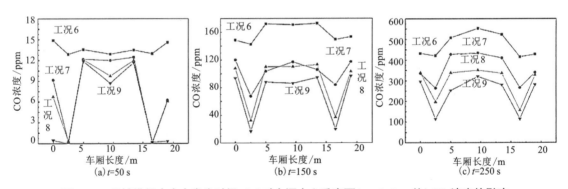

图 9.16 机械排烟在火灾发生时间 $t(s)$ 对火源中心垂直面（$y = 1.6$ m 处）CO 浓度的影响

6. 地铁舱火灾 CO_2 污染控制

如图 9.17 所示，着火 50 s 时车内 CO_2 浓度没有升高，100 s 时仅有火源附近及靠近火源两侧壁面的 CO_2 浓度有些许升高，因烟气撞击顶棚后开始沿四周自由蔓延，然后火灾烟气逐渐流至车厢两侧壁面并贴附壁面向下蔓延；着火到 200 s 时，除火源附近外，车厢大部分区域 CO_2 浓度 <3% 的限值，随着排风口的排烟量增大，火源附近 CO_2 浓度越低。

研究还发现地铁着火时间为 250 s 时，工况 6 整车内 CO_2 浓度 >4%，超过限值 3%，而工况 7~9 在机械排烟作用下，CO_2 浓度 <3%，且排烟量越大，车内火灾烟气 CO_2 浓度越

低；排烟量为 1 m^3/s、2 m^3/s 与 3 m^3/s 时，与无排烟量相比，车内烟气 CO_2 浓度各下降 1.8%、6.68% 与 3.12%，因此机械排烟能有效降低车内烟气中的 CO_2 污染，有助于火灾危害防控。

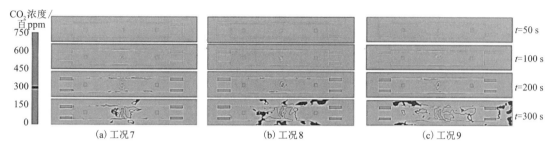

图 9.17　机械排烟在火灾发生的不同时间 $t(s)$ 对车厢内高度为 1.6 m 处的水平面内 CO_2 浓度的影响

7. 汽车火灾防控

私家轿车或汽车火灾防控要点：①尽量避免车辆在阳光下暴晒，防止车内出现高温引发自燃火灾；②车辆最好定期保养或维修，检查发动机或电气电路故障，及时更换破损的电源线和解决电器线路过热问题，预防火灾；③车内不要放置易燃易爆等危险化学品，不要随意在车内抽烟或用火，杜绝火灾安全隐患；④检查或检修发动机与空调的散热设备或系统，保证热量及时散发出去，避免热量聚集；⑤不要过度使用车辆，驾驶过程中及时关注组合仪表反馈信息，一旦出现高温报警，就应该及时熄火停车；⑥经常检查和保养车辆燃油系统，包括燃油、制动液和动力转向等油管的密封性，及时处理燃料渗漏与维修燃油设施和管线的老化、破损等问题，防止燃油爆燃起火；⑦行车遵守交通规则，防止油箱碰撞引发火灾，停车时查看周围环境，严禁在高压电线下停车和加注燃料，防止附近电线或用电引发车辆火灾；⑧严禁寒冷季节在车内不当使用取暖或烤火设备，严禁车内不当充电，电动汽车要防止过度充电，避免电池故障引发的火灾；⑨私家车上也可配备灭火器，如果发生自燃或火灾，千万不要惊慌，应首先切断电源或停车，取灭火器灭火或拨打119 电话求助。

针对电池故障导致的汽车火灾问题，中国科技大学采用以下防控措施：使用隔热材料有效延缓锂电池间的热失控传播并阻断热失控在电池模组间的持续蔓延，使用云母、陶瓷纤维纸和气凝胶板使电池间的安全排气传速降低 69.4%～80.8%，热失控传速降低 78.2%～88.7%；使用细水雾能够抑制电池热失控喷出材料的燃烧及电池内部化学反应放热，施加 11.1% 浓度的细水雾使平均 HRR 峰值降低 53%，电池底部的最高温度下降 100～200℃，冷却效果良好。其他防控措施包括安装必要的灭火器，如图 9.18 所示为威特龙的灭火系统，用于控制和扑救公共汽车客舱初期火灾。

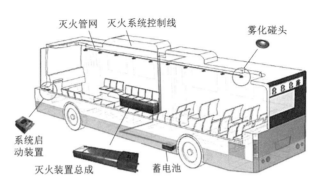

图9.18 公共汽车客舱固定灭火系统

9.2 车舱自然灾害与环境污染中毒

兰州大学研究人员统计分析了165起世界地铁典型风险事故,其中水灾、地震与毒气引发的风险事故各为5次、2次与1次,毒气致死12人,伤5000人;其他车舱灾害与安全事故详情如下。

9.2.1 车舱高温中暑防控

1. 我国车内儿童中暑安全及防控措施

我国部分汽车舱内儿童中暑案例报道见表9.7。

表9.7 我国汽车舱内儿童中暑部分案例报道

案例报道来源	国内部分车内儿童中暑安全事故详情
搜狐网	2021-12-15报道:我国某市1名6岁男童和1名4岁女童在车内身亡,刑警调查发现为车内高温中暑死亡
《新京报》	2021-9-9发布:我国某镇1名幼儿乘坐幼儿园面包车上学,早上被遗留在车内,中午被发现时已经中暑身亡
《潇湘晨报》	2020-7-24报道:我国某县幼儿园1名5岁儿童乘坐校车返校被遗留在车里,汽车在太阳暴晒下儿童中暑身亡

东华大学研究人员发现以直肠温度为主要生理症状判断指标,汽车舱内儿童在38℃时身体无法承受,40℃时中暑,42℃时死亡;代谢状态为70 W/m² 的1岁男孩在 $RH=30\%$ 的车舱内,车舱从23.2℃开始升温,48 min后男孩达到无法承受状态,67 min出现中暑,81 min出现生命危险症状;从38℃开始升温,31 min体温就不堪重负,49 min中暑,63 min有死亡危险。

车内儿童中暑防控：首先，不要单独将小孩留在车内，特别不能放在太阳暴晒下的密闭车内；其次，可在车内安装温度报警器，车内温度信息可以传送到本人手机上，有小孩在车内的情况下，可随时跟踪了解车内实时温度，以防不测；最后，在小孩身上佩戴跟踪器或身体反应器，当出现异常反应情况时，可提示车主救援。

2. 美国车内儿童中暑死亡安全事故

美国圣何塞州立大学研究人员发现，太阳短波辐射容易透过车窗加热车内物体，可使深色仪表板、方向盘或座椅温度达到 82.2~93.3℃；儿童体温调节系统不如成人有效，体温升高速度比成人快 3~5 倍，当核心体温≥41.7℃时，可使细胞受损，内脏器官开始关闭，这一连串反应会加速儿童死亡；1998—2022 年美国儿童车内中暑(图 9.19)死亡人数合计 939 人。

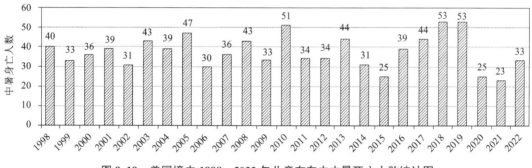

图 9.19 美国境内 1998—2022 年儿童在车内中暑死亡人数统计图

9.2.2 严寒气候动车安全措施

1. 动车严寒气候抗冰冻能力

中国铁路对在高寒地区运行的动车采取智能除雪、监测与分析等抗冻措施，把动车组两侧裙板从流线型变为直角型，减少积雪量；在车门的门板内侧设置集水槽，防止冷凝水流入下导轨造成冻结；岔路间有道岔融雪装置，采用电加热、自动感温与控制技术快速去除积雪；高铁沿线设置多个监测站，装有传感器判断风速、积雪等数据，如果超标就及时发布限速/停车命令；车上安装 6C 检测系统自动分析动车受电弓和接触网的状态，接触网零配件的积雪结冰情况，检测有无松动、缺失与破损情况；检测员通过"云端"查看 6C 系统实时传输的影像图片，及时发现问题并通知维护人员消除安全隐患；中铁哈尔滨局自主研发了国内首个"HTK-CBX0 型高寒高铁融冰除雪装置"，可调压调温调速，通过低压温水喷扫清除车身结冰积雪，提高列车安全运行水平与效率，如图 9.20 所示。

(a)动车组发车前试跑　(b)智能融冰除雪作业 (c)门板内侧设置集水槽　(d)检查检修　(e)智能监测数据反馈

图9.20　严寒气候区动车冻害安全防控措施

2. 高铁列车冬季供暖防寒技术

列车的 HVAC 系统全年四季基本都处于运转状态,用于车厢的通风换气、维持气压、调节温度与湿度,保证新风量,改善车内乘坐舒适性与净化舱室环境污染,冬季用于供热采暖,抵御寒冷或严寒气候。目前我国动车组列车装有智能 HVAC 系统,具有自动调温功能,传感器采集车内外温度和送风温度数据,得到车内实时温度,空调变频装置对比实时与设置温度,自动供热防寒或制冷抗热,随时将车内温度维持在人体适宜温度,冬季与夏季将温度分别控制在 20℃ 与 26℃ 左右;当运行线路长且沿线温差大时,HVAC 在供热/制冷间自动切换;此外,车厢温度还可手动调节,当系统故障或旅客反映温度不适时,随车机械师可用手动模式调温,最大限度地保证旅客乘坐舒适性,随时可制冷抗暑或供热防寒。

9.2.3　车内污染中毒防控

据安徽省应急管理厅官网消息,2022 年 1 月 11 日,1 名驾驶员与 2 名洗车工在清洗某辆槽罐车时窒息,经 120 医护现场抢救无效死亡,疑因槽罐车内污染物中毒身亡。

1. 长途客车舱尾气 CO 中毒防控

据报道我国一辆载有 64 名乘客的某长途大客车在行驶途中,乘客出现头痛、呕吐等症状,次日发现中毒者 57 人,其中 2 人身亡,4 人中毒较重,严重者出现意识障碍与昏迷。

分析原因:该客车舱室地板出现缝隙,导致机动车尾气直接进入舱内,车内空气 CO 最大浓度达到 70.1 mg/m³,死者与中毒较重者的血液中碳氧血红蛋白(COHb)饱和度各为 35%~42% 与 72%~75%;此次车内中毒安全事故被认定为汽车尾气 CO 中毒,2 名死者(中途未下车)和 4 名中毒较重者都坐在靠近车舱地板缝隙处,吸入尾气较多。

防控措施:司机与车主应该经常检查车辆的零配件及车舱的各种性能,确保其能正常运转,消除一切安全隐患;长途驾驶途中,应中途休息,司机与乘客都应下车适当活动与休息,呼吸新鲜空气;车辆严禁超载,车舱要及时通风,保证足够的新风量,净化车内空气污染,提供足够的氧气量;乘客要提高自我防护意识,一旦出现不舒服症状,应引起重视,不能简单归为晕车,可向司机反映问题并要求下车;企业生产合格车辆,做好售后服务与车辆检修维修工作;国家应加强监督,定期组织安全检查,消除危害。

2. 卡车舱内烟气中毒与火灾危害防控

辅助加热器可安装在卡车等运输车上，用于舱内取暖，预燃室的柴油或汽油燃烧加热散热片，暖空气被送到驾驶室；研究表明加热器装置故障可导致车内火灾(图 9.21)，引发车内人员烟气 CO 中毒死亡或被烧伤的安全事故。

图 9.21　卡车加热器及车舱烧毁现场

分析原因：长途运输卡车司机劳累时，在驾驶舱内睡觉休息，打开辅助加热器取暖抵御严寒，加热器故障导致车内物品引燃，产生大量烟气烟雾污染，熟睡中的司机不知不觉吸入大量 CO 等有害物，导致血液 COHb 浓度超高而中毒身亡。

防控措施：车主与司机不要私自改装车辆或添加辅助加热器，长期在严寒或寒冷气候区跑长途的运输车司机若要添加加热器，一定要购买正规的合格的产品，且要严格按照用户手册规定安装与使用，注意定期维护维修，使用时要有人看管，杜绝危险发生。

9.2.4　水灾安全事故与救援

1. 列车水灾与汽车落水安全事故

冰雪天气导致路面结冰湿滑，连续暴雨导致路面积水较深，以及司机酒驾或超速或误操作，都有可能使车辆坠入江河湖泊中。大量的水进入车舱而形成水灾，随着水量的增加，车内空气越来越稀薄，氧气严重不足时车内驾乘人员会窒息而身亡。国内外交通车辆水灾部分相关报道如表 9.8、图 9.22 所示。

表 9.8　国内外交通车辆水灾部分案例报道

案例来源	车辆水灾与落水安全事故详情
大理市政府	新闻办公室 2022-6-13 日通报：某辆轿车坠入大理市洱海，造成车内 4 名驾乘人员身亡
人民资讯	2021-12-19 电：某辆私家车在行驶途中坠入路边水沟，当场造成车上 5 人死亡，1 名儿童经抢救无效身亡
央视新闻	2021-10-11 报道：我国某省最近大雨致水漫过桥面，一辆载有 50 多人的大巴车涉水过桥滑入河中，应急、消防、公安等部门迅速赶赴现场展开搜救，共救出 50 人，其中 37 人平安，14 人经全力抢救无效死亡

续表9.8

案例来源	车辆水灾与落水安全事故详情
光明网	2021-9-6 发布：近日暴雨洪水致美国纽约州死亡>16 人，纽约地铁列车被困停车及公交车被洪水淹没
央视网	2021-7-21 报道：我国某市特大暴雨导致某线路地铁车厢严重积水，12 人经抢救无效死亡，5 人受伤送医

图 9.22　交通车辆水灾与落水施救现场*

2. 车辆落水救援与人员安全自救

汽车落水原因大致有超速失控、酒驾、特大暴雨或冰雪路滑等。一旦车辆落水，首先要冷静，想办法自救：第一，要打开车门，如果车内外压差太大，打不开车门，可先摇下车窗等车内注入一些水，减少压差再推开门逃生；第二，如果车窗摇不动，车内备有安全锤，可先借助安全锤打碎玻璃逃生；第三，如果车头朝下落水，也可想办法先打开后备厢逃生；第四，如果车辆有天窗，可考虑先打开天窗逃生。此外，重庆某大巴车撞上某辆轿车后坠江造成 15 人遇难的事故，引起交通部门的重视，为快速救援落水汽车内的驾乘人员，研究设计了一种汽车落水自助逃生装置，包括监测、控制、动力与执行 4 个单元：车辆落水后传感器及时准确探知落水状态，将此信号发送给控制系统，由控制系统立即发出指令，使得压强平衡机构工作，车门内外压差逐渐减小；当车辆落水达到一定深度后，控制系统发出指令启动断轴机构，车窗自动开启，车窗玻璃脱离车架的束缚后，控制系统发出指令使得气囊弹射机构工作，打开气囊；车辆由于气囊膨胀产生的浮力而上浮，事故人员即可借助具有浮力的车门上浮逃生。

9.2.5　强风与地震灾害防控

1. 强风对车辆的安全危害及防控

强风或大风严重威胁车辆行驶安全，台风还可将静态下的轿车刮起，使运行中的列车脱轨或侧翻(图 9.23)，造成车厢变形，极大地破坏行车安全与车内驾乘人员生命健康。司机或乘车者应经常关注天气预报，如遇暴风天气，汽车不宜开车外出，停在车库比较安全；若在行驶途中遇到强风，应停车避风。研究发现我国沿海夏季台风与兰新二线的春秋季风等都严重威胁高速列车安全，强侧风可使车体剧烈横向振动，导致列车延误、脱轨，甚至倾覆，造成人员伤亡；作者通过建立微波滚动时间序列与自适应预测控制等模型，实现风速超前多步高精度预测与列车运行姿态主动控制来防控强风对运行中的列车造成的安全风险；侧风风速≥35 m/s 时列车停车避风，风速在 12.5~35 m/s 时列车减速缓慢行驶；自适应预测控制可有效抑制侧风导致的车体横向振动加速度响应，可降低 49%，明显抑制列车横向振动，提高列车行驶安全性。

图 9.23　强风导致车辆侧翻的安全事故现场图▽

2. 地震对列车的安全危害及救援

地震是一种破坏性极大的自然灾害，我国地震活动分布广，铁路穿过地震多发区域是不可避免的，地震可导致列车直接脱轨、侧翻、断裂或被埋（图 9.24），对车舱及车内人员危害性巨大，可直接导致人员死亡。大连理工大学研究人员建立了地震时高速列车与有砟轨道/连续梁桥等子系统动力学模型，当地震横向自谱强度各为 7×10^{-4} m²/s³ 与 9×10^{-4} m²/s³ 时，地震发生时最不利的列车位置区间为 159~588 m 和 75~590 m；随着地震强度增大，列车行车安全可靠性降低，且地震发生时最不利的列车位置区间随之增大，列车到达桥梁 0.7 L_b 位置前发生地震，将显著降低列车运行的安全性。

图 9.24　地震导致列车脱轨与侧翻安全事故现场*

9.3　运营信息与使用安全危害控制

9.3.1　智能车网络与信息安全

1. 网络操控导致智能车碰撞安全

随着人工智能、无线网络、通信自动化与互联网技术等技术的发展及其在交通车辆的推广应用，车辆与外界的交互越来越多，智能车时代来临；但车辆通过网络与外界通信时不可避免地要遇到网络安全问题，容易受到网络病毒远程攻击，导致交通车辆行驶途中产生安全隐患，甚至引起严重的碰撞安全事故。

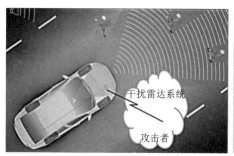
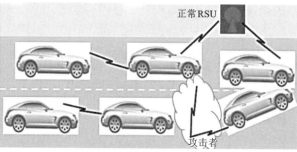

（a）攻击感应系统导致车辆碰撞行人　　　　　　　（b）攻击频谱阻塞导致车辆左侧碰撞

图9.25　错误信息干扰与制动系统失效引起的智能车安全事故

　　湖南大学发现智能车网络安全事故是由错误信息干扰与制动系统失效引起的，前者主要通过攻击感知系统与频谱干扰（图9.25）等方式实现，后者主要是黑客攻击电子控制单元系统，导致车辆制动失灵或无法有效减速而追尾前车或发生碰撞。交通车的网络与信息安全防控是确保智能车网络传递与人机交互的信息准确无误、定位精确与信息及时快速送达，免遭黑客攻击与篡改，避免外界环境与信息干扰，保证车辆正常行驶与通信的有力措施。

2. 车载信息娱乐（IVI）系统安全

　　智能汽车网络安全事件主要从物理连接、无线网络、无线电及声光设备攻击车载应用、信息、娱乐与数字服务等系统及传感器、远程控制 App 与云服务平台，造成车载主机攻击、电控单元与总线攻击、漏洞利用、通信拦截、固件修改、传感器信号欺骗与病毒攻击等安全威胁，对汽车及发动机、多媒体与制动系统进行控制或解锁并窃取相关信息，破坏行车及车内驾乘人员生命与财产安全。随着智能汽车快速发展，网络安全问题日益严峻，其中 IVI 的安全挑战尤为突出，研究提出基于零信任安全框架的 IVI 外部网络安全威胁防护、基于安全代理的轻量级 IVI 总线网络安全防护、基于匿名交换算法的 IVI 数据传输威胁抑制和基于模糊综合评定法的 IVI 数据传输机制优化等方法，在数据传输速率上提高 3.58MB/s 且丢包率降低 41%，提高数据传输的可靠性；受病毒感染的用户终端设备是 IVI 安全防护的重点，攻击者常利用终端设备漏洞攻击并控制终端，再利用病毒传播间接攻击 IVI，提高终端设备信息识别的可靠性，做到安全检测无风险。

3. 智能车触摸屏弹出广告安全隐患

　　不合时宜的车机弹窗广告具有一定的安全隐患，需要规范并控制。行驶中的车辆显示屏或中控触摸屏突然出现的弹窗广告，不但遮挡了车载导航信息，还会分散司机的注意力导致司机分心，在交通拥堵的路段甚至可能会导致交通事故。车机弹窗广告应在车主或司机的同意下方可推送，应有显著的关闭标志、退订渠道等，明确规定机动车显示屏广告的弹窗时间、显示位置与大小等，尽可能避免弹窗广告过大、过多或过频而影响机动车的行驶功能。

2022 年，国家互联网信息办公室、工业和信息化部、国家市场监督管理总局联合发布《互联网弹窗信息推送服务管理规定》，自 2022 年 9 月 30 日起施行；明确规定互联网弹窗信息推送服务提供者应当落实信息内容管理主体责任，建立健全信息内容审核、生态治理、数据安全和个人信息保护、未成年人保护等管理制度；弹窗推送信息应体现积极健康向上的主流价值观，不得集中推送、炒作社会热点敏感事件、恶性案件、灾难事故等，引发社会恐慌；保障用户权益，以服务协议等形式明确告知用户弹窗信息推送服务的具体形式、内容频次、取消渠道等，充分考虑用户体验，科学规划推送频次，不得以任何形式干扰或者影响用户关闭弹窗；弹窗推送广告信息应显著标明"广告"和关闭标识，确保弹窗广告一键关闭；不得以弹窗信息推送方式呈现恶意引流跳转的第三方链接、二维码等信息，不得通过弹窗信息推送服务诱导用户点击，实施流量造假、流量劫持。

9.3.2 碰撞/脱轨/追尾安全分析

1. 相关安全事故案例统计

不遵守交通规则、酒驾、超速、交叉路口与急转弯处分心分神或误操作都可导致车辆碰撞、追尾或侧翻及列车脱轨，可造成车内人员直接死亡的重大安全事故（表9.9）。

表 9.9　国内外部分车辆碰撞、脱轨与追尾安全事故案例统计

案例来源	车辆碰撞/脱轨/追尾安全事故案例
新华社	2023-6-3 报道：印度东部奥迪沙邦 2 日发生客运列车脱轨相撞事故，造成>288 人死亡，约 900 人受伤
《光明日报》	2022-9-19 报道：昨日凌晨贵州某高速路发生一起客车侧翻事故，造成 27 人不幸遇难
国家铁路局	2022-3-8：甘肃省某货车碰撞铁路桥梁，致某列车机车及第一节车辆脱轨坠落，造成人员 3 死 1 重伤
《潇湘晨报》	2021-4-5 报道：昨日沈海高速江苏盐城段发生 4 车相撞交通事故，造成 11 人死亡，10 人受伤
《新民晚报》	2021-8-1 发布：昨日沈海高速往浙江方向发生两辆大型车猛烈追尾，导致后车被完全烧毁及司机身亡
中国科技大学	2014 年 7 月 19 日：沪昆高速路段某辆装载酒精易燃液体的小货车与大客车追尾相撞后发生爆炸燃烧，造成 5 台车辆被毁，38 人死亡，6 人受伤
兰州大学	统计全球 18 次列车脱轨、相撞与追尾事故，其中美国 6 次、日本 5 次，共死亡 304 人，受伤人数超过 2240 人

2. 地铁列车碰撞安全分析

北京交通大学研究人员发现地铁碰撞破坏的车体位置主要在驾驶室框架、底架、侧墙和端墙等连接处，驾驶室被撞入 50 cm 是司机受伤主要原因，如图 9.26 所示。

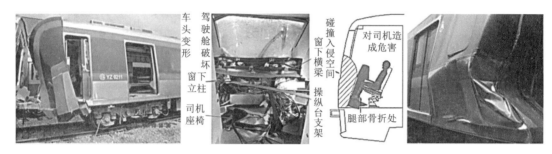

图 9.26　地铁列车碰撞现场及安全危害

地铁车体的碰撞破坏表现为塑性变形与多种形式的韧性断裂，变形断裂最严重的车厢紧邻头车的 I 段位纵向压缩量约 40 cm、垂向变形约 10 cm，碰撞 II 段位侧墙出现长 28 cm 裂纹，使用常数失效模型计算的裂纹长度约 10 cm；基于损伤断裂模型通过了本构模型的弱化，实现对板材塑性断裂过程的模拟，可较好地预测车体在碰撞事故中的变形与断裂程度。

3. 电动汽车的碰撞安全性

电动汽车碰撞可导致汽车起火或爆炸事故(图 9.27)，吸能结构是保护车内乘员和动力电池包安全的保障。湖南大学研究的藕状多胞填充结构的新型吸能盒(图 9.28)，优化设计后，吸能值提升 5.64%，峰值力降低 5.53%，用于某款电动车的正面斜向/刚性墙碰撞，整车加速度峰值与动力电池包框架变形量分别平均下降 9.6%/6.8% 与 18.1%/20.9%；藕状多胞填充结构具有良好的吸能效果，能吸收更多的碰撞能量，提高整车碰撞安全性。

图 9.27　电动汽车碰撞引发的火灾与爆炸安全事故

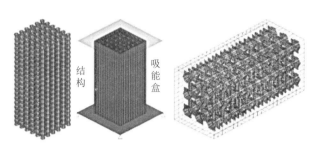

结构　吸能盒

图 9.28　藕状多胞填充件

9.3.3　汽车舱室仪表与零部件安全

以上汽荣威 RX5 为例，用户手册中关于使用安全与健康防护的部分信息如下。

1. 汽车舱室仪表报警和安全排查控制

发动机对汽车舱室安全非常重要，当发动机冷却液温度警告灯显示蓝色与红色时，说明发动机冷却液温度分别过低与过高，信息中心会提示温度异常并伴有警告音；温度持续增高，警告灯将闪烁为红色，可能导致发动机严重损坏，应立即靠边安全停车，使发动机熄火，尽快联系当地授权售后服务中心进行检修；当警告灯显示蓝色时，温度表条形格全部熄灭，说明发动机冷却液温度传感器发生故障，应尽快检修。当燃油箱中油量过低时，油量过低警告灯点亮(更低会闪烁)，信息中心显示"燃油量低请加油"并伴有警告音；当燃油传感器发生故障时，燃油表条形格全部熄灭，油量过低警告灯闪烁，信息中心显示"油量传感器故障请注意"，请尽快检修；不要让转速表指针长时间停留在仪表的红色报警区域，否则可能导致发动机损坏，其他安全提示如图 9.29 所示。

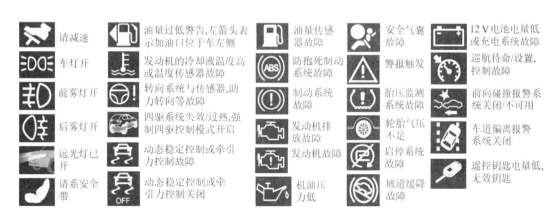

图 9.29　汽车(SUV)舱室仪表报警符号及安全隐患说明

2. 汽车使用安全与健康注意事项

上汽荣威 RX5 使用安全与健康注意事项见表 9.10。

表 9.10　上汽荣威 RX5 使用安全与健康注意事项

	使用安全注意事项
仪表和控制	1) 在限速报警调节界面，按下方向盘右侧的 OK 键或长按行车电脑按钮，显示的速度值闪烁，即可对其进行设置，设定速度范围为 OFF～30～220 km/h；显示 OFF 表示限速报警功能被关闭，建议平时都打开，当车速超过预设速度，显示设定的速度值会闪烁，并伴有警告音。提醒减速，安全行驶 2) 系统故障信息指示灯用于告知驾驶员车辆是否存在警告信息，当存在一般故障信息时该灯亮黄色，当存在严重故障信息时该灯亮红色。行车时要时刻关注，有问题及时检修 3) 不要在车辆行驶过程中调节转向管柱的高度或角度，这是非常危险的；如果电动助力转向发生故障或者不能工作，转动方向盘会非常沉重，极大影响行驶安全性；在车辆行驶时不要让乘客将身体的任何部位伸出天窗，避免因飞行物体或树枝导致伤害；雨天不要开启天窗，当车速>120 km/h 时最好不要打开天窗 4) 电源插座在未使用时，请保持堵盖插到位，否则可能有异物落入而影响使用，甚至发生短路；不要在发动机熄火后继续使用电源插座，否则会消耗蓄电池电量造成亏电，导致发动机可能无法正常启动 5) 不要在后座椅靠背后面的遮物帘上放物品，否则发生交通事故时可能伤害人；遮物帘的边管必须塞到凹槽内，否则行驶过程中有异响；不要在杯托上放置装有热饮的杯子，否则行驶时会溅出，导致人员烫伤或其他伤害 6) 车顶负载应≤最大允许载荷，否则可能引发事故损坏汽车；松散的和未正确固定的装载物可能从车顶行李架上脱落并引发事故或导致人员受伤。在车顶行李架上运载沉重或体积庞大的物品时，因重心偏移及迎风面积增大，汽车的操纵性将改变。行驶过程中应避免紧急转向、紧急加速或紧急制动
空调系统	1) 空调滤清器为花粉滤清器，可以防止花粉和灰尘进入车内，为保持最佳过滤效果需在规定保养间隔内更换；空调制冷后内部有少量冷凝水残留，易产生异味，建议关闭空调后开鼓风机 5 min，防止冷凝水残留，从而防止异味产生 2) 保持循环风门一直关闭可能导致风窗结霜/起雾，如果发生这种情况，选择空气分配模式按键到对风窗模式，将风量调节为最大即可，也可点击除霜/雾键清除 3) 如果行车时不得不开着尾门或车身与尾门之间的密封条断裂，务必关闭所有车窗，选择面部出风，将空调风扇设置为以最大转速运转，这样会减少汽车尾气进入车内

续表9.10

使用安全注意事项

启动和驾驶	1) 车辆行驶时，不要关闭点火开关或拔出钥匙，不要碰触钥匙，以免引起车辆熄火或安全事故；不要在不通风的室内起动并长时间运转发动机，排放的有害废气中含有 CO 会导致人昏迷甚至死亡，不要将儿童单独留在车内 2) 汽油极易燃烧且在空气不流通空间很容易发生爆炸；在加油时需要注意：关闭发动机、不吸烟或使用明火、不使用移动电话、防止燃油溢出、不过量加油 3) 仅当车停稳时(驻车制动器拉起与换挡杆完全处于 P 挡)人员才可上下车，否则发动机运转，车可能突然移动，造成人员伤害；不要在较滑路面上紧急制动、加速、急转向与使用强制降挡功能，否则会导致轮胎打滑引发事故；不要让车辆通过或停放在可燃物能接触到排气系统的路面或场地上，避免火灾 4) 在坡道起步辅助系统工作时，严禁司机离开车辆，不得把坡道起步辅助系统滥用为驻车制动，否则可能会产生严重的安全事故；除在紧急情况下，切勿将电子驻车制动用于车辆的制动
座椅和保护装置	1) 为防止失去控制而造成人员伤害，不要在车辆行驶时调节座椅。如果皮肤长时间接触已加热的座椅，容易造成皮肤的低温烫伤。过度使用驾驶员座椅加热功能可能诱发困意而影响安全行车 2) 调节头枕高度，使其顶部与乘员的头顶齐平，可减小发生撞车事故时颈部受伤的风险；不要在驾驶时调节或拆下头枕，不要在头枕上或头枕杆上悬挂任何物品 3) 务必正确佩戴安全带，切勿在行驶中解开安全带，否则在发生事故或紧急制动时可能导致重伤甚至死亡；安全气囊的展开可能会造成体表擦伤、身体碰伤或因爆炸造成灼伤、重伤等，不要敲击或碰撞安全气囊或相关部件；开启前排乘客安全气囊时，切勿将后向式儿童座椅安放在前排乘客座椅上，否则可能导致儿童严重受伤甚至死亡

9.3.4　刹车失灵与爆胎危害防控

大部分车辆意外交通事故都跟刹车系统与轮胎有关，特别是发生在高速路上的汽车安全事故，刹车失灵与爆胎是主要原因，可导致严重的 EHSV 问题，防控措施如下。

1. 车辆爆胎的安全危害控制

爆胎是汽车行驶过程中常见的故障，行驶环境的高温、路面条件、超速超载、异常胎压、轮胎过度磨损与腐蚀及"刮痕或裂缝"等都可能引起爆胎。高速路途中汽车爆胎很危险，易发生碰撞、追尾等交通事故，若司机紧急制动与调整方向盘又易导致车侧翻。汽车爆胎预防：①车舱配置胎压监测系统，可实时精确测量胎压数据，出现异常便报警提醒司机处理；②车内安装应用爆胎辅助刹车系统或爆胎应急安全装置，可减少爆胎伤害；③通过改善轮胎结构，提高充气轮胎的各项性能，推广使用安全轮胎(图 9.30)，降低爆胎概率或防控爆胎，确保车内驾乘人员的安全。汽车爆胎后的控制可采用通过分配制动力矩的差动制动控制或通过控制器补偿方向盘转角的主动转向控制，将汽车质心侧偏角和横摆角速度都控制在稳定的安全变化范围内，可使爆胎后的汽车迅速恢复稳定的行驶状态。

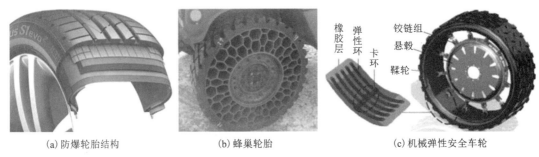

(a) 防爆轮胎结构   (b) 蜂巢轮胎   (c) 机械弹性安全车轮

图9.30　汽车的充气型(a)与非充气型(b与c)安全轮胎

2. 车舱刹车失灵的安全危害控制

制动系统或刹车装置对于保证车辆的安全运行至关重要，汽车制动如图9.31所示；列车制动可分为常用制动与紧急制动，制动装置由装在机车上的供风系统和自动制动阀，分装在机车和车辆上的制动机和基础制动装置，贯通全列车的制动管/刹车管组成。

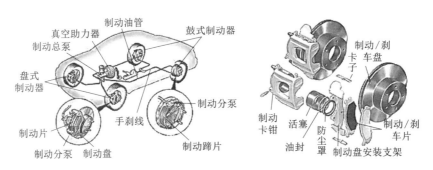

图9.31　汽车制动系统及零部件*

汽车刹车失灵的原因与危害防控举措：①刹车系统本身故障，应注意对其及时保养、维修或更换；②操作不当导致机件失灵，平时操作应爱护刹车系统；③由于严重超载超速，加大了车辆运动惯性直接导致刹车失灵，行车时不可超载超速；④可配置自动紧急刹车系统，减少健康安全危害。缩松缺陷是刹车盘铸件常见问题，补缩能力不足是导致刹车毂出现缩松的主要原因之一；通过选取合适、有效的浇注系统，采用分散补缩和凝固工艺，可以有效解决刹车鼓缩松问题。汽车行驶途中刹车失灵注意事项：保持头脑清醒与冷静，打开双闪灯提醒后方车辆，降挡降速与轻拉手刹，看好行驶方向并把握住方向盘，确保不碰撞，也不可贸然熄火。高速列车制动为"机-电-气"联合控制，遇到紧急状况会启动自动刹车程序，以确保运营安全。提高刹车片摩擦材料的力学性、耐磨性、耐热性，优化摩擦系数，降低其对制动盘的损伤，可改善刹车失灵状况。

9.3.5 运营与乘坐健康安全管控

1. 公交车运营与乘坐的健康安全危害防控

制定并颁布《汽车乘车守则》《乘客文明守则》或《汽车客运管理规定》。要求乘客遵守社会公德与文明乘车规定，爱护车内设施及环境卫生，不得在车内饮酒、吸烟、喧哗、随地吐痰、乱扔废弃物，不得携带管制器具、危险品和有碍乘客安全的物品乘车；广告设置不得有覆盖站牌标识和车辆运营标识、妨碍车辆行驶安全视线等影响运营安全的情形；定期对运营车辆及附属设备进行检测、维护、更新，保证其处于良好状态；不得将存在安全隐患的车辆投入运营，为车辆配备灭火器、安全锤等合格的安全应急设备；禁止破坏、盗窃城市公共汽电车及设施设备，不得影响车辆正常行驶、乘客安全和乘车秩序。安全锤与灭火器的使用及防控措施见表 9.11。

表 9.11 安全锤与灭火器的使用及防控措施

设备	使用操作方法及 EHSV 防控措施
安全锤	公交车发生火灾等危险时，应迅速拿起安全锤，敲击车舱玻璃的 4 个角或上方边缘最中间的地方，待玻璃破碎后踹开整块玻璃，车内人员有序跳出车仓，转移到安全的地方，降低 EHSV 危害
灭火器	每辆公交车内有 2 瓶干粉灭火器，通常放在驾驶员旁与车后门处，发生火灾时把灭火器拿到距火区 3 m 处左右，站在上风口，拔去保险销，一手紧握喷嘴对准火焰根部，另一手握紧压把开关进行喷射，对准火焰由近至远反复横扫，直到火完全熄灭，降低 EHSV 危害

新冠疫情期间，昆明公交集团提出坚持"预防为主、防治结合、科学指导、及时救治"的原则，加强车舱通风与消毒工作，日常监测体温、佩戴口罩、扫码乘车、绿码上车，为驾乘人员提供安全、洁净、健康的公共乘车环境。

2. 地铁列车运营与使用的安全健康危害防控

2022 年 3 月中国红十字基金会等为郑州地铁捐赠安装应急救护一体机，包含体外除颤仪、急救包和急救知识普及宣传屏。工作人员学习现场救护基础知识及创伤救护、气道异物梗阻、心肺复苏与体外除颤仪使用等实操技能并通过考核。郑州地铁对城市轨道交通设备健康管理关键技术进行研究，通过研制站台门关键状态量智能采集装置、单元门状态指示装置，搭建"物联网+"线路级监控平台，对设备健康状态实时预测并快速判断故障设备部件及故障原因，确保地铁运营安全；制定并完成服务承诺：保持车厢卫生清洁，定期消毒，提供舒适乘车环境；设施精检细修，保障列车运行稳定可靠。地铁 EHSV 的防控措施见表 9.12。

表 9.12　地铁 EHSV 相关问题的防控

EHSV 相关具体措施	
乘客守则须知乘车指南	文明有序乘车,自觉维护列车整洁与车内环境卫生,爱护地铁设施设备,维护良好公共秩序;不得携带妨碍车内通行和运营安全的(易燃易爆、有毒有害、腐蚀性、放射性、严重异味、刺激性、易碎和尖锐等)物品乘车,严禁乘客在车门或站台门提示警铃鸣响时强行上下列车,禁止倚靠车门,勿让任何大件物品阻塞上下车通道;如非紧急情况切勿随意触动车上的应急设备,严禁擅自操作有警示标识的按钮、开关装置等防止危害地铁运营安全;禁止在车内吸烟(含电子烟)、点燃明火、随地吐痰、乱扔乱涂乱画等,严禁在车内使用滑板/轮滑、溜冰鞋、独轮车、自动平衡车、自行车、非残疾人助力车的电动车等;车内不得有互相推挤、打闹、大声喧哗或其他滋扰行为
紧急设备	紧急开门装置:每个车门旁都有,发生紧急情况待车停稳后,人工打开车门时使用;紧急呼叫装置:车厢 2 个车门旁均有,乘客在紧急状况时可按压按钮与司机对话;屏蔽门手动解锁装置:车门屏蔽门上均有,列车进站后屏蔽门无法自动开启时使用;灭火器:每节车厢有 2 个,置于座椅下方,车内发生火警紧急情况时使用,操作如图 9.32 所示
车辆检修	强化设备精检细修,做好设备保养维护工作;通过检修列车及转辙机、接触网设备支持定位装置,检查道岔螺丝与紧固螺丝等措施保障地铁运营及车厢乘坐安全,实现安全生产"零事故、零伤害"的目标;疫情防控期间,承担空调滤网清洗等高风险作业
新冠肺炎防控	疫情防控期严控人员流动风险,临时关闭感染风险高的车站,调整行车间隔时间,要求乘客全程佩戴口罩、主动扫码核验、测温及绿码进站;做到乘车环境与车厢(座椅、扶手、栏杆、车厢地面等部位)消毒全覆盖,防疫广播提示全覆盖,严格按照交通运输部《客运场站和交通运输工具新冠肺炎疫情分区分级防控指南(第七版)》相关标准执行

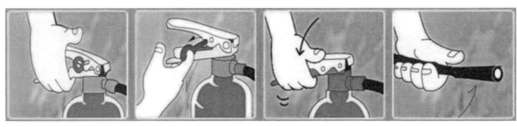

(a) 提起灭火器　　(b) 拔下保险销　　(c) 用力压下手柄　　(d) 对准火源根部扫射

图 9.32　地铁列车厢常用灭火器的使用方法

3. 搬运车操作与使用安全注意事项

搬运车适合在平整地面上长距离提升和搬运货物,额定载荷一般为 2 吨,行驶速度为 6 km/h,某款电动搬运车结构与实物如图 9.33 所示。

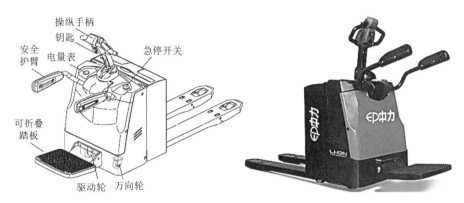

操纵手柄
钥匙
急停开关
安全
护臂
电量表
可折叠
踏板
驱动轮　万向轮

图 9.33　某款操纵杆式电动搬运车图

1）搬运车安全使用总则

必须严格执行搬运车的维护、润滑、检查计划，搬运车的维护、润滑、检查人员必须经过资格认证和权威认可；搬运车上所有铭牌和安全标识应定期清理，使其内容清晰可辨；制动、操纵、控制、警报和安全装置应该定期检查维护，使其状态保持良好；起升系统的所有装置都应定期检查维护，确保其操作安全；液压系统应根据使用情况定期进行检查，油缸、液压阀和其他一些液压元件应检查保证液体不会泄漏。

离开搬运车前要执行的操作：禁止在斜坡上停车，完全降下货叉，收起可折叠安全护臂，按下急停开关，将开关锁转动到止挡位置上，并取出钥匙。

开始操作前：操作人员必须在操作位置上，操纵手柄放在自然位置上，操作前检查起升、转向、速度控制、操纵、警报、制动功能是否正常。

操作时尽量避免起火，工作场地必须备有消防器材，禁止用明火检查电解液或其他油、液的液位或是否泄漏；搬运车停放环境必须干净，将火灾发生的可能性降到最低。

2）安全注意事项

（1）操作许可：搬运车只能由经过专门培训的技术人员操作驾驶，操作人员必须经过设备使用方的测试，熟练掌握设备操作与载荷处理方面的技能，并正式得到设备使用方或者其委托方的任命。

（2）操作员的权利、义务和行为准则：操作员必须了解自己的权利和义务，接受过搬运车操作使用方面的指导培训，使用方必须向操作人员授予其应该拥有的权利；操作搬运车时，操作人员需要随车行走，必须穿上防护靴。

（3）非工作人员禁止使用设备：在搬运车的使用过程中，操作员对该设备负全责，禁止非工作人员操作搬运车，不得使用搬运车运载或者提升人员；如果在搬运车及其属具上发现损伤或者其他缺陷，必须立即将情况报告主管人员；轮胎磨损或者制动器失灵等操作性能不完善的搬运车，未经妥善维修处理不得使用。

3）搬运车运行及操作注意事项

（1）准备工作：将搬运车投入日常使用之前，必须执行检查和准备操作；全面检查搬运车（尤其注意车轮和叉脚）有无明显的损伤，检查电瓶的固定和电缆的连接情况；将设备投入使用或提升重物前，驾驶员必须确保没有其他人员停留在危险区域内。

（2）启动和检查：检查是否按下急停开关，将钥匙插入开关锁并向右转动到"ON"止挡位置；按下警报信号按键，检查其功能；搬运车进入准备运行状态，电瓶放电指示器显示电瓶当前的充电状态；检查操纵杆的制动功能。

（3）行驶：有步行操作与站驾操作两种不同的行驶操作方式，步行操作要向下转动护臂并收起驾驶员踏板，搬运车仅能以较低的车速行驶，步行操作时注意和搬运车保持足够距离；站驾操作要向上转动护臂并打开驾驶员踏板，搬运车能以最高车速行驶。

（4）转向：在狭窄的拐弯处，驾驶员会突出于车型之外，向左或向右转动操纵杆。

（5）制动：搬运车的制动性能在很大程度上取决于行驶路面的状况，驾驶员在搬运车行驶过程中必须对此加以考虑，可以通过以下 3 种方式进行制动操作。

反接制动：行驶过程中将行驶加速器切换至相反的方向，搬运车将通过反接电流制动，直至开始向相反的方向行驶，制动效果和行驶调节器的位置有关。

行车制动：将操纵杆下压至制动区域，牵引电机将由再生方式制动（电机制动器），只有此制动方式无法达到足够的制动效果时，才会启用机械制动器（电磁制动器），搬运车停稳时机械制动器（电磁制动器）启动；松开操纵杆，操纵杆自动转动至上制动区域。

紧急制动：按下急停开关，电路中断，所有电动功能停止，搬运车强行制动（电磁制动器）。

4）定期保养及注意事项

搬运车彻底规范的保养是保证搬运车操作性能稳定可靠最重要的前提条件之一。疏忽定期保养有可能导致搬运车故障和失灵，并对工作人员和操作安全构成潜在威胁；保养核对清单中规定的保养间隔只针对单班工作制和普通的操作使用条件，如果操作使用条件的强度高于一般水平，比如粉尘多、温度波动大或者执行倒班工作制度，则必须适当缩短保养间隔。

9.4 车舱物理环境安全与晕车防控

车辆振动与噪声影响舱室环境品质及运行平稳性，电磁辐射、放射性、腐蚀与晕车都损害乘坐舒适性，可产生 EHSV 问题，危害车辆运营安全与车内人员健康安全。

9.4.1 车内噪声控制

1. 汽车舱内噪声防控

随着车辆科技的高速发展，噪声振动及声振粗糙度（NHV）成为衡量乘坐舒适性与EHSV 品质的重要指标之一；车内环境噪声不仅分散驾乘人员注意力，影响司乘人员心情，过高的噪声还可导致人员眩晕、恶心等症状，诱发交通事故。因此降低交通车内噪声是汽车安全行驶的保证之一。西南交大与上汽通用公司研究发现某款轿车以 30 km/h 的速度匀速行驶时有明显的低频轰鸣声，确定车内频率为 35 Hz 的噪声峰值过高是直接原因，该频率峰值与尾门薄壁件振动密切相关；研究人员设计出具有轻量化、小型化特征的声学超结构(图9.34)，完成了谐振单元构型的选择与带隙设计、整车布置规划及谐振单元排布与基体框架设计；在车辆贴附该声学超结构后，实测结果表明车舱前排和后排频率为 35 Hz 车内噪声各降低 4.23 dB(A)与 5.77 dB(A)，NVH 主观评价表明车内低频轰鸣声已明显改善，达到可接受水平。

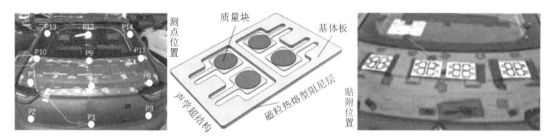

图 9.34　声学超结构在轿车内的应用及实验测试

2. 高速列车厢内噪声防控

随着列车速度的不断提高，车内噪声对乘坐舒适性的影响越来越显著。为了抑制舱室噪声，中车机车与浙江大学对噪声防控展开研究，结果表明：在车轮上加装阻尼结构、轨道上安装动力吸振器(图9.35)可显著降低车内高频段噪声，其中总响度、尖锐度与粗糙度各降低 2.1 sone、0.09 acum 与 0.04 asper；在轮轨噪声突出频段声压级降低约 8 dB，轮轨噪声激励优化后的车内声品质参数降低明显，优化效果能被人耳感知。

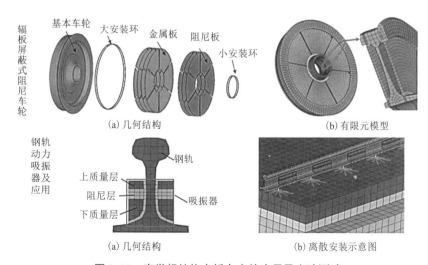

图 9.35　声学超结构在轿车内的应用及实验测试

9.4.2 舱室振动控制

1.汽车减振措施

运行中的机动车振动主要来自发动机及轮胎与地面的碰撞摩擦,在不平的道路上行驶,加速、减速及急转弯都会加剧振动。此外,中国汽车工程研究院、汽车噪声振动和安全技术国家重点实验室的研究表明:车内的半阶次噪声主要来自动力总成的振动,并通过变速器悬置侧支架传递到车内,采用降低动力总成悬置刚度和提高悬置支架动刚度可明显降低发动机半阶次振动传递到车身上的能量,有效减小车内噪声粗糙感,提高整车加速噪声品质;燃烧爆发力是产生半阶次振动的最重要原因,采取加强曲轴主轴颈、曲柄臂与主轴承座,减小主轴承间隙,优化进气歧管,提高燃烧均匀性,采用柔性飞轮等措施可以从源头上减小发动机半阶次的振动。

2.轨道列车减振措施

日本研发了控制轨道列车的纵向、横向与垂向运动的设备来减振,采用不依赖车轮与轨道黏着力的制动方式控制纵向运动,在车顶安装开闭式空气阻力板来制动,在转向架安装电磁感应进行非接触式的钢轨制动,开发空转再黏着控制抑制纵向振动;研制防侧滚式车体倾斜转向架[图9.36(a)]减少倾斜振动,在转向架上安装对中油杆提高车体向中间位置恢复的能力,安装缓冲器与阻尼器等振动衰减装置对列车横向减振;研发垂向减振控制系统[图9.36(b)],安装可变阻尼减振器来抑制振动,提高列车的乘坐舒适性。

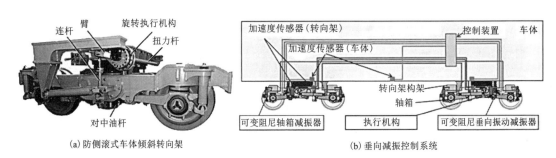

(a)防侧滚式车体倾斜转向架　　　　(b)垂向减振控制系统

图9.36　日本轨道列车的部分减振措施

9.4.3 电磁辐射与放射性防控

1.电磁辐射污染防控措施

车内电磁辐射污染主要来自发电机、电池及充电系统、电路电气设备与外部环境电磁辐射度。测试发现电动汽车在加速行驶状态时,车内电磁辐射污染最大,因此恒速或平稳驾驶,远离高压线及变电站,都可减少车内电磁辐射对健康的危害。北京交通大学对电动汽车无线充电系统进行了研究，设计出适合电动汽车无线充电的电磁辐射主动屏蔽(在收发线圈附近放置主动线圈)和被动屏蔽(利用高导磁材料或金属材料屏蔽)方法，仿真分析表明耦合机构导磁层外加铝板可降低 59.6% 的电磁辐射，接收与放射线圈的外侧加铝板各减少 6% 与 74% 的电磁辐射；实验测量发现在箱体侧方下部与上部区域各加入竖直与水平铝板的屏蔽效果较强，该区域的磁通密度整体各下降 43% 与 52%，可抑制车内电磁辐射。

2. 放射性污染防控技术

全国人大 2003 年通过《中华人民共和国放射性污染防治法》，国家实行预防为主、防治结合、严格管理、安全第一的方针。车内环境一般不存在放射性污染，如果车舱装载了放射源、核燃料、放射性废物、射线装置及伴生放射性矿、铀(钍)矿、大理石等放射性相关的材料与设备，车内会存在放射性污染；车辆通过长隧道及长时间停放在地下室，可能存在氡放射性污染；即使是这种情况也不必担心，在车辆行驶时开窗自然通风，可快速降低氡气污染。某辆 SUV 轿车停放在某小区地下负三层车库一周，实测结果表明车内氡气污染最高浓度达到 156 Bq/m³。将 SUV 开出地下室，无论是采用开窗自然通风还是空调外循环通风模式，车内空气氡浓度都在 2 min 之内降低到 <30 Bq/m³(图 9.37)，可见通风技术可有效净化汽车舱内氡放射性污染，保护驾乘人员身体健康。

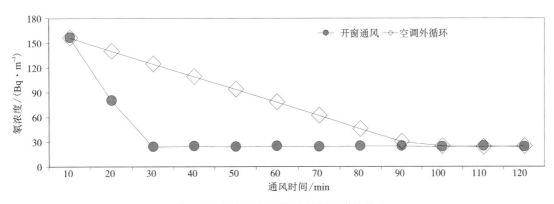

图 9.37　通风净化汽车内氡气污染的效果

9.4.4　车舱及零部件防腐蚀生锈

1. 车辆腐蚀事故、产生原因及安全危害

车辆腐蚀是指车身及零部件金属材料接触周围环境的空气、水、酸、碱、盐等介质而发生化学破坏作用的现象，可分为外观、穿孔与结构腐蚀。国家市场监管总局数据显示，近年来汽车腐蚀投诉案例累计 1.3 万例，召回腐蚀引起的缺陷产品达 134 件，涉及 781 万余辆汽车、54 个品牌、100 余款车型。车辆腐蚀已经引发了社会广泛关注，其产生原因包括车辆行驶与存放环境的酸碱度、湿度与积水，加之行驶不慎引起的石子飞溅、碰撞、摩擦或刮伤，可导致车舱及零部件表面腐蚀而生锈(图9.38)，影响驾乘舒适性、安全性与环保性，久而久之可引发转向或制动失效，产生严重的 EHSV 问题。

图9.38　列车与汽车的车身、舱室及零部件腐蚀生锈实物图*

2. 车辆腐蚀防控策略与技术

车舱及零部件防腐蚀是一项复杂的系统工程，贯穿整个车辆全生命周期，从造型设计、材料选用、制造工艺、涂装焊装、过程管控到检修维修全过程；车辆防腐蚀主要从车身板材选择与结构设计、车辆零部件及设计、涂装工艺及材料等方面考虑，其中通过涂装保证车身拥有良好的电泳漆膜是车辆防腐最经济有效的方法。至于车用铝合金材料及零部件，可采取阳极氧化与封闭多孔膜、氧化着色、喷漆与打蜡、激光表面硬化处理等措施提高防腐效果。上汽通用公司制定了钣金外覆盖件、结构加强件、下车体梁类零件、车身内外侧支架零件等镀锌与非镀锌的策略，对关键区域设定车身结构策略，并确定空腔注蜡、车底涂胶、涂装白胶的覆盖范围，来防控汽车腐蚀问题(图9.39)。

图9.39　某款汽车采用喷胶、涂胶与注蜡技术防腐

车辆使用者应通过如下措施防腐蚀：①保持车舱干燥与清洁，洗车去除酸碱及行车途中接触的其他腐蚀性污染物；②定期检查车身油漆与涂层，可做车漆养护，如有破损应立刻修复；③检查车舱及零部件，如有刮痕或擦伤，应及时修补；④注重底盘防锈，可喷漆处理，一旦生锈，应先打磨干净再喷漆防护；⑤如运输腐蚀性物品，应采用适当容器装，不能溅出或渗漏，否则需清洗车舱并保持其干燥；⑥不要将车辆长期停在潮湿、积水或密不透风的地方。

9.4.5　晕车防控措施

早在 1966 年我国王继常在人民军医、中级医刊上发表了有关"防治晕车的体会、晕车的防治"的文章,提出采用药物,加强通风换气,保持车内空气新鲜,有益于晕车防控。晕车是客观环境刺激了主观感受而呈现出的"病态"反应,所以可从客观改善(优化通风、减少污染、降低车辆振动摇晃与提高 VIEQ)与主观提升(加强训练、提高心理生理素质及抵抗力与免疫力)方面来综合防控晕车。此外,可以考虑药物或医学治疗。

1. 通过训练防控晕车

英国华威大学与捷豹/路虎开发了一种新的视觉空间训练工具,探讨了视觉空间训练(图 9.40)对晕车的影响。结果发现视觉空间技能提高 40%,直接导致晕车病减少 51%~58%,晕车导致的辍学率减少 60%,训练前后晕动模拟问卷分数表明恶心与目眩症状各降低了约 25 分与 33 分。视觉空间训练可减少晕动病(晕车),特别适用于无人驾驶或自驾汽车。我国某市人民医院引进 SRM-IV 型眩晕诊疗系统,设计出前庭功能刺激训练法对晕车患者进行前庭功能锻炼治疗(图 9.41),取得令人满意的效果(对小部分患者无效);还发现无焦虑和无慢性胃炎的晕车病患者经高强度前庭功能训练治疗后疗效更好。此外,通过荡秋千、旋转椅、荡船、俯虎等适应性训练或平衡训练,反复运动刺激人耳前庭,使前庭产生适应习惯,增强抵抗力、免疫力或适应力,可减轻晕车症状。

图 9.40　行驶车中视觉空间训练

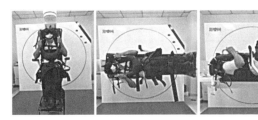

图 9.41　晕车者前庭(外半规管)功能刺激训练

美国威斯康星大学等研究单位根据线索冲突理论,认为导致相互不相容的知觉解释的感官信号会产生身体不适,随后使用虚拟现实耳机中呈现的立体电影(图 9.42)诱发了中度晕车,确定了一种基于灵敏度的晕车感觉预测因子,可用于个性化虚拟现实体验和缓解晕车不适;对感觉线索的敏感性,特别是对运动视差线索的敏感性,在晕动病中起着关键作用,如果晕车是由视觉或视线冲突引起的,乘员可以通过减少头部运动或抑制头部抖动来消除视觉冲突,可以自我调节晕车不适感。

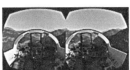

视频1:左眼　　右眼　　　视频2:左眼　　右眼　　　视频3:左眼　　右眼　　　视频4:左眼　　右眼

图 9.42　实验者观察晕车诱导 3D 视频的照片

2. 药物与中医治疗

以前主要通过镇静止吐药来抑制中枢兴奋，缓解消化道痉挛等来防治晕车，但疗效不理想。目前以脱离致病的运动环境和药物治疗为主，预防晕车的最佳方法就是离开车舱的自然疗法；若不能离开，可借助药物来预防；若症状始终不能缓解，可考虑北京中医药大学的配方与百度健康医典方法(北京协和医院蒋子栋主任医师)，如表9.13所示。

表9.13 部分药物与中医治疗晕动(晕车)病方法

	相关药物与治疗方法
药物治疗	由于个体差异大，用药不存在绝对的最好、最快、最有效，除常用非处方药外，应在医生指导下充分结合个人情况选择最合适的药物，以下治疗方案和药物建议经医生综合评估后，在医生的指导下使用 1)抗组胺药：常用药物有茶苯海明片(目前最常用的抗晕药，可维持8 h)、苯海拉明(有较强的抗晕镇吐作用，可维持4~6 h)、异丙嗪(可维持6~12 h，服药后1~2天内出现明显的困倦感、乏力、注意力不集中)、氯苯那敏等；常见不良反应包括嗜睡、视物模糊、口干、老年人可能有意识模糊和尿潴留症状 2)抗胆碱能药：常用药物有东莨菪碱，通过贴于耳后使用，防止晕动病的恶心、呕吐反应，在乘车前6~8 h贴用，可维持3天；不良反应有嗜睡、视觉模糊、口干、注意力不集中等，不宜用于正在进行军事作业人员 3)钙通道阻滞剂：常用药物有桂利嗪，可增强脑血液供应，提高对前庭刺激的耐受能力，是一种较安全的抗晕药，较少发生中枢不良反应(如嗜睡等) 4)多巴胺受体拮抗药：常用药物有多潘立酮，该药可促进胃肠排空，降低呕吐中枢的神经活动，抑制恶心、呕吐，不易引起锥体外系等神经、精神不良反应，常见腹泻、皮疹等不良反应 5)天香胶囊中药：配方为天麻9 g、广藿香6 g、白术7 g、生姜8 g、紫苏9 g、肉桂6 g、茯苓6 g、半夏7 g、芍药6 g、柑橘5 g、郁金香6 g、丁香4 g、黄连4 g与栀子6 g，可以促进花生四烯酸途径代谢产物介导的胰岛素分泌，调节肾上腺素和瘦素水平，维持血糖平衡，可以治疗晕动病与晕车症
中医治疗	中医多将晕动病归为"眩晕"范畴，为胃气上逆，多与肝脾肾三脏关系密切。 1)中药治疗：目前小半夏汤、藿香正气液常用于晕动症的治疗，生姜是减轻晕动病的"最理想的"天然药物之一，能减轻绝大部分患者的头晕、恶心、呕吐症状，可持续4 h，防治晕船的效果极佳，无不良反应 2)针灸治疗：常取百会、四神聪、内关、足三里、合谷等穴按揉可健脾醒脑，乘车前或乘车时按揉板门穴可预防晕车

3. 提升车辆技术与VIEQ防控晕车

晕车的原因众多，影响因子交叉耦合且非常复杂。如第2章图2.24所示，车内污染与异味刺激了嗅觉，车辆驾驶途中的颠簸与摇晃刺激了视觉与触觉，车内振动与噪声刺激了触觉与听觉，这"四觉交叉耦合刺激"影响了人的大脑与消化系统等器官，同时车内不适温湿度与风速还刺激了感觉与感受,加重了生理与心理负担,最终导致头晕、乏力甚至呕吐等晕车病态反应。净化车内污染与异味,减缓车辆颠簸摇晃程度,降低车内噪声与振动,改善车内温湿度与风速等微气候参数,都需要提升与改进车辆技术;优化通风模式,特别是在车外空气良好的形态下,加强自然通风与新风量,提高车内空气交换率,有助于减缓或减轻晕车症状。

北京北汽越野车研究院等单位研究发现,改善车内空气状况是防治晕车最重要的措施。例如提供清爽舒适的气味与清新的车内空气(含氧量、负离子含量、湿度等),降低车内异味,控制车内温度等。此外,橘子味、薄荷味、清凉油味具有较好的改善晕车的作用;从产品出发,设计出可减少或消除晕车现象的汽车产品,也是有力措施。浙江大学研究表明,通过优化自动驾驶车辆运行时的运动状态,可减弱乘员晕车水平。自动跟车算法可降低 6.9% ~ 27.75%,轨迹规划算法可降低 5.36%,实验工况下能够显著减弱乘员晕动。台湾与美国的研究发现,使用一种带轭的控制设计,让未成年儿童就座,控制虚拟车辆可以降低青春期前儿童患晕动病(晕车)的风险。

9.5　结论

火灾、水灾、地震与强风极大地破坏车辆运行安全,火灾烟气烟雾、车厢积水、地震与强风导致的车辆脱轨与碰撞严重危害民众健康;不酒驾、不超速,遵守交通规则与乘车指南,如遇特大暴雨、冰雪路滑或侧风速度≥35 m/s 时应暂停行车;注意车舱仪表报警与安全隐患排查,早发现早防控,特别应注意发动机的安全隐患,按说明书或使用手册正规操作与驾驶车辆,定期保养与检修车辆,车内不放置危险化学品,严禁车内不当充电或过度充电及冬季在车内不当取暖;避免槽罐车内污染、汽车尾气或舱室辅助加热器取暖故障危害驾乘人员。分析了搬运车操作与使用的安全注意事项,城市公共交通车(公交车与地铁)运营与乘坐的注意事项及健康安全危害防控。

如车辆不慎落水或发生火灾,当事者首先要冷静,想办法自救;发动机、电气、电池、油路和排气系统等故障是汽车火灾的主要原因,火灾 6 min 前车舱温度相对较低,舱内能见度良好,是逃生、救援和灭火的最佳时间;机械排烟提高了车内环境能见度,排烟量达到 3 m³/s 时,烟气被有效排出,可防控车内火灾,可使用灭火器与安全锤等应急设备;运用火灾探测与传感器检测技术,整车火灾防控系统通信联动,科学选择环保型灭火剂,及时疏散车内人员是列车火灾扑救及处置措施。避免阳光暴晒汽车,不要单独将儿童留在车舱以防中暑;智能空调监测高寒区列车舱室温度并自动调温,融冰除雪装置可自动除雪提高列车运行安全性与效率;提高智能车的车载信息娱乐系统、网络与信息安全水平,避免漏洞与遭受黑客攻击,避免错误信息干扰与制动系统失效引起碰撞事故;应规范和控制智能车行驶过程中突然弹出的不合时宜的广告,杜绝安全隐患。

刹车失灵与爆胎可导致 EHSV 问题,分析了刹车系统失灵与爆胎的原因及危害防控措施,车辆及零部件腐蚀的原因、安全危害与防控技术。具有轻量化、小型化特征的声学超结构可降低汽车舱室噪声,减少发动机振动及轮胎与地面摩擦振动,安装缓冲器、阻尼器与动力吸振器等可防控车辆舱室噪声与振动；应注意电动汽车及其无线充电系统带来的电磁辐射污染，恒速或平稳驾驶可减少车内电磁辐射危害，通风可有效净化车内空气污染。晕车的原因很复杂，四觉(嗅觉、视觉、触觉、听觉)交叉耦合刺激大脑与消化系统等器官，同时车内污染影响人的感受与心理，是导致晕车病态反应的重要原因；优化车内通风模式、减少VIAP、提高VIEQ、降低车辆振动与摇晃等客观技术，加强人的体能训练，提高人的心理生理素质及抵抗力与免疫力等是综合防控晕车的最佳措施。

参考文献

［1］ To C W, Chow W K, Cheng FM. Numerical studies on explosion hazards of vehicles using clean fuel in short vehicular tunnels［J］. Tunnelling and Underground Space Technology incorporating Trenchless Technology Research, 2021, 107: 103649.

［2］ 胡悦.汽车发动机舱典型油品火灾行为及火焰热辐射模型研究［D］.合肥：中国科技大学, 2021.

［3］ 蔡煜.长大公路隧道内公交车火灾的人员安全疏散研究［D］.北京：北京交通大学, 2020.

［4］ 彭扬.典型车用锂离子动力电池火灾危险及其控制方法研究［D］.合肥：中国科技大学, 2021.

［5］ 王萍.高速列车火灾场景下车厢内人员疏散过程及优化技术研究［D］.成都：四川师大, 2021.

［6］ 林晓添.深圳地铁公司地铁运营火灾风险管理研究［D］.兰州：兰州大学, 2021.

［7］ 张金.地铁列车火灾安全评估及数值仿真模拟研究［D］.西安：西安建筑科技大学, 2020.

［8］ 陈广泰, 李争, 陆梦羽, 等.轨道交通车辆火灾防控系统关键技术与标准［J］.机车电传动, 2020(5): 41-44.

［9］ 彭敏.侧向多开口地铁列车车厢火灾燃烧特性研究［D］.合肥：中国科技大学, 2021.

［10］ Zhu H, Gao Y, Guo H. Experimental investigation of burning behavior of a running vehicle［J］. Case Studies in Thermal Engineering, 2020, 22: 100795.

［11］ 覃道枞.地铁车厢碳氧化物污染与火灾烟气控制分析［D］.昆明：昆明理工大学, 2021.

［12］ 覃道枞, 郭兵, 周键, 等.不同通风条件下车厢火灾烟气运动的数值模拟研究［J］.工业安全与环保, 2020, 46(10): 29-33.

［13］ 陈炜.动车组列车火灾扑救及处置对策分析［J］.中国应急管理, 2021(6): 59-61.

［14］ 魏婧.应用PHS预测婴幼儿遗留在汽车内中暑致命时间的研究［D］.上海：东华大学, 2019.

［15］ Null J. Heatstroke Deaths of Children in Vehicles. ［2023-7-26］. www. noheatstroke. org.

［16］ 于夕娟, 仲玉莎.一起客车尾气进入车内引起一氧化碳中毒的调查［J］.预防医学文献, 2002, 8(1): 25.

［17］ Demirci S, Dogan K H, Erkol Z, et al. Two death cases originating from supplementary heater in the cabins of parked trucks［J］. Journal of Forensic and Legal Medicine, 2009, 16: 97-100.

［18］ 郭兴华, 王皆佳, 闫甜甜, 等.一种汽车落水自助逃生装置的设计构想［J］.科学技术创新, 2021(8): 165-166.

［19］ 李德仓.侧风作用下高速列车安全运行控制策略研究［D］.兰州：兰州交通大学, 2019.

［20］ 王伟.车-轨(桥)耦合系统随机动力学分析与行车安全可靠性评估［D］.大连：大连理工大学, 2019.

［21］ 李卓.藕状多胞结构吸能特性研究及其在车辆碰撞安全上的应用［D］.长沙：湖南大学, 2020.

［22］ 张宏涛.车载信息娱乐系统安全研究［D］.郑州：战略支援部队信息工程大学, 2021.

[23]　卫亮.基于损伤断裂模型的地铁车辆碰撞事故仿真研究[D].北京：北京交通大学，2021.

[24]　李蒙恩，张彦会.小型汽车爆胎研究现状分析[J].汽车零部件，2021(6)：107-112.

[25]　唐吉有，丁渭平，吴昱东，等.声学超结构在车内低频轰鸣声控制中的应用[J].汽车技术，2021(4)：37-42.

[26]　潘德阔，贾尚帅，孙艳红，等.高速列车车内声品质优化仿真研究[J].2021，41(2)：108-112.

[27]　金岩，赵涛.发动机半阶次振动引起的车内声品质问题分析和改进[J].汽车工程，2020，42(3)：396-400.

[28]　日本轨道车辆运动控制和减振措施[J].现代城市轨道交通，2021(2)：94-96.

[29]　郭伟健.电动汽车无线充电系统电磁环境分析与屏蔽技术研究[D].北京：北京交通大学，2021.

[30]　谢贵山，黄宗斌，覃鹏飞，等.基于防腐性能的车身产品开发[J].电镀与涂饰，2022，41(4)：255-259.

[31]　Smyth J, Jennings P, Bennett P, et al. A novel method for reducing motion sickness susceptibility through training visuospatial ability-A two-part study[J]. Applied Ergonomics, 2021, 90: 103264.

[32]　王建洪，胡珍，龙盈，等.前庭功能刺激训练治疗晕车病疗效的影响因素分析[J].中国耳鼻咽喉头颈外科，2020，27(11)：636-639.

[33]　Fulvio J M, Ji M, Rokers B. Variations in visual sensitivity predict motion sickness in virtual reality[J]. Entertainment Computing, 2021, 38: 100423.

[34]　Zhang W, Cao Y, Chen S, et al. Integrated metabolomics and network pharmacology approach to exploring the potential mechanism of tianxiang capsule for treating motion sickness [J]. Journal of Ethnopharmacology, 2021, 275: 114107.

[35]　钟广亮，金秋菊，张艺炫.晕车影响因素及对策探讨[J].汽车实用技术，2020(5)：170-176.

[36]　胡建侃.考虑乘员晕动的自动驾驶算法研究[D].杭州：浙江大学，2021.

[37]　Chang C H, Stoffregen T A, Tseng L Y, et al. Control of a virtual vehicle influences postural activity and motion sickness in pre-adolescent children[J]. Human Movement Science, 2021, 78: 102832.

附　录

附录1　车辆及舱室环境图

秦朝铜马车	古代指南车	记里鼓车	第1辆蒸汽机汽车	第1辆载客汽车	第1辆三轮车	第1辆四轮车
二轮马车*	四轮马车*	滑轮车	第1辆公共汽车	蒸汽公共汽车	第1辆电动车*	混合动力车

附图1　早期的车辆造型与结构

智能仓储车	智能消防车	谷歌智能车	百度智能车	无人清洁车	无人消毒车	无人快递车
清华大学THMR5	红旗HQ3	Uber智能车	苹果智能车	猛狮3号	宇通大型客车	宇通智联巴士
自主地面车	美国智能试验车	智能电动车	长安智能车	无人配送车	全地形探测车	智能概念车

附图2　智能汽车与特定功能车实物图

附图 3　城市轨道交通列车实物图

附图 4　观光列车/小火车/旅游车实物图*

广州医科大学/国家呼吸医学中心新冠病毒快检车　　　我国600 km/h高速磁浮列车*　冬奥口腔治疗车*

附图5　其他部分车辆外形结构图

轿车舱　　　校车舱　　　公交车舱　　　客车舱　　　地铁乘客舱　　动车乘客舱　　火车硬卧

房车舱室*　　　救护车舱*　　　坦克驾驶舱*　　观光有轨电车客舱◇　　北京冬奥智慧地铁转播室与乘客舱#

附图6　不同车辆舱室内部环境实物图

卧铺床　　　卧铺舱　　　餐车舱　　酒吧台　　休息室　　卫生间　　大床房　　钢琴室

附图7　高品质旅游列车"新东方快车"舱室环境实物图#

司机舱　　　一等座舱　　　二等座舱　　　餐吧区　　　一等卧铺　　　二等卧铺

附图8　我国复兴号动车舱室实物图#

注：*来自百度与央视，△来自新华社与新华网，#来自中国铁路，◇来自中新网与凤凰网，▽来自新浪与人民网

附录2　国内外部分 EHSV 相关标准名录

附表1　我国现行 EHSV 国家标准、行业标准与团体标准

序号	标准号	中文名称	实施日期	主管/归口/发布单位
1	GB 13057—2023	客车座椅及其车辆固定件的强度	2024-01-01	
2	GB 9656—2021	机动车玻璃安全技术规范	2023-01-01	
3	GB 26512—2021	商用车驾驶室乘员保护	2022-01-01	
4	GB 18384—2020	电动汽车安全要求	2021-01-01	
5	GB 38031—2020	电动汽车用动力蓄电池安全要求	2021-01-01	
6	GB 38032—2020	电动客车安全要求	2021-01-01	
7	GB 24409—2020	车辆涂料中有害物质限量	2020-12-01	
8	GB 38508—2020	清洗剂挥发性有机化合物含量限值	2020-12-01	
9	GB 38262—2019	客车内饰材料的燃烧特性	2020-07-01	
10	GB 11567—2017	汽车及挂车侧面和后下部防护要求	2018-01-01	
11	GB 13094—2017	客车结构安全要求	2018-01-01	
12	GB 34655—2017	客车灭火装备配置要求	2018-01-01	
13	GB 13057—2014	客车座椅及其车辆固定件的强度	2015-07-01	
14	GB 24406—2012	专用校车学生座椅系统及其车辆固定件的强度	2012-05-01	工业和信息化部
15	GB 26512—2011	商用车驾驶室乘员保护	2012-01-01	
16	GB 11552—2009	乘用车内部凸出物	2012-01-01	
17	GB 8410—2006	汽车内饰材料的燃烧特性	2006-07-01	
18	GB/T 22551—2023	旅居车辆 居住要求	2023-12-01	
19	GB/T 26778—2023	汽车列车性能要求及试验方法	2023-12-01	
20	GB/T 42289—2022	旅居车辆 居住用电气系统安全通用要求	2023-07-01	
21	GB/T 34590—2022	道路车辆 功能安全	2023-07-01	
22	GB/T 40578—2021	轻型汽车多工况行驶车外噪声测量方法	2022-05-01	
23	GB/T 40625—2021	汽车加速行驶车外噪声室内测量方法	2022-05-01	
24	GB/T 39897—2021	车内非金属部件挥发性有机物和醛酮类物质检测方法	2021-10-01	
25	GB/T 23336—2022	半挂车通用技术条件	2022-11-01	
26	GB/T 41601—2022	旅居车辆安全通风要求	2022-11-01	
27	GB/T 24549—2020	燃料电池电动汽车安全要求	2021-04-01	

续附表1

序号	标准号	中文名称	实施日期	主管/归口/发布单位
28	GB/T 38283—2019	电动汽车灾害事故应急救援指南	2020-07-01	工业和信息化部
29	GB/T 30512—2014	汽车禁用物质要求	2014-06-01	
30	GB/T 25982—2010	客车车内噪声限值及测量方法	2011-05-01	
31	GB/T 12546—2007	汽车隔热通风试验方法	2007-12-01	
32	QC/T 669-2019	汽车空调用管接头和管件	2020-07-01	
33	QC/T 236-2019	汽车内饰材料性能的试验方法	2020-04-01	
34	QC/T 216-2019	汽车用地毯	2020-04-01	
35	QC/T 708-2019	汽车空调风机	2020-04-01	
36	QC/T 1091-2017	客车空气净化装置技术条件	2017-10-01	
37	QC/T 998-2015	汽车空调滤清器技术条件	2015-10-01	
38	QC/T 970-2014	乘用车空气滤清器技术条件	2014-10-01	
39	FZ/T 60045-2014	汽车内饰用纺织材料雾化性能试验方法	2015-06-01	
40	GB 37487—2019	公共场所卫生管理规范	2019-11-01	国家卫生健康委员会
41	GB 37488—2019	公共场所卫生指标及限值要求	2019-11-01	
42	GB/T 39436—2020	病媒生物防制操作规程 地铁	2021-06-01	
43	GB/T 37678—2019	公共场所卫生学评价规范	2019-12-01	
44	GB/T 18883—2022	室内空气质量标准	2023-02-01	
45	WS 695-2020	新冠疫情期间公共交通工具消毒与个人防护技术要求	2020-07-20	
46	GB 18352.6—2016	轻型汽车污染物排放限值及测量方法	2020-07-01	生态环境部
47	GB 17691—2018	重型柴油车污染物排放限值及测量方法	2019-07-01	
48	GB 18285—2018	汽油车污染物排放限值及测量方法	2019-05-01	
49	GB 3847—2018	柴油车污染物排放限值及测量方法	2019-05-01	
50	GB 8702—2014	电磁环境控制限值	2015-01-01	
51	GB 24929—2010	全地形车加速行驶噪声限值及测量方法	2011-01-01	
52	GB 1495—2002	汽车加速行驶车外噪声限值及测量方法	2002-10-01	
53	GB/T 27630—2011	乘用车内空气质量评价指南	2012-03-01	
54	HJ 2520-2012	环境标志产品技术要求 重型汽车	2012-10-01	
55	HJ/T 400—2007	车内挥发性有机物和醛酮类物质采样测定方法	2008-03-01	
56	GB/T 40484—2021	城市轨道交通消防安全管理	2021-12-01	应急管理部
57	XF 1264—2015	公共汽车客舱固定灭火系统	2015-08-01	

续附表1

序号	标准号	中文名称	实施日期	主管/归口/发布单位
58	GB 13392—2023	道路运输危险货物车辆标志	2025-04-01	交通运输部
59	GB/T 42334.1—2023	城市轨道交通运营安全评估规范 第1部分：地铁和轻轨	2023-03-17	
60	GB/T 17729—2023	长途客车内空气质量要求及检测方法	2023-10-01	
61	GB/T 36953—2018 GB/T 36953.1—2018 GB/T 36953.2—2018 GB/T 36953.3—2018	城市公共交通乘客满意度评价方法 第1部分：总则 第2部分：公共汽电车交通 第3部分：城市轨道交通	2019-07-01	
62	GB/T 35260—2017	公共汽车维护技术规范	2018-07-01	
63	GB/T 32985—2016	快速公共汽车交通系统建设与运营管理规范	2017-03-01	
64	GB/T 22485—2013	出租汽车运营服务规范	2014-04-01	
65	JT/T 1369—2020	客车正面碰撞的乘员保护	2021-04-01	
66	GB 13669—1992	铁道机车辐射噪声限值	1993-07-01	国家铁路局
67	GB/T 12817—2021	铁路客车通用技术条件	2021-10-01	
68	GB/T 6770—2020	机车司机室特殊安全规则	2021-01-01	
69	GB/T 38519—2020	机车车辆火灾报警系统	2020-10-01	
70	GB/T 33193.1—2016	铁道车辆空调 第1部分：舒适度参数	2017-07-01	
71	GB/T 12816—2006	铁道客车内部噪声限值及测量方法	2007-05-01	
72	TB/T 2433—2019	铁路客车及动车组空调装置运用试验方法	2020-02-01	
73	TB/T 2973.2—2019	列车尾部安全防护装置 第2部分	2020-02-01	
74	TB/T 3552—2019	铁路车辆卧铺	2020-01-01	
75	TB/T 3091—2019	铁路机车车辆驾驶人员健康检查规范	2019-11-01	
76	TB/T 2917.2—2019	铁路客车及动车组照明 第2部分：车厢用灯	2019-10-01	
77	TB/T 3138—2018	机车车辆用材料阻燃技术要求	2019-02-01	
78	TB/T 1804—2017	铁道车辆空调 空调机组	2018-06-01	
79	TB/T 2311—2017	铁路通信、信号、电力电子系统防雷设备	2018-01-01	
80	TB/T 2089—2016	铁路运输放射性物质卫生防护要求	2017-02-16	
81	TB/T 3061—2016	机车车辆用蓄电池	2016-12-01	
82	TB/T 3415—2015	动车组车体外部非金属复合材料零部件	2016-03-01	
83	TB/T 3358—2015	机车、动车组牵引电动机通风机组	2016-01-01	
84	TB/T 1932—2014	旅客列车卫生及检测技术规定	2015-05-01	

续附表 1

序号	标准号	中文名称	实施日期	主管/归口/发布单位
85	TB/T 1160—2013	内燃机车用散热器	2013-07-01	国家铁路局
86	TB/T 3139—2021	机车车辆非金属材料及室内空气有害物质限量	2021-10-01	
87	TB/T 3091—2004	铁路机车乘务员职业健康检查规范	2004-08-01	
88	TB/T 3008—2002	铁路食品运输承运站场及车辆卫生标准	2002-07-01	
89	TB/T 2867—1998	机车、动车司机室安全规则	1998-09-01	
90	TB/T 2681—1995	旅客列车乘务宿营车安全卫生要求	1996-10-01	
91	TB/T 2640—1995	铁道客车防火保护的结构设计	1995-12-01	
92	TB/T 2324—1992	铁路运输放射性物质监测方法	1992-12-31	
93	GB 38900—2020	机动车安全技术检验项目和方法	2021-01-01	公安部
94	GB 7258—2017	机动车运行安全技术条件	2018-01-01	
95	GB 14892—2006	城市轨道交通列车噪声限值和测量方法	2006-08-01	住房和城乡建设部
96	GB/T 51357—2019	城市轨道交通通风空气调节与供暖设计标准	2019-08-01	
97	GB/T 39892—2021	汽车产品缺陷线索报告及处理规范	2021-10-01	全国产品缺陷与安全管理标准化技术委员会
98	GB/T 39603—2020	缺陷汽车产品召回效果评估指南	2021-07-01	
99	GB/T 34402—2017	汽车产品安全 风险评估与风险控制指南	2018-04-01	
100	GB 19402—2012	客运地面缆车安全要求	2013-07-01	国家标准化管理委员会
101	GB/T 42704-2023	汽车内饰用纺织材料 挥发性有机物的测定 箱体法	2023-12-01	
102	GB/T 40726-2021	橡胶或塑料涂覆织物 汽车内饰材料雾化性能的测定	2022-05-01	
103	GB/T 37130—2018	车辆电磁场相对于人体暴露的测量方法	2019-07-01	
104	GB/T 34402—2017	汽车产品安全风险评估与风险控制指南	2018-04-01	
105	GB/T 33658—2017	室内人体热舒适环境要求与评价方法	2017-12-01	
106	GB/T 4970—2009	汽车平顺性试验方法	2010-07-01	
107	GB/T 14365—2017	声学 机动车辆定置噪声声压级测量方法	2018-04-01	中国科学院
108	GB/T 18697—2002	声学 汽车车内噪声测量方法	2002-12-01	
109	GB/T 38893—2020	工业车辆 安全监控管理系统	2021-01-01	中国机械工业联合会
110	GB/T 37123—2018	汽车用电驱动空调器	2019-07-01	
111	GB/T 36507—2023	工业车辆使用、操作与维护安全规范	2023-12-01	
112	GB/T 21361—2017	汽车用空调器	2018-02-01	
113	GB/T 19842—2005	轨道车辆空调机组	2006-01-01	

续附表1

序号	标准号	中文名称	实施日期	主管/归口/发布单位
114	GB/T 36516—2018	机动车净化过滤器用铁铬铝纤维丝	2019-04-01	中国钢铁工业协会
115	T/CSAE136—2020	乘用车商品性主观评价方法	2020-12-25	中国汽车工程学会
116	T/CSAE 113—2019	汽车整车气动 声学风洞风噪试验 车内风噪测量方法	2020-04-15	
117	T/CSAE 45—2015	电动汽车的电磁场发射强度(9KHZ-30MHZ)	2018-01-19	
118	T/CSAE 41—2015	电动汽车整车控制器测试评价规范	2017-08-11	
119	T/CAAMTB 54—2021	车内颗粒物(PM)过滤测试方法	2019-12-26	中国汽车工业协会
120	T/CAAMTB 09—2019	乘用车制动盘产品标准及测试方法	2019-12-01	
121	T/CAAMTB 17—2019	乘用车制动噪声及抖动整车道路试验方法及评价	2019-12-30	
122	T/CNCIA 01008—2018	汽车塑料内饰件涂料	2018-09-07	
123	T/CNCIA 01001—2016	汽车用高固体分溶剂型涂料	2017-03-01	
124	GB/T 40261—2021 GB/T 40261.1—2021 GB/T 40261.2—2021 GB/T 40261.3—2021	热环境的人类工效学 交通工具内热环境评估 第1部分：温度应激评估原理与方法 第2部分：用受试者评价热舒适性 第3部分：热环境舒适性人体评价	2021-12-01	全国人类工效学标准化技术委员会
125	GB/T 38707—2020	城市轨道交通运营金属规范	2020-10-01	全国城市客运标准化技术委员会
126	GB/T 38374—2019	城市轨道交通运营指标体系	2020-07-01	
127	JT/T 1456—2023	城市轨道交通运营安全隐患排查规范	2023-04-19	
128	JT/T 1409—2022	城市轨道交通运营应急能力建设基本要求	2022-04-13	
129	T/CAS 406-2020	车内空气 气味的评价 感官与光离子检测仪耦合分析法	2020-07-24	中国标准化协会
130	T/CAS 281-2017	车内非金属材料 VOC 和醛酮类物质测试方法和分级指标	2017-12-29	
131	T/CAS 244-2015	汽车机械及动力系统清洗剂的有效性评价	2016-05-11	
132	T/ACEF 004—2020	室内车内环境消毒杀菌服务能力评价规范	2020-06-28	中华环保联合会
133	T/GDBX 027—2020	车内环境 PEM 臭氧实时消毒净化装置	2020-06-09	广东省标准化协会
134	GB/T 34248—2017	汽车尾气三效催化剂性能试验方法	2018-04-01	中国石油和化学工业联合会

续附表1

序号	标准号	中文名称	实施日期	主管/归口/发布单位
135	T/CAB CSISA0022-2019	乘用车车内环境评价指标体系	2019-05-24	中国产学研合作促进会
136	T/CAB CSISA0016-2019	汽车内饰功能型产品技术规范	2019-04-16	
137	T/CAB CSISA0010-2019	家用汽车拆解评价规范	2019-01-10	
138	T/CTJPA 004-2016	机动车儿童乘员用约束系统安全要求：易用性、生产一致性与化学安全	2016-09-29	中国玩具和婴童用品协会
139	ProPECC PN 1/03	空调公共交通设施空气质量管理实践指南-巴士	2003-11	香港环保署
140	ProPECC PN 2/03	空调公共交通设施空气质量管理实践指南-铁路	2003-11	
141	TIAQMA	室内空气品质管理法	—	台湾
142	T/GIEHA 11-2019	乘用车车内空气质量分级	2020-02-21	广东室内环境卫生行业协会
143	T/ADBM 001-2016	乘用车空气负离子质量标准	2017-03-01	浙江汽车装饰美容养护行业协会
144	T/JSTERA 2-2017	出租汽车综合服务区功能要求及评价指标	2017-09-06	江苏省交通经济研究会
145	T/HBTL 006-2020	水性汽车内饰漆	2020-12-21	河北省粘接与涂料协会

附表2　我国目前正在制定或修订的部分EHSV标准

序号	标准中文名称	下达日期	主管/组织/立项部门
1	轨道车辆用玻璃安全技术要求	2020-11-24	工业和信息化部
2	道路车辆禁用物质要求	2019-03-03	
3	乘用车内空气质量标准	2013-10-23	生态环境部
4	汽车加速行驶车外噪声限值及测量方法	2012-10-12	
5	车辆驾驶人员体内毒品含量阈值与检验	2020-11-24	公安部

续附表 2

序号	标准中文名称	下达日期	主管/组织/立项部门
6	机械振动 铁道车辆内乘客及乘务员暴露于全身振动的测量与分析	2005-12-30	国家铁路局
7	乘用车座椅用长滑轨技术要求和试验方法	2020-11-26	中国汽车工业协会
8	旅居车内空气质量评价规范	2020-10-15	
9	城市轨道交通运营安全评估规范第 2 部分:单轨	2021-08-27	全国城市客运标准化技术委员会
10	城市轨道交通运营安全评估规范第 3 部分:有轨电车	2021-08-27	
11	乘用车内空气气味测试与评价标准	2019-12-25	中华环保联合会
12	车内空气卫生标准		

附表 3　国际及国外部分 EHSV 相关标准

序号	标准号或简称	中文名称(原文汉译过来)	主管部门/单位
1	ISO 14505 ISO 14505-1:2007 ISO 14505-2:2006 ISO 14505-3:2006 ISO 14505-4:2021	热环境的人类工效学—车内热环境评价 第 1 部分:热应力评定的原理和方法 第 2 部分:等效温度的测定 第 3 部分:使用人体受试者的热舒适性评价 第 4 部分:使用数字人体模型确定等效温度	
2	ISO 12219 ISO 12219-1:2021 ISO 12219-2:2012 ISO 12219-3:2012 ISO 12219-4:2013 ISO 12219-5:2014 ISO 12219-6:2017 ISO 12219-7:2017 ISO 12219-8:2018 ISO 12219-9:2019 ISO 12219-10:2021 ISO/AWI 12219-11	道路车内空气 第 1 部分:整车环境舱测试—舱内 VOC 测定规范和方法 第 2 部分:气袋法—车内饰件与材料 VOC 释放筛查的测定 第 3 部分:微环境舱法—车内饰件与材料 VOC 释放筛查的测定 第 4 部分:小环境舱法—车内饰件和材料 VOC 释放的测定 第 5 部分:静态环境舱法—车内饰件与材料 VOC 释放筛查的测定 第 6 部分:小环境舱法—车内饰件和材料 SVOC 释放的测定 第 7 部分:嗅觉测量法—车内空气和含车内饰件的测试舱内空气的气味测定 第 8 部分:内饰件和材料的处理和包装物的释放测试 第 9 部分:大气袋法—车内饰件 VOC 释放的测定 第 10 部分:卡车与公共汽车整车环境舱测试—舱内 VOC 测定规范和方法 第 11 部分:车辆非金属材料有机物散发的热解吸分析	世界标准组织(ISO)

续附表3

序号	标准号或简称	中文名称(原文汉译过来)	主管部门/单位
3	ISO/DIS 5128	声学—机动车内部噪声的测量	世界标准组织(ISO)
4	ISO26262	道路车辆—功能安全	
5	ISO 7419	旅居车辆—通风设备	
6	ISO 7420	旅居车辆—燃油加热系统	
7	ISO 7421	旅居车辆—液化石油气系统	
8	ISO 7422	旅居车辆—大篷车—居住要求	
9	ISO/PAS 21448	道路车辆—预期功能安全	
10	WHO-IAQ$_1$	室内空气质量指南—选定污染物	世界卫生组织(WHO)
11	WHO-IAQ$_2$	室内空气质量指南—潮湿与霉菌	
12	WHO-GAQ	全球空气质量指南	
13	ECE R9	关于就噪声方面批准 L2、L4 和 L5 类车辆的统一规定	欧盟经济委员会(ECE)
14	ECE R10	关于就电磁兼容性方面批准车辆的统一规定	
15	ECE R12	关于就碰撞中防止转向机构伤害驾驶员方面批准车辆的统一规定	
16	ECE R16	关于批准机动车成年乘客用安全带和约束系统的统一规定	
17	ECE R21	关于就内饰件方面批准车辆的统一规定	
18	ECE R29	关于就商用车辆驾驶室乘员防护方面批准车辆的统一规定	
19	ECE R32	关于就追尾碰撞中被撞车辆的结构特性方面批准车辆的统一规定	
20	ECE R33	关于就正面冲撞中被撞的结构特性方面批准车辆的统一规定	
21	ECE R34	关于就火灾预防方面批准车辆的统一规定	
22	ECE R44	关于批准机动车儿童乘客约束装置(儿童约束系统)的统一规定	
23	ECE R94	关于就前碰撞中乘员防护方面批准车辆的统一规定	
24	ECE R95	关于就侧碰撞中乘员防护方面批准车辆的统一规定	
25	USA 1593-2020	自动驾驶系统(ADS)的乘员保护	美国公路安全管理局/NHTSA
26	EPA-460/3-81-029	汽车内饰中的亚硝胺	美国环保署(USEPA)
27	EPA-550/9-75-205	封闭运输系统的乘客噪声环境(含车内噪声及健康危害)	
28	EPA-600/2-76-124	汽车内饰氯乙烯单体采样技术	
29	EPA-600/3-85-008	汽车内饰有机排放物取样技术	
30	EPA-600/4-82-002	持续使用车内 CO 渗入	
31	EPA-600/7-77-149	汽车舱内有机物排放	

续附表3

序号	标准号或简称	中文名称（原文汉译过来）	主管部门/单位
32	SAE J247	测量车内噪声脉冲的仪器	美国汽车工程师学会（SAE）
33	SAE J1060	评价与汽车车轮有关的噪声和乘坐舒适性的主观等级量表	
34	SAE J1074	发动机噪声等级测量规程	
35	SAE J1351	绝缘材料的热气味试验	
36	SAE J1756	汽车内饰材料雾化特性测试	
37	SAE J1819	机动车儿童约束系统安全性	
38	SAE J2578	燃料电池汽车一般安全推荐规程	
39	VDA 270	机动车内饰材料气味特性的测定	德国汽车工业联合会（VDA）
40	VDA 275	改进烧瓶法车内甲醛测定	
41	VDA 276	汽车内饰件 VOC 测试 1 m³ 气候箱法	
42	VDA 277	车内饰非金属材料的有机物排放测定	
43	VDA 278	汽车内饰非金属材料的有机物排放-热解吸分析法	
44	DIN 5510	轨道车辆防火措施	德国标准化协会（DIN）
45	DIN 75200	机动车内饰材料燃烧特性测定	
46	DIN 75201	机动车内饰材料雾化特性测试	
47	德国 IAQ	室内空气指南值	德国环保署
48	SASO 31842-2020	道路车辆内部材料的可燃性	沙特阿拉伯标准组织（SASO）
49	韩国 VIAQ$_1$	No. 2013-539 新建汽车 IAQ 管理标准	韩国
50	韩国 VIAQ$_2$	公共交通室内空气质量管理指南	
51	韩国 VIAQ$_3$	公共交通工具 IAQ 调查与管理办法	
52	日本 VIAQ$_1$	JAMA 降低汽车内 VOC 的自主举措	日本
53	日本 VIAQ$_2$	JAMA 自主行动计划-小轿车车内空气污染治理指南	
54	JASO M 902-2007	JAMA 汽车内饰零部件与材料 VOC 散发测试方法	
55	俄罗斯 VIAQ$_1$	车辆 IAQ 评价标准及方法（P51206-98 号）	俄罗斯
56	俄罗斯 VIAQ$_2$	P51206-2004 汽车交通工具乘客厢和驾驶室空气中污染物含量实验标准和方法	
57	prEN 721-2019	旅居车辆安全通风要求	欧盟
58	STD 100-0002	车内饰材料禁止使用的化学物质清单（黑色清单）	Volvo 集团
59	STD 100-0003	车内饰材料限制使用的化学物质清单（灰色清单）	

附录3 英文缩写词

附表4 英文缩写词

英文缩写	中文名称	英文名称
ACH	每小时换气次数	Air Changes per Hour
AER	空气交换率	Air Exchange Rate
AIAG	美国汽车工业行动集团	Automotive Industry Action Group
APM	自动旅客捷运系统	Automated People Mover System
ASHARE	美国供热制冷与空调工程师学会	American Society of Heating, Refrigerating and Air-Conditioning Engineers
AV	自动驾驶车/自主车	Autonomous Vehicle
BC	炭黑	Black Carbon
CADR	洁净空气输出比率	Clean Air Delivery Rate
C-AHI	中国汽车健康指数	China Automobile Health Index
CCs	羰基化合物	Carbonyl Compounds
C-ECAP	中国生态汽车评价规程	China Eco-car Assessment Programme
CES	舱室环境学	Cabin Environment Science
cfu/CFU	菌落形成单位	colony forming unit
C-IASI	中国保险汽车安全指数	China Insurance Automobile Safety Index
C-NCAP	中国新车评价规程	China New Car Assessment Programme
CNG	压缩天然气	Compressed Natural Gas
COVID-19	新冠肺炎	Corona Virus Disease 2019
CRE	排污效率	Contaminant Removal Efficiency
CSE	舱室科学与工程	Cabin Science & Engineering
DPM	离散相模型	Discrete Phase Model
DR	吹风感指数	Draught Rate
eBC	当量炭黑	equivalent Black Carbon
EC	元素碳	Elemental Carbon
ECS	电子烟雾	Electronic Cigarette Smog
ECSV	车内电子烟雾	Electronic Cigarette Smog in Vehicles
EDS	能量色散光谱	Energy Dispersive Spectra

续附表4

英文缩写	中文名称	英文名称
EEP	尾气排放污染	Exhaust Emission Pollution
EHSV	车内环境与健康安全	Environment, Health & Safety in Vehicles
E-NCAP	欧盟新车评价规程	Euro New Car Assessment Programme
EPA	环保署	Environmental Protection Agency
EQT	当量温度	Equivalent Temperature
ETS	环境烟草烟雾	Environment Tobacco Smoke
ETSV	车内环境烟草烟雾	Environment Tobacco Smoke in Vehicles
FDS	火灾动力模拟器(软件)	Fire Dynamics Simulator
FeNO	呼出气一氧化氮	Fractional exhaled Nitric Oxide
FPC	Fiala人体热生理与舒适	the Fiala human Physiology and thermal Comfort
GC-FID	氢火焰气相色谱	Gas Chromatography-flame ionization detector
GC-MS	气相色谱-质谱联用仪	Gas Chromatography-mass spectrometry
GP	气态污染物	Gaseous Pollutants
HC	碳氢化合物	Hydrocarbon
HCN	氰化氢	Hydrogen Cyanide
HNBT	热香烟/热不烧烟	Heat-Not-Burn Tobacco
HPLC	高效液相色谱	High Performance Liquid Chromatography
HRA	健康风险评价	Health Risk Assessment
HRR	热释放率	Heat Release Rate
IAP	室内空气污染	Indoor Air Pollution
IAQ	室内空气品质	Indoor Air Quality
IARC	国际癌症研究署	International Agency for Research on Cancer
ICV	智能(网联)车	Intelligent Connected Vehicle
IEP	室内环境污染	Indoor Environment Pollution
IEQ	室内环境品质	Indoor Environment Quality
IIHS	美国公路安全保险协会	Insurance Institute for Highway Safety
IQOS	我戒传统烟/吸电子烟	I quit ordinary smoking
ISIAQ	国际室内空气质量与气候协会	International Society of Indoor Air Quality and Climate
IV	智能(汽)车/智慧(汽)车	Intelligent Vehicle
IVI	车载信息娱乐	In-Vehicle Infotainment
LDSA	肺部沉积表面积	Lung Deposited Surface Area

续附表4

英文缩写	中文名称	英文名称
LPG	液化石油气	Liquefied Petroleum Gas
MERS	中东呼吸综合征	Middle East Respiratory Syndrome
MPV	多用途车	Multi-Purpose Vehicle
NAAQS	国家环境空气质量标准	National Ambient Air Quality Standard
NCAP	新车评价规程	New Car Assessment Programme
NCM	镍、钴、锰	Ni, Co, Mn
NO_x	氮氧化物	Nitrogen Oxides
nCoV	新冠病毒/新型冠状病毒	novel Coronavirus Virus
NCS	新车气味/新车味道	New Car Smell
NEP	非尾气排放污染	Non-exhaust Emission Pollution
NEV	新能源(汽)车	New Energy Vehicle
NGV	车内非烟粒污染	No smog & Granule pollution in Vehicles
NPs	纳米粒子/纳米颗粒	Nanoparticles
NVH	噪声振动及刺耳度	Noise, Vibration and Harshness
OC	有机碳	Organic Carbon
PAHs	多环芳烃	Polycyclic Aromatic Hydrocarbons
PCO	光催化氧化	Photocatalytic Oxidation
PD	不满意率	Percentage Dissatisfied
PM	颗粒物	Particulate Matter
$PM_{0.1}$/UFP	超细颗粒物	Ultrafine Particle
$PM_{2.5}$	细颗粒物	Fine Particulate Matter
PM_{10}	可吸入颗粒物	Inhalable Particulate Matter
PMV	预计平均投票	Predicted Mean Vote
POM	聚甲醛	Polyformaldehyde
POPs	持久性有机污染物	Persistent Organic Pollutants
PPD	预计不满意百分比	Predicted Percentage Dissatisfied
PFR	酚醛树脂	Phenol Formaldehyde Resin
PP	聚丙烯	Polypropylene
ppb	十亿分之一(10^{-9})	parts per billion
ppm	百万分之一(10^{-6})	parts per million

续附表4

英文缩写	中文名称	英文名称
PU	聚氨酯	Polyurethane
PVC	聚氯乙烯	Polyvinyl chloride
RH	相对湿度	Relative Humidity
RNA	核糖核酸	Ribonucleic Acid
RSU	路侧设备	Road Side Unit
RV	旅居车/房车/休闲车	Recreational Vehicle
SAE	美国汽车工程师学会	Society of Automotive Engineers
SARS	严重急性呼吸综合征	Severe Acute Respiratory Syndrome
SEM	扫描电镜	Scanning Electron Microscopy
SET	标准有效温度	Standard effective temperature
SGV	车内烟粒污染	Smog & Granule pollution in Vehicles
SHA	电子烟雾二手气溶胶	Secondhand e-cigarette Aerosol
SUV	运动型多功能车	Sport Utility Vehicle
SVC	半挥发性化合物	Semivolatile Compounds
SVOC	半挥发性有机物	Semi-Volatile Organic Compounds
T_{eq}	等效/等值/当量温度	Equivalent Temperature
THC	总碳氢化合物	Total Hydrocarbons
TiO_2	二氧化钛	Titanium Dioxide
TPM	总颗粒物	Total Particulate Matter
TSP	总悬浮颗粒物	Total Suspended Particles
TVOC	总挥发性有机物	Total Volatile Organic Compounds
UDF	自定义函数	User Defined Functions
$UFP/PM_{0.1}$	超细颗粒物	Ultrafine Particle
URTV	城市轨道交通车	Urban Rail Ttransit Vehicle
USA	美国	The United States of America
USEPA	美国环境署	U. S. Environmental Protection Agency
VCES	车舱环境学	Vehicle Cabin Environmental Science
VCS	车舱科学	Vehicle Cabin Science
VDA	德国汽车工业联合会	Verband der Automobilindustrie
VIAP	车内空气污染	Vehicle Interior Air Pollution
VIAQ	车内空气品质	Vehicle Interior Air Quality

续附表4

英文缩写	中文名称	英文名称
VIEE	车内环境评价	Vehicle Interior Environment Evaluation
VIEP	车内环境污染	Vehicle Interior Environment Pollution
VIEQ	车内环境品质	Vehicle Interior Environment Quality
VOC/VOCs	挥发性有机物	Volatile Organic Compounds
VVOC	易挥发性有机物	Very Volatile Organic Compounds
WBGT	湿球黑球温度	Wet Bulb Globe Temperature
$WBGT_i$	室内湿球黑球温度	indoor Wet Bulb Globe Temperature
$WBGT_o$	室外湿球黑球温度	outdoor Wet Bulb Globe Temperature
WHO	世界卫生组织	World Health Organization